ALGÈBRE

Cours de mathématiques
Première année

À la découverte de l'algèbre

La première année d'études supérieures pose les bases des mathématiques. Pourquoi se lancer dans une telle expédition ? Déjà parce que les mathématiques vous offriront un langage unique pour accéder à une multitude de domaines scientifiques. Mais aussi parce qu'il s'agit d'un domaine passionnant ! Nous vous proposons de partir à la découverte des maths, de leur logique et de leur beauté.
Dans vos bagages, des objets que vous connaissez déjà : les entiers, les fonctions... Ces notions en apparence simples et intuitives seront abordées ici avec un souci de rigueur, en adoptant un langage précis et en présentant les preuves. Vous découvrirez ensuite de nouvelles théories (les espaces vectoriels, les équations différentielles,...).

Ce tome est consacré à l'algèbre et se divise en deux parties. La première partie débute par la logique et les ensembles, qui sont des fondamentaux en mathématiques. Ensuite vous étudierez des ensembles particuliers : les nombres complexes, les entiers ainsi que les polynômes. Cette partie se termine par l'étude d'une première structure algébrique, avec la notion de groupe.
La seconde partie est entièrement consacrée à l'algèbre linéaire. C'est un domaine totalement nouveau pour vous et très riche, qui recouvre la notion de matrice et d'espace vectoriel. Ces concepts, à la fois profonds et utiles, demandent du temps et du travail pour être bien compris.

Les efforts que vous devrez fournir sont importants : tout d'abord comprendre le cours, ensuite connaître par cœur les définitions, les théorèmes, les propositions... sans oublier de travailler les exemples et les démonstrations, qui permettent de bien assimiler les notions nouvelles et les mécanismes de raisonnement. Enfin, vous devrez passer autant de temps à pratiquer les mathématiques : il est indispensable de résoudre activement par vous-même des exercices, sans regarder les solutions. Pour vous aider, vous trouverez sur le site Exo7 toutes les vidéos correspondant à ce cours, ainsi que des exercices corrigés.
Au bout du chemin, le plaisir de découvrir de nouveaux univers, de chercher à résoudre des problèmes... et d'y parvenir. Bonne route !

Sommaire

1 Logique et raisonnements — 1
   1 Logique 2
   2 Raisonnements 9

2 Ensembles et applications — 15
   1 Ensembles 16
   2 Applications 20
   3 Injection, surjection, bijection 24
   4 Ensembles finis 28
   5 Relation d'équivalence 38

3 Nombres complexes — 45
   1 Les nombres complexes 46
   2 Racines carrées, équation du second degré 52
   3 Argument et trigonométrie 55
   4 Nombres complexes et géométrie 61

4 Arithmétique — 65
   1 Division euclidienne et pgcd 65
   2 Théorème de Bézout 70
   3 Nombres premiers 75
   4 Congruences 79

5 Polynômes — 87
   1 Définitions 88

	2	Arithmétique des polynômes 91
	3	Racine d'un polynôme, factorisation 96
	4	Fractions rationnelles 101

6 Groupes   105
    1   Groupe 106
    2   Sous-groupes 112
    3   Morphismes de groupes 114
    4   Le groupe $\mathbb{Z}/n\mathbb{Z}$ 119
    5   Le groupe des permutations $\mathscr{S}_n$ 122

7 Systèmes linéaires   129
    1   Introduction aux systèmes d'équations linéaires 129
    2   Théorie des systèmes linéaires 135
    3   Résolution par la méthode du pivot de Gauss 138

8 Matrices   145
    1   Définition 145
    2   Multiplication de matrices 148
    3   Inverse d'une matrice : définition 155
    4   Inverse d'une matrice : calcul 158
    5   Inverse d'une matrice : systèmes linéaires et matrices élémentaires 161
    6   Matrices triangulaires, transposition, trace, matrices symétriques . 171

9 L'espace vectoriel $\mathbb{R}^n$ 179
    1   Vecteurs de $\mathbb{R}^n$ 179
    2   Exemples d'applications linéaires 184
    3   Propriétés des applications linéaires 191

10 Espaces vectoriels   199
    1   Espace vectoriel (début) 199
    2   Espace vectoriel (fin) 204
    3   Sous-espace vectoriel (début) 210
    4   Sous-espace vectoriel (milieu) 215
    5   Sous-espace vectoriel (fin) 219
    6   Application linéaire (début) 228
    7   Application linéaire (milieu) 231

	8	Application linéaire (fin) 235

11 Dimension finie — 243
    1   Famille libre 243
    2   Famille génératrice 249
    3   Base 252
    4   Dimension d'un espace vectoriel .260
    5   Dimension des sous-espaces vectoriels 267

12 Matrices et applications linéaires — 273
    1   Rang d'une famille de vecteurs 273
    2   Applications linéaires en dimension finie 281
    3   Matrice d'une application linéaire 290
    4   Changement de bases 298

13 Déterminants — 309
    1   Déterminant en dimension 2 et 3 .309
    2   Définition du déterminant 314
    3   Propriétés du déterminant 322
    4   Calculs de déterminants 328
    5   Applications des déterminants 334

Index

Logique et raisonnements

Chapitre 1

Quelques motivations

- Il est important d'avoir un **langage rigoureux**. La langue française est souvent ambigüe. Prenons l'exemple de la conjonction « *ou* » ; au restaurant « *fromage ou dessert* » signifie l'un ou l'autre mais pas les deux. Par contre si dans un jeu de carte on cherche « *les as ou les cœurs* » alors il ne faut pas exclure l'as de cœur. Autre exemple : que répondre à la question « *As-tu 10 euros en poche ?* » si l'on dispose de 15 euros ?
- Il y a des notions difficiles à expliquer avec des mots : par exemple la continuité d'une fonction est souvent expliquée par « *on trace le graphe sans lever le crayon* ». Il est clair que c'est une définition peu satisfaisante. Voici la définition mathématique de la continuité d'une fonction $f : I \to \mathbb{R}$ en un point $x_0 \in I$:

$$\forall \epsilon > 0 \quad \exists \delta > 0 \quad \forall x \in I \quad (|x - x_0| < \delta \implies |f(x) - f(x_0)| < \epsilon).$$

C'est le but de ce chapitre de rendre cette ligne plus claire ! C'est la **logique**.
- Enfin les mathématiques tentent de **distinguer le vrai du faux**. Par exemple « *Est-ce qu'une augmentation de 20%, puis de 30% est plus intéressante qu'une augmentation de 50% ?* ». Vous pouvez penser « *oui* » ou « *non* », mais pour en être sûr il faut suivre une démarche logique qui mène à la conclusion. Cette démarche doit être convaincante pour vous mais aussi pour les autres. On parle de **raisonnement**.

Les mathématiques sont un langage pour s'exprimer rigoureusement, adapté aux phénomènes complexes, qui rend les calculs exacts et vérifiables. Le raisonnement est le moyen de valider — ou d'infirmer — une hypothèse et de l'expliquer à autrui.

1. Logique

1.1. Assertions

Une **assertion** est une phrase soit vraie, soit fausse, pas les deux en même temps. Exemples :
- « *Il pleut.* »
- « *Je suis plus grand que toi.* »
- « $2+2=4$ »
- « $2 \times 3 = 7$ »
- « *Pour tout $x \in \mathbb{R}$, on a $x^2 \geq 0$.* »
- « *Pour tout $z \in \mathbb{C}$, on a $|z|=1$.* »

Si P est une assertion et Q est une autre assertion, nous allons définir de nouvelles assertions construites à partir de P et de Q.

L'opérateur logique « *et* »

L'assertion « P *et* Q » est vraie si P est vraie et Q est vraie. L'assertion « P *et* Q » est fausse sinon.

On résume ceci en une **table de vérité** :

$P \setminus Q$	V	F
V	V	F
F	F	F

FIGURE 1.1 – Table de vérité de « P *et* Q »

Par exemple si P est l'assertion « *Cette carte est un as* » et Q l'assertion « *Cette carte est cœur* » alors l'assertion « P *et* Q » est vraie si la carte est l'as de cœur et est fausse pour toute autre carte.

L'opérateur logique « *ou* »

L'assertion « P *ou* Q » est vraie si l'une (au moins) des deux assertions P ou Q est vraie. L'assertion « P *ou* Q » est fausse si les deux assertions P et Q sont fausses.
On reprend ceci dans la table de vérité :

$P \setminus Q$	V	F
V	V	V
F	V	F

FIGURE 1.2 – Table de vérité de « *P ou Q* »

Si P est l'assertion « *Cette carte est un as* » et Q l'assertion « *Cette carte est cœur* » alors l'assertion « *P ou Q* » est vraie si la carte est un as ou bien un cœur (en particulier elle est vraie pour l'as de cœur).

Remarque.

Pour définir les opérateurs « *ou* », « *et* » on fait appel à une phrase en français utilisant les mots *ou*, *et* ! Les tables de vérités permettent d'éviter ce problème.

La négation « *non* »

L'assertion « **<u>non</u>** P » est vraie si P est fausse, et fausse si P est vraie.

P	V	F
non P	F	V

FIGURE 1.3 – Table de vérité de « *non P* »

L'implication $\implies$

La définition mathématique est la suivante :

L'assertion « *(non P) ou Q* » est notée « $P \implies Q$ ».

Sa table de vérité est donc la suivante :

$P \setminus Q$	V	F
V	V	F
F	V	V

FIGURE 1.4 – Table de vérité de « $P \implies Q$ »

L'assertion « $P \implies Q$ » se lit en français « *P implique Q* ».
Elle se lit souvent aussi « *si P est vraie alors Q est vraie* » ou « *si P alors Q* ».
Par exemple :

- « $0 \leqslant x \leqslant 25 \implies \sqrt{x} \leqslant 5$ » est vraie (prendre la racine carrée).
- « $x \in]-\infty, -4[\implies x^2 + 3x - 4 > 0$ » est vraie (étudier le binôme).
- « $\sin(\theta) = 0 \implies \theta = 0$ » est fausse (regarder pour $\theta = 2\pi$ par exemple).
- « $2 + 2 = 5 \implies \sqrt{2} = 2$ » est vraie ! Eh oui, si P est fausse alors l'assertion « $P \implies Q$ » est toujours vraie.

L'équivalence $\iff$

L'**équivalence** est définie par :

$$\text{« } P \iff Q \text{ » est l'assertion « } (P \implies Q) \text{ et } (Q \implies P) \text{ ».}$$

On dira « P est équivalent à Q » ou « P équivaut à Q » ou « P si et seulement si Q ». Cette assertion est vraie lorsque P et Q sont vraies ou lorsque P et Q sont fausses. La table de vérité est :

$P \setminus Q$	V	F
V	V	F
F	F	V

FIGURE 1.5 – Table de vérité de « $P \iff Q$ »

Exemples :
- Pour $x, x' \in \mathbb{R}$, l'équivalence « $x \cdot x' = 0 \iff (x = 0 \text{ ou } x' = 0)$ » est vraie.
- Voici une équivalence *toujours fausse* (quelle que soit l'assertion P) : « $P \iff non(P)$ ».

On s'intéresse davantage aux assertions vraies qu'aux fausses, aussi dans la pratique et en dehors de ce chapitre on écrira « $P \iff Q$ » ou « $P \implies Q$ » uniquement lorsque ce sont des assertions vraies. Par exemple si l'on écrit « $P \iff Q$ » cela sous-entend « $P \iff Q$ *est vraie* ». Attention rien ne dit que P et Q soient vraies. Cela signifie que P et Q sont vraies en même temps ou fausses en même temps.

Proposition 1.

Soient P, Q, R trois assertions. Nous avons les équivalences (vraies) suivantes :

1. $P \iff non(non(P))$

2. $(P \text{ et } Q) \iff (Q \text{ et } P)$

3. $(P \text{ ou } Q) \iff (Q \text{ ou } P)$

4. $non(P \text{ et } Q) \iff (non\ P) \text{ ou } (non\ Q)$

5. non(P ou Q) $\iff$ (non P) et (non Q)
6. $\big(P$ et $(Q$ ou $R)\big)$ $\iff$ (P et Q) ou (P et R)
7. $\big(P$ ou $(Q$ et $R)\big)$ $\iff$ (P ou Q) et (P ou R)
8. « $P \implies Q$ » $\iff$ « non(Q) $\implies$ non(P) »

Démonstration. Voici des exemples de démonstrations :
4. Il suffit de comparer les deux assertions « *non(P et Q)* » et « *(non P) ou (non Q)* » pour toutes les valeurs possibles de P et Q. Par exemple si P est vrai et Q est vrai alors « *P et Q* » est vrai donc « *non(P et Q)* » est faux ; d'autre part (non P) est faux, (non Q) est faux donc « *(non P) ou (non Q)* » est faux. Ainsi dans ce premier cas les assertions sont toutes les deux fausses. On dresse ainsi les deux tables de vérités et comme elles sont égales les deux assertions sont équivalentes.

$P \setminus Q$	V	F
V	F	V
F	V	V

FIGURE 1.6 – Tables de vérité de « *non(P et Q)* » et de « *(non P) ou (non Q)* »

6. On fait la même chose mais il y a trois variables : P, Q, R. On compare donc les tables de vérité d'abord dans le cas où P est vrai (à gauche), puis dans le cas où P est faux (à droite). Dans les deux cas les deux assertions « $\big(P$ et $(Q$ ou $R)\big)$ » et « (P et Q) *ou* (P et R) » ont la même table de vérité donc les assertions sont équivalentes.

$Q \setminus R$	V	F		$Q \setminus R$	V	F
V	V	V		V	F	F
F	V	F		F	F	F

8. Par définition, l'implication « $P \implies Q$ » est l'assertion « *(non P) ou Q* ». Donc l'implication « *non(Q) $\implies$ non(P)* » est équivalente à « *non(non(Q)) ou non(P)* » qui équivaut encore à « *Q ou non(P)* » et donc est équivalente à « $P \implies Q$ ». On aurait aussi pu encore une fois dresser les deux tables de vérité et voir qu'elles sont égales.

1.2. Quantificateurs

Le quantificateur $\forall$: « *pour tout* »

Une assertion P peut dépendre d'un paramètre x, par exemple « $x^2 \geqslant 1$ », l'assertion $P(x)$ est vraie ou fausse selon la valeur de x.
L'assertion
$$\forall x \in E \quad P(x)$$
est une assertion vraie lorsque les assertions $P(x)$ sont vraies pour tous les éléments x de l'ensemble E.
On lit « *Pour tout x appartenant à E, $P(x)$* », sous-entendu « *Pour tout x appartenant à E, $P(x)$ est vraie* ».
Par exemple :
- « $\forall x \in [1, +\infty[\quad (x^2 \geqslant 1)$ » est une assertion vraie.
- « $\forall x \in \mathbb{R} \quad (x^2 \geqslant 1)$ » est une assertion fausse.
- « $\forall n \in \mathbb{N} \quad n(n+1)$ *est divisible par* 2 » est vraie.

Le quantificateur $\exists$: « *il existe* »

L'assertion
$$\exists x \in E \quad P(x)$$
est une assertion vraie lorsque l'on peut trouver au moins un x de E pour lequel $P(x)$ est vraie. On lit « *il existe x appartenant à E tel que $P(x)$ (soit vraie)* ».
Par exemple :
- « $\exists x \in \mathbb{R} \quad (x(x-1) < 0)$ » est vraie (par exemple $x = \frac{1}{2}$ vérifie bien la propriété).
- « $\exists n \in \mathbb{N} \quad n^2 - n > n$ » est vraie (il y a plein de choix, par exemple $n = 3$ convient, mais aussi $n = 10$ ou même $n = 100$, un seul suffit pour dire que l'assertion est vraie).
- « $\exists x \in \mathbb{R} \quad (x^2 = -1)$ » est fausse (aucun réel au carré ne donnera un nombre négatif).

La négation des quantificateurs

> La négation de « $\forall x \in E \quad P(x)$ » est « $\exists x \in E \quad \text{non } P(x)$ ».

Par exemple la négation de « $\forall x \in [1,+\infty[\quad (x^2 \geqslant 1)$ » est l'assertion « $\exists x \in [1,+\infty[\quad (x^2 < 1)$ ». En effet la négation de $x^2 \geqslant 1$ est non$(x^2 \geqslant 1)$ mais s'écrit plus simplement $x^2 < 1$.

$$\boxed{\text{La négation de « } \exists x \in E \quad P(x) \text{ » est « } \forall x \in E \quad non\ P(x) \text{ ».}}$$

Voici des exemples :
- La négation de « $\exists z \in \mathbb{C} \quad (z^2 + z + 1 = 0)$ » est « $\forall z \in \mathbb{C} \quad (z^2 + z + 1 \neq 0)$ ».
- La négation de « $\forall x \in \mathbb{R} \quad (x+1 \in \mathbb{Z})$ » est « $\exists x \in \mathbb{R} \quad (x+1 \notin \mathbb{Z})$ ».
- Ce n'est pas plus difficile d'écrire la négation de phrases complexes. Pour l'assertion :
$$\forall x \in \mathbb{R} \quad \exists y > 0 \quad (x+y > 10)$$
sa négation est
$$\exists x \in \mathbb{R} \quad \forall y > 0 \quad (x+y \leqslant 10).$$

Remarques

L'ordre des quantificateurs est très important. Par exemple les deux phrases logiques

$$\forall x \in \mathbb{R} \quad \exists y \in \mathbb{R} \quad (x+y > 0) \qquad \text{et} \qquad \exists y \in \mathbb{R} \quad \forall x \in \mathbb{R} \quad (x+y > 0).$$

sont différentes. La première est vraie, la seconde est fausse. En effet une phrase logique se lit de gauche à droite, ainsi la première phrase affirme « *Pour tout réel x, il existe un réel y (qui peut donc dépendre de x) tel que $x+y > 0$.* » (par exemple on peut prendre $y = |x| + 1$). C'est donc une phrase vraie. Par contre la deuxième se lit : « *Il existe un réel y, tel que pour tout réel x, $x+y > 0$.* » Cette phrase est fausse, cela ne peut pas être le même y qui convient pour tous les x !

On retrouve la même différence dans les phrases en français suivantes. Voici une phrase vraie « *Pour toute personne, il existe un numéro de téléphone* », bien sûr le numéro dépend de la personne. Par contre cette phrase est fausse : « *Il existe un numéro, pour toutes les personnes* ». Ce serait le même numéro pour tout le monde !

Terminons avec d'autres remarques.
- Quand on écrit « $\exists x \in \mathbb{R} \quad (f(x) = 0)$ » cela signifie juste qu'il existe un réel pour lequel f s'annule. Rien ne dit que ce x est unique. Dans un premier temps vous pouvez lire la phrase ainsi : « *il existe au moins un réel x tel que $f(x) = 0$* ». Afin de préciser que f s'annule en une unique valeur, on rajoute un point d'exclamation :
$$\exists! x \in \mathbb{R} \quad (f(x) = 0).$$

- Pour la négation d'une phrase logique, il n'est pas nécessaire de savoir si la phrase est fausse ou vraie. Le procédé est algorithmique : on change le « *pour tout* » en « *il existe* » et inversement, puis on prend la négation de l'assertion *P*.
- Pour la négation d'une proposition, il faut être précis : la négation de l'inégalité stricte « < » est l'inégalité large « ⩾ », et inversement.
- Les quantificateurs ne sont pas des abréviations. Soit vous écrivez une phrase en français : « *Pour tout réel x, si $f(x) = 1$ alors $x \geqslant 0$.* » , soit vous écrivez la phrase logique :
$$\forall x \in \mathbb{R} \quad (f(x) = 1 \implies x \geqslant 0).$$
Mais surtout n'écrivez pas « $\forall x$ *réel, si* $f(x) = 1 \implies x$ *positif ou nul* ». Enfin, pour passer d'une ligne à l'autre d'un raisonnement, préférez plutôt « *donc* » à « $\implies$ ».
- Il est défendu d'écrire $\not\exists, \not\!\!\implies$. Ces symboles n'existent pas !

Mini-exercices.

1. Écrire la table de vérité du « *ou exclusif* ». (C'est le *ou* dans la phrase « *fromage ou dessert* », l'un ou l'autre mais pas les deux.)
2. Écrire la table de vérité de « *non (P et Q)* ». Que remarquez vous ?
3. Écrire la négation de « $P \implies Q$ ».
4. Démontrer les assertions restantes de la proposition 1.
5. Écrire la négation de « $\bigl(P \text{ et } (Q \text{ ou } R)\bigr)$ ».
6. Écrire à l'aide des quantificateurs la phrase suivante : « *Pour tout nombre réel, son carré est positif* ». Puis écrire la négation.
7. Mêmes questions avec les phrases : « *Pour chaque réel, je peux trouver un entier relatif tel que leur produit soit strictement plus grand que 1* ». Puis « *Pour tout entier n, il existe un unique réel x tel que* $\exp(x)$ *égale n* ».

2. Raisonnements

Voici des méthodes classiques de raisonnements.

2.1. Raisonnement direct

On veut montrer que l'assertion « $P \implies Q$ » est vraie. On suppose que P est vraie et on montre qu'alors Q est vraie. C'est la méthode à laquelle vous êtes le plus habitué.

Exemple 1.
Montrer que si $a, b \in \mathbb{Q}$ alors $a + b \in \mathbb{Q}$.

Démonstration. Prenons $a \in \mathbb{Q}$, $b \in \mathbb{Q}$. Rappelons que les rationnels $\mathbb{Q}$ sont l'ensemble des réels s'écrivant $\frac{p}{q}$ avec $p \in \mathbb{Z}$ et $q \in \mathbb{N}^*$.

Alors $a = \frac{p}{q}$ pour un certain $p \in \mathbb{Z}$ et un certain $q \in \mathbb{N}^*$. De même $b = \frac{p'}{q'}$ avec $p' \in \mathbb{Z}$ et $q' \in \mathbb{N}^*$. Maintenant

$$a + b = \frac{p}{q} + \frac{p'}{q'} = \frac{pq' + qp'}{qq'}.$$

Or le numérateur $pq' + qp'$ est bien un élément de $\mathbb{Z}$; le dénominateur qq' est lui un élément de $\mathbb{N}^*$. Donc $a + b$ s'écrit bien de la forme $a + b = \frac{p''}{q''}$ avec $p'' \in \mathbb{Z}$, $q'' \in \mathbb{N}^*$. Ainsi $a + b \in \mathbb{Q}$. □

2.2. Cas par cas

Si l'on souhaite vérifier une assertion $P(x)$ pour tous les x dans un ensemble E, on montre l'assertion pour les x dans une partie A de E, puis pour les x n'appartenant pas à A. C'est la méthode de **disjonction** ou du **cas par cas**.

Exemple 2.
Montrer que pour tout $x \in \mathbb{R}$, $|x - 1| \leqslant x^2 - x + 1$.

Démonstration. Soit $x \in \mathbb{R}$. Nous distinguons deux cas.
Premier cas : $x \geqslant 1$. Alors $|x - 1| = x - 1$. Calculons alors $x^2 - x + 1 - |x - 1|$.
$$\begin{aligned} x^2 - x + 1 - |x - 1| &= x^2 - x + 1 - (x - 1) \\ &= x^2 - 2x + 2 \\ &= (x - 1)^2 + 1 \geqslant 0. \end{aligned}$$

Ainsi $x^2 - x + 1 - |x-1| \geq 0$ et donc $x^2 - x + 1 \geq |x-1|$.
Deuxième cas : $x < 1$. Alors $|x-1| = -(x-1)$. Nous obtenons $x^2 - x + 1 - |x-1| = x^2 - x + 1 + (x-1) = x^2 \geq 0$. Et donc $x^2 - x + 1 \geq |x-1|$.
Conclusion. Dans tous les cas $|x-1| \leq x^2 - x + 1$. □

2.3. Contraposée

Le raisonnement par **contraposition** est basé sur l'équivalence suivante (voir la proposition 1) :

> L'assertion « $P \implies Q$ » est équivalente à « $non(Q) \implies non(P)$ ».

Donc si l'on souhaite montrer l'assertion « $P \implies Q$ », on montre en fait que si $non(Q)$ est vraie alors $non(P)$ est vraie.

Exemple 3.
Soit $n \in \mathbb{N}$. Montrer que si n^2 est pair alors n est pair.

Démonstration. Nous supposons que n n'est pas pair. Nous voulons montrer qu'alors n^2 n'est pas pair. Comme n n'est pas pair, il est impair et donc il existe $k \in \mathbb{N}$ tel que $n = 2k+1$. Alors $n^2 = (2k+1)^2 = 4k^2 + 4k + 1 = 2\ell + 1$ avec $\ell = 2k^2 + 2k \in \mathbb{N}$. Et donc n^2 est impair.
Conclusion : nous avons montré que si n est impair alors n^2 est impair. Par contraposition ceci est équivalent à : si n^2 est pair alors n est pair. □

2.4. Absurde

Le **raisonnement par l'absurde** pour montrer « $P \implies Q$ » repose sur le principe suivant : on suppose à la fois que P est vraie et que Q est fausse et on cherche une contradiction. Ainsi si P est vraie alors Q doit être vraie et donc « $P \implies Q$ » est vraie.

Exemple 4.
Soient $a, b \geq 0$. Montrer que si $\frac{a}{1+b} = \frac{b}{1+a}$ alors $a = b$.

Démonstration. Nous raisonnons par l'absurde en supposant que $\frac{a}{1+b} = \frac{b}{1+a}$ et $a \neq b$. Comme $\frac{a}{1+b} = \frac{b}{1+a}$ alors $a(1+a) = b(1+b)$ donc $a + a^2 = b + b^2$ d'où $a^2 - b^2 = b - a$. Cela conduit à $(a-b)(a+b) = -(a-b)$. Comme $a \neq b$ alors $a - b \neq 0$ et donc en divisant par $a-b$ on obtient $a+b=-1$. La somme des deux nombres positifs a et b ne peut être négative. Nous obtenons une contradiction.

Conclusion : si $\frac{a}{1+b}=\frac{b}{1+a}$ alors $a=b$. □

Dans la pratique, on peut choisir indifféremment entre un raisonnement par contraposition ou par l'absurde. Attention cependant de bien préciser quel type de raisonnement vous choisissez et surtout de ne pas changer en cours de rédaction !

2.5. Contre-exemple

Si l'on veut montrer qu'une assertion du type « $\forall x \in E \quad P(x)$ » est vraie alors pour chaque x de E il faut montrer que $P(x)$ est vraie. Par contre pour montrer que cette assertion est fausse alors il suffit de trouver $x \in E$ tel que $P(x)$ soit fausse. (Rappelez-vous la négation de « $\forall x \in E \quad P(x)$ » est « $\exists x \in E \quad non\ P(x)$ ».) Trouver un tel x c'est trouver un **contre-exemple** à l'assertion « $\forall x \in E \quad P(x)$ ».

Exemple 5.

Montrer que l'assertion suivante est fausse « *Tout entier positif est somme de trois carrés* ».

(Les carrés sont les 0^2, 1^2, 2^2, 3^2,... Par exemple $6=2^2+1^2+1^2$.)

Démonstration. Un contre-exemple est 7 : les carrés inférieurs à 7 sont 0, 1, 4 mais avec trois de ces nombres on ne peut faire 7. □

2.6. Récurrence

Le **principe de récurrence** permet de montrer qu'une assertion $P(n)$, dépendant de n, est vraie pour tout $n \in \mathbb{N}$. La démonstration par récurrence se déroule en trois étapes : lors de l'**initialisation** on prouve $P(0)$. Pour l'étape d'**hérédité**, on suppose $n \geqslant 0$ donné avec $P(n)$ vraie, et on démontre alors que l'assertion $P(n+1)$ au rang suivant est vraie. Enfin dans la **conclusion**, on rappelle que par le principe de récurrence $P(n)$ est vraie pour tout $n \in \mathbb{N}$.

Exemple 6.

Montrer que pour tout $n \in \mathbb{N}$, $2^n > n$.

Démonstration. Pour $n \geqslant 0$, notons $P(n)$ l'assertion suivante :

$$2^n > n.$$

Nous allons démontrer par récurrence que $P(n)$ est vraie pour tout $n \geqslant 0$.

Initialisation. Pour $n = 0$ nous avons $2^0 = 1 > 0$. Donc $P(0)$ est vraie.

Hérédité. Fixons $n \geqslant 0$. Supposons que $P(n)$ soit vraie. Nous allons montrer que $P(n+1)$ est vraie.

$$2^{n+1} = 2^n + 2^n > n + 2^n \qquad \text{car par } P(n) \text{ nous savons } 2^n > n,$$
$$> n + 1 \qquad \text{car } 2^n \geqslant 1.$$

Donc $P(n+1)$ est vraie.

Conclusion. Par le principe de récurrence $P(n)$ est vraie pour tout $n \geqslant 0$, c'est-à-dire $2^n > n$ pour tout $n \geqslant 0$. □

Remarques :
- La rédaction d'une récurrence est assez rigide. Respectez scrupuleusement la rédaction proposée : donnez un nom à l'assertion que vous souhaitez montrer (ici $P(n)$), respectez les trois étapes (même si souvent l'étape d'initialisation est très facile). En particulier méditez et conservez la première ligne de l'hérédité « Fixons $n \geqslant 0$. Supposons que $P(n)$ soit vraie. Nous allons montrer que $P(n+1)$ est vraie. »
- Si on doit démontrer qu'une propriété est vraie pour tout $n \geqslant n_0$, alors on commence l'initialisation au rang n_0.
- Le principe de récurrence est basé sur la construction de l'ensemble $\mathbb{N}$. En effet un des axiomes pour définir $\mathbb{N}$ est le suivant : « *Soit A une partie de $\mathbb{N}$ qui contient 0 et telle que si $n \in A$ alors $n + 1 \in A$. Alors $A = \mathbb{N}$* ».

Mini-exercices.

1. (Raisonnement direct) Soient $a, b \in \mathbb{R}_+$. Montrer que si $a \leqslant b$ alors $a \leqslant \frac{a+b}{2} \leqslant b$ et $a \leqslant \sqrt{ab} \leqslant b$.

2. (Cas par cas) Montrer que pour tout $n \in \mathbb{N}$, $n(n+1)$ est divisible par 2 (distinguer les n pairs des n impairs).

3. (Contraposée ou absurde) Soient $a, b \in \mathbb{Z}$. Montrer que si $b \neq 0$ alors $a + b\sqrt{2} \notin \mathbb{Q}$. (On utilisera que $\sqrt{2} \notin \mathbb{Q}$.)

4. (Absurde) Soit $n \in \mathbb{N}^*$. Montrer que $\sqrt{n^2 + 1}$ n'est pas un entier.

5. (Contre-exemple) Est-ce que pour tout $x \in \mathbb{R}$ on a $x < 2 \implies x^2 < 4$?

6. (Récurrence) Montrer que pour tout $n \geqslant 1$, $1 + 2 + \cdots + n = \frac{n(n+1)}{2}$.

7. (Récurrence) Fixons un réel $x \geqslant 0$. Montrer que pour tout entier $n \geqslant 1$, $(1+x)^n \geqslant 1 + nx$.

Auteurs du chapitre Arnaud Bodin, Benjamin Boutin, Pascal Romon

Ensembles et applications

Chapitre 2

Motivations

Au début du xx$^\text{e}$ siècle le professeur Frege peaufinait la rédaction du second tome d'un ouvrage qui souhaitait refonder les mathématiques sur des bases logiques. Il reçut une lettre d'un tout jeune mathématicien : « *J'ai bien lu votre premier livre. Malheureusement vous supposez qu'il existe un ensemble qui contient tous les ensembles. Un tel ensemble ne peut exister.* » S'ensuit une démonstration de deux lignes. Tout le travail de Frege s'écroulait et il ne s'en remettra jamais. Le jeune Russell deviendra l'un des plus grands logiciens et philosophes de son temps. Il obtient le prix Nobel de littérature en 1950.

Voici le « paradoxe de Russell » pour montrer que l'ensemble de tous les ensembles ne peut exister. C'est très bref, mais difficile à appréhender. Par l'absurde, supposons qu'un tel ensemble $\mathscr{E}$ contenant tous les ensembles existe. Considérons

$$F = \left\{ E \in \mathscr{E} \mid E \notin E \right\}.$$

Expliquons l'écriture $E \notin E$: le E de gauche est considéré comme un élément, en effet l'ensemble $\mathscr{E}$ est l'ensemble de tous les ensembles et E est un élément de cet ensemble ; le E de droite est considéré comme un ensemble, en effet les élément de $\mathscr{E}$ sont des ensembles ! On peut donc s'interroger si l'élément E appartient à l'ensemble E. Si non, alors par définition on met E dans l'ensemble F.

La contradiction arrive lorsque l'on se pose la question suivante : a-t-on $F \in F$ ou $F \notin F$? L'une des deux affirmation doit être vraie. Et pourtant :

- Si $F \in F$ alors par définition de F, F est l'un des ensembles E tel que $F \notin F$. Ce qui est contradictoire.

- Si $F \notin F$ alors F vérifie bien la propriété définissant F donc $F \in F$! Encore contradictoire.

Aucun des cas n'est possible. On en déduit qu'il ne peut exister un tel ensemble $\mathscr{E}$ contenant tous les ensembles.

Ce paradoxe a été popularisé par l'énigme suivante : *« Dans une ville, le barbier rase tous ceux qui ne se rasent pas eux-mêmes. Qui rase le barbier ? »* La seule réponse valable est qu'une telle situation ne peut exister.

Ne vous inquiétez pas, Russell et d'autres ont fondé la logique et les ensembles sur des bases solides. Cependant il n'est pas possible dans ce cours de tout redéfinir. Heureusement, vous connaissez déjà quelques ensembles :
- l'ensemble des entiers naturels $\mathbb{N} = \{0, 1, 2, 3, \ldots\}$.
- l'ensemble des entiers relatifs $\mathbb{Z} = \{\ldots, -2, -1, 0, 1, 2, \ldots\}$.
- l'ensemble des rationnels $\mathbb{Q} = \left\{ \frac{p}{q} \mid p \in \mathbb{Z}, q \in \mathbb{N} \setminus \{0\} \right\}$.
- l'ensemble des réels $\mathbb{R}$, par exemple $1, \sqrt{2}, \pi, \ln(2), \ldots$
- l'ensemble des nombres complexes $\mathbb{C}$.

Nous allons essayer de voir les propriétés des ensembles, sans s'attacher à un exemple particulier. Vous vous apercevrez assez rapidement que ce qui est au moins aussi important que les ensembles, ce sont les relations entre ensembles : ce sera la notion d'application (ou fonction) entre deux ensembles.

1. Ensembles

1.1. Définir des ensembles

- On va définir informellement ce qu'est un ensemble : un **ensemble** est une collection d'éléments.
- Exemples :
$$\{0, 1\}, \quad \{\text{rouge}, \text{noir}\}, \quad \{0, 1, 2, 3, \ldots\} = \mathbb{N}.$$
- Un ensemble particulier est l'**ensemble vide**, noté $\emptyset$ qui est l'ensemble ne contenant aucun élément.
- On note
$$\boxed{x \in E}$$
si x est un élément de E, et $x \notin E$ dans le cas contraire.

- Voici une autre façon de définir des ensembles : une collection d'éléments qui vérifient une propriété.
- Exemples :
$$\{x \in \mathbb{R} \mid |x-2| < 1\}, \quad \{z \in \mathbb{C} \mid z^5 = 1\}, \quad \{x \in \mathbb{R} \mid 0 \leqslant x \leqslant 1\} = [0,1].$$

1.2. Inclusion, union, intersection, complémentaire

- L'**inclusion**. $E \subset F$ si tout élément de E est aussi un élément de F. Autrement dit : $\forall x \in E \ (x \in F)$. On dit alors que E est un **sous-ensemble** de F ou une **partie** de F.
- L'**égalité**. $E = F$ si et seulement si $E \subset F$ et $F \subset E$.
- **Ensemble des parties** de E. On note $\mathscr{P}(E)$ l'ensemble des parties de E. Par exemple si $E = \{1, 2, 3\}$:
$$\mathscr{P}(\{1,2,3\}) = \{\emptyset, \{1\}, \{2\}, \{3\}, \{1,2\}, \{1,3\}, \{2,3\}, \{1,2,3\}\}.$$
- **Complémentaire**. Si $A \subset E$,
$$\complement_E A = \{x \in E \mid x \notin A\}$$
On le note aussi $E \setminus A$ et juste $\complement A$ s'il n'y a pas d'ambiguïté (et parfois aussi A^c ou $\overline{A}$).

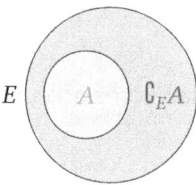

- **Union**. Pour $A, B \subset E$,
$$A \cup B = \{x \in E \mid x \in A \text{ ou } x \in B\}$$
Le « ou » n'est pas exclusif : x peut appartenir à A et à B en même temps.

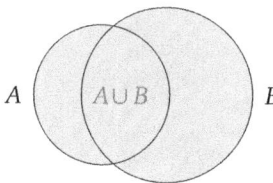

- **Intersection**.
$$A \cap B = \{x \in E \mid x \in A \text{ et } x \in B\}$$

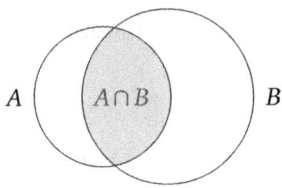

1.3. Règles de calculs

Soient A, B, C des parties d'un ensemble E.

- $A \cap B = B \cap A$
- $A \cap (B \cap C) = (A \cap B) \cap C$ (on peut donc écrire $A \cap B \cap C$ sans ambigüité)
- $A \cap \emptyset = \emptyset$, $A \cap A = A$, $A \subset B \iff A \cap B = A$

- $A \cup B = B \cup A$
- $A \cup (B \cup C) = (A \cup B) \cup C$ (on peut donc écrire $A \cup B \cup C$ sans ambiguïté)
- $A \cup \emptyset = A$, $A \cup A = A$, $A \subset B \iff A \cup B = B$

- $\boxed{A \cap (B \cup C) = (A \cap B) \cup (A \cap C)}$
- $\boxed{A \cup (B \cap C) = (A \cup B) \cap (A \cup C)}$

- $\complement(\complement A) = A$ et donc $A \subset B \iff \complement B \subset \complement A$
- $\complement(A \cap B) = \complement A \cup \complement B$
- $\complement(A \cup B) = \complement A \cap \complement B$

Voici les dessins pour les deux dernières assertions.

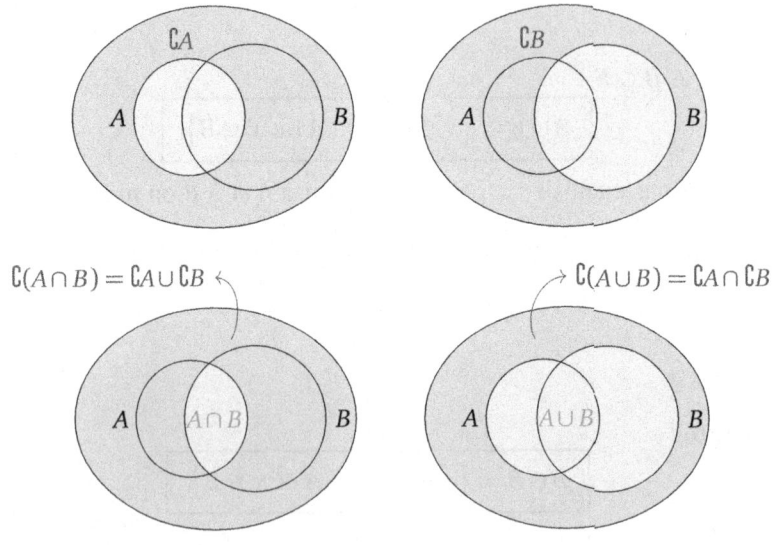

Les preuves sont pour l'essentiel une reformulation des opérateurs logiques, en voici quelques-unes :
- Preuve de $A \cap (B \cup C) = (A \cap B) \cup (A \cap C)$: $x \in A \cap (B \cup C) \iff x \in A$ et $x \in (B \cup C) \iff x \in A$ et $(x \in B$ ou $x \in C) \iff (x \in A$ et $x \in B)$ ou $(x \in A$ et $x \in C) \iff (x \in A \cap B)$ ou $(x \in A \cap C) \iff x \in (A \cap B) \cup (A \cap C)$.
- Preuve de $\complement(A \cap B) = \complement A \cup \complement B$: $x \in \complement(A \cap B) \iff x \notin (A \cap B) \iff \text{non}(x \in A \cap B) \iff \text{non}(x \in A$ et $x \in B) \iff \text{non}(x \in A)$ ou $\text{non}(x \in B) \iff x \notin A$ ou $x \notin B \iff x \in \complement A \cup \complement B$.

Remarquez que l'on repasse aux éléments pour les preuves.

1.4. Produit cartésien

Soient E et F deux ensembles. Le **produit cartésien**, noté $E \times F$, est l'ensemble des couples (x, y) où $x \in E$ et $y \in F$.

Exemple 1.

1. Vous connaissez $\mathbb{R}^2 = \mathbb{R} \times \mathbb{R} = \{(x, y) \mid x, y \in \mathbb{R}\}$.
2. Autre exemple $[0, 1] \times \mathbb{R} = \{(x, y) \mid 0 \leqslant x \leqslant 1, y \in \mathbb{R}\}$

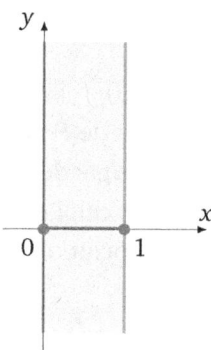

3. $[0, 1] \times [0, 1] \times [0, 1] = \{(x, y, z) \mid 0 \leqslant x, y, z \leqslant 1\}$

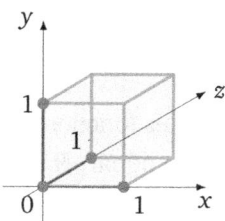

Mini-exercices.

1. En utilisant les définitions, montrer : $A \neq B$ si et seulement s'il existe $a \in A \setminus B$ ou $b \in B \setminus A$.

2. Énumérer $\mathscr{P}(\{1,2,3,4\})$.

3. Montrer $A \cup (B \cap C) = (A \cup B) \cap (A \cup C)$ et $\complement(A \cup B) = \complement A \cap \complement B$.

4. Énumérer $\{1,2,3\} \times \{1,2,3,4\}$.

5. Représenter les sous-ensembles de $\mathbb{R}^2$ suivants : $\big(]0,1[\cup[2,3[\big) \times [-1,1]$, $\big(\mathbb{R} \setminus (]0,1[\cup[2,3[)\big) \times \big((\mathbb{R} \setminus [-1,1]) \cap [0,2]\big)$.

2. Applications

2.1. Définitions

- Une **application** (ou une **fonction**) $f : E \to F$, c'est la donnée pour chaque élément $x \in E$ d'un unique élément de F noté $f(x)$.

  Nous représenterons les applications par deux types d'illustrations : les ensembles « patates », l'ensemble de départ (et celui d'arrivée) est schématisé par un ovale ses éléments par des points. L'association $x \mapsto f(x)$ est représentée par une flèche.

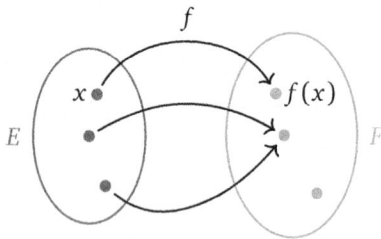

L'autre représentation est celle des fonctions continues de $\mathbb{R}$ dans $\mathbb{R}$ (ou des sous-ensembles de $\mathbb{R}$). L'ensemble de départ $\mathbb{R}$ est représenté par l'axe des abscisses et celui d'arrivée par l'axe des ordonnées. L'association $x \mapsto f(x)$ est représentée par le point $(x, f(x))$.

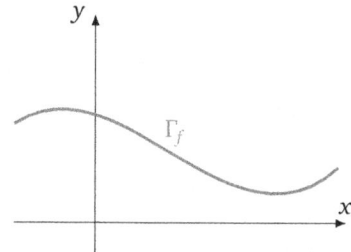

- **Égalité**. Deux applications $f, g : E \to F$ sont égales si et seulement si pour tout $x \in E$, $f(x) = g(x)$. On note alors $f = g$.
- Le **graphe** de $f : E \to F$ est
$$\Gamma_f = \left\{ \big(x, f(x)\big) \in E \times F \mid x \in E \right\}$$

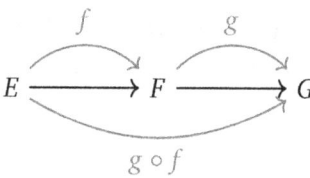

- **Composition**. Soient $f : E \to F$ et $g : F \to G$ alors $g \circ f : E \to G$ est l'application définie par $g \circ f(x) = g\big(f(x)\big)$.

- **Restriction**. Soient $f : E \to F$ et $A \subset E$ alors la restriction de f à A est l'application
$$f_{|A} : A \longrightarrow F$$
$$x \longmapsto f(x)$$

Exemple 2.

1. L'**identité**, $\mathrm{id}_E : E \to E$ est simplement définie par $x \mapsto x$ et sera très utile dans la suite.
2. Définissons f, g ainsi
$$f : \,]0, +\infty[\,\longrightarrow\,]0, +\infty[\qquad g : \,]0, +\infty[\,\longrightarrow\, \mathbb{R}$$
$$x \longmapsto \tfrac{1}{x} \,, \qquad\qquad x \longmapsto \tfrac{x-1}{x+1}\,.$$

Alors $g \circ f :]0,+\infty[\to \mathbb{R}$ vérifie pour tout $x \in]0,+\infty[$:

$$g \circ f(x) = g(f(x)) = g\left(\frac{1}{x}\right) = \frac{\frac{1}{x}-1}{\frac{1}{x}+1} = \frac{1-x}{1+x} = -g(x).$$

2.2. Image directe, image réciproque

Soient E, F deux ensembles.

Définition 1.
Soit $A \subset E$ et $f : E \to F$, l'**image directe** de A par f est l'ensemble
$$f(A) = \{f(x) \mid x \in A\}$$

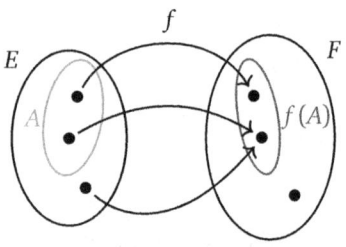
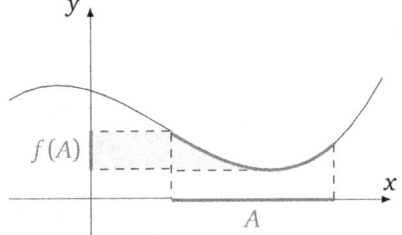

Définition 2.
Soit $B \subset F$ et $f : E \to F$, l'**image réciproque** de B par f est l'ensemble
$$f^{-1}(B) = \{x \in E \mid f(x) \in B\}$$

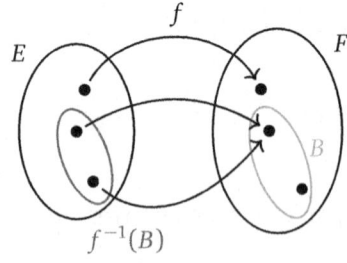
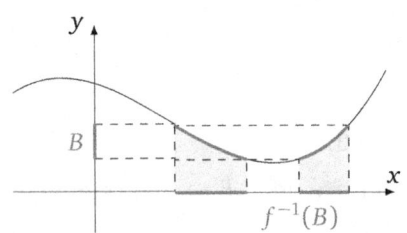

Remarque.
Ces notions sont plus difficiles à maîtriser qu'il n'y paraît !
- $f(A)$ est un sous-ensemble de F, $f^{-1}(B)$ est un sous-ensemble de E.
- La notation « $f^{-1}(B)$ » est un tout, rien ne dit que f est un fonction bijective (voir plus loin). L'image réciproque existe quelque soit la fonction.
- L'image directe d'un singleton $f(\{x\}) = \{f(x)\}$ est un singleton. Par contre l'image réciproque d'un singleton $f^{-1}(\{y\})$ dépend de f. Cela peut être un singleton, un ensemble à plusieurs éléments ; mais cela peut-être E tout entier (si f est une fonction constante) ou même l'ensemble vide (si aucune image par f ne vaut y).

2.3. Antécédents

Fixons $y \in F$. Tout élément $x \in E$ tel que $f(x) = y$ est un **antécédent** de y.
En termes d'image réciproque l'ensemble des antécédents de y est $f^{-1}(\{y\})$.

Sur les dessins suivants, l'élément y admet 3 antécédents par f. Ce sont x_1, x_2, x_3.

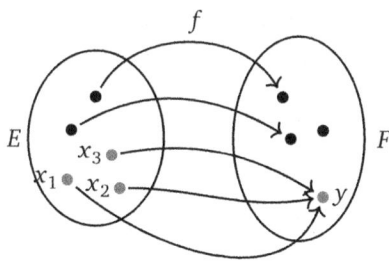
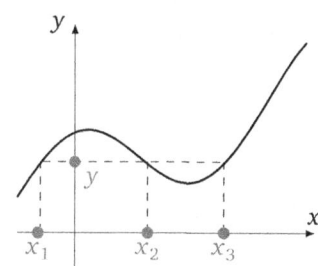

Mini-exercices.

1. Pour deux applications $f, g : E \to F$, quelle est la négation de $f = g$?
2. Représenter le graphe de $f : \mathbb{N} \to \mathbb{R}$ définie par $n \mapsto \frac{4}{n+1}$.
3. Soient $f, g, h : \mathbb{R} \to \mathbb{R}$ définies par $f(x) = x^2$, $g(x) = 2x + 1$, $h(x) = x^3 - 1$. Calculer $f \circ (g \circ h)$ et $(f \circ g) \circ h$.
4. Pour la fonction $f : \mathbb{R} \to \mathbb{R}$ définie par $x \mapsto x^2$ représenter et calculer les ensembles suivants : $f([0, 1[)$, $f(\mathbb{R})$, $f(]-1, 2[)$, $f^{-1}([1, 2[)$, $f^{-1}([-1, 1])$, $f^{-1}(\{3\})$, $f^{-1}(\mathbb{R} \setminus \mathbb{N})$.

3. Injection, surjection, bijection

3.1. Injection, surjection

Soit E, F deux ensembles et $f : E \to F$ une application.

> **Définition 3.**
> f est **injective** si pour tout $x, x' \in E$ avec $f(x) = f(x')$ alors $x = x'$. Autrement dit :
> $$\boxed{\forall x, x' \in E \quad \bigl(f(x) = f(x') \implies x = x'\bigr)}$$

> **Définition 4.**
> f est **surjective** si pour tout $y \in F$, il existe $x \in E$ tel que $y = f(x)$. Autrement dit :
> $$\boxed{\forall y \in F \quad \exists x \in E \quad \bigl(y = f(x)\bigr)}$$

Une autre formulation : f est surjective si et seulement si $f(E) = F$.

Les applications f représentées sont injectives :

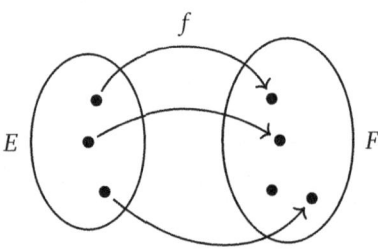 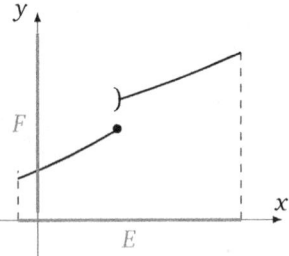

Les applications f représentées sont surjectives :

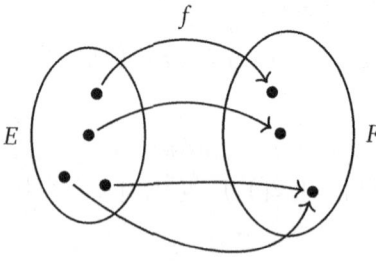 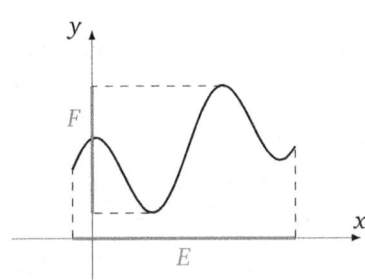

Remarque.

Encore une fois ce sont des notions difficiles à appréhender. Une autre façon de formuler l'injectivité et la surjectivité est d'utiliser les antécédents.

- f est injective si et seulement si tout élément y de F a *au plus* un antécédent (et éventuellement aucun).
- f est surjective si et seulement si tout élément y de F a *au moins* un antécédent.

Remarque.

Voici deux fonctions non injectives :

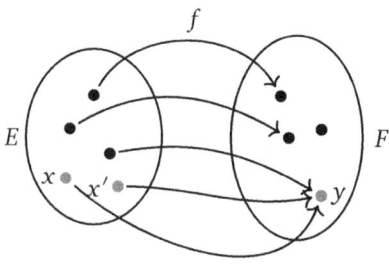 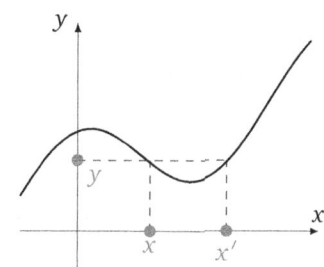

Ainsi que deux fonctions non surjectives :

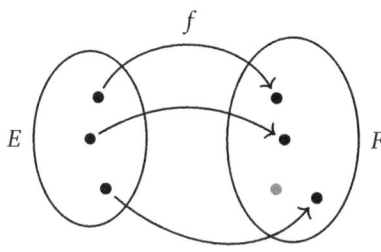 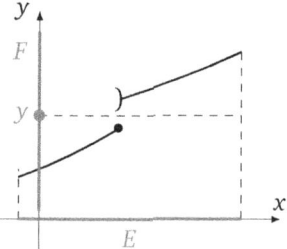

Exemple 3.

1. Soit $f_1 : \mathbb{N} \to \mathbb{Q}$ définie par $f_1(x) = \frac{1}{1+x}$. Montrons que f_1 est injective : soit $x, x' \in \mathbb{N}$ tels que $f_1(x) = f_1(x')$. Alors $\frac{1}{1+x} = \frac{1}{1+x'}$, donc $1 + x = 1 + x'$ et donc $x = x'$. Ainsi f_1 est injective.

    Par contre f_1 n'est pas surjective. Il s'agit de trouver un élément y qui n'a pas d'antécédent par f_1. Ici il est facile de voir que l'on a toujours $f_1(x) \leqslant 1$ et donc par exemple $y = 2$ n'a pas d'antécédent. Ainsi f_1 n'est pas surjective.

2. Soit $f_2 : \mathbb{Z} \to \mathbb{N}$ définie par $f_2(x) = x^2$. Alors f_2 n'est pas injective. En effet on peut trouver deux éléments $x, x' \in \mathbb{Z}$ différents tels que $f_2(x) = f_2(x')$. Il suffit de prendre par exemple $x = 2$, $x' = -2$.

f_2 n'est pas non plus surjective, en effet il existe des éléments $y \in \mathbb{N}$ qui n'ont aucun antécédent. Par exemple $y = 3$: si $y = 3$ avait un antécédent x par f_2, nous aurions $f_2(x) = y$, c'est-à-dire $x^2 = 3$, d'où $x = \pm\sqrt{3}$. Mais alors x n'est pas un entier de $\mathbb{Z}$. Donc $y = 3$ n'a pas d'antécédent et f_2 n'est pas surjective.

3.2. Bijection

Définition 5.

f est **bijective** si elle injective et surjective. Cela équivaut à : pour tout $y \in F$ il existe un unique $x \in E$ tel que $y = f(x)$. Autrement dit :

$$\forall y \in F \quad \exists! x \in E \quad \bigl(y = f(x)\bigr)$$

L'existence du x vient de la surjectivité et l'unicité de l'injectivité. Autrement dit, tout élément de F a un unique antécédent par f.

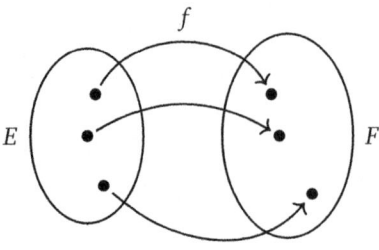 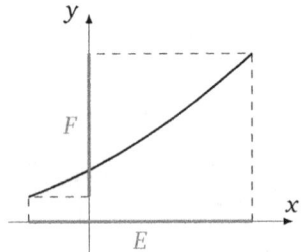

Proposition 1.

Soit E, F des ensembles et $f : E \to F$ une application.

1. L'application f est bijective si et seulement si il existe une application $g : F \to E$ telle que $f \circ g = \mathrm{id}_F$ et $g \circ f = \mathrm{id}_E$.

2. Si f est bijective alors l'application g est unique et elle aussi est bijective. L'application g s'appelle la **bijection réciproque** de f et est notée f^{-1}. De plus $\bigl(f^{-1}\bigr)^{-1} = f$.

Remarque.
- $f \circ g = \mathrm{id}_F$ se reformule ainsi
$$\forall y \in F \quad f\bigl(g(y)\bigr) = y.$$
- Alors que $g \circ f = \mathrm{id}_E$ s'écrit :
$$\forall x \in E \quad g\bigl(f(x)\bigr) = x.$$
- Par exemple $f : \mathbb{R} \to\,]0,+\infty[$ définie par $f(x) = \exp(x)$ est bijective, sa bijection réciproque est $g :\,]0,+\infty[\,\to \mathbb{R}$ définie par $g(y) = \ln(y)$. Nous avons bien $\exp\bigl(\ln(y)\bigr) = y$, pour tout $y \in\,]0,+\infty[$ et $\ln\bigl(\exp(x)\bigr) = x$, pour tout $x \in \mathbb{R}$.

Démonstration.

1. - Sens $\Rightarrow$. Supposons f bijective. Nous allons construire une application $g : F \to E$. Comme f est surjective alors pour chaque $y \in F$, il existe un $x \in E$ tel que $y = f(x)$ et on pose $g(y) = x$. On a $f\bigl(g(y)\bigr) = f(x) = y$, ceci pour tout $y \in F$ et donc $f \circ g = \mathrm{id}_F$. On compose à droite avec f donc $f \circ g \circ f = \mathrm{id}_F \circ f$. Alors pour tout $x \in E$ on a $f\bigl(g \circ f(x)\bigr) = f(x)$ or f est injective et donc $g \circ f(x) = x$. Ainsi $g \circ f = \mathrm{id}_E$. Bilan : $f \circ g = \mathrm{id}_F$ et $g \circ f = \mathrm{id}_E$.
   - Sens $\Leftarrow$. Supposons que g existe et montrons que f est bijective.
     — f est surjective : en effet soit $y \in F$ alors on note $x = g(y) \in E$; on a bien : $f(x) = f\bigl(g(y)\bigr) = f \circ g(y) = \mathrm{id}_F(y) = y$, donc f est bien surjective.
     — f est injective : soient $x, x' \in E$ tels que $f(x) = f(x')$. On compose par g (à gauche) alors $g \circ f(x) = g \circ f(x')$ donc $\mathrm{id}_E(x) = \mathrm{id}_E(x')$ donc $x = x'$; f est bien injective.

2. - Si f est bijective alors g est aussi bijective car $g \circ f = \mathrm{id}_E$ et $f \circ g = \mathrm{id}_F$ et on applique ce que l'on vient de démontrer avec g à la place de f. Ainsi $g^{-1} = f$.
   - Si f est bijective, g est unique : en effet soit $h : F \to E$ une autre application telle que $h \circ f = \mathrm{id}_E$ et $f \circ h = \mathrm{id}_F$; en particulier $f \circ h = \mathrm{id}_F = f \circ g$, donc pour tout $y \in F$, $f\bigl(h(y)\bigr) = f\bigl(g(y)\bigr)$ or f est injective alors $h(y) = g(y)$, ceci pour tout $y \in F$; d'où $h = g$.

$\square$

Proposition 2.

Soient $f : E \to F$ et $g : F \to G$ des applications bijectives. L'application $g \circ f$ est bijective et sa bijection réciproque est

$$(g \circ f)^{-1} = f^{-1} \circ g^{-1}$$

Démonstration. D'après la proposition 1, il existe $u : F \to E$ tel que $u \circ f = \mathrm{id}_E$ et $f \circ u = \mathrm{id}_F$. Il existe aussi $v : G \to F$ tel que $v \circ g = \mathrm{id}_F$ et $g \circ v = \mathrm{id}_G$. On a alors $(g \circ f) \circ (u \circ v) = g \circ (f \circ u) \circ v = g \circ \mathrm{id}_F \circ v = g \circ v = \mathrm{id}_E$. Et $(u \circ v) \circ (g \circ f) = u \circ (v \circ g) \circ f = u \circ \mathrm{id}_F \circ f = u \circ f = \mathrm{id}_E$. Donc $g \circ f$ est bijective et son inverse est $u \circ v$. Comme u est la bijection réciproque de f et v celle de g alors : $u \circ v = f^{-1} \circ g^{-1}$. □

Mini-exercices.

1. Les fonctions suivantes sont-elles injectives, surjectives, bijectives ?
    - $f_1 : \mathbb{R} \to [0, +\infty[,\ x \mapsto x^2$.
    - $f_2 : [0, +\infty[\to [0, +\infty[,\ x \mapsto x^2$.
    - $f_3 : \mathbb{N} \to \mathbb{N},\ x \mapsto x^2$.
    - $f_4 : \mathbb{Z} \to \mathbb{Z},\ x \mapsto x - 7$.
    - $f_5 : \mathbb{R} \to [0, +\infty[,\ x \mapsto |x|$.

2. Montrer que la fonction $f :]1, +\infty[\to]0, +\infty[$ définie par $f(x) = \frac{1}{x-1}$ est bijective. Calculer sa bijection réciproque.

4. Ensembles finis

4.1. Cardinal

Définition 6.
Un ensemble E est **fini** s'il existe un entier $n \in \mathbb{N}$ et une bijection de E vers $\{1, 2, \ldots, n\}$. Cet entier n est unique et s'appelle le **cardinal** de E (ou le **nombre d'éléments**) et est noté $\mathrm{Card}\, E$.

Quelques exemples :

1. $E = \{\text{rouge}, \text{noir}\}$ est en bijection avec $\{1, 2\}$ et donc est de cardinal 2.

2. $\mathbb{N}$ n'est pas un ensemble fini.

3. Par définition le cardinal de l'ensemble vide est 0.

Enfin quelques propriétés :

1. Si A est un ensemble fini et $B \subset A$ alors B est aussi un ensemble fini et $\operatorname{Card} B \leqslant \operatorname{Card} A$.

2. Si A, B sont des ensembles finis disjoints (c'est-à-dire $A \cap B = \emptyset$) alors $\operatorname{Card}(A \cup B) = \operatorname{Card} A + \operatorname{Card} B$.

3. Si A est un ensemble fini et $B \subset A$ alors $\operatorname{Card}(A \setminus B) = \operatorname{Card} A - \operatorname{Card} B$. En particulier si $B \subset A$ et $\operatorname{Card} A = \operatorname{Card} B$ alors $A = B$.

4. Enfin pour A, B deux ensembles finis quelconques :

$$\boxed{\operatorname{Card}(A \cup B) = \operatorname{Card} A + \operatorname{Card} B - \operatorname{Card}(A \cap B)}$$

Voici une situation où s'applique la dernière propriété :

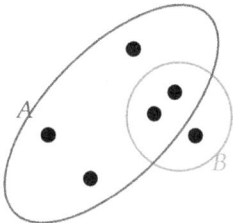

La preuve de la dernière propriété utilise la décomposition

$$A \cup B = A \cup \bigl(B \setminus (A \cap B)\bigr)$$

Les ensembles A et $B \setminus (A \cap B)$ sont disjoints, donc

$$\operatorname{Card}(A \cup B) = \operatorname{Card} A + \operatorname{Card}\bigl(B \setminus (A \cap B)\bigr) = \operatorname{Card} A + \operatorname{Card} B - \operatorname{Card}(A \cap B)$$

par la propriété 2, puis la propriété 3.

4.2. Injection, surjection, bijection et ensembles finis

Proposition 3.
Soit E, F deux ensembles finis et $f : E \to F$ une application.

1. *Si f est injective alors $\operatorname{Card} E \leqslant \operatorname{Card} F$.*
2. *Si f est surjective alors $\operatorname{Card} E \geqslant \operatorname{Card} F$.*
3. *Si f est bijective alors $\operatorname{Card} E = \operatorname{Card} F$.*

Démonstration.

1. Supposons f injective. Notons $F' = f(E) \subset F$ alors la restriction $f_| : E \to F'$ (définie par $f_|(x) = f(x)$) est une bijection. Donc pour chaque $y \in F'$ est associé un unique $x \in E$ tel que $y = f(x)$. Donc E et F' ont le même nombre d'éléments. Donc $\operatorname{Card} F' = \operatorname{Card} E$. Or $F' \subset F$, ainsi $\operatorname{Card} E = \operatorname{Card} F' \leqslant \operatorname{Card} F$.

2. Supposons f surjective. Pour tout élément $y \in F$, il existe au moins un élément x de E tel que $y = f(x)$ et donc $\operatorname{Card} E \geqslant \operatorname{Card} F$.

3. Cela découle de (1) et (2) (ou aussi de la preuve du (1)).

$\square$

Proposition 4.
Soit E, F deux ensembles finis et $f : E \to F$ une application. Si
$$\operatorname{Card} E = \operatorname{Card} F$$
alors les assertions suivantes sont équivalentes :

  i. *f est injective,*

  ii. *f est surjective,*

  iii. *f est bijective.*

Démonstration. Le schéma de la preuve est le suivant : nous allons montrer successivement les implications :
$$(i) \implies (ii) \implies (iii) \implies (i)$$
ce qui prouvera bien toutes les équivalences.
- $(i) \implies (ii)$. Supposons f injective. Alors $\operatorname{Card} f(E) = \operatorname{Card} E = \operatorname{Card} F$. Ainsi $f(E)$ est un sous-ensemble de F ayant le même cardinal que F ; cela entraîne $f(E) = F$ et donc f est surjective.
- $(ii) \implies (iii)$. Supposons f surjective. Pour montrer que f est bijective, il reste à montrer que f est injective. Raisonnons par l'absurde et supposons f non injective. Alors $\operatorname{Card} f(E) < \operatorname{Card} E$ (car au moins 2 éléments ont la même image). Or $f(E) = F$ car f surjective, donc $\operatorname{Card} F < \operatorname{Card} E$. C'est une contradiction, donc f doit être injective et ainsi f est bijective.
- $(iii) \implies (i)$. C'est clair : une fonction bijective est en particulier injective.

$\square$

Appliquez ceci pour montrer le **principe des tiroirs** :

Proposition 5.

Si l'on range dans k tiroirs, n > k paires de chaussettes alors il existe (au moins) un tiroir contenant (au moins) deux paires de chaussettes.

Malgré sa formulation amusante, c'est une proposition souvent utile. Exemple : dans un amphi de 400 étudiants, il y a au moins deux étudiants nés le même jour !

4.3. Nombres d'applications

Soient E, F des ensembles finis, non vides. On note $\operatorname{Card} E = n$ et $\operatorname{Card} F = p$.

Proposition 6.

Le nombre d'applications différentes de E dans F est :

$$\boxed{p^n}$$

Autrement dit c'est $\boxed{(\operatorname{Card} F)^{\operatorname{Card} E}}$.

Exemple 4.

En particulier le nombre d'applications de E dans lui-même est n^n. Par exemple si $E = \{1, 2, 3, 4, 5\}$ alors ce nombre est $5^5 = 3125$.

Démonstration. Fixons F et $p = \operatorname{Card} F$. Nous allons effectuer une récurrence sur $n = \operatorname{Card} E$. Soit (P_n) l'assertion suivante : le nombre d'applications d'un ensemble à n éléments vers un ensemble à p éléments est p^n.
- *Initialisation.* Pour $n = 1$, une application de E dans F est définie par l'image de l'unique élément de E. Il y a $p = \operatorname{Card} F$ choix possibles et donc p^1 applications distinctes. Ainsi P_1 est vraie.
- *Hérédité.* Fixons $n \geqslant 1$ et supposons que P_n est vraie. Soit E un ensemble à $n+1$ éléments. On choisit et fixe $a \in E$; soit alors $E' = E \setminus \{a\}$ qui a bien n éléments. Le nombre d'applications de E' vers F est p^n, par l'hypothèse de récurrence (P_n). Pour chaque application $f : E' \to F$ on peut la prolonger en une application $f : E \to F$ en choisissant l'image de a. On a p choix pour l'image de a et donc $p^n \times p$ choix pour les applications de E vers F. Ainsi P_{n+1} est vérifiée.
- *Conclusion.* Par le principe de récurrence P_n est vraie, pour tout $n \geqslant 1$.

□

Proposition 7.

Le nombre d'injections de E dans F est :

$$p \times (p-1) \times \cdots \times (p-(n-1)).$$

Démonstration. Supposons $E = \{a_1, a_2, \ldots, a_n\}$; pour l'image de a_1 nous avons p choix. Une fois ce choix fait, pour l'image de a_2 il reste $p-1$ choix (car a_2 ne doit pas avoir la même image que a_1). Pour l'image de a_3 il y a $p-2$ possibilités. Ainsi de suite : pour l'image de a_k il y a $p-(k-1)$ choix... Il y a au final $p \times (p-1) \times \cdots \times (p-(n-1))$ applications injectives. □

Notation **factorielle** : $n! = 1 \times 2 \times 3 \times \cdots \times n$. Avec $1! = 1$ et par convention $0! = 1$.

Proposition 8.

Le nombre de bijections d'un ensemble E de cardinal n dans lui-même est :

$$\boxed{n!}$$

Exemple 5.

Parmi les 3125 applications de $\{1, 2, 3, 4, 5\}$ dans lui-même il y en a $5! = 120$ qui sont bijectives.

Démonstration. Nous allons le prouver par récurrence sur n. Soit (P_n) l'assertion suivante : le nombre de bijections d'un ensemble à n éléments dans un ensemble à n éléments est $n!$.
- P_1 est vraie. Il n'y a qu'une bijection d'un ensemble à 1 élément dans un ensemble à 1 élément.
- Fixons $n \geqslant 1$ et supposons que P_n est vraie. Soit E un ensemble à $n+1$ éléments. On fixe $a \in E$. Pour chaque $b \in E$ il y a –par l'hypothèse de récurrence– exactement $n!$ applications bijectives de $E \setminus \{a\} \to E \setminus \{b\}$. Chaque application se prolonge en une bijection de $E \to F$ en posant $a \mapsto b$. Comme il y a $n+1$ choix de $b \in E$ alors nous obtenons $n! \times (n+1)$ bijections de E dans lui-même. Ainsi P_{n+1} est vraie.
- Par le principe de récurrence le nombre de bijections d'un ensemble à n éléments est $n!$

On aurait aussi pu directement utiliser la proposition 7 avec $n = p$ (sachant qu'alors les injections sont aussi des bijections). □

4.4. Nombres de sous-ensembles

Soit E un ensemble fini de cardinal n.

> **Proposition 9.**
>
> *Il y a $2^{\operatorname{Card} E}$ sous-ensembles de E :*
>
> $$\boxed{\operatorname{Card} \mathscr{P}(E) = 2^n}$$

Exemple 6.

Si $E = \{1, 2, 3, 4, 5\}$ alors $\mathscr{P}(E)$ a $2^5 = 32$ parties. C'est un bon exercice de les énumérer :

- l'ensemble vide : $\varnothing$,
- 5 singletons : $\{1\}, \{2\}, \ldots,$
- 10 paires : $\{1, 2\}, \{1, 3\}, \ldots, \{2, 3\}, \ldots,$
- 10 triplets : $\{1, 2, 3\}, \ldots,$
- 5 ensembles à 4 éléments : $\{1, 2, 3, 4\}, \{1, 2, 3, 5\}, \ldots,$
- et E tout entier : $\{1, 2, 3, 4, 5\}$.

Démonstration. Encore une récurrence sur $n = \operatorname{Card} E$.

- Si $n = 1$, $E = \{a\}$ est un singleton, les deux sous-ensembles sont : $\varnothing$ et E.
- Supposons que la proposition soit vraie pour $n \geqslant 1$ fixé. Soit E un ensemble à $n + 1$ éléments. On fixe $a \in E$. Il y a deux sortes de sous-ensembles de E :
  — les sous-ensembles A qui ne contiennent pas a : ce sont les sous-ensembles $A \subset E \setminus \{a\}$. Par l'hypothèse de récurrence il y en a 2^n.
  — les sous-ensembles A qui contiennent a : ils sont de la forme $A = \{a\} \cup A'$ avec $A' \subset E \setminus \{a\}$. Par l'hypothèse de récurrence il y a 2^n sous-ensembles A' possibles et donc aussi 2^n sous-ensembles A.
  Le bilan : $2^n + 2^n = 2^{n+1}$ parties $A \subset E$.
- Par le principe de récurrence, nous avons prouvé que si $\operatorname{Card} E = n$ alors on a $\operatorname{Card} \mathscr{P}(E) = 2^n$.

□

4.5. Coefficients du binôme de Newton

Définition 7.
Le nombre de parties à k éléments d'un ensemble à n éléments est noté $\binom{n}{k}$ ou C_n^k.

Exemple 7.
Les parties à deux éléments de $\{1,2,3\}$ sont $\{1,2\}$, $\{1,3\}$ et $\{2,3\}$ et donc $\binom{3}{2} = 3$.
Nous avons déjà classé les parties de $\{1,2,3,4,5\}$ par nombre d'éléments et donc

- $\binom{5}{0} = 1$ (la seule partie n'ayant aucun élément est l'ensemble vide),
- $\binom{5}{1} = 5$ (il y a 5 singletons),
- $\binom{5}{2} = 10$ (il y a 10 paires),
- $\binom{5}{3} = 10$,
- $\binom{5}{4} = 5$,
- $\binom{5}{5} = 1$ (la seule partie ayant 5 éléments est l'ensemble tout entier).

Sans calculs on peut déjà remarquer les faits suivants :

Proposition 10.

- $\binom{n}{0} = 1$, $\binom{n}{1} = n$, $\binom{n}{n} = 1$.

- $\boxed{\binom{n}{n-k} = \binom{n}{k}}$

- $\boxed{\binom{n}{0} + \binom{n}{1} + \cdots + \binom{n}{k} + \cdots + \binom{n}{n} = 2^n}$

Démonstration.

1. Par exemple : $\binom{n}{1} = n$ car il y a n singletons.

2. Compter le nombre de parties $A \subset E$ ayant k éléments revient aussi à compter le nombre de parties de la forme $\complement A$ (qui ont donc $n-k$ éléments), ainsi $\binom{n}{n-k} = \binom{n}{k}$.

3. La formule $\binom{n}{0} + \binom{n}{1} + \cdots + \binom{n}{k} + \cdots + \binom{n}{n} = 2^n$ exprime que faire la somme du nombre de parties à k éléments, pour $k = 0, \ldots, n$, revient à compter toutes les parties de E.

□

Proposition 11.

$$\binom{n}{k} = \binom{n-1}{k} + \binom{n-1}{k-1} \qquad (0 < k < n)$$

Démonstration. Soit E un ensemble à n éléments, $a \in E$ et $E' = E \setminus \{a\}$. Il y a deux sortes de parties $A \subset E$ ayant k éléments :
- celles qui ne contiennent pas a : ce sont donc des parties à k éléments dans E' qui a $n-1$ éléments. Il y a en a donc $\binom{n-1}{k}$,
- celles qui contiennent a : elles sont de la forme $A = \{a\} \cup A'$ avec A' une partie à $k-1$ éléments dans E' qui a $n-1$ éléments. Il y en a $\binom{n-1}{k-1}$.

Bilan : $\binom{n}{k} = \binom{n-1}{k-1} + \binom{n-1}{k}$. □

Le triangle de Pascal est un algorithme pour calculer ces coefficients $\binom{n}{k}$. La ligne du haut correspond à $\binom{0}{0}$, la ligne suivante à $\binom{1}{0}$ et $\binom{1}{1}$, la ligne d'après à $\binom{2}{0}$, $\binom{2}{1}$ et $\binom{2}{2}$. La dernière ligne du triangle de gauche aux coefficients $\binom{4}{0}$, $\binom{4}{1}$, …, $\binom{4}{4}$.

Comment continuer ce triangle pour obtenir le triangle de droite ? Chaque élément de la nouvelle ligne est obtenu en ajoutant les deux nombres qui lui sont au-dessus à droite et au-dessus à gauche.

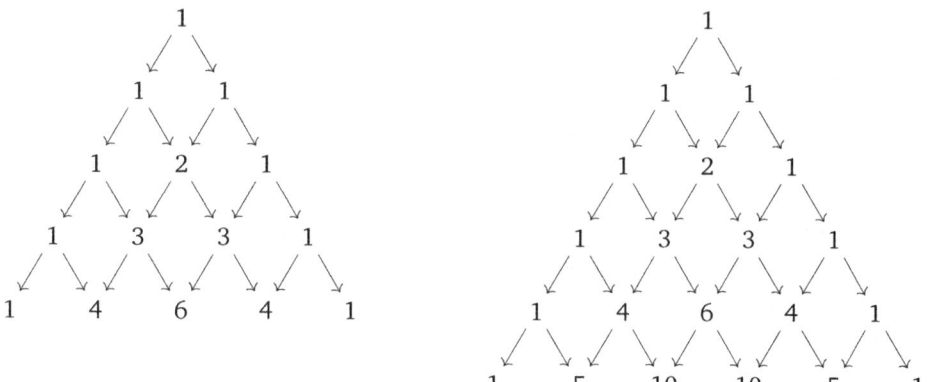

Ce qui fait que cela fonctionne c'est bien sûr la proposition 11 qui se représente ainsi :

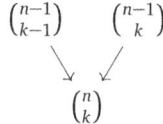

Une autre façon de calculer le coefficient du binôme de Newton repose sur la formule suivante :

Proposition 12.

$$\boxed{\binom{n}{k} = \frac{n!}{k!(n-k)!}}$$

Démonstration. Cela se fait par récurrence sur n. C'est clair pour $n = 1$. Si c'est vrai au rang $n-1$ alors écrivons $\binom{n}{k} = \binom{n-1}{k-1} + \binom{n-1}{k}$ et utilisons l'hypothèse de récurrence pour $\binom{n-1}{k-1}$ et $\binom{n-1}{k}$. Ainsi

$$\binom{n}{k} = \binom{n-1}{k-1} + \binom{n-1}{k} = \frac{(n-1)!}{(k-1)!(n-1-(k-1))!} + \frac{(n-1)!}{k!(n-1-k)!}$$

$$= \frac{(n-1)!}{(k-1)!(n-k-1)!} \times \left(\frac{1}{n-k} + \frac{1}{k}\right) = \frac{(n-1)!}{(k-1)!(n-k-1)!} \times \frac{n}{k(n-k)}$$

$$= \frac{n!}{k!(n-k)!}$$

$\square$

4.6. Formule du binôme de Newton

Théorème 1.
Soient $a, b \in \mathbb{R}$ et n un entier positif alors :

$$\boxed{(a+b)^n = \sum_{k=0}^{n} \binom{n}{k} a^{n-k} \cdot b^k}$$

Autrement dit :
$$(a+b)^n = \binom{n}{0} a^n \cdot b^0 + \binom{n}{1} a^{n-1} \cdot b^1 + \cdots + \binom{n}{k} a^{n-k} \cdot b^k + \cdots + \binom{n}{n} a^0 \cdot b^n$$

Le théorème est aussi vrai si a et b sont des nombres complexes.

Exemple 8.

1. Pour $n = 2$ on retrouve la formule archi-connue : $(a+b)^2 = a^2 + 2ab + b^2$.
2. Il est aussi bon de connaître $(a+b)^3 = a^3 + 3a^2b + 3ab^2 + b^3$.
3. Si $a = 1$ et $b = 1$ on retrouve la formule : $\sum_{k=0}^{n} \binom{n}{k} = 2^n$.

Démonstration. Nous allons effectuer une récurrence sur n. Soit (P_n) l'assertion : $(a+b)^n = \sum_{k=0}^{n} \binom{n}{k} a^{n-k} \cdot b^k$.

- *Initialisation.* Pour $n=1$, $(a+b)^1 = \binom{1}{0}a^1 b^0 + \binom{1}{1}a^0 b^1$. Ainsi P_1 est vraie.
- *Hérédité.* Fixons $n \geqslant 2$ et supposons que P_{n-1} est vraie.

$$\begin{aligned} (a+b)^n &= (a+b) \cdot (a+b)^{n-1} \\ &= a\left(a^{n-1} + \cdots + \binom{n-1}{k}a^{n-1-k}b^k + \cdots + b^{n-1}\right) \\ &\quad + b\left(a^{n-1} + \cdots + \binom{n-1}{k-1}a^{n-1-(k-1)}b^{k-1} + \cdots + b^{n-1}\right) \\ &= \cdots + \left(\binom{n-1}{k} + \binom{n-1}{k-1}\right)a^{n-k}b^k + \cdots \\ &= \cdots + \binom{n}{k}a^{n-k}b^k + \cdots \\ &= \sum_{k=0}^{n}\binom{n}{k}a^{n-k} \cdot b^k \end{aligned}$$

Ainsi P_n est vérifiée.

- *Conclusion.* Par le principe de récurrence P_n est vraie, pour tout $n \geqslant 1$.

□

Mini-exercices.

1. Combien y a-t-il d'applications injectives d'un ensemble à n éléments dans un ensemble à $n+1$ éléments ?
2. Combien y a-t-il d'applications surjectives d'un ensemble à $n+1$ éléments dans un ensemble à n éléments ?
3. Calculer le nombre de façons de choisir 5 cartes dans un jeux de 32 cartes.
4. Calculer le nombre de listes à k éléments dans un ensemble à n éléments (les listes sont ordonnées : par exemple $(1,2,3) \neq (1,3,2)$).
5. Développer $(a-b)^4$, $(a+b)^5$.
6. Que donne la formule du binôme pour $a=-1$, $b=+1$? En déduire que dans un ensemble à n éléments il y a autant de parties de cardinal pair que de cardinal impair.

5. Relation d'équivalence

5.1. Définition

Une **relation** sur un ensemble E, c'est la donnée pour tout couple $(x, y) \in E \times E$ de « Vrai » (s'ils sont en relation), ou de « Faux » sinon.

Nous schématisons une relation ainsi : les éléments de E sont des points, une flèche de x vers y signifie que x est en relation avec y, c'est-à-dire que l'on associe « Vrai » au couple (x, y).

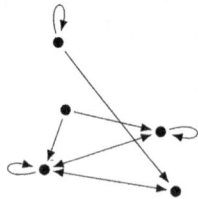

Définition 8.

Soit E un ensemble et $\mathcal{R}$ une relation, c'est une **relation d'équivalence** si :
- $\forall x \in E, \; x\mathcal{R}x$, (**réflexivité**)

- $\forall x, y \in E, \; x\mathcal{R}y \implies y\mathcal{R}x$, (**symétrie**)

- $\forall x, y, z \in E, \; x\mathcal{R}y \text{ et } y\mathcal{R}z \implies x\mathcal{R}z$, (**transitivité**)

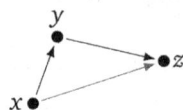

Exemple de relation d'équivalence :

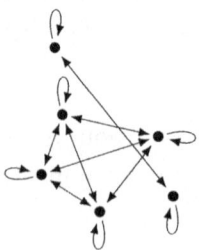

5.2. Exemples

Exemple 9.

Voici des exemples basiques.

1. La relation $\mathscr{R}$ « être parallèle » est une relation d'équivalence pour l'ensemble E des droites affines du plan :
    - réflexivité : une droite est parallèle à elle-même,
    - symétrie : si D est parallèle à D' alors D' est parallèle à D,
    - transitivité : si D parallèle à D' et D' parallèle à D'' alors D est parallèle à D''.
2. La relation « être du même âge » est une relation d'équivalence.
3. La relation « être perpendiculaire » n'est pas une relation d'équivalence (ni la réflexivité, ni la transitivité ne sont vérifiées).
4. La relation $\leqslant$ (sur $E = \mathbb{R}$ par exemple) n'est pas une relation d'équivalence (la symétrie n'est pas vérifiée).

5.3. Classes d'équivalence

Définition 9.

Soit $\mathscr{R}$ une relation d'équivalence sur un ensemble E. Soit $x \in E$, la **classe d'équivalence** de x est

$$\mathrm{cl}(x) = \{ y \in E \mid y \mathscr{R} x \}$$

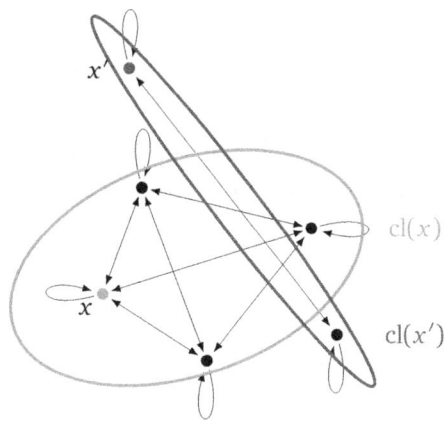

cl(x) est donc un sous-ensemble de E, on le note aussi $\overline{x}$. Si $y \in$ cl(x), on dit que y un **représentant** de cl(x).

Soit E un ensemble et $\mathscr{R}$ une relation d'équivalence.

> **Proposition 13.**
>
> *On a les propriétés suivantes :*
>
> 1. *cl(x) = cl(y) $\iff$ $x\mathscr{R}y$.*
> 2. *Pour tout $x, y \in E$, cl(x) = cl(y) ou cl(x) $\cap$ cl(y) = $\emptyset$.*
> 3. *Soit C un ensemble de représentants de toutes les classes alors $\{cl(x) \mid x \in C\}$ constitue une partition de E.*

Une **partition** de E est un ensemble $\{E_i\}$ de parties de E tel que $E = \bigcup_i E_i$ et $E_i \cap E_j = \emptyset$ (si $i \neq j$).

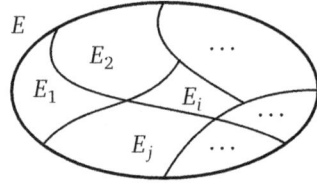

Exemples :

1. Pour la relation « être du même âge », la classe d'équivalence d'une personne est l'ensemble des personnes ayant le même âge. Il y a donc une classe d'équivalence formée des personnes de 19 ans, une autre formée des personnes de 20 ans,... Les trois assertions de la proposition se lisent ainsi :
   - On est dans la même classe d'équivalence si et seulement si on est du même âge.
   - Deux personnes appartiennent soit à la même classe, soit à des classes disjointes.
   - Si on choisit une personne de chaque âge possible, cela forme un ensemble de représentants C. Maintenant une personne quelconque appartient à une et une seule classe d'un des représentants.

2. Pour la relation « être parallèle », la classe d'équivalence d'une droite est l'ensemble des droites parallèles à cette droite. À chaque classe d'équivalence correspond une et une seule direction.

Voici un exemple que vous connaissez depuis longtemps :

Exemple 10.
Définissons sur $E = \mathbb{Z} \times \mathbb{N}^*$ la relation $\mathscr{R}$ par
$$(p,q)\mathscr{R}(p',q') \iff pq' = p'q.$$
Tout d'abord $\mathscr{R}$ est une relation d'équivalence :
- $\mathscr{R}$ est réflexive : pour tout (p,q) on a bien $pq = pq$ et donc $(p,q)\mathscr{R}(p,q)$.
- $\mathscr{R}$ est symétrique : pour tout (p,q), (p',q') tels que $(p,q)\mathscr{R}(p',q')$ on a donc $pq' = p'q$ et donc $p'q = pq'$ d'où $(p',q')\mathscr{R}(p,q)$.
- $\mathscr{R}$ est transitive : pour tout (p,q), (p',q'), (p'',q'') tels que $(p,q)\mathscr{R}(p',q')$ et $(p',q')\mathscr{R}(p'',q'')$ on a donc $pq' = p'q$ et $p'q'' = p''q'$. Alors $(pq')q'' = (p'q)q'' = q(p'q'') = q(p''q')$. En divisant par $q' \neq 0$ on obtient $pq'' = qp''$ et donc $(p,q)\mathscr{R}(p'',q'')$.

Nous allons noter $\frac{p}{q} = \text{cl}(p,q)$ la classe d'équivalence d'un élément $(p,q) \in \mathbb{Z} \times \mathbb{N}^*$. Par exemple, comme $(2,3)\mathscr{R}(4,6)$ (car $2 \times 6 = 3 \times 4$) alors les classes de $(2,3)$ et $(4,6)$ sont égales : avec notre notation cela s'écrit : $\frac{2}{3} = \frac{4}{6}$.

C'est ainsi que l'on définit les rationnels : l'ensemble $\mathbb{Q}$ des rationnels est l'ensemble de classes d'équivalence de la relation $\mathscr{R}$.

Les nombres $\frac{2}{3} = \frac{4}{6}$ sont bien égaux (ce sont les mêmes classes) mais les écritures sont différentes (les représentants sont distincts).

5.4. L'ensemble $\mathbb{Z}/n\mathbb{Z}$

Soit $n \geqslant 2$ un entier fixé. Définissons la relation suivante sur l'ensemble $E = \mathbb{Z}$:

$$\boxed{a \equiv b \pmod{n} \iff a - b \text{ est un multiple de } n}$$

Exemples pour $n = 7$: $10 \equiv 3 \pmod 7$, $19 \equiv 5 \pmod 7$, $77 \equiv 0 \pmod 7$, $-1 \equiv 20 \pmod 7$.

Cette relation est bien une relation d'équivalence :
- Pour tout $a \in \mathbb{Z}$, $a - a = 0 = 0 \cdot n$ est un multiple de n donc $a \equiv a \pmod n$.
- Pour $a, b \in \mathbb{Z}$ tels que $a \equiv b \pmod n$ alors $a - b$ est un multiple de n, autrement dit il existe $k \in \mathbb{Z}$ tel que $a - b = kn$ et donc $b - a = (-k)n$ et ainsi $b \equiv a \pmod n$.
- Si $a \equiv b \pmod n$ et $b \equiv c \pmod n$ alors il existe $k, k' \in \mathbb{Z}$ tels que $a - b = kn$ et $b - c = k'n$. Alors $a - c = (a-b) + (b-c) = (k+k')n$ et donc $a \equiv c \pmod n$.

La classe d'équivalence de $a \in \mathbb{Z}$ est notée $\overline{a}$. Par définition nous avons donc
$$\overline{a} = \text{cl}(a) = \{b \in \mathbb{Z} \mid b \equiv a \pmod{n}\}.$$
Comme un tel b s'écrit $b = a + kn$ pour un certain $k \in \mathbb{Z}$ alors c'est aussi exactement
$$\overline{a} = a + n\mathbb{Z} = \{a + kn \mid k \in \mathbb{Z}\}.$$
Comme $n \equiv 0 \pmod{n}$, $n+1 \equiv 1 \pmod{n}$, ... alors
$$\overline{n} = \overline{0}, \quad \overline{n+1} = \overline{1}, \quad \overline{n+2} = \overline{2}, \ldots$$
et donc l'ensemble des classes d'équivalence est l'ensemble
$$\boxed{\mathbb{Z}/n\mathbb{Z} = \{\overline{0}, \overline{1}, \overline{2}, \ldots, \overline{n-1}\}}$$
qui contient exactement n éléments.

Par exemple, pour $n = 7$:
- $\overline{0} = \{\ldots, -14, -7, 0, 7, 14, 21, \ldots\} = 7\mathbb{Z}$
- $\overline{1} = \{\ldots, -13, -6, 1, 8, 15, \ldots\} = 1 + 7\mathbb{Z}$
- ...
- $\overline{6} = \{\ldots, -8, -1, 6, 13, 20, \ldots\} = 6 + 7\mathbb{Z}$

Mais ensuite $\overline{7} = \{\ldots -7, 0, 7, 14, 21, \ldots\} = \overline{0} = 7\mathbb{Z}$. Ainsi $\mathbb{Z}/7\mathbb{Z} = \{\overline{0}, \overline{1}, \overline{2}, \ldots, \overline{6}\}$ possède 7 éléments.

Remarque.

Dans beaucoup de situations de la vie courante, nous raisonnons avec les modulos. Par exemple pour l'heure : les minutes et les secondes sont modulo 60 (après 59 minutes on repart à zéro), les heures modulo 24 (ou modulo 12 sur le cadran à aiguilles). Les jours de la semaine sont modulo 7, les mois modulo 12,...

Mini-exercices.

1. Montrer que la relation définie sur $\mathbb{N}$ par $x\mathcal{R}y \iff \frac{2x+y}{3} \in \mathbb{N}$ est une relation d'équivalence. Montrer qu'il y a 3 classes d'équivalence.

2. Dans $\mathbb{R}^2$ montrer que la relation définie par $(x,y)\mathcal{R}(x',y') \iff x + y' = x' + y$ est une relation d'équivalence. Montrer que deux points (x,y) et (x',y') sont dans une même classe si et seulement s'ils appartiennent à une même droite dont vous déterminerez la direction.

3. On définit une addition sur $\mathbb{Z}/n\mathbb{Z}$ par $\overline{p} + \overline{q} = \overline{p+q}$. Calculer la table d'addition dans $\mathbb{Z}/6\mathbb{Z}$ (c'est-à-dire toutes les sommes $\overline{p} + \overline{q}$ pour $\overline{p}, \overline{q} \in \mathbb{Z}/6\mathbb{Z}$). Même chose avec la multiplication $\overline{p} \times \overline{q} = \overline{p \times q}$. Mêmes questions avec $\mathbb{Z}/5\mathbb{Z}$, puis

$\mathbb{Z}/8\mathbb{Z}$.

Auteurs du chapitre Arnaud Bodin, Benjamin Boutin, Pascal Romon

Nombres complexes

Chapitre 3

Préambule

L'équation $x + 5 = 2$ a ses coefficients dans $\mathbb{N}$ mais pourtant sa solution $x = -3$ n'est pas un entier naturel. Il faut ici considérer l'ensemble plus grand $\mathbb{Z}$ des entiers relatifs.

$$\mathbb{N} \xhookrightarrow{x+5=2} \mathbb{Z} \xhookrightarrow{2x=-3} \mathbb{Q} \xhookrightarrow{x^2=\frac{1}{2}} \mathbb{R} \xhookrightarrow{x^2=-\sqrt{2}} \mathbb{C}$$

De même l'équation $2x = -3$ a ses coefficients dans $\mathbb{Z}$ mais sa solution $x = -\frac{3}{2}$ est dans l'ensemble plus grand des rationnels $\mathbb{Q}$. Continuons ainsi, l'équation $x^2 = \frac{1}{2}$ à coefficients dans $\mathbb{Q}$, a ses solutions $x_1 = +1/\sqrt{2}$ et $x_2 = -1/\sqrt{2}$ dans l'ensemble des réels $\mathbb{R}$. Ensuite l'équation $x^2 = -\sqrt{2}$ à ses coefficients dans $\mathbb{R}$ et ses solutions $x_1 = +i\sqrt{\sqrt{2}}$ et $x_2 = -i\sqrt{\sqrt{2}}$ dans l'ensemble des nombres complexes $\mathbb{C}$. Ce processus est-il sans fin? Non! Les nombres complexes sont en quelque sorte le bout de la chaîne car nous avons le théorème de d'Alembert-Gauss suivant : « *Pour n'importe quelle équation polynomiale $a_n x^n + a_{n-1} x^{n-1} + \cdots + a_2 x^2 + a_1 x + a_0 = 0$ où les coefficients a_i sont des complexes (ou bien des réels), alors les solutions $x_1, \ldots, x_n$ sont dans l'ensemble des nombres complexes* ».

Outre la résolution d'équations, les nombres complexes s'appliquent à la trigonométrie, à la géométrie (comme nous le verrons dans ce chapitre) mais aussi à l'électronique, à la mécanique quantique, etc.

1. Les nombres complexes

1.1. Définition

Définition 1.
Un **nombre complexe** est un couple $(a, b) \in \mathbb{R}^2$ que l'on notera $a + \mathrm{i}\, b$

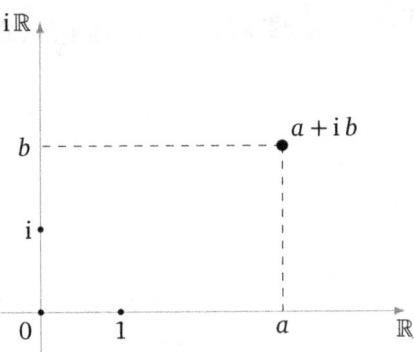

Cela revient à identifier 1 avec le vecteur $(1,0)$ de $\mathbb{R}^2$, et i avec le vecteur $(0,1)$. On note $\mathbb{C}$ l'ensemble des nombres complexes. Si $b = 0$, alors $z = a$ est situé sur l'axe des abscisses, que l'on identifie à $\mathbb{R}$. Dans ce cas on dira que z est **réel**, et $\mathbb{R}$ apparaît comme un sous-ensemble de $\mathbb{C}$, appelé **axe réel**. Si $b \neq 0$, z est dit **imaginaire** et si $b \neq 0$ et $a = 0$, z est dit **imaginaire pur**.

1.2. Opérations

Si $z = a + \mathrm{i}\, b$ et $z' = a' + \mathrm{i}\, b'$ sont deux nombres complexes, alors on définit les opérations suivantes :
- **addition** : $(a + \mathrm{i}\, b) + (a' + \mathrm{i}\, b') = (a + a') + \mathrm{i}(b + b')$

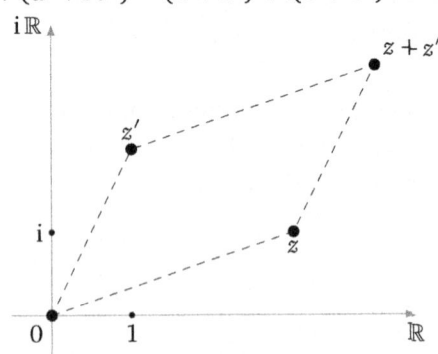

- **multiplication** : $(a+\mathrm{i}b) \times (a'+\mathrm{i}b') = (aa'-bb')+\mathrm{i}(ab'+ba')$. On développe en suivant les règles de la multiplication usuelle avec la convention suivante :
$$\boxed{\mathrm{i}^2 = -1}$$

1.3. Partie réelle et imaginaire

Soit $z = a+\mathrm{i}b$ un nombre complexe, sa **partie réelle** est le réel a et on la note $\mathrm{Re}(z)$; sa **partie imaginaire** est le réel b et on la note $\mathrm{Im}(z)$.

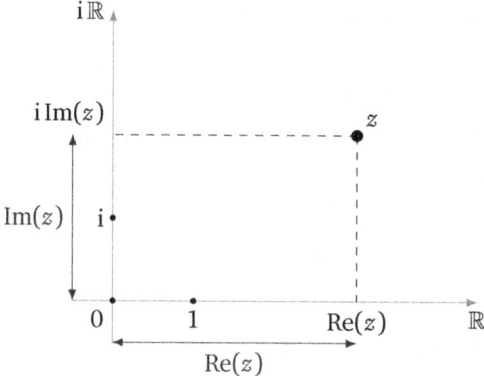

Par identification de $\mathbb{C}$ à $\mathbb{R}^2$, l'écriture $z = \mathrm{Re}(z) + \mathrm{i}\,\mathrm{Im}(z)$ est unique :

$$z = z' \iff \begin{cases} \mathrm{Re}(z) = \mathrm{Re}(z') \\ \text{et} \\ \mathrm{Im}(z) = \mathrm{Im}(z') \end{cases}$$

En particulier un nombre complexe est réel si et seulement si sa partie imaginaire est nulle. Un nombre complexe est nul si et et seulement si sa partie réelle et sa partie imaginaire sont nuls.

1.4. Calculs

Quelques définitions et calculs sur les nombres complexes.

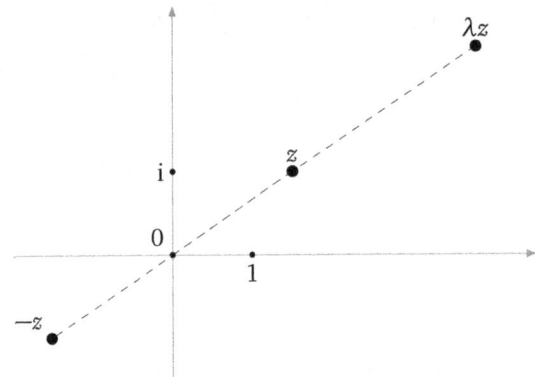

- L'**opposé** de $z = a + \mathrm{i}\,b$ est $-z = (-a) + \mathrm{i}(-b) = -a - \mathrm{i}\,b$.
- La **multiplication par un scalaire** $\lambda \in \mathbb{R}$: $\lambda \cdot z = (\lambda a) + \mathrm{i}(\lambda b)$.
- L'**inverse** : si $z \neq 0$, il existe un unique $z' \in \mathbb{C}$ tel que $zz' = 1$ (où $1 = 1 + \mathrm{i} \times 0$). Pour la preuve et le calcul on écrit $z = a + \mathrm{i}\,b$ puis on cherche $z' = a' + \mathrm{i}\,b'$ tel que $zz' = 1$. Autrement dit $(a + \mathrm{i}\,b)(a' + \mathrm{i}\,b') = 1$. En développant et identifiant les parties réelles et imaginaires on obtient les équations
$$\begin{cases} aa' - bb' = 1 & (L_1) \\ ab' + ba' = 0 & (L_2) \end{cases}$$
En écrivant $aL_1 + bL_2$ (on multiplie la ligne (L_1) par a, la ligne (L_2) par b et on additionne) et $-bL_1 + aL_2$ on en déduit
$$\begin{cases} a'(a^2 + b^2) = a \\ b'(a^2 + b^2) = -b \end{cases} \quad \text{donc} \quad \begin{cases} a' = \frac{a}{a^2+b^2} \\ b' = -\frac{b}{a^2+b^2} \end{cases}$$
L'inverse de z, noté $\frac{1}{z}$, est donc
$$z' = \frac{1}{z} = \frac{a}{a^2+b^2} + \mathrm{i}\,\frac{-b}{a^2+b^2} = \frac{a - \mathrm{i}\,b}{a^2+b^2}.$$
- La **division** : $\frac{z}{z'}$ est le nombre complexe $z \times \frac{1}{z'}$.
- Propriété d'intégrité : si $zz' = 0$ alors $z = 0$ ou $z' = 0$.
- Puissances : $z^2 = z \times z$, $z^n = z \times \cdots \times z$ (n fois, $n \in \mathbb{N}$). Par convention $z^0 = 1$ et $z^{-n} = \left(\frac{1}{z}\right)^n = \frac{1}{z^n}$.

Proposition 1.

Pour tout $z \in \mathbb{C}$ différent de 1

$$\boxed{1 + z + z^2 + \cdots + z^n = \frac{1 - z^{n+1}}{1 - z}.}$$

La preuve est simple : notons $S = 1 + z + z^2 + \cdots + z^n$, alors en développant $S \cdot (1-z)$ presque tous les termes se télescopent et l'on trouve $S \cdot (1-z) = 1 - z^{n+1}$.

Remarque.

Il n'y pas d'ordre naturel sur $\mathbb{C}$, il ne faut donc jamais écrire $z \geqslant 0$ ou $z \leqslant z'$.

1.5. Conjugué, module

Le **conjugué** de $z = a + \mathrm{i}\,b$ est $\bar{z} = a - \mathrm{i}\,b$, autrement dit $\operatorname{Re}(\bar{z}) = \operatorname{Re}(z)$ et $\operatorname{Im}(\bar{z}) = -\operatorname{Im}(z)$. Le point $\bar{z}$ est le symétrique du point z par rapport à l'axe réel.

Le **module** de $z = a + \mathrm{i}\,b$ est le réel positif $|z| = \sqrt{a^2 + b^2}$. Comme $z \times \bar{z} = (a + \mathrm{i}\,b)(a - \mathrm{i}\,b) = a^2 + b^2$ alors le module vaut aussi $|z| = \sqrt{z\bar{z}}$.

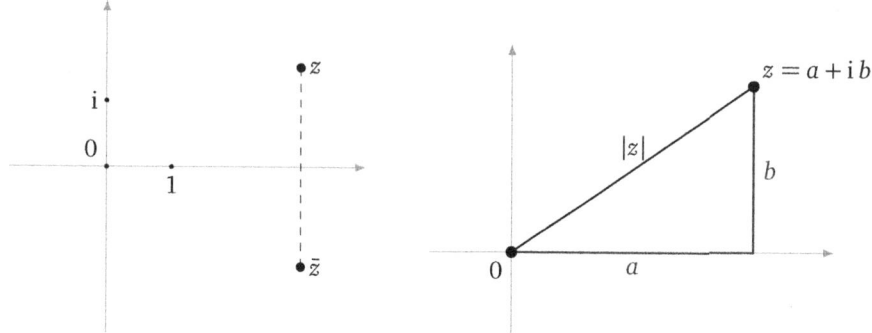

Quelques formules :
- $\overline{z + z'} = \bar{z} + \bar{z'}$, $\bar{\bar{z}} = z$, $\overline{zz'} = \bar{z}\bar{z'}$
- $z = \bar{z} \iff z \in \mathbb{R}$
- $|z|^2 = z \times \bar{z}$, $|\bar{z}| = |z|$, $|zz'| = |z||z'|$
- $|z| = 0 \iff z = 0$

Proposition 2 (L'inégalité triangulaire).

$$\boxed{|z + z'| \leqslant |z| + |z'|}$$

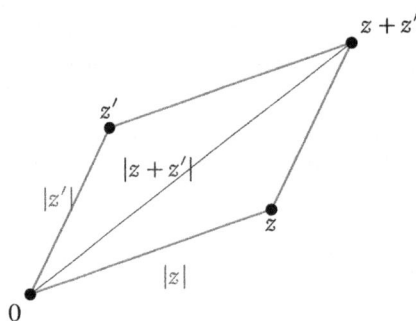

Avant de faire la preuve voici deux remarques utiles. Soit $z = a + \mathrm{i}\, b \in \mathbb{C}$ avec $a, b \in \mathbb{R}$:

- $|\operatorname{Re}(z)| \leqslant |z|$ (et aussi $|\operatorname{Im}(z)| \leqslant |z|$). Cela vient du fait que $|a| \leqslant \sqrt{a^2 + b^2}$. Noter que pour un réel $|a|$ est à la fois le module et la valeur absolue.
- $\boxed{z + \bar{z} = 2\operatorname{Re}(z)}$ et $z - \bar{z} = 2\mathrm{i}\operatorname{Im}(z)$. Preuve : $z + \bar{z} = (a + \mathrm{i}\, b) + (a - \mathrm{i}\, b) = 2a = 2\operatorname{Re}(z)$.

Démonstration. Pour la preuve on calcule $|z + z'|^2$:

$$\begin{aligned} |z + z'|^2 &= (z + z')\overline{(z + z')} \\ &= z\bar{z} + z'\bar{z'} + z\bar{z'} + z'\bar{z} \\ &= |z|^2 + |z'|^2 + 2\operatorname{Re}(z'\bar{z}) \\ &\leqslant |z|^2 + |z'|^2 + 2|z'\bar{z}| \\ &\leqslant |z|^2 + |z'|^2 + 2|zz'| \\ &\leqslant (|z| + |z'|)^2 \end{aligned}$$

□

Exemple 1.

Dans un parallélogramme, la somme des carrés des diagonales égale la somme des carrés des côtés.

Si les longueurs des côtés sont notées L et ℓ et les longueurs des diagonales sont D et d alors il s'agit de montrer l'égalité

$$D^2 + d^2 = 2\ell^2 + 2L^2.$$

Démonstration. Cela devient simple si l'on considère que notre parallélogramme a pour sommets 0, z, z' et le dernier sommet est donc $z+z'$. La longueur du grand côté est ici $|z|$, celle du petit côté est $|z'|$. La longueur de la grande diagonale est $|z+z'|$. Enfin il faut se convaincre que la longueur de la petite diagonale est $|z-z'|$.

$$\begin{aligned} D^2 + d^2 = \left|z+z'\right|^2 + \left|z-z'\right|^2 &= (z+z')\overline{(z+z')} + (z-z')\overline{(z-z')} \\ &= z\bar{z} + z\overline{z'} + z'\bar{z} + z'\overline{z'} + z\bar{z} - z\overline{z'} - z'\bar{z} + z'\overline{z'} \\ &= 2z\bar{z} + 2z'\overline{z'} = 2|z|^2 + 2|z'|^2 \\ &= 2\ell^2 + 2L^2 \end{aligned}$$

□

Mini-exercices.

1. Calculer $1 - 2\mathrm{i} + \frac{\mathrm{i}}{1-2\mathrm{i}}$.

2. Écrire sous la forme $a + \mathrm{i}b$ les nombres complexes $(1+\mathrm{i})^2$, $(1+\mathrm{i})^3$, $(1+\mathrm{i})^4$, $(1+\mathrm{i})^8$.

3. En déduire $1 + (1+\mathrm{i}) + (1+\mathrm{i})^2 + \cdots + (1+\mathrm{i})^7$.

4. Soit $z \in \mathbb{C}$ tel que $|1 + \mathrm{i}z| = |1 - \mathrm{i}z|$, montrer que $z \in \mathbb{R}$.

5. Montrer que si $|\operatorname{Re} z| \leqslant |\operatorname{Re} z'|$ et $|\operatorname{Im} z| \leqslant |\operatorname{Im} z'|$ alors $|z| \leqslant |z'|$, mais que la réciproque est fausse.

6. Montrer que $1/\bar{z} = z/|z|^2$ (pour $z \neq 0$).

2. Racines carrées, équation du second degré

2.1. Racines carrées d'un nombre complexe

Pour $z \in \mathbb{C}$, une **racine carrée** est un nombre complexe ω tel que $\omega^2 = z$.

Par exemple si $x \in \mathbb{R}_+$, on connaît deux racines carrées : $\sqrt{x}, -\sqrt{x}$. Autre exemple : les racines carrées de -1 sont i et $-\mathrm{i}$.

> **Proposition 3.**
> *Soit z un nombre complexe, alors z admet deux racines carrées, ω et $-\omega$.*

Attention ! Contrairement au cas réel, il n'y a pas de façon privilégiée de choisir une racine plutôt que l'autre, donc pas de fonction racine. On ne dira donc jamais « soit ω la racine de z ».

Si $z \neq 0$ ces deux racines carrées sont distinctes. Si $z = 0$ alors $\omega = 0$ est une racine double.

Pour $z = a + \mathrm{i} b$ nous allons calculer ω et $-\omega$ en fonction de a et b.

Démonstration. Nous écrivons $\omega = x + \mathrm{i} y$, nous cherchons x, y tels que $\omega^2 = z$.

$$\omega^2 = z \iff (x + \mathrm{i} y)^2 = a + \mathrm{i} b$$
$$\iff \begin{cases} x^2 - y^2 = a & \text{en identifiant parties} \\ 2xy = b & \text{et parties imaginaires.} \end{cases}$$

Petite astuce ici : nous rajoutons l'équation $|\omega|^2 = |z|$ (qui se déduit bien sûr de $\omega^2 = z$) qui s'écrit aussi $x^2 + y^2 = \sqrt{a^2 + b^2}$. Nous obtenons des systèmes équivalents aux précédents :

$$\begin{cases} x^2 - y^2 = a \\ 2xy = b \\ x^2 + y^2 = \sqrt{a^2 + b^2} \end{cases} \iff \begin{cases} 2x^2 = \sqrt{a^2 + b^2} + a \\ 2y^2 = \sqrt{a^2 + b^2} - a \\ 2xy = b \end{cases} \iff \begin{cases} x = \pm \frac{1}{\sqrt{2}} \sqrt{\sqrt{a^2 + b^2} + a} \\ y = \pm \frac{1}{\sqrt{2}} \sqrt{\sqrt{a^2 + b^2} - a} \\ 2xy = b \end{cases}$$

Discutons suivant le signe du réel b. Si $b \geq 0$, x et y sont de même signe ou nuls (car $2xy = b \geq 0$) donc

$$\omega = \pm \frac{1}{\sqrt{2}} \left(\sqrt{\sqrt{a^2 + b^2} + a} + \mathrm{i} \sqrt{\sqrt{a^2 + b^2} - a} \right),$$

et si $b \leq 0$

$$\omega = \pm \frac{1}{\sqrt{2}} \left(\sqrt{\sqrt{a^2 + b^2} + a} - \mathrm{i} \sqrt{\sqrt{a^2 + b^2} - a} \right).$$

En particulier si $b=0$ le résultat dépend du signe de a, si $a \geqslant 0$, $\sqrt{a^2} = a$ et par conséquent $\omega = \pm\sqrt{a}$, tandis que si $a < 0$, $\sqrt{a^2} = -a$ et donc $\omega = \pm i\sqrt{-a} = \pm i\sqrt{|a|}$. □

Il n'est pas nécessaire d'apprendre ces formules mais il est indispensable de savoir refaire les calculs.

Exemple 2.
Les racines carrées de i sont $+\frac{\sqrt{2}}{2}(1+i)$ et $-\frac{\sqrt{2}}{2}(1+i)$.
En effet :
$$\omega^2 = i \iff (x+iy)^2 = i$$
$$\iff \begin{cases} x^2 - y^2 = 0 \\ 2xy = 1 \end{cases}$$

Rajoutons la conditions $|\omega|^2 = |i|$ pour obtenir le système équivalent au précédent :
$$\begin{cases} x^2 - y^2 = 0 \\ 2xy = 1 \\ x^2 + y^2 = 1 \end{cases} \iff \begin{cases} 2x^2 = 1 \\ 2y^2 = 1 \\ 2xy = 1 \end{cases} \iff \begin{cases} x = \pm\frac{1}{\sqrt{2}} \\ y = \pm\frac{1}{\sqrt{2}} \\ 2xy = 1 \end{cases}$$

Les réels x et y sont donc de même signe, nous trouvons bien deux solutions :
$$x + iy = \frac{1}{\sqrt{2}} + i\frac{1}{\sqrt{2}} \quad \text{ou} \quad x + iy = -\frac{1}{\sqrt{2}} - i\frac{1}{\sqrt{2}}$$

2.2. Équation du second degré

Proposition 4.
L'équation du second degré $az^2 + bz + c = 0$, où $a, b, c \in \mathbb{C}$ et $a \neq 0$, possède deux solutions $z_1, z_2 \in \mathbb{C}$ éventuellement confondues.
Soit $\Delta = b^2 - 4ac$ le discriminant et $\delta \in \mathbb{C}$ une racine carrée de Δ. Alors les solutions sont

$$\boxed{z_1 = \frac{-b+\delta}{2a} \quad et \quad z_2 = \frac{-b-\delta}{2a}.}$$

Et si $\Delta = 0$ alors la solution $z = z_1 = z_2 = -b/2a$ est unique (elle est dite double). Si on s'autorisait à écrire $\delta = \sqrt{\Delta}$, on obtiendrait la même formule que celle que vous connaissez lorsque a, b, c sont réels.

Exemple 3.

- $z^2 + z + 1 = 0$, $\Delta = -3$, $\delta = i\sqrt{3}$, les solutions sont $z = \dfrac{-1 \pm i\sqrt{3}}{2}$.
- $z^2 + z + \dfrac{1-i}{4} = 0$, $\Delta = i$, $\delta = \dfrac{\sqrt{2}}{2}(1+i)$, les solutions sont $z = \dfrac{-1 \pm \frac{\sqrt{2}}{2}(1+i)}{2} = -\dfrac{1}{2} \pm \dfrac{\sqrt{2}}{4}(1+i)$.

On retrouve aussi le résultat bien connu pour le cas des équations à coefficients réels :

Corollaire 1.

Si les coefficients a, b, c sont réels alors $\Delta \in \mathbb{R}$ et les solutions sont de trois types :

- *si $\Delta = 0$, la racine double est réelle et vaut $-\dfrac{b}{2a}$,*
- *si $\Delta > 0$, on a deux solutions réelles $\dfrac{-b \pm \sqrt{\Delta}}{2a}$,*
- *si $\Delta < 0$, on a deux solutions complexes, mais non réelles, $\dfrac{-b \pm i\sqrt{-\Delta}}{2a}$.*

Démonstration. On écrit la factorisation

$$\begin{aligned}
az^2 + bz + c &= a\left(z^2 + \frac{b}{a}z + \frac{c}{a}\right) = a\left(\left(z + \frac{b}{2a}\right)^2 - \frac{b^2}{4a^2} + \frac{c}{a}\right) \\
&= a\left(\left(z + \frac{b}{2a}\right)^2 - \frac{\Delta}{4a^2}\right) = a\left(\left(z + \frac{b}{2a}\right)^2 - \frac{\delta^2}{4a^2}\right) \\
&= a\left(\left(z + \frac{b}{2a}\right) - \frac{\delta}{2a}\right)\left(\left(z + \frac{b}{2a}\right) + \frac{\delta}{2a}\right) \\
&= a\left(z - \frac{-b+\delta}{2a}\right)\left(z - \frac{-b-\delta}{2a}\right) = a(z - z_1)(z - z_2)
\end{aligned}$$

Donc le binôme s'annule si et seulement si $z = z_1$ ou $z = z_2$. □

2.3. Théorème fondamental de l'algèbre

Théorème 1 (d'Alembert–Gauss).

Soit $P(z) = a_n z^n + a_{n-1} z^{n-1} + \cdots + a_1 z + a_0$ un polynôme à coefficients complexes et de degré n. Alors l'équation $P(z) = 0$ admet exactement n solutions complexes comptées avec leur multiplicité.

En d'autres termes il existe des nombres complexes $z_1, \ldots, z_n$ (dont certains sont

éventuellement confondus) tels que
$$P(z) = a_n(z-z_1)(z-z_2)\cdots(z-z_n).$$

Nous admettons ce théorème.

Mini-exercices.

1. Calculer les racines carrées de $-i$, $3-4i$.
2. Résoudre les équations : $z^2 + z - 1 = 0$, $2z^2 + (-10-10i)z + 24 - 10i = 0$.
3. Résoudre l'équation $z^2 + (i-\sqrt{2})z - i\sqrt{2}$, puis l'équation $Z^4 + (i-\sqrt{2})Z^2 - i\sqrt{2}$.
4. Montrer que si $P(z) = z^2 + bz + c$ possède pour racines $z_1, z_2 \in \mathbb{C}$ alors $z_1 + z_2 = -b$ et $z_1 \cdot z_2 = c$.
5. Trouver les paires de nombres dont la somme vaut i et le produit 1.
6. Soit $P(z) = a_n z^n + a_{n-1} z^{n-1} + \cdots + a_0$ avec $a_i \in \mathbb{R}$ pour tout i. Montrer que si z est racine de P alors $\bar{z}$ aussi.

3. Argument et trigonométrie

3.1. Argument

Si $z = x + iy$ est de module 1, alors $x^2 + y^2 = |z|^2 = 1$. Par conséquent le point (x, y) est sur le cercle unité du plan, et son abscisse x est notée $\cos\theta$, son ordonnée y est $\sin\theta$, où θ est (une mesure de) l'angle entre l'axe réel et z. Plus généralement, si $z \neq 0$, $z/|z|$ est de module 1, et cela amène à :

Définition 2.
Pour tout $z \in \mathbb{C}^* = \mathbb{C} \setminus \{0\}$, un nombre $\theta \in \mathbb{R}$ tel que $z = |z|(\cos\theta + i\sin\theta)$ est appelé un **argument** de z et noté $\theta = \arg(z)$.

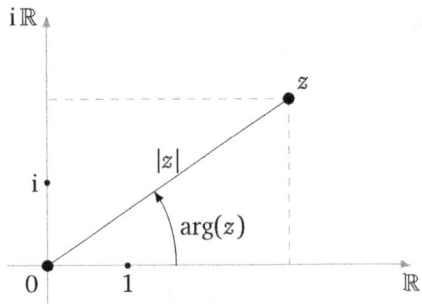

Cet argument est défini modulo 2π. On peut imposer à cet argument d'être unique si on rajoute la condition $\theta \in]-\pi, +\pi]$.

Remarque.

$$\theta \equiv \theta' \pmod{2\pi} \iff \exists k \in \mathbb{Z}, \theta = \theta' + 2k\pi \iff \begin{cases} \cos\theta = \cos\theta' \\ \sin\theta = \sin\theta' \end{cases}$$

Proposition 5.

L'argument satisfait les propriétés suivantes :
- $\arg(zz') \equiv \arg(z) + \arg(z') \pmod{2\pi}$
- $\arg(z^n) \equiv n\arg(z) \pmod{2\pi}$
- $\arg(1/z) \equiv -\arg(z) \pmod{2\pi}$
- $\arg(\bar{z}) \equiv -\arg z \pmod{2\pi}$

Démonstration.
$$\begin{aligned} zz' &= |z|(\cos\theta + i\sin\theta)|z'|(\cos\theta' + i\sin\theta') \\ &= |zz'|(\cos\theta\cos\theta' - \sin\theta\sin\theta' + i(\cos\theta\sin\theta' + \sin\theta\cos\theta')) \\ &= |zz'|(\cos(\theta+\theta') + i\sin(\theta+\theta')) \end{aligned}$$

donc $\arg(zz') \equiv \arg(z) + \arg(z') \pmod{2\pi}$. On en déduit les deux autres propriétés, dont la deuxième par récurrence. □

3.2. Formule de Moivre, notation exponentielle

La **formule de Moivre** est :

$$\boxed{(\cos\theta + i\sin\theta)^n = \cos(n\theta) + i\sin(n\theta)}$$

Démonstration. Par récurrence, on montre que

$$\begin{aligned}(\cos\theta + i\sin\theta)^n &= (\cos\theta + i\sin\theta)^{n-1} \times (\cos\theta + i\sin\theta) \\ &= (\cos((n-1)\theta) + i\sin((n-1)\theta)) \times (\cos\theta + i\sin\theta) \\ &= (\cos((n-1)\theta)\cos\theta - \sin((n-1)\theta)\sin\theta) \\ &\quad + i(\cos((n-1)\theta)\sin\theta + \sin((n-1)\theta)\cos\theta) \\ &= \cos n\theta + i\sin n\theta\end{aligned}$$

□

Nous définissons la **notation exponentielle** par

$$\boxed{e^{i\theta} = \cos\theta + i\sin\theta}$$

et donc tout nombre complexe s'écrit

$$\boxed{z = \rho e^{i\theta}}$$

où $\rho = |z|$ est le module et $\theta = \arg(z)$ est un argument.

Avec la notation exponentielle, on peut écrire pour $z = \rho e^{i\theta}$ et $z' = \rho' e^{i\theta'}$

$$\begin{cases} zz' = \rho\rho' e^{i\theta} e^{i\theta'} = \rho\rho' e^{i(\theta+\theta')} \\ z^n = \left(\rho e^{i\theta}\right)^n = \rho^n \left(e^{i\theta}\right)^n = \rho^n e^{in\theta} \\ 1/z = 1/\left(\rho e^{i\theta}\right) = \frac{1}{\rho} e^{-i\theta} \\ \bar{z} = \rho e^{-i\theta} \end{cases}$$

La formule de Moivre se réduit à l'égalité : $\boxed{\left(e^{i\theta}\right)^n = e^{in\theta}}$.

Et nous avons aussi : $\rho e^{i\theta} = \rho' e^{i\theta'}$ (avec $\rho, \rho' > 0$) si et seulement si $\rho = \rho'$ et $\theta \equiv \theta' \pmod{2\pi}$.

3.3. Racines n-ième

> **Définition 3.**
> Pour $z \in \mathbb{C}$ et $n \in \mathbb{N}$, une **racine n-ième** est un nombre $\omega \in \mathbb{C}$ tel que $\omega^n = z$.

Proposition 6.

Il y a n racines n-ièmes $\omega_0, \omega_1, \ldots, \omega_{n-1}$ de $z = \rho e^{i\theta}$, ce sont :

$$\omega_k = \rho^{1/n} e^{\frac{i\theta + 2ik\pi}{n}}, \quad k = 0, 1, \ldots, n-1$$

Démonstration. Écrivons $z = \rho e^{i\theta}$ et cherchons ω sous la forme $\omega = r e^{it}$ tel que $z = \omega^n$. Nous obtenons donc $\rho e^{i\theta} = \omega^n = (re^{it})^n = r^n e^{int}$. Prenons tout d'abord le module : $\rho = |\rho e^{i\theta}| = |r^n e^{int}| = r^n$ et donc $r = \rho^{1/n}$ (il s'agit ici de nombres réels). Pour les arguments nous avons $e^{int} = e^{i\theta}$ et donc $nt \equiv \theta \pmod{2\pi}$ (n'oubliez surtout pas le modulo 2π!). Ainsi on résout $nt = \theta + 2k\pi$ (pour $k \in \mathbb{Z}$) et donc $t = \frac{\theta}{n} + \frac{2k\pi}{n}$. Les solutions de l'équation $\omega^n = z$ sont donc les $\omega_k = \rho^{1/n} e^{\frac{i\theta + 2ik\pi}{n}}$. Mais en fait il n'y a que n solutions distinctes car $\omega_n = \omega_0$, $\omega_{n+1} = \omega_1, \ldots$ Ainsi les n solutions sont $\omega_0, \omega_1, \ldots, \omega_{n-1}$.

□

Par exemple pour $z = 1$, on obtient les n **racines n-ièmes de l'unité** $e^{2ik\pi/n}$, $k = 0, \ldots, n-1$ qui forment un groupe multiplicatif.

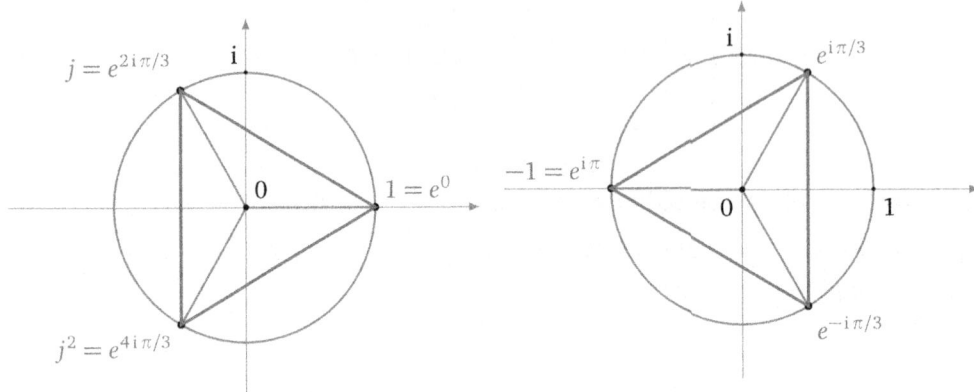

Racine 3-ième de l'unité ($z = 1$, $n = 3$)   Racine 3-ième de -1 ($z = -1$, $n = 3$)

Les racines 5-ième de l'unité ($z = 1$, $n = 5$) forment un pentagone régulier :

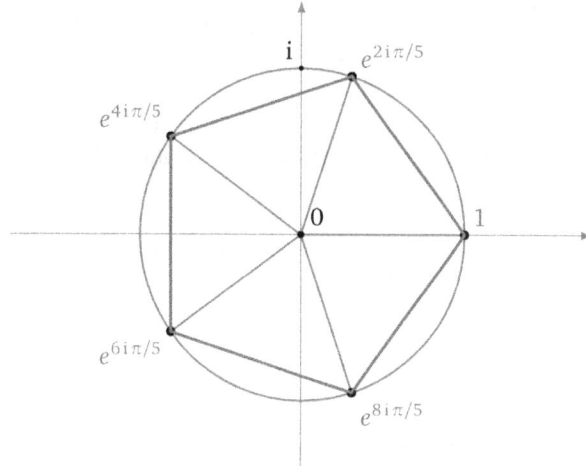

3.4. Applications à la trigonométrie

Voici les **formules d'Euler**, pour $\theta \in \mathbb{R}$:

$$\cos\theta = \frac{e^{i\theta}+e^{-i\theta}}{2} \quad , \quad \sin\theta = \frac{e^{i\theta}-e^{-i\theta}}{2i}$$

Ces formules s'obtiennent facilement en utilisant la définition de la notation exponentielle. Nous les appliquons dans la suite à deux problèmes : le développement et la linéarisation.

Développement. On exprime $\sin n\theta$ ou $\cos n\theta$ en fonction des puissances de $\cos\theta$ et $\sin\theta$.

Méthode : on utilise la formule de Moivre pour écrire $\cos(n\theta) + i\sin(n\theta) = (\cos\theta + i\sin\theta)^n$ que l'on développe avec la formule du binôme de Newton.

Exemple 4.

$$\begin{aligned}\cos 3\theta + i\sin 3\theta &= (\cos\theta + i\sin\theta)^3 \\ &= \cos^3\theta + 3i\cos^2\theta\sin\theta - 3\cos\theta\sin^2\theta - i\sin^3\theta \\ &= \left(\cos^3\theta - 3\cos\theta\sin^2\theta\right) + i\left(3\cos^2\theta\sin\theta - \sin^3\theta\right)\end{aligned}$$

En identifiant les parties réelles et imaginaires, on déduit que

$$\cos 3\theta = \cos^3\theta - 3\cos\theta\sin^2\theta \quad \text{et} \quad \sin 3\theta = 3\cos^2\theta\sin\theta - \sin^3\theta.$$

Linéarisation. On exprime $\cos^n \theta$ ou $\sin^n \theta$ en fonction des $\cos k\theta$ et $\sin k\theta$ pour k allant de 0 à n.

Méthode : avec la formule d'Euler on écrit $\sin^n \theta = \left(\frac{e^{i\theta} - e^{-i\theta}}{2i}\right)^n$. On développe à l'aide du binôme de Newton puis on regroupe les termes par paires conjuguées.

Exemple 5.

$$\begin{aligned}
\sin^3 \theta &= \left(\frac{e^{i\theta} - e^{-i\theta}}{2i}\right)^3 \\
&= \frac{1}{-8i}\left((e^{i\theta})^3 - 3(e^{i\theta})^2 e^{-i\theta} + 3e^{i\theta}(e^{-i\theta})^2 - (e^{-i\theta})^3\right) \\
&= \frac{1}{-8i}\left(e^{3i\theta} - 3e^{i\theta} + 3e^{-i\theta} - e^{-3i\theta}\right) \\
&= -\frac{1}{4}\left(\frac{e^{3i\theta} - e^{-3i\theta}}{2i} - 3\frac{e^{i\theta} - e^{-i\theta}}{2i}\right) \\
&= -\frac{\sin 3\theta}{4} + \frac{3\sin\theta}{4}
\end{aligned}$$

Mini-exercices.

1. Mettre les nombres suivants sont la forme module-argument (avec la notation exponentielle) : $1, i, -1, -i, 3i, 1+i, \sqrt{3}-i, \overline{\sqrt{3}-i}, \frac{1}{\sqrt{3}-i}, (\sqrt{3}-i)^{20xx}$ où $20xx$ est l'année en cours.

2. Calculer les racines 5-ième de i.

3. Calculer les racines carrées de $\frac{\sqrt{3}}{2} + \frac{i}{2}$ de deux façons différentes. En déduire les valeurs de $\cos\frac{\pi}{12}$ et $\sin\frac{\pi}{12}$.

4. Donner sans calcul la valeur de $\omega_0 + \omega_1 + \cdots + \omega_{n-1}$, où les ω_i sont les racines n-ième de 1.

5. Développer $\cos(4\theta)$; linéariser $\cos^4 \theta$; calculer une primitive de $\theta \mapsto \cos^4 \theta$.

4. Nombres complexes et géométrie

On associe bijectivement à tout point M du plan affine $\mathbb{R}^2$ de coordonnées (x, y), le nombre complexe $z = x + \mathrm{i}\, y$ appelé son **affixe**.

4.1. Équation complexe d'une droite

Soit
$$ax + by = c$$
l'équation réelle d'une droite $\mathscr{D}$: a, b, c sont des nombres réels (a et b n'étant pas tous les deux nuls) d'inconnues $(x, y) \in \mathbb{R}^2$.
Écrivons $z = x + \mathrm{i}\, y \in \mathbb{C}$, alors
$$x = \frac{z + \bar{z}}{2}, \quad y = \frac{z - \bar{z}}{2\,\mathrm{i}},$$
donc $\mathscr{D}$ a aussi pour équation $a(z+\bar{z}) - \mathrm{i}\, b(z-\bar{z}) = 2c$ ou encore $(a - \mathrm{i}\, b)z + (a + \mathrm{i}\, b)\bar{z} = 2c$. Posons $\omega = a + \mathrm{i}\, b \in \mathbb{C}^*$ et $k = 2c \in \mathbb{R}$ alors l'équation complexe d'une droite est :

$$\boxed{\bar{\omega} z + \omega \bar{z} = k}$$

où $\omega \in \mathbb{C}^*$ et $k \in \mathbb{R}$.

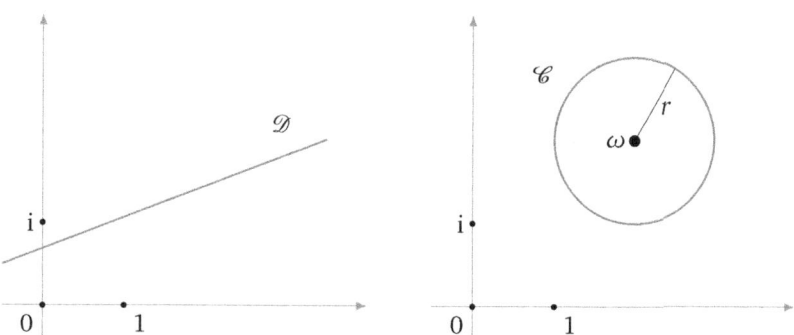

4.2. Équation complexe d'un cercle

Soit $\mathscr{C}(\Omega, r)$ le cercle de centre Ω et de rayon r. C'est l'ensemble des points M tel que $\mathrm{dist}(\Omega, M) = r$. Si l'on note ω l'affixe de Ω et z l'affixe de M. Nous obtenons :
$$\mathrm{dist}(\Omega, M) = r \iff |z - \omega| = r \iff |z - \omega|^2 = r^2 \iff (z - \omega)\overline{(z - \omega)} = r^2$$

et en développant nous trouvons que l'équation complexe du cercle centré en un point d'affixe ω et de rayon r est :

$$\boxed{z\bar{z} - \bar{\omega}z - \omega\bar{z} = r^2 - |\omega|^2}$$

où $\omega \in \mathbb{C}$ et $r \in \mathbb{R}$.

4.3. Équation $\frac{|z-a|}{|z-b|} = k$

Proposition 7.
Soit A, B deux points du plan et $k \in \mathbb{R}_+$. L'ensemble des points M tel que $\frac{MA}{MB} = k$ est
- une droite qui est la médiatrice de $[AB]$, si $k = 1$,
- un cercle, sinon.

Exemple 6.
Prenons A le point d'affixe $+1$, B le point d'affixe -1. Voici les figures pour plusieurs valeurs de k.

Par exemple pour $k = 2$ le point M dessiné vérifie bien $MA = 2MB$.

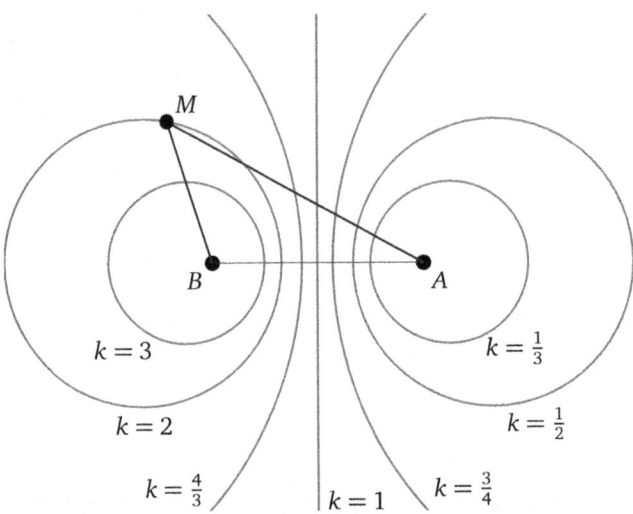

Démonstration. Si les affixes de A, B, M sont respectivement a, b, z, cela revient à résoudre l'équation $\frac{|z-a|}{|z-b|} = k$.

$$\frac{|z-a|}{|z-b|} = k \iff |z-a|^2 = k^2|z-b|^2$$
$$\iff (z-a)\overline{(z-a)} = k^2(z-b)\overline{(z-b)}$$
$$\iff (1-k^2)z\bar{z} - z(\bar{a}-k^2\bar{b}) - \bar{z}(a-k^2 b) + |a|^2 - k^2|b|^2 = 0$$

Donc si $k = 1$, on pose $\omega = a - k^2 b$ et l'équation obtenue $z\bar{\omega} + \bar{z}\omega = |a|^2 - k^2|b|^2$ est bien celle d'une droite. Et bien sûr l'ensemble des points qui vérifient $MA = MB$ est la médiatrice de $[AB]$. Si $k \neq 1$ on pose $\omega = \frac{a-k^2 b}{1-k^2}$ alors l'équation obtenue est $z\bar{z} - z\bar{\omega} - \bar{z}\omega = \frac{-|a|^2+k^2|b|^2}{1-k^2}$. C'est l'équation d'un cercle de centre ω et de rayon r satisfaisant $r^2 - |\omega|^2 = \frac{-|a|^2+k^2|b|^2}{1-k^2}$, soit $r^2 = \frac{|a-k^2 b|^2}{(1-k^2)^2} + \frac{-|a|^2+k^2|b|^2}{1-k^2}$. □

Ces calculs se refont au cas par cas, il n'est pas nécessaire d'apprendre les formules.

Mini-exercices.

1. Calculer l'équation complexe de la droite passant par 1 et i.
2. Calculer l'équation complexe du cercle de centre $1 + 2\mathrm{i}$ passant par i.
3. Calculer l'équation complexe des solutions de $\frac{|z-\mathrm{i}|}{|z-1|} = 1$, puis dessiner les solutions.
4. Même question avec $\frac{|z-\mathrm{i}|}{|z-1|} = 2$.

Auteurs du chapitre Arnaud Bodin, Benjamin Boutin, Pascal Romon

Arithmétique

Chapitre 4

Préambule

Une motivation : l'arithmétique est au cœur du cryptage des communications. Pour crypter un message on commence par le transformer en un –ou plusieurs– nombres. Le processus de codage et décodage fait appel à plusieurs notions de ce chapitre :
- On choisit deux **nombres premiers** p et q que l'on garde secrets et on pose $n = p \times q$. Le principe étant que même connaissant n il est très difficile de retrouver p et q (qui sont des nombres ayant des centaines de chiffres).
- La clé secrète et la clé publique se calculent à l'aide de l'**algorithme d'Euclide** et des **coefficients de Bézout**.
- Les calculs de cryptage se feront **modulo** n.
- Le décodage fonctionne grâce à une variante du **petit théorème de Fermat**.

1. Division euclidienne et pgcd

1.1. Divisibilité et division euclidienne

Définition 1.
Soient $a, b \in \mathbb{Z}$. On dit que b **divise** a et on note $b|a$ s'il existe $q \in \mathbb{Z}$ tel que
$$a = bq.$$

Exemple 1.
- $7|21$; $6|48$; a est pair si et seulement si $2|a$.
- Pour tout $a \in \mathbb{Z}$ on a $a|0$ et aussi $1|a$.
- Si $a|1$ alors $a = +1$ ou $a = -1$.
- $(a|b$ et $b|a) \implies b = \pm a$
- $(a|b$ et $b|c) \implies a|c$
- $(a|b$ et $a|c) \implies a|b+c$

Théorème 1 (Division euclidienne).
*Soit $a \in \mathbb{Z}$ et $b \in \mathbb{N} \setminus \{0\}$. Il **existe** des entiers $q, r \in \mathbb{Z}$ tels que*

$$\boxed{a = bq + r \qquad \text{et} \qquad 0 \leqslant r < b}$$

*De plus q et r sont **uniques**.*

Terminologie : q est le **quotient** et r est le **reste**.

Nous avons donc l'équivalence : $r = 0$ si et seulement si b divise a.

Exemple 2.

Pour calculer q et r on pose la division « classique ». Si $a = 6789$ et $b = 34$ alors

$$6789 = 34 \times 199 + 23$$

On a bien $0 \leqslant 23 < 34$ (sinon c'est que l'on n'a pas été assez loin dans les calculs).

```
6 7 8 9    | 34
  3 4      |
  3 3 8    |
  3 0 6    | 199
    3 2 9  |
    3 0 6  |
      2 3  |
```

dividende | diviseur

quotient

reste

Démonstration.

Existence. On peut supposer $a \geqslant 0$ pour simplifier. Soit $\mathcal{N} = \{n \in \mathbb{N} \mid bn \leqslant a\}$. C'est un ensemble non vide car $n = 0 \in \mathcal{N}$. De plus pour $n \in \mathcal{N}$, on a $n \leqslant a$. Il y a donc un nombre fini d'éléments dans $\mathcal{N}$, notons $q = \max \mathcal{N}$ le plus grand élément. Alors $qb \leqslant a$ car $q \in \mathcal{N}$, et $(q+1)b > a$ car $q + 1 \notin \mathcal{N}$, donc

$$qb \leqslant a < (q+1)b = qb + b.$$

On définit alors $r = a - qb$, r vérifie alors $0 \leqslant r = a - qb < b$.

Unicité. Supposons que q', r' soient deux entiers qui vérifient les conditions du théorème. Tout d'abord $a = bq + r = bq' + r'$ et donc $b(q-q') = r'-r$. D'autre part $0 \leqslant r' < b$ et $0 \leqslant r < b$ donc $-b < r'-r < b$ (notez au passage la manipulation des inégalités). Mais $r'-r = b(q-q')$ donc on obtient $-b < b(q-q') < b$. On peut diviser par $b > 0$ pour avoir $-1 < q-q' < 1$. Comme $q-q'$ est un entier, la seule possibilité est $q-q' = 0$ et donc $q = q'$. Repartant de $r'-r = b(q-q')$ on obtient maintenant $r = r'$.

□

1.2. pgcd de deux entiers

Définition 2.

Soient $a, b \in \mathbb{Z}$ deux entiers, non tous les deux nuls. Le plus grand entier qui divise à la fois a et b s'appelle le **plus grand diviseur commun** de a, b et se note $\mathrm{pgcd}(a, b)$.

Exemple 3.
- $\mathrm{pgcd}(21, 14) = 7$, $\mathrm{pgcd}(12, 32) = 4$, $\mathrm{pgcd}(21, 26) = 1$.
- $\mathrm{pgcd}(a, ka) = a$, pour tout $k \in \mathbb{Z}$ et $a \geqslant 0$.
- Cas particuliers. Pour tout $a \geqslant 0$: $\mathrm{pgcd}(a, 0) = a$ et $\mathrm{pgcd}(a, 1) = 1$.

1.3. Algorithme d'Euclide

Lemme 1.

Soient $a, b \in \mathbb{N}^*$. Écrivons la division euclidienne $a = bq + r$. Alors

$$\mathrm{pgcd}(a, b) = \mathrm{pgcd}(b, r)$$

En fait on a même $\mathrm{pgcd}(a, b) = \mathrm{pgcd}(b, a-qb)$ pour tout $q \in \mathbb{Z}$. Mais pour optimiser l'algorithme d'Euclide on applique le lemme avec q le quotient.

Démonstration. Nous allons montrer que les diviseurs de a et de b sont exactement les mêmes que les diviseurs de b et r. Cela impliquera le résultat car les plus grands diviseurs seront bien sûr les mêmes.
- Soit d un diviseur de a et de b. Alors d divise b donc aussi bq, en plus d divise a donc d divise $a - bq = r$.

- Soit d un diviseur de b et de r. Alors d divise aussi $bq + r = a$.

□

Algorithme d'Euclide.

On souhaite calculer le pgcd de $a, b \in \mathbb{N}^*$. On peut supposer $a \geqslant b$. On calcule des divisions euclidiennes successives. Le pgcd sera le dernier reste non nul.
- division de a par b, $a = bq_1 + r_1$. Par le lemme 1, $\mathrm{pgcd}(a, b) = \mathrm{pgcd}(b, r_1)$ et si $r_1 = 0$ alors $\mathrm{pgcd}(a, b) = b$ sinon on continue :
- $b = r_1 q_2 + r_2$, $\quad \mathrm{pgcd}(a, b) = \mathrm{pgcd}(b, r_1) = \mathrm{pgcd}(r_1, r_2)$,
- $r_1 = r_2 q_3 + r_3$, $\quad \mathrm{pgcd}(a, b) = \mathrm{pgcd}(r_2, r_3)$,
- ...
- $r_{k-2} = r_{k-1} q_k + r_k$, $\mathrm{pgcd}(a, b) = \mathrm{pgcd}(r_{k-1}, r_k)$,
- $r_{k-1} = r_k q_k + 0$. $\mathrm{pgcd}(a, b) = \mathrm{pgcd}(r_k, 0) = r_k$.

Comme à chaque étape le reste est plus petit que le quotient on sait que $0 \leqslant r_{i+1} < r_i$. Ainsi l'algorithme se termine car nous sommes sûrs d'obtenir un reste nul, les restes formant une suite décroissante d'entiers positifs ou nuls : $b > r_1 > r_2 > \cdots \geqslant 0$.

Exemple 4.

Calculons le pgcd de $a = 600$ et $b = 124$.

$$
\begin{array}{rcrcrcr}
600 & = & 124 & \times & 4 & + & 104 \\
124 & = & 104 & \times & 1 & + & 20 \\
104 & = & 20 & \times & 5 & + & 4 \\
20 & = & 4 & \times & 5 & + & 0
\end{array}
$$

Ainsi $\mathrm{pgcd}(600, 124) = 4$.

Voici un exemple plus compliqué :

Exemple 5.

Calculons $\mathrm{pgcd}(9945, 3003)$.

$$
\begin{array}{rcrcrcr}
9945 & = & 3003 & \times & 3 & + & 936 \\
3003 & = & 936 & \times & 3 & + & 195 \\
936 & = & 195 & \times & 4 & + & 156 \\
195 & = & 156 & \times & 1 & + & 39 \\
156 & = & 39 & \times & 4 & + & 0
\end{array}
$$

Ainsi $\mathrm{pgcd}(9945, 3003) = 39$.

1.4. Nombres premiers entre eux

Définition 3.
Deux entiers a, b sont **premiers entre eux** si $\text{pgcd}(a, b) = 1$.

Exemple 6.
Pour tout $a \in \mathbb{Z}$, a et $a+1$ sont premiers entre eux. En effet soit d un diviseur commun à a et à $a+1$. Alors d divise aussi $a+1-a$. Donc d divise 1 mais alors $d = -1$ ou $d = +1$. Le plus grand diviseur de a et $a+1$ est donc 1. Et donc $\text{pgcd}(a, a+1) = 1$.

Si deux entiers ne sont pas premiers entre eux, on peut s'y ramener en divisant par leur pgcd :

Exemple 7.
Pour deux entiers quelconques $a, b \in \mathbb{Z}$, notons $d = \text{pgcd}(a, b)$. La décomposition suivante est souvent utile :

$$\begin{cases} a &= a'd \\ b &= b'd \end{cases} \quad \text{avec} \quad a', b' \in \mathbb{Z} \text{ et } \text{pgcd}(a', b') = 1$$

Mini-exercices.

1. Écrire la division euclidienne de $111\,111$ par $20xx$, où $20xx$ est l'année en cours.

2. Montrer qu'un diviseur positif de $10\,008$ et de $10\,014$ appartient nécessairement à $\{1, 2, 3, 6\}$.

3. Calculer $\text{pgcd}(560, 133)$, $\text{pgcd}(12\,121, 789)$, $\text{pgcd}(99\,999, 1110)$.

4. Trouver tous les entiers $1 \leqslant a \leqslant 50$ tels que a et 50 soient premiers entre eux. Même question avec 52.

2. Théorème de Bézout

2.1. Théorème de Bézout

Théorème 2 (Théorème de Bézout).
Soient a, b des entiers. Il existe des entiers $u, v \in \mathbb{Z}$ tels que

$$\boxed{au + bv = \operatorname{pgcd}(a, b)}$$

La preuve découle de l'algorithme d'Euclide. Les entiers u, v ne sont pas uniques. Les entiers u, v sont des **coefficients de Bézout**. Ils s'obtiennent en « remontant » l'algorithme d'Euclide.

Exemple 8.
Calculons les coefficients de Bézout pour $a = 600$ et $b = 124$. Nous reprenons les calculs effectués pour trouver $\operatorname{pgcd}(600, 124) = 4$. La partie gauche est l'algorithme d'Euclide. La partie droite s'obtient de *bas en haut*. On exprime le pgcd à l'aide de la dernière ligne où le reste est non nul. Puis on remplace le reste de la ligne précédente, et ainsi de suite jusqu'à arriver à la première ligne.

$$
\begin{aligned}
600 &= 124 \times 4 + 104 & 4 &= \left[\begin{array}{l} 600 \times 6 + 124 \times (-29) \\ 124 \times (-5) + (600 - 124 \times 4) \times 6 \end{array} \right. \\
124 &= 104 \times 1 + 20 & 4 &= \left[\begin{array}{l} 124 \times (-5) + 104 \times 6 \\ 104 - (124 - 104 \times 1) \times 5 \end{array} \right. \\
104 &= 20 \times 5 + 4 & 4 &= \left[\begin{array}{l} 104 - 20 \times 5 \end{array} \right. \\
20 &= 4 \times 5 + 0
\end{aligned}
$$

Ainsi pour $u = 6$ et $v = -29$ alors $600 \times 6 + 124 \times (-29) = 4$.

Remarque.
- Soignez vos calculs et leur présentation. C'est un algorithme : vous devez aboutir au bon résultat ! Dans la partie droite, il faut à chaque ligne bien la reformater. Par exemple $104 - (124 - 104 \times 1) \times 5$ se réécrit en $124 \times (-5) + 104 \times 6$ afin de pouvoir remplacer ensuite 104.
- N'oubliez pas de vérifier vos calculs ! C'est rapide et vous serez certains que vos calculs sont exacts. Ici on vérifie à la fin que $600 \times 6 + 124 \times (-29) = 4$.

Exemple 9.
Calculons les coefficients de Bézout correspondant à pgcd(9945, 3003) = 39.

$$\begin{aligned}
9945 &= 3003 \times 3 + 936 \\
3003 &= 936 \times 3 + 195 \\
936 &= 195 \times 4 + 156 \\
195 &= 156 \times 1 + 39 \\
156 &= 39 \times 4 + 0
\end{aligned}
\qquad
\begin{aligned}
39 &= 9945 \times (-16) + 3003 \times 53 \\
39 &= \cdots \\
39 &= \cdots \\
39 &= 195 - 156 \times 1
\end{aligned}$$

À vous de finir les calculs. On obtient $9945 \times (-16) + 3003 \times 53 = 39$.

2.2. Corollaires du théorème de Bézout

Corollaire 1.
Si $d|a$ et $d|b$ alors $d|\text{pgcd}(a,b)$.

Exemple : $4|16$ et $4|24$ donc 4 doit diviser $\text{pgcd}(16, 24)$ qui effectivement vaut 8.

Démonstration. Comme $d|au$ et $d|bv$ donc $d|au + bv$. Par le théorème de Bézout $d|\text{pgcd}(a,b)$. □

Corollaire 2.
*Soient a, b deux entiers. a et b sont premiers entre eux **si et seulement si** il existe $u, v \in \mathbb{Z}$ tels que*

$$\boxed{au + bv = 1}$$

Démonstration. Le sens $\Rightarrow$ est une conséquence du théorème de Bézout.
Pour le sens $\Leftarrow$ on suppose qu'il existe u, v tels que $au + bv = 1$. Comme $\text{pgcd}(a,b)|a$ alors $\text{pgcd}(a,b)|au$. De même $\text{pgcd}(a,b)|bv$. Donc $\text{pgcd}(a,b)|au + bv = 1$. Donc $\text{pgcd}(a,b) = 1$. □

Remarque.
Si on trouve deux entiers u', v' tels que $au' + bv' = d$, cela n'implique **pas** que $d = \text{pgcd}(a,b)$. On sait seulement alors que $\text{pgcd}(a,b)|d$. Par exemple $a = 12$, $b = 8$; $12 \times 1 + 8 \times 3 = 36$ et $\text{pgcd}(a,b) = 4$.

Corollaire 3 (Lemme de Gauss).
Soient $a, b, c \in \mathbb{Z}$.

$$\boxed{\text{Si } a|bc \text{ et } \operatorname{pgcd}(a,b)=1 \text{ alors } a|c}$$

Exemple : si $4|7\times c$, et comme 4 et 7 sont premiers entre eux, alors $4|c$.

Démonstration. Comme $\operatorname{pgcd}(a,b)=1$ alors il existe $u,v\in\mathbb{Z}$ tels que $au+bv=1$. On multiplie cette égalité par c pour obtenir $acu+bcv=c$. Mais $a|acu$ et par hypothèse $a|bcv$ donc a divise $acu+bcv=c$. □

2.3. Équations $ax+by=c$

Proposition 1.
Considérons l'équation
$$ax+by=c \tag{E}$$
où $a,b,c\in\mathbb{Z}$.

1. *L'équation (E) possède des solutions $(x,y)\in\mathbb{Z}^2$ si et seulement si $\operatorname{pgcd}(a,b)|c$.*
2. *Si $\operatorname{pgcd}(a,b)|c$ alors il existe même une infinité de solutions entières et elles sont exactement les $(x,y)=(x_0+\alpha k, y_0+\beta k)$ avec $x_0,y_0,\alpha,\beta\in\mathbb{Z}$ fixés et k parcourant $\mathbb{Z}$.*

Le premier point est une conséquence du théorème de Bézout. Nous allons voir sur un exemple comment prouver le second point et calculer explicitement les solutions. Il est bon de refaire toutes les étapes de la démonstration à chaque fois.

Exemple 10.
Trouver les solutions entières de
$$161x+368y=115 \tag{E}$$

- **Première étape. Y a-t-il des solutions ? L'algorithme d'Euclide.** On effectue l'algorithme d'Euclide pour calculer le pgcd de $a=161$ et $b=368$.

$$\begin{aligned} 368 &= 161\times 2 + 46\\ 161 &= 46\times 3 + 23\\ 46 &= 23\times 2 + 0 \end{aligned}$$

Donc $\operatorname{pgcd}(368,161)=23$. Comme $115=5\times 23$ alors $\operatorname{pgcd}(368,161)|115$. Par le théorème de Bézout, l'équation (E) admet des solutions entières.

- **Deuxième étape. Trouver une solution particulière : la remontée de l'algorithme d'Euclide.** On effectue la remontée de l'algorithme d'Euclide pour calculer les coefficients de Bézout.

$$368 = 161 \times 2 + 46$$
$$161 = 46 \times 3 + 23$$
$$46 = 23 \times 2 + 0$$

$$23 = \begin{vmatrix} 161 \times 7 + 368 \times (-3) \\ 161 + (368 - 2 \times 161) \times (-3) \end{vmatrix}$$
$$23 = 161 - 3 \times 46$$

On trouve donc $161 \times 7 + 368 \times (-3) = 23$. Comme $115 = 5 \times 23$ en multipliant par 5 on obtient :

$$161 \times 35 + 368 \times (-15) = 115$$

Ainsi $(x_0, y_0) = (35, -15)$ est une **solution particulière** de (E).

- **Troisième étape. Recherche de toutes les solutions.** Soit $(x, y) \in \mathbb{Z}^2$ une solution de (E). Nous savons que (x_0, y_0) est aussi solution. Ainsi :

$$161x + 368y = 115 \quad \text{et} \quad 161x_0 + 368y_0 = 115$$

(on n'a aucun intérêt à remplacer x_0 et y_0 par leurs valeurs). La différence de ces deux égalités conduit à

$$161 \times (x - x_0) + 368 \times (y - y_0) = 0$$
$$\implies 23 \times 7 \times (x - x_0) + 23 \times 16 \times (y - y_0) = 0$$
$$\implies 7(x - x_0) = -16(y - y_0) \quad (*)$$

Nous avons simplifié par 23 qui est le pgcd de 161 et 368. (Attention, n'oubliez surtout pas cette simplification, sinon la suite du raisonnement serait fausse.) Ainsi $7 | 16(y - y_0)$, or $\text{pgcd}(7, 16) = 1$ donc par le lemme de Gauss $7 | y - y_0$. Il existe donc $k \in \mathbb{Z}$ tel que $y - y_0 = 7 \times k$. Repartant de l'équation $(*)$: $7(x - x_0) = -16(y - y_0)$. On obtient maintenant $7(x - x_0) = -16 \times 7 \times k$. D'où $x - x_0 = -16k$. (C'est le même k pour x et pour y.) Nous avons donc $(x, y) = (x_0 - 16k, y_0 + 7k)$. Il n'est pas dur de voir que tout couple de cette forme est solution de l'équation (E). Il reste donc juste à substituer (x_0, y_0) par sa valeur et nous obtenons :

> Les solutions entières de $161x + 368y = 115$ sont les $(x, y) = (35 - 16k, -15 + 7k)$, k parcourant $\mathbb{Z}$.

Pour se rassurer, prenez une valeur de k au hasard et vérifiez que vous obtenez bien une solution de l'équation.

2.4. ppcm

> **Définition 4.**
> Le ppcm(a, b) (**plus petit multiple commun**) est le plus petit entier ≥ 0 divisible par a et par b.

Par exemple ppcm$(12, 9) = 36$.
Le pgcd et le ppcm sont liés par la formule suivante :

> **Proposition 2.**
> *Si a, b sont des entiers (non tous les deux nuls) alors*
> $$\boxed{\text{pgcd}(a, b) \times ppcm(a, b) = |ab|}$$

Démonstration. Posons $d = \text{pgcd}(a, b)$ et $m = \frac{|ab|}{\text{pgcd}(a,b)}$. Pour simplifier on suppose $a > 0$ et $b > 0$. On écrit $a = da'$ et $b = db'$. Alors $ab = d^2 a'b'$ et donc $m = da'b'$. Ainsi $m = ab' = a'b$ est un multiple de a et de b.

Il reste à montrer que c'est le plus petit multiple. Si n est un autre multiple de a et de b alors $n = ka = \ell b$ donc $kda' = \ell db'$ et $ka' = \ell b'$. Or pgcd$(a', b') = 1$ et $a'|\ell b'$ donc $a'|\ell$. Donc $a'b|\ell b$ et ainsi $m = a'b|\ell b = n$. □

Voici un autre résultat concernant le ppcm qui se démontre en utilisant la décomposition en facteurs premiers :

> **Proposition 3.**
> *Si $a|c$ et $b|c$ alors ppcm$(a, b)|c$.*

Il serait faux de penser que $ab|c$. Par exemple $6|36$, $9|36$ mais 6×9 ne divise pas 36. Par contre ppcm$(6, 9) = 18$ divise bien 36.

Mini-exercices.

1. Calculer les coefficients de Bézout correspondant à pgcd$(560, 133)$, pgcd$(12\,121, 789)$.

2. Montrer à l'aide d'un corollaire du théorème de Bézout que pgcd$(a, a+1) = 1$.

3. Résoudre les équations : $407x + 129y = 1$; $720x + 54y = 6$; $216x + 92y = 8$.

4. Trouver les couples (a, b) vérifiant $\operatorname{pgcd}(a, b) = 12$ et $\operatorname{ppcm}(a, b) = 360$.

3. Nombres premiers

Les nombres premiers sont –en quelque sorte– les briques élémentaires des entiers : tout entier s'écrit comme produit de nombres premiers.

3.1. Une infinité de nombres premiers

Définition 5.
Un **nombre premier** p est un entier $\geqslant 2$ dont les seuls diviseurs positifs sont 1 et p.

Exemples : $2, 3, 5, 7, 11$ sont premiers, $4 = 2 \times 2$, $6 = 2 \times 3$, $8 = 2 \times 4$ ne sont pas premiers.

Lemme 2.
Tout entier $n \geqslant 2$ admet un diviseur qui est un nombre premier.

Démonstration. Soit $\mathscr{D}$ l'ensemble des diviseurs de n qui sont $\geqslant 2$:
$$\mathscr{D} = \{k \geqslant 2 \mid k|n\}.$$
L'ensemble $\mathscr{D}$ est non vide (car $n \in \mathscr{D}$), notons alors $p = \min \mathscr{D}$.
Supposons, par l'absurde, que p ne soit pas un nombre premier alors p admet un diviseur q tel que $1 < q < p$ mais alors q est aussi un diviseur de n et donc $q \in \mathscr{D}$ avec $q < p$. Ce qui donne une contradiction car p est le minimum. Conclusion : p est un nombre premier. Et comme $p \in \mathscr{D}$, p divise n. □

Proposition 4.
Il existe une infinité de nombres premiers.

Démonstration. Par l'absurde, supposons qu'il n'y ait qu'un nombre fini de nombres premiers que l'on note $p_1 = 2$, $p_2 = 3$, $p_3, \ldots, p_n$. Considérons l'entier $N = p_1 \times p_2 \times \cdots \times p_n + 1$. Soit p un diviseur premier de N (un tel p existe par le lemme précédent), alors d'une part p est l'un des entiers p_i donc $p | p_1 \times \cdots \times p_n$, d'autre part $p|N$ donc p divise la différence $N - p_1 \times \cdots \times p_n = 1$. Cela implique que $p = 1$, ce qui contredit que p soit un nombre premier.

Cette contradiction nous permet de conclure qu'il existe une infinité de nombres premiers. □

3.2. Eratosthène et Euclide

Comment trouver les nombres premiers ? Le **crible d'Eratosthène** permet de trouver les premiers nombres premiers. Pour cela on écrit les premiers entiers : pour notre exemple de 2 à 25.

2 3 4 5 6 7 8 9 10 11 12 13 14 15 16 17 18 19 20 21 22 23 24 25

Rappelons-nous qu'un diviseur positif d'un entier n est inférieur ou égal à n. Donc 2 ne peut avoir comme diviseurs que 1 et 2 et est donc premier. On entoure 2. Ensuite on raye (ici en grisé) tous les multiples suivants de 2 qui ne seront donc pas premiers (car divisible par 2) :

② 3 4 5 6 7 8 9 10 11 12 13 14 15 16 17 18 19 20 21 22 23 24 25

Le premier nombre restant de la liste est 3 et est nécessairement premier : il n'est pas divisible par un diviseur plus petit (sinon il serait rayé). On entoure 3 et on raye tous les multiples de 3 (6, 9, 12, …).

② ③ 4 5 6 7 8 9 10 11 12 13 14 15 16 17 18 19 20 21 22 23 24 25

Le premier nombre restant est 5 et est donc premier. On raye les multiples de 5.

② ③ 4 ⑤ 6 7 8 9 10 11 12 13 14 15 16 17 18 19 20 21 22 23 24 25

7 est donc premier, on raye les multiples de 7 (ici pas de nouveaux nombres à barrer). Ainsi de suite : 11, 13, 17, 19, 23 sont premiers.

② ③ 4 ⑤ 6 ⑦ 8 9 10 ⑪ 12 ⑬ 14 15 16 ⑰ 18 ⑲ 20 21 22 ㉓

Remarque.

Si un nombre n n'est pas premier alors un de ses facteurs est $\leqslant \sqrt{n}$. En effet si $n = a \times b$ avec $a, b \geqslant 2$ alors $a \leqslant \sqrt{n}$ ou $b \leqslant \sqrt{n}$ (réfléchissez par l'absurde !). Par exemple pour tester si un nombre $\leqslant 100$ est premier il suffit de tester les diviseurs $\leqslant 10$. Et comme il suffit de tester les diviseurs premiers, il suffit en fait de tester la divisibilité par 2, 3, 5 et 7. Exemple : 89 n'est pas divisible par 2, 3, 5, 7 et est donc un nombre premier.

Proposition 5 (Lemme d'Euclide).

Soit p un nombre premier. Si $p|ab$ alors $p|a$ ou $p|b$.

Démonstration. Si p ne divise pas a alors p et a sont premiers entre eux (en effet les diviseurs de p sont 1 et p, mais seul 1 divise aussi a, donc $\text{pgcd}(a,p) = 1$). Ainsi par le lemme de Gauss $p|b$. □

Exemple 11.

Si p est un nombre premier, $\sqrt{p}$ n'est pas un nombre rationnel.

La preuve se fait par l'absurde : écrivons $\sqrt{p} = \frac{a}{b}$ avec $a \in \mathbb{Z}$, $b \in \mathbb{N}^*$ et $\text{pgcd}(a,b) = 1$. Alors $p = \frac{a^2}{b^2}$ donc $pb^2 = a^2$. Ainsi $p|a^2$ donc par le lemme d'Euclide $p|a$. On peut alors écrire $a = pa'$ avec a' un entier. De l'équation $pb^2 = a^2$ on tire alors $b^2 = pa'^2$. Ainsi $p|b^2$ et donc $p|b$. Maintenant $p|a$ et $p|b$ donc a et b ne sont pas premiers entre eux. Ce qui contredit $\text{pgcd}(a,b) = 1$. Conclusion $\sqrt{p}$ n'est pas rationnel.

3.3. Décomposition en facteurs premiers

Théorème 3.

Soit $n \geqslant 2$ un entier. Il existe des nombres premiers $p_1 < p_2 < \cdots < p_r$ et des exposants entiers $\alpha_1, \alpha_2, \ldots, \alpha_r \geqslant 1$ tels que :

$$n = p_1^{\alpha_1} \times p_2^{\alpha_2} \times \cdots \times p_r^{\alpha_r}.$$

De plus les p_i et les α_i ($i = 1, \ldots, r$) sont uniques.

Exemple : $24 = 2^3 \times 3$ est la décomposition en facteurs premiers. Par contre $36 = 2^2 \times 9$ n'est pas la décomposition en facteurs premiers, c'est $2^2 \times 3^2$.

Remarque.

La principale raison pour laquelle on choisit de dire que 1 n'est pas un nombre premier, c'est que sinon il n'y aurait plus unicité de la décomposition : $24 = 2^3 \times 3 = 1 \times 2^3 \times 3 = 1^2 \times 2^3 \times 3 = \cdots$

Démonstration.

Existence. Nous allons démontrer l'existence de la décomposition par une récurrence sur n.

L'entier $n = 2$ est déjà décomposé. Soit $n \geqslant 3$, supposons que tout entier $< n$ admette une décomposition en facteurs premiers. Notons p_1 le plus petit nombre premier divisant n (voir le lemme 2). Si n est un nombre premier alors $n = p_1$ et c'est fini. Sinon on définit l'entier $n' = \frac{n}{p_1} < n$ et on applique notre hypothèse de récurrence à n' qui admet une décomposition en facteurs premiers. Alors $n = p_1 \times n'$ admet aussi une décomposition.

Unicité. Nous allons démontrer qu'une telle décomposition est unique en effectuant cette fois une récurrence sur la somme des exposants $\sigma = \sum_{i=1}^{r} \alpha_i$.
Si $\sigma = 1$ cela signifie $n = p_1$ qui est bien l'unique écriture possible.
Soit $\sigma \geqslant 2$. On suppose que les entiers dont la somme des exposants est $< \sigma$ ont une unique décomposition. Soit n un entier dont la somme des exposants vaut σ. Écrivons le avec deux décompositions :
$$n = p_1^{\alpha_1} \times p_2^{\alpha_2} \times \cdots \times p_r^{\alpha_r} = q_1^{\beta_1} \times q_2^{\beta_2} \times \cdots \times q_s^{\beta_s}.$$
(On a $p_1 < p_2 < \cdots$ et $q_1 < q_2 < \cdots$.)
Si $p_1 < q_1$ alors $p_1 < q_j$ pour tous les $j = 1, \ldots, s$. Ainsi p_1 divise $p_1^{\alpha_1} \times p_2^{\alpha_2} \times \cdots \times p_r^{\alpha_r} = n$ mais ne divise pas $q_1^{\beta_1} \times q_2^{\beta_2} \times \cdots \times q_s^{\beta_s} = n$. Ce qui est absurde. Donc $p_1 \geqslant q_1$.
Si $p_1 > q_1$ un même raisonnement conduit aussi à une contradiction. On conclut que $p_1 = q_1$. On pose alors
$$n' = \frac{n}{p_1} = p_1^{\alpha_1 - 1} \times p_2^{\alpha_2} \times \cdots \times p_r^{\alpha_r} = q_1^{\beta_1 - 1} \times q_2^{\beta_2} \times \cdots \times q_s^{\beta_s}$$
L'hypothèse de récurrence qui s'applique à n' implique que ces deux décompositions sont les mêmes. Ainsi $r = s$ et $p_i = q_i$, $\alpha_i = \beta_i$, $i = 1, \ldots, r$. □

Exemple 12.

$$504 = 2^3 \times 3^2 \times 7, \quad 300 = 2^2 \times 3 \times 5^2.$$

Pour calculer le pgcd on réécrit ces décompositions :

$$504 = 2^3 \times 3^2 \times 5^0 \times 7^1, \quad 300 = 2^2 \times 3^1 \times 5^2 \times 7^0.$$

Le pgcd est le nombre obtenu en prenant le plus petit exposant de chaque facteur premier :

$$\text{pgcd}(504, 300) = 2^2 \times 3^1 \times 5^0 \times 7^0 = 12.$$

Pour le ppcm on prend le plus grand exposant de chaque facteur premier :

$$\text{ppcm}(504, 300) = 2^3 \times 3^2 \times 5^2 \times 7^1 = 12\,600$$

Mini-exercices.

1. Montrer que $n! + 1$ n'est divisible par aucun des entiers $2, 3, \ldots, n$. Est-ce toujours un nombre premier ?
2. Trouver tous les nombres premiers $\leqslant 103$.
3. Décomposer $a = 2340$ et $b = 15288$ en facteurs premiers. Calculer leur pgcd et leur ppcm.
4. Décomposer $48\,400$ en produit de facteurs premiers. Combien $48\,400$ admet-il de diviseurs ?
5. Soient $a, b \geqslant 0$. À l'aide de la décomposition en facteurs premiers, reprouver la formule $\text{pgcd}(a, b) \times \text{ppcm}(a, b) = a \times b$.

4. Congruences

4.1. Définition

Définition 6.
Soit $n \geqslant 2$ un entier. On dit que a est **congru** à b **modulo** n, si n divise $b - a$. On note alors
$$a \equiv b \pmod{n}.$$

On note aussi parfois $a \equiv b \pmod{n}$ ou $a \equiv b[n]$. Une autre formulation est

$$\boxed{a \equiv b \pmod{n} \iff \exists k \in \mathbb{Z} \quad a = b + kn.}$$

Remarquez que n divise a si et seulement si $a \equiv 0 \pmod{n}$.

Proposition 6.

1. *La relation « congru modulo n » est une relation d'équivalence :*
   - *(Réflexivité)* $a \equiv a \pmod{n}$,
   - *(Symétrie) si* $a \equiv b \pmod{n}$ *alors* $b \equiv a \pmod{n}$,
   - *(Transitivité) si* $a \equiv b \pmod{n}$ *et* $b \equiv c \pmod{n}$ *alors* $a \equiv c \pmod{n}$.
2. *Si* $a \equiv b \pmod{n}$ *et* $c \equiv d \pmod{n}$ *alors* $a + c \equiv b + d \pmod{n}$.
3. *Si* $a \equiv b \pmod{n}$ *et* $c \equiv d \pmod{n}$ *alors* $a \times c \equiv b \times d \pmod{n}$.
4. *Si* $a \equiv b \pmod{n}$ *alors pour tout* $k \geqslant 0$, $a^k \equiv b^k \pmod{n}$.

Exemple 13.

- $15 \equiv 1 \pmod 7$, $72 \equiv 2 \pmod 7$, $3 \equiv -11 \pmod 7$,
- $5x + 8 \equiv 3 \pmod 5$ pour tout $x \in \mathbb{Z}$,
- $11^{20xx} \equiv 1^{20xx} \equiv 1 \pmod{10}$, où $20xx$ est l'année en cours.

Démonstration.

1. Utiliser la définition.

2. Idem.

3. Prouvons la propriété multiplicative : $a \equiv b \pmod n$ donc il existe $k \in \mathbb{Z}$ tel que $a = b + kn$ et $c \equiv d \pmod n$ donc il existe $\ell \in \mathbb{Z}$ tel que $c = d + \ell n$. Alors $a \times c = (b + kn) \times (d + \ell n) = bd + (b\ell + dk + k\ell n)n$ qui est bien de la forme $bd + mn$ avec $m \in \mathbb{Z}$. Ainsi $ac \equiv bd \pmod n$.

4. C'est une conséquence du point précédent : avec $a = c$ et $b = d$ on obtient $a^2 \equiv b^2 \pmod n$. On continue par récurrence.

□

Exemple 14.
Critère de divisibilité par 9.

> N est divisible par 9 si et seulement si
> la somme de ses chiffres est divisible par 9.

Pour prouver cela nous utilisons les congruences. Remarquons d'abord que $9 | N$ équivaut à $N \equiv 0 \pmod 9$ et notons aussi que $10 \equiv 1 \pmod 9$, $10^2 \equiv 1 \pmod 9$, $10^3 \equiv 1 \pmod 9$,...

Nous allons donc calculer N modulo 9. Écrivons N en base 10 : $N = \overline{a_k \cdots a_2 a_1 a_0}$ (a_0 est le chiffre des unités, a_1 celui des dizaines,...) alors $N = 10^k a_k + \cdots + 10^2 a_2 + 10^1 a_1 + a_0$. Donc

$$N = 10^k a_k + \cdots + 10^2 a_2 + 10^1 a_1 + a_0$$
$$\equiv a_k + \cdots + a_2 + a_1 + a_0 \pmod 9$$

Donc N est congru à la somme de ses chiffres modulo 9. Ainsi $N \equiv 0 \pmod 9$ si et seulement si la somme des chiffres vaut 0 modulo 9.

Voyons cela sur un exemple : $N = 488\,889$. Ici $a_0 = 9$ est le chiffre des unités, $a_1 = 8$ celui des dizaines,... Cette écriture décimale signifie $N = 4 \cdot 10^5 + 8 \cdot 10^4 + 8 \cdot 10^3 + 8 \cdot 10^2 + 8 \cdot 10 + 9$.

$$\begin{aligned} N &= 4 \cdot 10^5 + 8 \cdot 10^4 + 8 \cdot 10^3 + 8 \cdot 10^2 + 8 \cdot 10 + 9 \\ &\equiv 4 + 8 + 8 + 8 + 8 + 9 \pmod 9 \\ &\equiv 45 \pmod 9 \quad \text{et on refait la somme des chiffres de 45} \\ &\equiv 9 \pmod 9 \\ &\equiv 0 \pmod 9 \end{aligned}$$

Ainsi nous savons que $488\,889$ est divisible par 9 sans avoir effectué de division euclidienne.

Remarque.

Pour trouver un « bon » représentant de $a \pmod n$ on peut aussi faire la division euclidienne de a par n : $a = bn + r$ alors $a \equiv r \pmod n$ et $0 \leqslant r < n$.

Exemple 15.

Les calculs bien menés avec les congruences sont souvent très rapides. Par exemple on souhaite calculer $2^{21} \pmod{37}$ (plus exactement on souhaite trouver $0 \leqslant r < 37$ tel que $2^{21} \equiv r \pmod{37}$). Plusieurs méthodes :

1. On calcule 2^{21}, puis on fait la division euclidienne de 2^{21} par 37, le reste est notre résultat. C'est laborieux !

2. On calcule successivement les 2^k modulo 37 : $2^1 \equiv 2 \pmod{37}$, $2^2 \equiv 4 \pmod{37}$, $2^3 \equiv 8 \pmod{37}$, $2^4 \equiv 16 \pmod{37}$, $2^5 \equiv 32 \pmod{37}$. Ensuite on n'oublie pas d'utiliser les congruences : $2^6 \equiv 64 \equiv 27 \pmod{37}$. $2^7 \equiv 2 \cdot 2^6 \equiv 2 \cdot 27 \equiv 54 \equiv 17 \pmod{37}$ et ainsi de suite en utilisant le calcul précédent à chaque étape. C'est assez efficace et on peut raffiner : par exemple on trouve $2^8 \equiv 34 \pmod{37}$ mais donc aussi $2^8 \equiv -3 \pmod{37}$ et donc $2^9 \equiv 2 \cdot 2^8 \equiv 2 \cdot (-3) \equiv -6 \equiv 31 \pmod{37}$,...

3. Il existe une méthode encore plus efficace, on écrit l'exposant 21 en base 2 : $21 = 2^4 + 2^2 + 2^0 = 16 + 4 + 1$. Alors $2^{21} = 2^{16} \cdot 2^4 \cdot 2^1$. Et il est facile de calculer successivement chacun de ces termes car les exposants sont des puissances de 2. Ainsi $2^8 \equiv (2^4)^2 \equiv 16^2 \equiv 256 \equiv 34 \equiv -3 \pmod{37}$ et $2^{16} \equiv (2^8)^2 \equiv (-3)^2 \equiv 9 \pmod{37}$. Nous obtenons $2^{21} \equiv 2^{16} \cdot 2^4 \cdot 2^1 \equiv 9 \times 16 \times 2 \equiv 288 \equiv 29 \pmod{37}$.

4.2. Équation de congruence $ax \equiv b \pmod{n}$

Proposition 7.
Soit $a \in \mathbb{Z}^*$, $b \in \mathbb{Z}$ fixés et $n \geqslant 2$. Considérons l'équation $\boxed{ax \equiv b \pmod{n}}$ d'inconnue $x \in \mathbb{Z}$:

1. Il existe des solutions si et seulement si $\operatorname{pgcd}(a,n) | b$.
2. Les solutions sont de la forme $x = x_0 + \ell \frac{n}{\operatorname{pgcd}(a,n)}$, $\ell \in \mathbb{Z}$ où x_0 est une solution particulière. Il existe donc $\operatorname{pgcd}(a,n)$ classes de solutions.

Exemple 16.
Résolvons l'équation $9x \equiv 6 \pmod{24}$. Comme $\operatorname{pgcd}(9,24) = 3$ divise 6 la proposition ci-dessus nous affirme qu'il existe des solutions. Nous allons les calculer. (Il est toujours préférable de refaire rapidement les calculs que d'apprendre la formule). Trouver x tel que $9x \equiv 6 \pmod{24}$ est équivalent à trouver x et k tels que $9x = 6 + 24k$. Mis sous la forme $9x - 24k = 6$ il s'agit alors d'une équation que nous avons étudiée en détails (voir section 2.3). Il y a bien des solutions car $\operatorname{pgcd}(9,24) = 3$ divise 6. En divisant par le pgcd on obtient l'équation équivalente :

$$3x - 8k = 2.$$

Pour le calcul du pgcd et d'une solution particulière nous utilisons normalement l'algorithme d'Euclide et sa remontée. Ici il est facile de trouver une solution particulière $(x_0 = 6, k_0 = 2)$ à la main.

On termine comme pour les équations de la section 2.3. Si (x,k) est une solution de $3x - 8k = 2$ alors par soustraction on obtient $3(x - x_0) - 8(k - k_0) = 0$ et on trouve $x = x_0 + 8\ell$, avec $\ell \in \mathbb{Z}$ (le terme k ne nous intéresse pas). Nous avons donc trouvé les x qui sont solutions de $3x - 8k = 2$, ce qui équivaut à $9x - 24k = 6$, ce qui équivaut encore à $9x \equiv 6 \pmod{24}$. Les solutions sont de la forme $x = 6 + 8\ell$. On préfère les regrouper en 3 classes modulo 24 :

$$x_1 = 6 + 24m, \quad x_2 = 14 + 24m, \quad x_3 = 22 + 24m \quad \text{avec } m \in \mathbb{Z}.$$

Remarque.
Expliquons le terme de « classe » utilisé ici. Nous avons considéré ici que l'équation $9x \equiv 6 \pmod{24}$ est une équation d'entiers. On peut aussi considérer que $9, x, 6$ sont des classes d'équivalence modulo 24, et l'on noterait alors $\overline{9x} = \overline{6}$. On trouverait comme solutions trois classes d'équivalence :

$$\overline{x_1} = \overline{6}, \quad \overline{x_2} = \overline{14}, \quad \overline{x_3} = \overline{22}.$$

Démonstration.

1.
$$x \in \mathbb{Z} \text{ est un solution de l'équation } ax \equiv b \pmod{n}$$
$$\iff \exists k \in \mathbb{Z} \quad ax = b + kn$$
$$\iff \exists k \in \mathbb{Z} \quad ax - kn = b$$
$$\iff \operatorname{pgcd}(a,n) | b \quad \text{par la proposition 1}$$

Nous avons juste transformé notre équation $ax \equiv b \pmod{n}$ en une équation $ax - kn = b$ étudiée auparavant (voir section 2.3), seules les notations changent : $au + bv = c$ devient $ax - kn = b$.

2. Supposons qu'il existe des solutions. Nous allons noter $d = \operatorname{pgcd}(a,n)$ et écrire $a = da'$, $n = dn'$ et $b = db'$ (car par le premier point $d|b$). L'équation $ax - kn = b$ d'inconnues $x, k \in \mathbb{Z}$ est alors équivalente à l'équation $a'x - kn' = b'$, notée $(\star)$. Nous savons résoudre cette équation (voir de nouveau la proposition 1), si (x_0, k_0) est une solution particulière de $(\star)$ alors on connaît tous les (x,k) solutions. En particulier $x = x_0 + \ell n'$ avec $\ell \in \mathbb{Z}$ (les k ne nous intéressent pas ici).

Ainsi les solutions $x \in \mathbb{Z}$ sont de la forme $x = x_0 + \ell \frac{n}{\operatorname{pgcd}(a,n)}$, $\ell \in \mathbb{Z}$ où x_0 est une solution particulière de $ax \equiv b \pmod{n}$. Et modulo n cela donne bien $\operatorname{pgcd}(a,n)$ classes distinctes.

□

4.3. Petit théorème de Fermat

Théorème 4 (Petit théorème de Fermat).
Si p est un nombre premier et $a \in \mathbb{Z}$ alors
$$\boxed{a^p \equiv a \pmod{p}}$$

Corollaire 4.
Si p ne divise pas a alors
$$\boxed{a^{p-1} \equiv 1 \pmod{p}}$$

Lemme 3.
p divise $\binom{p}{k}$ pour $1 \leqslant k \leqslant p-1$, c'est-à-dire $\binom{p}{k} \equiv 0 \pmod{p}$.

Démonstration. $\binom{p}{k} = \frac{p!}{k!(p-k)!}$ donc $p! = k!(p-k)!\binom{p}{k}$. Ainsi $p | k!(p-k)!\binom{p}{k}$. Or comme $1 \leqslant k \leqslant p-1$ alors p ne divise pas $k!$ (sinon p divise l'un des facteurs de $k!$ mais il sont tous $< p$). De même p ne divise pas $(p-k)!$, donc par le lemme d'Euclide p divise $\binom{p}{k}$. □

Preuve du théorème. Nous le montrons par récurrence pour les $a \geqslant 0$.
- Si $a = 0$ alors $0 \equiv 0 \pmod{p}$.
- Fixons $a \geqslant 0$ et supposons que $a^p \equiv a \pmod{p}$. Calculons $(a+1)^p$ à l'aide de la formule du binôme de Newton :
$$(a+1)^p = a^p + \binom{p}{p-1}a^{p-1} + \binom{p}{p-2}a^{p-2} + \cdots + \binom{p}{1} + 1$$
Réduisons maintenant modulo p :
$$(a+1)^p \equiv a^p + \binom{p}{p-1}a^{p-1} + \binom{p}{p-2}a^{p-2} + \cdots + \binom{p}{1} + 1 \pmod{p}$$
$$\equiv a^p + 1 \pmod{p} \quad \text{grâce au lemme 3}$$
$$\equiv a + 1 \pmod{p} \quad \text{à cause de l'hypothèse de récurrence}$$

- Par le principe de récurrence nous avons démontré le petit théorème de Fermat pour tout $a \geqslant 0$. Il n'est pas dur d'en déduire le cas des $a \leqslant 0$.

□

Exemple 17.
Calculons $14^{3141} \pmod{17}$. Le nombre 17 étant premier on sait par le petit théorème de Fermat que $14^{16} \equiv 1 \pmod{17}$. Écrivons la division euclidienne de 3141 par 16 :
$$3141 = 16 \times 196 + 5.$$
Alors
$$14^{3141} \equiv 14^{16 \times 196 + 5} \equiv 14^{16 \times 196} \times 14^5$$
$$\equiv \left(14^{16}\right)^{196} \times 14^5 \equiv 1^{196} \times 14^5$$
$$\equiv 14^5 \pmod{17}$$

Il ne reste plus qu'à calculer 14^5 modulo 17. Cela peut se faire rapidement : $14 \equiv -3 \pmod{17}$ donc $14^2 \equiv (-3)^2 \equiv 9 \pmod{17}$, $14^3 \equiv 14^2 \times 14 \equiv 9 \times (-3) \equiv -27 \equiv 7$

(mod 17), $14^5 \equiv 14^2 \times 14^3 \equiv 9 \times 7 \equiv 63 \equiv 12$ (mod 17). Conclusion : $14^{3141} \equiv 14^5 \equiv 12$ (mod 17).

Mini-exercices.

1. Calculer les restes modulo 10 de $122 + 455$, 122×455, 122^{455}. Mêmes calculs modulo 11, puis modulo 12.

2. Prouver qu'un entier est divisible par 3 si et seulement si la somme de ses chiffres est divisible par 3.

3. Calculer 3^{10} (mod 23).

4. Calculer 3^{100} (mod 23).

5. Résoudre les équations $3x \equiv 4$ (mod 7), $4x \equiv 14$ (mod 30).

Auteurs du chapitre Arnaud Bodin, Benjamin Boutin, Pascal Romon

Chapitre 5

Polynômes

Motivation

Les polynômes sont des objets très simples mais aux propriétés extrêmement riches. Vous savez déjà résoudre les équations de degré 2 : $aX^2 + bX + c = 0$. Savez-vous que la résolution des équations de degré 3, $aX^3 + bX^2 + cX + d = 0$, a fait l'objet de luttes acharnées dans l'Italie du XVIe siècle ? Un concours était organisé avec un prix pour chacune de trente équations de degré 3 à résoudre. Un jeune italien, Tartaglia, trouve la formule générale des solutions et résout les trente équations en une seule nuit ! Cette méthode que Tartaglia voulait garder secrète sera quand même publiée quelques années plus tard comme la « méthode de Cardan ».

Dans ce chapitre, après quelques définitions des concepts de base, nous allons étudier l'arithmétique des polynômes. Il y a une grande analogie entre l'arithmétique des polynômes et celles des entiers. On continue avec un théorème fondamental de l'algèbre : « Tout polynôme de degré n admet n racines complexes. » On termine avec les fractions rationnelles : une fraction rationnelle est le quotient de deux polynômes.

Dans ce chapitre $\mathbb{K}$ désignera l'un des corps $\mathbb{Q}$, $\mathbb{R}$ ou $\mathbb{C}$.

1. Définitions

1.1. Définitions

> **Définition 1.**
> Un **polynôme** à coefficients dans $\mathbb{K}$ est une expression de la forme
> $$P(X) = a_n X^n + a_{n-1} X^{n-1} + \cdots + a_2 X^2 + a_1 X + a_0,$$
> avec $n \in \mathbb{N}$ et $a_0, a_1, \ldots, a_n \in \mathbb{K}$.
> L'ensemble des polynômes est noté $\mathbb{K}[X]$.
> - Les a_i sont appelés les **coefficients** du polynôme.
> - Si tous les coefficients a_i sont nuls, P est appelé le **polynôme nul**, il est noté 0.
> - On appelle le **degré** de P le plus grand entier i tel que $a_i \neq 0$; on le note $\deg P$. Pour le degré du polynôme nul on pose par convention $\deg(0) = -\infty$.
> - Un polynôme de la forme $P = a_0$ avec $a_0 \in \mathbb{K}$ est appelé un **polynôme constant**. Si $a_0 \neq 0$, son degré est 0.

Exemple 1.
- $X^3 - 5X + \frac{3}{4}$ est un polynôme de degré 3.
- $X^n + 1$ est un polynôme de degré n.
- 2 est un polynôme constant, de degré 0.

1.2. Opérations sur les polynômes

- **Égalité.** Soient $P = a_n X^n + a_{n-1} X^{n-1} + \cdots + a_1 X + a_0$ et $Q = b_n X^n + b_{n-1} X^{n-1} + \cdots + b_1 X + b_0$ deux polynômes à coefficients dans $\mathbb{K}$.
  $$P = Q \iff \forall i \quad a_i = b_i$$
  et on dit que P et Q sont égaux.
- **Addition.** Soient $P = a_n X^n + a_{n-1} X^{n-1} + \cdots + a_1 X + a_0$ et $Q = b_n X^n + b_{n-1} X^{n-1} + \cdots + b_1 X + b_0$.
  On définit :
  $$P + Q = (a_n + b_n) X^n + (a_{n-1} + b_{n-1}) X^{n-1} + \cdots + (a_1 + b_1) X + (a_0 + b_0)$$
- **Multiplication.** Soient $P = a_n X^n + a_{n-1} X^{n-1} + \cdots + a_1 X + a_0$ et $Q = b_m X^m +$

$b_{m-1}X^{m-1} + \cdots + b_1X + b_0$. On définit
$$P \times Q = c_r X^r + c_{r-1}X^{r-1} + \cdots + c_1 X + c_0$$
avec $r = n + m$ et $c_k = \sum_{i+j=k} a_i b_j$ pour $k \in \{0, \ldots, r\}$.

- **Multiplication par un scalaire.** Si $\lambda \in \mathbb{K}$ alors $\lambda \cdot P$ est le polynôme dont le i-ème coefficient est λa_i.

Exemple 2.
- Soient $P = aX^3 + bX^2 + cX + d$ et $Q = \alpha X^2 + \beta X + \gamma$. Alors $P + Q = aX^3 + (b+\alpha)X^2 + (c+\beta)X + (d+\gamma)$, $P \times Q = (a\alpha)X^5 + (a\beta + b\alpha)X^4 + (a\gamma + b\beta + c\alpha)X^3 + (b\gamma + c\beta + d\alpha)X^2 + (c\gamma + d\beta)X + d\gamma$. Enfin $P = Q$ si et seulement si $a = 0$, $b = \alpha$, $c = \beta$ et $d = \gamma$.
- La multiplication par un scalaire $\lambda \cdot P$ équivaut à multiplier le polynôme constant λ par le polynôme P.

L'addition et la multiplication se comportent sans problème :

> **Proposition 1.**
> *Pour $P, Q, R \in \mathbb{K}[X]$ alors*
> - $0 + P = P$, $P + Q = Q + P$, $(P + Q) + R = P + (Q + R)$;
> - $1 \cdot P = P$, $P \times Q = Q \times P$, $(P \times Q) \times R = P \times (Q \times R)$;
> - $P \times (Q + R) = P \times Q + P \times R$.

Pour le degré il faut faire attention :

> **Proposition 2.**
> *Soient P et Q deux polynômes à coefficients dans $\mathbb{K}$.*
> $$\boxed{\deg(P \times Q) = \deg P + \deg Q}$$
> $$\boxed{\deg(P + Q) \leqslant \max(\deg P, \deg Q)}$$

On note $\mathbb{R}_n[X] = \{P \in \mathbb{R}[X] \mid \deg P \leqslant n\}$. Si $P, Q \in \mathbb{R}_n[X]$ alors $P + Q \in \mathbb{R}_n[X]$.

1.3. Vocabulaire

Complétons les définitions sur les polynômes.

> **Définition 2.**
> - Les polynômes comportant un seul terme non nul (du type $a_k X^k$) sont appelés **monômes**.
> - Soit $P = a_n X^n + a_{n-1} X^{n-1} + \cdots + a_1 X + a_0$, un polynôme avec $a_n \neq 0$. On appelle **terme dominant** le monôme $a_n X^n$. Le coefficient a_n est appelé le **coefficient dominant** de P.
> - Si le coefficient dominant est 1, on dit que P est un **polynôme unitaire**.

Exemple 3.

$P(X) = (X-1)(X^n + X^{n-1} + \cdots + X + 1)$. On développe cette expression : $P(X) = \left(X^{n+1} + X^n + \cdots + X^2 + X\right) - \left(X^n + X^{n-1} + \cdots + X + 1\right) = X^{n+1} - 1$. $P(X)$ est donc un polynôme de degré $n+1$, il est unitaire et est somme de deux monômes : X^{n+1} et -1.

Remarque.

Tout polynôme est donc une somme finie de monômes.

Mini-exercices.

1. Soit $P(X) = 3X^3 - 2$, $Q(X) = X^2 + X - 1$, $R(X) = aX + b$. Calculer $P + Q$, $P \times Q$, $(P+Q) \times R$ et $P \times Q \times R$. Trouver a et b afin que le degré de $P - QR$ soit le plus petit possible.
2. Calculer $(X+1)^5 - (X-1)^5$.
3. Déterminer le degré de $(X^2 + X + 1)^n - aX^{2n} - bX^{2n-1}$ en fonction de a, b.
4. Montrer que si $\deg P \neq \deg Q$ alors $\deg(P + Q) = \max(\deg P, \deg Q)$. Donner un contre-exemple dans le cas où $\deg P = \deg Q$.
5. Montrer que si $P(X) = X^n + a_{n-1} X^{n-1} + \cdots$ alors le coefficient devant X^{n-1} de $P(X - \frac{a_{n-1}}{n})$ est nul.

2. Arithmétique des polynômes

Il existe de grandes similitudes entre l'arithmétique dans $\mathbb{Z}$ et l'arithmétique dans $\mathbb{K}[X]$. Cela nous permet d'aller assez vite et d'omettre certaines preuves.

2.1. Division euclidienne

Définition 3.
Soient $A, B \in \mathbb{K}[X]$, on dit que B **divise** A s'il existe $Q \in \mathbb{K}[X]$ tel que $A = BQ$. On note alors $B|A$.

On dit aussi que A est multiple de B ou que A est divisible par B.
Outre les propriétés évidentes comme $A|A$, $1|A$ et $A|0$ nous avons :

Proposition 3.
Soient $A, B, C \in \mathbb{K}[X]$.

1. Si $A|B$ et $B|A$, alors il existe $\lambda \in \mathbb{K}^*$ tel que $A = \lambda B$.
2. Si $A|B$ et $B|C$ alors $A|C$.
3. Si $C|A$ et $C|B$ alors $C|(AU + BV)$, pour tout $U, V \in \mathbb{K}[X]$.

Théorème 1 (Division euclidienne des polynômes).
Soient $A, B \in \mathbb{K}[X]$, avec $B \neq 0$, alors il existe un unique polynôme Q et il existe un unique polynôme R tels que :

$$\boxed{A = BQ + R \quad et \quad \deg R < \deg B.}$$

Q est appelé le **quotient** et R le **reste** et cette écriture est la **division euclidienne** de A par B.
Notez que la condition $\deg R < \deg B$ signifie $R = 0$ ou bien $0 \leqslant \deg R < \deg B$.
Enfin $R = 0$ si et seulement si $B|A$.

Démonstration.
Unicité. Si $A = BQ+R$ et $A = BQ'+R'$, alors $B(Q-Q') = R'-R$. Or $\deg(R'-R) < \deg B$. Donc $Q'-Q = 0$. Ainsi $Q = Q'$, d'où aussi $R = R'$.
Existence. On montre l'existence par récurrence sur le degré de A.
- Si $\deg A = 0$ et $\deg B > 0$, alors A est une constante, on pose $Q = 0$ et $R = A$. Si $\deg A = 0$ et $\deg B = 0$, on pose $Q = A/B$ et $R = 0$.

- On suppose l'existence vraie lorsque $\deg A \leqslant n-1$. Soit $A = a_n X^n + \cdots + a_0$ un polynôme de degré n ($a_n \neq 0$). Soit $B = b_m X^m + \cdots + b_0$ avec $b_m \neq 0$. Si $n < m$ on pose $Q = 0$ et $R = A$.

  Si $n \geqslant m$ on écrit $A = B \cdot \frac{a_n}{b_m} X^{n-m} + A_1$ avec $\deg A_1 \leqslant n-1$. On applique l'hypothèse de récurrence à A_1 : il existe $Q_1, R_1 \in \mathbb{K}[X]$ tels que $A_1 = BQ_1 + R_1$ et $\deg R_1 < \deg B$. Il vient :

$$A = B\left(\frac{a_n}{b_m} X^{n-m} + Q_1\right) + R_1.$$

Donc $Q = \frac{a_n}{b_m} X^{n-m} + Q_1$ et $R = R_1$ conviennent. □

Exemple 4.
On pose une division de polynômes comme on pose une division euclidienne de deux entiers. Par exemple si $A = 2X^4 - X^3 - 2X^2 + 3X - 1$ et $B = X^2 - X + 1$. Alors on trouve $Q = 2X^2 + X - 3$ et $R = -X + 2$. On n'oublie pas de vérifier qu'effectivement $A = BQ + R$.

$$
\begin{array}{r|l}
2X^4 - X^3 - 2X^2 + 3X - 1 & X^2 - X + 1 \\
- \quad 2X^4 - 2X^3 + 2X^2 & \\
\hline
X^3 - 4X^2 + 3X - 1 & 2X^2 + X - 3 \\
- \quad X^3 - X^2 + X & \\
\hline
-3X^2 + 2X - 1 & \\
- \quad -3X^2 + 3X - 3 & \\
\hline
-X + 2 & \\
\end{array}
$$

Exemple 5.
Pour $X^4 - 3X^3 + X + 1$ divisé par $X^2 + 2$ on trouve un quotient égal à $X^2 - 3X - 2$ et un reste égale à $7X + 5$.

$$
\begin{array}{r|l}
X^4-3X^3+X+1 & X^2+2 \\
-X^4+2X^2 & \\ \hline
-3X^3-2X^2+X+1 & X^2-3X-2 \\
--3X^3-6X & \\ \hline
-2X^2+7X+1 & \\
--2X^2-4 & \\ \hline
7X+5 &
\end{array}
$$

2.2. pgcd

Proposition 4.
Soient $A, B \in \mathbb{K}[X]$, avec $A \neq 0$ ou $B \neq 0$. Il existe un unique polynôme unitaire de plus grand degré qui divise à la fois A et B.

Cet unique polynôme est appelé le **pgcd** (plus grand commun diviseur) de A et B que l'on note $\mathrm{pgcd}(A, B)$.

Remarque.
- $\mathrm{pgcd}(A, B)$ est un polynôme unitaire.
- Si $A|B$ et $A \neq 0$, $\mathrm{pgcd}(A, B) = \frac{1}{\lambda}A$, où λ est le coefficient dominant de A.
- Pour tout $\lambda \in K^*$, $\mathrm{pgcd}(\lambda A, B) = \mathrm{pgcd}(A, B)$.
- Comme pour les entiers : si $A = BQ + R$ alors $\mathrm{pgcd}(A, B) = \mathrm{pgcd}(B, R)$. C'est ce qui justifie l'algorithme d'Euclide.

Algorithme d'Euclide.
Soient A et B des polynômes, $B \neq 0$.
On calcule les divisions euclidiennes successives,

$$
\begin{aligned}
A &= BQ_1 + R_1 & \deg R_1 &< \deg B \\
B &= R_1 Q_2 + R_2 & \deg R_2 &< \deg R_1 \\
R_1 &= R_2 Q_3 + R_3 & \deg R_3 &< \deg R_2 \\
&\vdots \\
R_{k-2} &= R_{k-1} Q_k + R_k & \deg R_k &< \deg R_{k-1} \\
R_{k-1} &= R_k Q_{k+1}
\end{aligned}
$$

Le degré du reste diminue à chaque division. On arrête l'algorithme lorsque le reste est nul. Le pgcd est le dernier reste non nul R_k (rendu unitaire).

Exemple 6.
Calculons le pgcd de $A = X^4 - 1$ et $B = X^3 - 1$. On applique l'algorithme d'Euclide :
$$X^4 - 1 = (X^3 - 1) \times X + X - 1$$
$$X^3 - 1 = (X - 1) \times (X^2 + X + 1) + 0$$
Le pgcd est le dernier reste non nul, donc $\text{pgcd}(X^4 - 1, X^3 - 1) = X - 1$.

Exemple 7.
Calculons le pgcd de $A = X^5 + X^4 + 2X^3 + X^2 + X + 2$ et $B = X^4 + 2X^3 + X^2 - 4$.
$$X^5 + X^4 + 2X^3 + X^2 + X + 2 = (X^4 + 2X^3 + X^2 - 4) \times (X - 1) + 3X^3 + 2X^2 + 5X - 2$$
$$X^4 + 2X^3 + X^2 - 4 = (3X^3 + 2X^2 + 5X - 2) \times \tfrac{1}{9}(3X + 4) - \tfrac{14}{9}(X^2 + X + 2)$$
$$3X^3 + 2X^2 + 5X - 2 = (X^2 + X + 2) \times (3X - 1) + 0$$
Ainsi $\text{pgcd}(A, B) = X^2 + X + 2$.

> **Définition 4.**
> Soient $A, B \in \mathbb{K}[X]$. On dit que A et B sont **premiers entre eux** si $\text{pgcd}(A, B) = 1$.

Pour A, B quelconques on peut se ramener à des polynômes premiers entre eux : si $\text{pgcd}(A, B) = D$ alors A et B s'écrivent : $A = DA'$, $B = DB'$ avec $\text{pgcd}(A', B') = 1$.

2.3. Théorème de Bézout

> **Théorème 2** (Théorème de Bézout).
> *Soient $A, B \in \mathbb{K}[X]$ des polynômes avec $A \neq 0$ ou $B \neq 0$. On note $D = \text{pgcd}(A, B)$. Il existe deux polynômes $U, V \in \mathbb{K}[X]$ tels que $AU + BV = D$.*

Ce théorème découle de l'algorithme d'Euclide et plus spécialement de sa remontée comme on le voit sur l'exemple suivant.

Exemple 8.
Nous avons calculé $\text{pgcd}(X^4 - 1, X^3 - 1) = X - 1$. Nous remontons l'algorithme d'Euclide, ici il n'y avait qu'une ligne : $X^4 - 1 = (X^3 - 1) \times X + X - 1$, pour en déduire $X - 1 = (X^4 - 1) \times 1 + (X^3 - 1) \times (-X)$. Donc $U = 1$ et $V = -X$ conviennent.

Exemple 9.
Pour $A = X^5 + X^4 + 2X^3 + X^2 + X + 2$ et $B = X^4 + 2X^3 + X^2 - 4$ nous avions trouvé $D = \text{pgcd}(A, B) = X^2 + X + 2$. En partant de l'avant dernière ligne de l'algorithme

d'Euclide on a d'abord : $B = (3X^3 + 2X^2 + 5X - 2) \times \frac{1}{9}(3X + 4) - \frac{14}{9}D$ donc

$$-\frac{14}{9}D = B - (3X^3 + 2X^2 + 5X - 2) \times \frac{1}{9}(3X + 4).$$

La ligne au-dessus dans l'algorithme d'Euclide était : $A = B \times (X - 1) + 3X^3 + 2X^2 + 5X - 2$. On substitue le reste pour obtenir :

$$-\frac{14}{9}D = B - \bigl(A - B \times (X - 1)\bigr) \times \frac{1}{9}(3X + 4).$$

On en déduit

$$-\frac{14}{9}D = -A \times \frac{1}{9}(3X + 4) + B\bigl(1 + (X - 1) \times \frac{1}{9}(3X + 4)\bigr)$$

Donc en posant $U = \frac{1}{14}(3X+4)$ et $V = -\frac{1}{14}\bigl(9 + (X-1)(3X+4)\bigr) = -\frac{1}{14}(3X^2 + X + 5)$ on a $AU + BV = D$.

Le corollaire suivant s'appelle aussi le théorème de Bézout.

> **Corollaire 1.**
> Soient A et B deux polynômes. A et B sont premiers entre eux si et seulement s'il existe deux polynômes U et V tels que $AU + BV = 1$.

> **Corollaire 2.**
> Soient $A, B, C \in \mathbb{K}[X]$ avec $A \neq 0$ ou $B \neq 0$. Si $C|A$ et $C|B$ alors $C | \text{pgcd}(A, B)$.

> **Corollaire 3** (Lemme de Gauss).
> Soient $A, B, C \in \mathbb{K}[X]$. Si $A|BC$ et $\text{pgcd}(A, B) = 1$ alors $A|C$.

2.4. ppcm

> **Proposition 5.**
> Soient $A, B \in \mathbb{K}[X]$ des polynômes non nuls, alors il existe un unique polynôme unitaire M de plus petit degré tel que $A|M$ et $B|M$.

Cet unique polynôme est appelé le **ppcm** (plus petit commun multiple) de A et B qu'on note $\text{ppcm}(A, B)$.

Exemple 10.
$\text{ppcm}\bigl(X(X-2)^2(X^2+1)^4, (X+1)(X-2)^3(X^2+1)^3\bigr) = X(X+1)(X-2)^3(X^2+1)^4$.

De plus le ppcm est aussi le plus petit au sens de la divisibilité :

Proposition 6.
Soient $A, B \in \mathbb{K}[X]$ des polynômes non nuls et $M = \operatorname{ppcm}(A, B)$. Si $C \in \mathbb{K}[X]$ est un polynôme tel que $A|C$ et $B|C$, alors $M|C$.

Mini-exercices.

1. Trouver les diviseurs de $X^4 + 2X^2 + 1$ dans $\mathbb{R}[X]$, puis dans $\mathbb{C}[X]$.
2. Montrer que $X - 1 | X^n - 1$ (pour $n \geqslant 1$).
3. Calculer les divisions euclidiennes de A par B avec $A = X^4 - 1$, $B = X^3 - 1$. Puis $A = 4X^3 + 2X^2 - X - 5$ et $B = X^2 + X$; $A = 2X^4 - 9X^3 + 18X^2 - 21X + 2$ et $B = X^2 - 3X + 1$; $A = X^5 - 2X^4 + 6X^3$ et $B = 2X^3 + 1$.
4. Déterminer le pgcd de $A = X^5 + X^3 + X^2 + 1$ et $B = 2X^3 + 3X^2 + 2X + 3$. Trouver les coefficients de Bézout U, V. Mêmes questions avec $A = X^5 - 1$ et $B = X^4 + X + 1$.
5. Montrer que si $AU + BV = 1$ avec $\deg U < \deg B$ et $\deg V < \deg A$ alors les polynômes U, V sont uniques.

3. Racine d'un polynôme, factorisation

3.1. Racines d'un polynôme

Définition 5.
Soit $P = a_n X^n + a_{n-1} X^{n-1} + \cdots + a_1 X + a_0 \in \mathbb{K}[X]$. Pour un élément $x \in \mathbb{K}$, on note $P(x) = a_n x^n + \cdots + a_1 x + a_0$. On associe ainsi au polynôme P une **fonction polynôme** (que l'on note encore P)
$$P : \mathbb{K} \to \mathbb{K}, \quad x \mapsto P(x) = a_n x^n + \cdots + a_1 x + a_0.$$

Définition 6.
Soit $P \in \mathbb{K}[X]$ et $\alpha \in \mathbb{K}$. On dit que α est une **racine** (ou un **zéro**) de P si $P(\alpha) = 0$.

Proposition 7.
$$P(\alpha) = 0 \iff X - \alpha \text{ divise } P$$

Démonstration. Lorsque l'on écrit la division euclidienne de P par $X - \alpha$ on obtient $P = Q \cdot (X - \alpha) + R$ où R est une constante car $\deg R < \deg(X - \alpha) = 1$. Donc $P(\alpha) = 0 \iff R(\alpha) = 0 \iff R = 0 \iff X - \alpha | P$. □

> **Définition 7.**
> Soit $k \in \mathbb{N}^*$. On dit que α est une **racine de multiplicité** k de P si $(X - \alpha)^k$ divise P alors que $(X - \alpha)^{k+1}$ ne divise pas P. Lorsque $k = 1$ on parle d'une **racine simple**, lorsque $k = 2$ d'une **racine double**, etc.

On dit aussi que α est une **racine d'ordre** k.

> **Proposition 8.**
> Il y a équivalence entre :
>   (i) α est une racine de multiplicité k de P.
>   (ii) Il existe $Q \in \mathbb{K}[X]$ tel que $P = (X - \alpha)^k Q$, avec $Q(\alpha) \neq 0$.
>   (iii) $P(\alpha) = P'(\alpha) = \cdots = P^{(k-1)}(\alpha) = 0$ et $P^{(k)}(\alpha) \neq 0$.

La preuve est laissée en exercice.

Remarque.
Par analogie avec la dérivée d'une fonction, si $P(X) = a_0 + a_1 X + \cdots + a_n X^n \in \mathbb{K}[X]$ alors le polynôme $P'(X) = a_1 + 2a_2 X + \cdots + n a_n X^{n-1}$ est le **polynôme dérivé** de P.

3.2. Théorème de d'Alembert-Gauss

Passons à un résultat essentiel de ce chapitre :

> **Théorème 3** (Théorème de d'Alembert-Gauss).
> *Tout polynôme à coefficients complexes de degré $n \geqslant 1$ a au moins une racine dans $\mathbb{C}$. Il admet exactement n racines si on compte chaque racine avec multiplicité.*

Nous admettons ce théorème.

Exemple 11.
Soit $P(X) = aX^2 + bX + c$ un polynôme de degré 2 à coefficients réels : $a, b, c \in \mathbb{R}$ et $a \neq 0$.
- Si $\Delta = b^2 - 4ac > 0$ alors P admet 2 racines réelles distinctes $\frac{-b+\sqrt{\Delta}}{2a}$ et $\frac{-b-\sqrt{\Delta}}{2a}$.
- Si $\Delta < 0$ alors P admet 2 racines complexes distinctes $\frac{-b+i\sqrt{|\Delta|}}{2a}$ et $\frac{-b-i\sqrt{|\Delta|}}{2a}$.
- Si $\Delta = 0$ alors P admet une racine réelle double $\frac{-b}{2a}$.

En tenant compte des multiplicités on a donc toujours exactement 2 racines.

Exemple 12.

$P(X) = X^n - 1$ admet n racines distinctes.

Sachant que P est de degré n alors par le théorème de d'Alembert-Gauss on sait qu'il admet n racines comptées avec multiplicité. Il s'agit donc maintenant de montrer que ce sont des racines simples. Supposons –par l'absurde– que $\alpha \in \mathbb{C}$ soit une racine de multiplicité $\geqslant 2$. Alors $P(\alpha) = 0$ et $P'(\alpha) = 0$. Donc $\alpha^n - 1 = 0$ et $n\alpha^{n-1} = 0$. De la seconde égalité on déduit $\alpha = 0$, contradictoire avec la première égalité. Donc toutes les racines sont simples. Ainsi les n racines sont distinctes. (Remarque : sur cet exemple particulier on aurait aussi pu calculer les racines qui sont ici les racines n-ième de l'unité.)

Pour les autres corps que les nombres complexes nous avons le résultat plus faible suivant :

> **Théorème 4.**
>
> Soit $P \in \mathbb{K}[X]$ de degré $n \geqslant 1$. Alors P admet au plus n racines dans $\mathbb{K}$.

Exemple 13.

$P(X) = 3X^3 - 2X^2 + 6X - 4$. Considéré comme un polynôme à coefficients dans $\mathbb{Q}$ ou $\mathbb{R}$, P n'a qu'une seule racine (qui est simple) $\alpha = \frac{2}{3}$ et il se décompose en $P(X) = 3(X - \frac{2}{3})(X^2 + 2)$. Si on considère maintenant P comme un polynôme à coefficients dans $\mathbb{C}$ alors $P(X) = 3(X - \frac{2}{3})(X - i\sqrt{2})(X + i\sqrt{2})$ et admet 3 racines simples.

3.3. Polynômes irréductibles

> **Définition 8.**
>
> Soit $P \in \mathbb{K}[X]$ un polynôme de degré $\geqslant 1$, on dit que P est **irréductible** si pour tout $Q \in \mathbb{K}[X]$ divisant P, alors, soit $Q \in \mathbb{K}^*$, soit il existe $\lambda \in \mathbb{K}^*$ tel que $Q = \lambda P$.

Remarque.

- Un polynôme irréductible P est donc un polynôme non constant dont les seuls diviseurs de P sont les constantes ou P lui-même (à une constante multiplicative près).
- La notion de polynôme irréductible pour l'arithmétique de $\mathbb{K}[X]$ correspond à la notion de nombre premier pour l'arithmétique de $\mathbb{Z}$.
- Dans le cas contraire, on dit que P est **réductible** ; il existe alors des polynômes A, B de $\mathbb{K}[X]$ tels que $P = AB$, avec $\deg A \geqslant 1$ et $\deg B \geqslant 1$.

Exemple 14.
- Tous les polynômes de degré 1 sont irréductibles. Par conséquent il y a une infinité de polynômes irréductibles.
- $X^2 - 1 = (X-1)(X+1) \in \mathbb{R}[X]$ est réductible.
- $X^2 + 1 = (X-i)(X+i)$ est réductible dans $\mathbb{C}[X]$ mais est irréductible dans $\mathbb{R}[X]$.
- $X^2 - 2 = (X - \sqrt{2})(X + \sqrt{2})$ est réductible dans $\mathbb{R}[X]$ mais est irréductible dans $\mathbb{Q}[X]$.

Nous avons l'équivalent du lemme d'Euclide de $\mathbb{Z}$ pour les polynômes :

Proposition 9 (Lemme d'Euclide).
Soit $P \in \mathbb{K}[X]$ un polynôme irréductible et soient $A, B \in \mathbb{K}[X]$. Si $P|AB$ alors $P|A$ ou $P|B$.

Démonstration. Si P ne divise pas A alors $\mathrm{pgcd}(P, A) = 1$ car P est irréductible. Donc, par le lemme de Gauss, P divise B. □

3.4. Théorème de factorisation

Théorème 5.
Tout polynôme non constant $A \in \mathbb{K}[X]$ s'écrit comme un produit de polynômes irréductibles unitaires :
$$A = \lambda P_1^{k_1} P_2^{k_2} \cdots P_r^{k_r}$$
où $\lambda \in \mathbb{K}^*$, $r \in \mathbb{N}^*$, $k_i \in \mathbb{N}^*$ et les P_i sont des polynômes irréductibles distincts.
De plus cette décomposition est unique à l'ordre près des facteurs.

Il s'agit bien sûr de l'analogue de la décomposition d'un nombre en facteurs premiers.

3.5. Factorisation dans $\mathbb{C}[X]$ et $\mathbb{R}[X]$

Théorème 6.
Les polynômes irréductibles de $\mathbb{C}[X]$ sont les polynômes de degré 1.
Donc pour $P \in \mathbb{C}[X]$ de degré $n \geqslant 1$ la factorisation s'écrit $P = \lambda (X - \alpha_1)^{k_1} (X - \alpha_2)^{k_2} \cdots (X - \alpha_r)^{k_r}$, où $\alpha_1, \ldots, \alpha_r$ sont les racines distinctes de P et $k_1, \ldots, k_r$ sont leurs multiplicités.

Démonstration. Ce théorème résulte du théorème de d'Alembert-Gauss. □

Théorème 7.
Les polynômes irréductibles de $\mathbb{R}[X]$ sont les polynômes de degré 1 ainsi que les polynômes de degré 2 ayant un discriminant $\Delta < 0$.

Soit $P \in \mathbb{R}[X]$ de degré $n \geqslant 1$. Alors la factorisation s'écrit $P = \lambda(X-\alpha_1)^{k_1}(X-\alpha_2)^{k_2}\cdots(X-\alpha_r)^{k_r}Q_1^{\ell_1}\cdots Q_s^{\ell_s}$, où les α_i sont exactement les racines réelles distinctes de multiplicité k_i et les Q_i sont des polynômes irréductibles de degré 2 : $Q_i = X^2 + \beta_i X + \gamma_i$ avec $\Delta = \beta_i^2 - 4\gamma_i < 0$.

Exemple 15.
$P(X) = 2X^4(X-1)^3(X^2+1)^2(X^2+X+1)$ est déjà décomposé en facteurs irréductibles dans $\mathbb{R}[X]$ alors que sa décomposition dans $\mathbb{C}[X]$ est $P(X) = 2X^4(X-1)^3(X-i)^2(X+i)^2(X-j)(X-j^2)$ où $j = e^{\frac{2i\pi}{3}} = \frac{-1+i\sqrt{3}}{2}$.

Exemple 16.
Soit $P(X) = X^4 + 1$.

- Sur $\mathbb{C}$. On peut d'abord décomposer $P(X) = (X^2+i)(X^2-i)$. Les racines de P sont donc les racines carrées complexes de i et $-i$. Ainsi P se factorise dans $\mathbb{C}[X]$:
$$P(X) = \left(X - \tfrac{\sqrt{2}}{2}(1+i)\right)\left(X + \tfrac{\sqrt{2}}{2}(1+i)\right)\left(X - \tfrac{\sqrt{2}}{2}(1-i)\right)\left(X + \tfrac{\sqrt{2}}{2}(1-i)\right).$$

- Sur $\mathbb{R}$. Pour un polynôme à coefficient réels, si α est une racine alors $\bar{\alpha}$ aussi. Dans la décomposition ci-dessus on regroupe les facteurs ayant des racines conjuguées, cela doit conduire à un polynôme réel :
$$P(X) = \left[\left(X - \tfrac{\sqrt{2}}{2}(1+i)\right)\left(X - \tfrac{\sqrt{2}}{2}(1-i)\right)\right]\left[\left(X + \tfrac{\sqrt{2}}{2}(1+i)\right)\left(X + \tfrac{\sqrt{2}}{2}(1-i)\right)\right]$$
$$= \left[X^2 + \sqrt{2}X + 1\right]\left[X^2 - \sqrt{2}X + 1\right],$$

qui est la factorisation dans $\mathbb{R}[X]$.

Mini-exercices.

1. Trouver un polynôme $P(X) \in \mathbb{Z}[X]$ de degré minimal tel que : $\frac{1}{2}$ soit une racine simple, $\sqrt{2}$ soit une racine double et i soit une racine triple.

2. Montrer cette partie de la proposition 8 : « $P(\alpha) = 0$ et $P'(\alpha) = 0 \iff \alpha$ est une racine de multiplicité $\geqslant 2$ ».

3. Montrer que pour $P \in \mathbb{C}[X]$: « P admet une racine de multiplicité $\geqslant 2 \iff P$ et P' ne sont pas premiers entre eux ».

4. Factoriser $P(X) = (2X^2 + X - 2)^2(X^4 - 1)^3$ et $Q(X) = 3(X^2-1)^2(X^2 - X + \frac{1}{4})$ dans $\mathbb{C}[X]$. En déduire leur pgcd et leur ppcm. Mêmes questions dans $\mathbb{R}[X]$.

5. Si $\operatorname{pgcd}(A,B) = 1$ montrer que $\operatorname{pgcd}(A+B, A\times B) = 1$.
6. Soit $P \in \mathbb{R}[X]$ et $\alpha \in \mathbb{C}\setminus\mathbb{R}$ tel que $P(\alpha) = 0$. Vérifier que $P(\bar\alpha) = 0$. Montrer que $(X-\alpha)(X-\bar\alpha)$ est un polynôme irréductible de $\mathbb{R}[X]$ et qu'il divise P dans $\mathbb{R}[X]$.

4. Fractions rationnelles

Définition 9.
Une **fraction rationnelle** à coefficients dans $\mathbb{K}$ est une expression de la forme
$$F = \frac{P}{Q}$$
où $P, Q \in \mathbb{K}[X]$ sont deux polynômes et $Q \neq 0$.

Toute fraction rationnelle se décompose comme une somme de fractions rationnelles élémentaires que l'on appelle des « éléments simples ». Mais les éléments simples sont différents sur $\mathbb{C}$ ou sur $\mathbb{R}$.

4.1. Décomposition en éléments simples sur $\mathbb{C}$

Théorème 8 (Décomposition en éléments simples sur $\mathbb{C}$).
Soit P/Q une fraction rationnelle avec $P, Q \in \mathbb{C}[X]$, $\operatorname{pgcd}(P,Q) = 1$ et $Q = (X-\alpha_1)^{k_1}\cdots(X-\alpha_r)^{k_r}$. Alors il existe une et une seule écriture :
$$\frac{P}{Q} = E + \frac{a_{1,1}}{(X-\alpha_1)^{k_1}} + \frac{a_{1,2}}{(X-\alpha_1)^{k_1-1}} + \cdots + \frac{a_{1,k_1}}{(X-\alpha_1)}$$
$$+ \frac{a_{2,1}}{(X-\alpha_2)^{k_2}} + \cdots + \frac{a_{2,k_2}}{(X-\alpha_2)}$$
$$+ \cdots$$

Le polynôme E s'appelle la **partie polynomiale** (ou **partie entière**). Les termes $\frac{a}{(X-\alpha)^i}$ sont les **éléments simples** sur $\mathbb{C}$.

Exemple 17.
- Vérifier que $\frac{1}{X^2+1} = \frac{a}{X+i} + \frac{b}{X-i}$ avec $a = \frac{1}{2}i$, $b = -\frac{1}{2}i$.
- Vérifier que $\frac{X^4-8X^2+9X-7}{(X-2)^2(X+3)} = X + 1 + \frac{-1}{(X-2)^2} + \frac{2}{X-2} + \frac{-1}{X+3}$.

Comment se calcule cette décomposition ? En général on commence par déterminer la partie polynomiale. Tout d'abord si $\deg Q > \deg P$ alors $E(X) = 0$. Si $\deg P \leqslant \deg Q$ alors effectuons la division euclidienne de P par Q : $P = QE + R$ donc $\frac{P}{Q} = E + \frac{R}{Q}$ où $\deg R < \deg Q$. La partie polynomiale est donc le quotient de cette division. Et on s'est ramené au cas d'une fraction $\frac{R}{Q}$ avec $\deg R < \deg Q$. Voyons en détails comment continuer sur un exemple.

Exemple 18.

Décomposons la fraction $\dfrac{P}{Q} = \dfrac{X^5 - 2X^3 + 4X^2 - 8X + 11}{X^3 - 3X + 2}$.

- **Première étape : partie polynomiale.** On calcule la division euclidienne de P par Q : $P(X) = (X^2 + 1)Q(X) + 2X^2 - 5X + 9$. Donc la partie polynomiale est $E(X) = X^2 + 1$ et la fraction s'écrit $\frac{P(X)}{Q(X)} = X^2 + 1 + \frac{2X^2 - 5X + 9}{Q(X)}$. Notons que pour la fraction $\frac{2X^2 - 5X + 9}{Q(X)}$ le degré du numérateur est strictement plus petit que le degré du dénominateur.

- **Deuxième étape : factorisation du dénominateur.** Q a pour racine évidente $+1$ (racine double) et -2 (racine simple) et se factorise donc ainsi $Q(X) = (X - 1)^2(X + 2)$.

- **Troisième étape : décomposition théorique en éléments simples.** Le théorème de décomposition en éléments simples nous dit qu'il existe une unique décomposition : $\frac{P(X)}{Q(X)} = E(X) + \frac{a}{(X-1)^2} + \frac{b}{X-1} + \frac{c}{X+2}$. Nous savons déjà que $E(X) = X^2 + 1$, il reste à trouver les nombres a, b, c.

- **Quatrième étape : détermination des coefficients.** Voici une première façon de déterminer a, b, c. On récrit la fraction $\frac{a}{(X-1)^2} + \frac{b}{X-1} + \frac{c}{X+2}$ au même dénominateur et on l'identifie avec $\frac{2X^2 - 5X + 9}{Q(X)}$:

$$\frac{a}{(X-1)^2} + \frac{b}{X-1} + \frac{c}{X+2} = \frac{(b+c)X^2 + (a+b-2c)X + 2a - 2b + c}{(X-1)^2(X+2)}$$

qui doit être égale à

$$\frac{2X^2 - 5X + 9}{(X-1)^2(X+2)}.$$

On en déduit $b + c = 2$, $a + b - 2c = -5$ et $2a - 2b + c = 9$. Cela conduit à l'unique solution $a = 2$, $b = -1$, $c = 3$. Donc

$$\frac{P}{Q} = \frac{X^5 - 2X^3 + 4X^2 - 8X + 11}{X^3 - 3X + 2} = X^2 + 1 + \frac{2}{(X-1)^2} + \frac{-1}{X-1} + \frac{3}{X+2}.$$

Cette méthode est souvent la plus longue.

- **Quatrième étape (bis) : détermination des coefficients.** Voici une autre méthode plus efficace.

Notons $\frac{P'(X)}{Q(X)} = \frac{2X^2-5X+9}{(X-1)^2(X+2)}$ dont la décomposition théorique est : $\frac{a}{(X-1)^2} + \frac{b}{X-1} + \frac{c}{X+2}$

Pour déterminer a on multiplie la fraction $\frac{P'}{Q}$ par $(X-1)^2$ et on évalue en $x = 1$. Tout d'abord en partant de la décomposition théorique on a :

$$F_1(X) = (X-1)^2 \frac{P'(X)}{Q(X)} = a + b(X-1) + c\frac{(X-1)^2}{X+2} \quad \text{donc} \quad F_1(1) = a$$

D'autre part

$$F_1(X) = (X-1)^2 \frac{P'(X)}{Q(X)} = (X-1)^2 \frac{2X^2-5X+9}{(X-1)^2(X+2)} = \frac{2X^2-5X+9}{X+2}$$

donc $F_1(1) = 2$. On en déduit $a = 2$.

On fait le même processus pour déterminer c : on multiplie par $(X+2)$ et on évalue en -2. On calcule $F_2(X) = (X+2)\frac{P'(X)}{Q(X)} = \frac{2X^2-5X+9}{(X-1)^2} = a\frac{X+2}{(X-1)^2} + b\frac{X+2}{X-1} + c$ de deux façons et lorsque l'on évalue $x = -2$ on obtient d'une part $F_2(-2) = c$ et d'autre part $F_2(-2) = 3$. Ainsi $c = 3$.

Comme les coefficients sont uniques tous les moyens sont bons pour les déterminer. Par exemple lorsque l'on évalue la décomposition théorique $\frac{P'(X)}{Q(X)} = \frac{a}{(X-1)^2} + \frac{b}{X-1} + \frac{c}{X+2}$ en $x = 0$, on obtient :

$$\frac{P'(0)}{Q(0)} = a - b + \frac{c}{2}$$

Donc $\frac{9}{2} = a - b + \frac{c}{2}$. Donc $b = a + \frac{c}{2} - \frac{9}{2} = -1$.

4.2. Décomposition en éléments simples sur $\mathbb{R}$

Théorème 9 (Décomposition en éléments simples sur $\mathbb{R}$).
Soit P/Q une fraction rationnelle avec $P, Q \in \mathbb{R}[X]$, $\mathrm{pgcd}(P,Q) = 1$. Alors P/Q s'écrit de manière unique comme somme :
- *d'une partie polynomiale $E(X)$,*
- *d'éléments simples du type $\frac{a}{(X-\alpha)^i}$,*
- *d'éléments simples du type $\frac{aX+b}{(X^2+\alpha X+\beta)^i}$.*

Où les $X - \alpha$ et $X^2 + \alpha X + \beta$ sont les facteurs irréductibles de $Q(X)$ et les exposants i sont inférieurs ou égaux à la puissance correspondante dans cette factorisation.

Exemple 19.
Décomposition en éléments simples de $\frac{P(X)}{Q(X)} = \frac{3X^4+5X^3+11X^2+5X+3}{(X^2+X+1)^2(X-1)}$. Comme $\deg P <$

$\deg Q$ alors $E(X) = 0$. Le dénominateur est déjà factorisé sur $\mathbb{R}$ car $X^2 + X + 1$ est irréductible. La décomposition théorique est donc :
$$\frac{P(X)}{Q(X)} = \frac{aX+b}{(X^2+X+1)^2} + \frac{cX+d}{X^2+X+1} + \frac{e}{X-1}.$$
Il faut ensuite mener au mieux les calculs pour déterminer les coefficients afin d'obtenir :
$$\frac{P(X)}{Q(X)} = \frac{2X+1}{(X^2+X+1)^2} + \frac{-1}{X^2+X+1} + \frac{3}{X-1}.$$

Mini-exercices.

1. Soit $Q(X) = (X-2)^2(X^2-1)^3(X^2+1)^4$. Pour $P \in \mathbb{R}[X]$ quelle est la forme théorique de la décomposition en éléments simples sur $\mathbb{C}$ de $\frac{P}{Q}$? Et sur $\mathbb{R}$?

2. Décomposer les fractions suivantes en éléments simples sur $\mathbb{R}$ et $\mathbb{C}$: $\frac{1}{X^2-1}$; $\frac{X^2+1}{(X-1)^2}$; $\frac{X}{X^3-1}$.

3. Décomposer les fractions suivantes en éléments simples sur $\mathbb{R}$: $\frac{X^2+X+1}{(X-1)(X+2)^2}$; $\frac{2X^2-X}{(X^2+2)^2}$; $\frac{X^6}{(X^2+1)^2}$.

4. Soit $F(X) = \frac{2X^2+7X-20}{X+2}$. Déterminer l'équation de l'asymptote oblique en $\pm\infty$. Étudier la position du graphe de F par rapport à cette droite.

Auteurs du chapitre
- Rédaction : Arnaud Bodin ; relecture : Stéphanie Bodin
- Basé sur des cours de Guoting Chen et Marc Bourdon

Groupes

Chapitre 6

Motivation

Évariste Galois a tout juste vingt ans lorsqu'il meurt dans un duel. Il restera pourtant comme l'un des plus grands mathématiciens de son temps pour avoir introduit la notion de groupe, alors qu'il avait à peine dix-sept ans.

Vous savez résoudre les équations de degré 2 du type $ax^2 + bx + c = 0$. Les solutions s'expriment en fonction de a, b, c et de la fonction racine carrée $\sqrt{\ }$. Pour les équations de degré 3, $ax^3 + bx^2 + cx + d = 0$, il existe aussi des formules. Par exemple une solution de $x^3 + 3x + 1 = 0$ est $x_0 = \sqrt[3]{\frac{\sqrt{5}-1}{2}} - \sqrt[3]{\frac{\sqrt{5}+1}{2}}$. De telles formules existent aussi pour les équations de degré 4.

Un préoccupation majeure au début du XIXe siècle était de savoir s'il existait des formules similaires pour les équations de degré 5 ou plus. La réponse fut apportée par Galois et Abel : non il n'existe pas en général une telle formule. Galois parvient même à dire pour quels polynômes c'est possible et pour lesquels ça ne l'est pas. Il introduit pour sa démonstration la notion de groupe.

Les groupes sont à la base d'autres notions mathématiques comme les anneaux, les corps, les matrices, les espaces vectoriels,... Mais vous les retrouvez aussi en arithmétique, en géométrie, en cryptographie !

Nous allons introduire dans ce chapitre la notion de groupe, puis celle de sous-groupe. On étudiera ensuite les applications entre deux groupes : les morphismes de groupes. Finalement nous détaillerons deux groupes importants : le groupe $\mathbb{Z}/n\mathbb{Z}$ et le groupe des permutations $\mathscr{S}_n$.

1. Groupe

1.1. Définition

> **Définition 1.**
> Un **groupe** $(G, \star)$ est un ensemble G auquel est associé une opération $\star$ (la **loi de composition**) vérifiant les quatre propriétés suivantes :
> 1. pour tout $x, y \in G$, $\quad x \star y \in G$ $\quad$ ($\star$ est une **loi de composition interne**)
> 2. pour tout $x, y, z \in G$, $\quad (x \star y) \star z = x \star (y \star z)$ $\quad$ (la loi est **associative**)
> 3. il existe $e \in G$ tel que $\quad \forall x \in G, x \star e = x$ et $e \star x = x$ $\quad$ (e est l'**élément neutre**)
> 4. pour tout $x \in G$ il existe $x' \in G$ tel que $\quad x \star x' = x' \star x = e$ $\quad$ (x' est l'**inverse** de x et est noté x^{-1})

Si de plus l'opération vérifie
$$\text{pour tout } x, y \in G, \qquad x \star y = y \star x,$$
on dit que G est un groupe **commutatif** (ou **abélien**).

Remarque.
- L'élément neutre e est unique. En effet si e' vérifie aussi le point (3), alors on a $e' \star e = e$ (car e est élément neutre) et $e' \star e = e'$ (car e' aussi). Donc $e = e'$. Remarquez aussi que l'inverse de l'élément neutre est lui-même. S'il y a plusieurs groupes, on pourra noter e_G pour l'élément neutre du groupe G.
- Un élément $x \in G$ ne possède qu'un seul inverse. En effet si x' et x'' vérifient tous les deux le point (4) alors on a $x \star x'' = e$ donc $x' \star (x \star x'') = x' \star e$. Par l'associativité (2) et la propriété de l'élément neutre (3) alors $(x' \star x) \star x'' = x'$. Mais $x' \star x = e$ donc $e \star x'' = x'$ et ainsi $x'' = x'$.

1.2. Exemples

Voici des ensembles bien connus pour lesquels l'opération donnée définit une structure de groupe.
- $(\mathbb{R}^*, \times)$ est un groupe commutatif, $\times$ est la multiplication habituelle. Vérifions chacune des propriétés :

1. Si $x, y \in \mathbb{R}^*$ alors $x \times y \in \mathbb{R}^*$.

2. Pour tout $x, y, z \in \mathbb{R}^*$ alors $x \times (y \times z) = (x \times y) \times z$, c'est l'associativité de la multiplication des nombres réels.

3. 1 est l'élément neutre pour la multiplication, en effet $1 \times x = x$ et $x \times 1 = x$, ceci quelque soit $x \in \mathbb{R}^*$.

4. L'inverse d'un élément $x \in \mathbb{R}^*$ est $x' = \frac{1}{x}$ (car $x \times \frac{1}{x}$ est bien égal à l'élément neutre 1). L'inverse de x est donc $x^{-1} = \frac{1}{x}$. Notons au passage que nous avions exclu 0 de notre groupe, car il n'a pas d'inverse.
Ces propriétés font de $(\mathbb{R}^*, \times)$ un groupe.

5. Enfin $x \times y = y \times x$, c'est la commutativité de la multiplication des réels.

- $(\mathbb{Q}^*, \times)$, $(\mathbb{C}^*, \times)$ sont des groupes commutatifs.
- $(\mathbb{Z}, +)$ est un groupe commutatif. Ici $+$ est l'addition habituelle.

  1. Si $x, y \in \mathbb{Z}$ alors $x + y \in \mathbb{Z}$.

  2. Pour tout $x, y, z \in \mathbb{Z}$ alors $x + (y + z) = (x + y) + z$.

  3. 0 est l'élément neutre pour l'addition, en effet $0 + x = x$ et $x + 0 = x$, ceci quelque soit $x \in \mathbb{Z}$.

  4. L'inverse d'un élément $x \in \mathbb{Z}$ est $x' = -x$ car $x + (-x) = 0$ est bien l'élément neutre 0. Quand la loi de groupe est $+$ l'inverse s'appelle plus couramment l'**opposé**.

  5. Enfin $x + y = y + x$, et donc $(\mathbb{Z}, +)$ est un groupe commutatif.

- $(\mathbb{Q}, +)$, $(\mathbb{R}, +)$, $(\mathbb{C}, +)$ sont des groupes commutatifs.
- Soit $\mathscr{R}$ l'ensemble des rotations du plan dont le centre est à l'origine O.

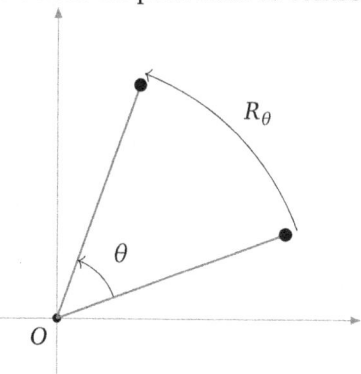

Alors pour deux rotations R_θ et $R_{\theta'}$ la composée $R_\theta \circ R_{\theta'}$ est encore une rotation de centre l'origine et d'angle $\theta + \theta'$. Ici $\circ$ est la composition. Ainsi $(\mathscr{R}, \circ)$ forme

un groupe (qui est même commutatif). Pour cette loi l'élément neutre est la rotation d'angle 0 : c'est l'identité du plan. L'inverse d'une rotation d'angle θ est la rotation d'angle $-\theta$.
- Si $\mathscr{I}$ désigne l'ensemble des isométries du plan (ce sont les translations, rotations, réflexions et leurs composées) alors $(\mathscr{I}, \circ)$ est un groupe. Ce groupe n'est pas un groupe commutatif. En effet, identifions le plan à $\mathbb{R}^2$ et soit par exemple R la rotation de centre $O = (0,0)$ et d'angle $\frac{\pi}{2}$ et T la translation de vecteur $(1,0)$. Alors les isométries $T \circ R$ et $R \circ T$ sont des applications distinctes. Par exemple les images du point $A = (1,1)$ par ces applications sont distinctes : $T \circ R(1,1) = T(-1,1) = (0,1)$ alors que $R \circ T(1,1) = R(2,1) = (-1,2)$.

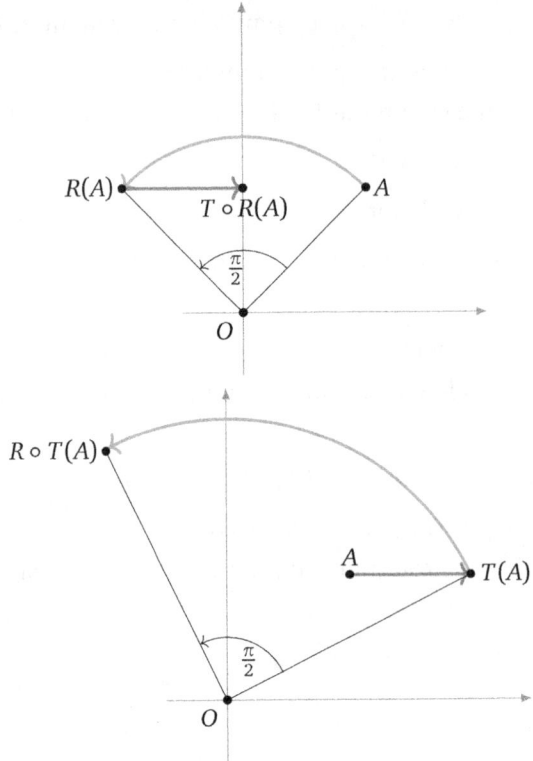

Voici deux exemples qui **ne sont pas** des groupes :
- $(\mathbb{Z}^*, \times)$ n'est pas un groupe. Car si 2 avait un inverse (pour la multiplication $\times$) ce serait $\frac{1}{2}$ qui n'est pas un entier.
- $(\mathbb{N}, +)$ n'est pas un groupe. En effet l'inverse de 3 (pour l'addition $+$) devrait être -3 mais $-3 \notin \mathbb{N}$.

Nous étudierons dans les sections 4 et 5 deux autres groupes très importants : les groupes cycliques ($\mathbb{Z}/n\mathbb{Z}, +$) et les groupes de permutations ($\mathscr{S}_n, \circ$).

1.3. Puissance

Revenons à un groupe $(G, \star)$. Pour $x \in G$ nous noterons $x \star x$ par x^2 et $x \star x \star x$ par x^3. Plus généralement nous noterons :
- $x^n = \underbrace{x \star x \star \cdots \star x}_{n \text{ fois}}$,
- $x^0 = e$,
- $x^{-n} = \underbrace{x^{-1} \star \cdots \star x^{-1}}_{n \text{ fois}}$.

Rappelez-vous que x^{-1} désigne l'inverse de x dans le groupe.

Les règles de calcul sont les mêmes que pour les puissances des nombres réels. Pour $x, y \in G$ et $m, n \in \mathbb{Z}$ nous avons :
- $x^m \star x^n = x^{m+n}$,
- $(x^m)^n = x^{mn}$,
- $(x \star y)^{-1} = y^{-1} \star x^{-1}$,   attention à l'ordre !
- **Si** $(G, \star)$ est **commutatif** alors $(x \star y)^n = x^n \star y^n$.

1.4. Exemple des matrices 2×2

Une **matrice** 2×2 est un tableau de 4 nombres (pour nous des réels) noté ainsi :
$$\begin{pmatrix} a & b \\ c & d \end{pmatrix}.$$

Nous allons définir l'opération **produit** noté $\times$ de deux matrices $M = \begin{pmatrix} a & b \\ c & d \end{pmatrix}$ et $M' = \begin{pmatrix} a' & b' \\ c' & d' \end{pmatrix}$:
$$M \times M' = \begin{pmatrix} a & b \\ c & d \end{pmatrix} \times \begin{pmatrix} a' & b' \\ c' & d' \end{pmatrix} = \begin{pmatrix} aa' + bc' & ab' + bd' \\ ca' + dc' & cb' + dd' \end{pmatrix}.$$

Voici comment présenter les calculs, on place M à gauche, M' au dessus de ce qui va être le résultat. On calcule un par un, chacun des termes de $M \times M'$.
Pour le premier terme on prend la colonne située au dessus et la ligne située à gauche : on effectue les produits $a \times a'$ et $b \times c'$ qu'on additionne pour obtenir le premier terme du résultat. Même chose avec le second terme : on prend la colonne

située au dessus, la ligne située à gauche, on fait les produit, on additionne : $ab'+bd'$. Idem pour les deux autres termes.

$$\begin{pmatrix} & & a' & & b' \\ & & c' & & d' \end{pmatrix}$$
$$\begin{pmatrix} a & b \\ c & d \end{pmatrix} \begin{pmatrix} aa'+bc' & ab'+bd' \\ ca'+dc' & cb'+dd' \end{pmatrix}$$

Par exemple si $M = \begin{pmatrix} 1 & 1 \\ 0 & -1 \end{pmatrix}$ et $M' = \begin{pmatrix} 1 & 0 \\ 2 & 1 \end{pmatrix}$ alors voici comment poser les calculs ($M \times M'$ à gauche, $M' \times M$ à droite)

$$\begin{pmatrix} 1 & 0 \\ 2 & 1 \end{pmatrix}$$
$$\begin{pmatrix} 1 & 1 \\ 0 & -1 \end{pmatrix} \begin{pmatrix} 3 & 1 \\ -2 & -1 \end{pmatrix}$$
$$\begin{pmatrix} 1 & 1 \\ 0 & -1 \end{pmatrix}$$
$$\begin{pmatrix} 1 & 0 \\ 2 & 1 \end{pmatrix} \begin{pmatrix} 1 & 1 \\ 2 & 1 \end{pmatrix}$$

alors $M \times M' = \begin{pmatrix} 3 & 1 \\ -2 & -1 \end{pmatrix}$ et $M' \times M = \begin{pmatrix} 1 & 1 \\ 2 & 1 \end{pmatrix}$. Remarquez qu'en général $M \times M' \neq M' \times M$.

Le **déterminant** d'une matrice $M = \begin{pmatrix} a & b \\ c & d \end{pmatrix}$ est par définition le nombre réel
$$\det M = ad - bc.$$

> **Proposition 1.**
>
> L'ensemble des matrices 2×2 ayant un déterminant non nul, muni de la multiplication des matrices $\times$, forme un groupe non-commutatif.

Ce groupe est noté $(\mathcal{Gl}_2, \times)$.

Nous aurons besoin d'un résultat préliminaire :

> **Lemme 1.**
>
> $\det(M \times M') = \det M \cdot \det M'$.

Pour la preuve, il suffit de vérifier le calcul : $(aa'+bc')(cb'+dd')-(ab'+bd')(ca'+dc') = (ad-bc)(a'd'-b'c')$.
Revenons à la preuve de la proposition.

Démonstration.

1. Vérifions la loi de composition interne. Si M, M' sont des matrices 2×2 alors $M \times M'$ aussi. Maintenant si M et M' sont de déterminants non nuls alors $\det(M \times M') = \det M \cdot \det M'$ est aussi non nul. Donc si $M, M' \in \mathcal{Gl}_2$ alors $M \times M' \in \mathcal{Gl}_2$.

2. Pour vérifier que la loi est associative, c'est un peu fastidieux. Pour trois matrices M, M', M'' quelconques il faut montrer $(M \times M') \times M'' = M \times (M' \times M'')$. Faites-le pour vérifier que vous maîtrisez le produit de matrices.

3. Existence de l'élément neutre. La **matrice identité** $I = \begin{pmatrix} 1 & 0 \\ 0 & 1 \end{pmatrix}$ est l'élément neutre pour la multiplication des matrices : en effet $\begin{pmatrix} a & b \\ c & d \end{pmatrix} \times \begin{pmatrix} 1 & 0 \\ 0 & 1 \end{pmatrix} = \begin{pmatrix} a & b \\ c & d \end{pmatrix}$ et $\begin{pmatrix} 1 & 0 \\ 0 & 1 \end{pmatrix} \times \begin{pmatrix} a & b \\ c & d \end{pmatrix} = \begin{pmatrix} a & b \\ c & d \end{pmatrix}$.

4. Existence de l'inverse. Soit $M = \begin{pmatrix} a & b \\ c & d \end{pmatrix}$ une matrice de déterminant non nul alors $M^{-1} = \frac{1}{ad-bc} \begin{pmatrix} d & -b \\ -c & a \end{pmatrix}$ est l'inverse de M : vérifiez que $M \times M^{-1} = I$ et que $M^{-1} \times M = I$.

5. Enfin nous avons déjà vu que cette multiplication n'est pas commutative.

□

Mini-exercices.

1. Montrer que $(\mathbb{R}_+^*, \times)$ est un groupe commutatif.

2. Soit $f_{a,b} : \mathbb{R} \to \mathbb{R}$ la fonction définie par $x \mapsto ax + b$. Montrer que l'ensemble $\mathscr{F} = \{f_{a,b} \mid a \in \mathbb{R}^*, b \in \mathbb{R}\}$ muni de la composition « ○ » est un groupe non commutatif.

3. (Plus dur) Soit $G =]-1, 1[$. Pour $x, y \in G$ on définit $x \star y = \frac{x+y}{1+xy}$. Montrer que $(G, \star)$ forme un groupe en (a) montrant que $\star$ est une loi de composition interne : $x \star y \in G$; (b) montrant que la loi est associative ; (c) montrant que 0 est élément neutre ; (d) trouvant l'inverse de x.

Soit $(G, \star)$ un groupe quelconque ; x, y, z sont des éléments de G.

4. Montrer que si $x \star y = x \star z$ alors $y = z$.

5. Que vaut $\left(x^{-1}\right)^{-1}$?

6. Si $x^n = e$, quel est l'inverse de x ?

Matrices :

7. Soient $M_1 = \begin{pmatrix} 0 & -1 \\ 1 & 0 \end{pmatrix}$, $M_2 = \begin{pmatrix} 1 & 2 \\ 1 & 0 \end{pmatrix}$, $M_3 = \begin{pmatrix} 1 & 2 \\ 3 & 4 \end{pmatrix}$. Vérifier que $M_1 \times (M_2 \times M_3) = (M_1 \times M_2) \times M_3$.

8. Calculer $(M_1 \times M_2)^2$ et $M_1^2 \times M_2^2$. (Rappel : $M^2 = M \times M$)
9. Calculer le déterminant des M_i ainsi que leur inverse.
10. Montrer que l'ensemble des matrices 2×2 muni de l'addition $+$ définie par $\begin{pmatrix} a & b \\ c & d \end{pmatrix} + \begin{pmatrix} a' & b' \\ c' & d' \end{pmatrix} = \begin{pmatrix} a+a' & b+b' \\ c+c' & d+d' \end{pmatrix}$ forme un groupe commutatif.

2. Sous-groupes

Montrer qu'un ensemble est un groupe à partir de la définition peut être assez long. Il existe une autre technique, c'est de montrer qu'un sous-ensemble d'un groupe est lui-même un groupe : c'est la notion de sous-groupe.

2.1. Définition

Soit $(G, \star)$ un groupe.

> **Définition 2.**
> Une partie $H \subset G$ est un **sous-groupe** de G si :
> - $e \in H$,
> - pour tout $x, y \in H$, on a $x \star y \in H$,
> - pour tout $x \in H$, on a $x^{-1} \in H$.

Notez qu'un sous-groupe H est aussi un groupe $(H, \star)$ avec la loi induite par celle de G.
Par exemple si $x \in H$ alors, pour tout $n \in \mathbb{Z}$, nous avons $x^n \in H$.

Remarque.
Un critère pratique et plus rapide pour prouver que H est un sous-groupe de G est :
- H contient au moins un élément
- pour tout $x, y \in H$, $x \star y^{-1} \in H$.

2.2. Exemples

- $(\mathbb{R}_+^*, \times)$ est un sous-groupe de $(\mathbb{R}^*, \times)$. En effet :
  — $1 \in \mathbb{R}_+^*$,
  — si $x, y \in \mathbb{R}_+^*$ alors $x \times y \in \mathbb{R}_+^*$,
  — si $x \in \mathbb{R}_+^*$ alors $x^{-1} = \frac{1}{x} \in \mathbb{R}_+^*$.

- $(\mathbb{U}, \times)$ est un sous-groupe de $(\mathbb{C}^*, \times)$, où $\mathbb{U} = \{z \in \mathbb{C} \mid |z| = 1\}$.
- $(\mathbb{Z}, +)$ est un sous-groupe de $(\mathbb{R}, +)$.
- $\{e\}$ et G sont les **sous-groupes triviaux** du groupe G.
- L'ensemble $\mathscr{R}$ des rotations du plan dont le centre est à l'origine est un sous-groupe du groupe des isométries $\mathscr{I}$.
- L'ensemble des matrices diagonales $\begin{pmatrix} a & 0 \\ 0 & d \end{pmatrix}$ avec $a \neq 0$ et $d \neq 0$ est un sous-groupe de $(\mathscr{Gl}_2, \times)$.

2.3. Sous-groupes de $\mathbb{Z}$

Proposition 2.

Les sous-groupes de $(\mathbb{Z}, +)$ sont les $n\mathbb{Z}$, pour $n \in \mathbb{Z}$.

L'ensemble $n\mathbb{Z}$ désigne l'ensemble des multiples de n :
$$n\mathbb{Z} = \Big\{ k \cdot n \mid k \in \mathbb{Z} \Big\}.$$

Par exemple :
- $2\mathbb{Z} = \{\ldots, -4, -2, 0, +2, +4, +6, \ldots\}$ est l'ensemble des entiers pairs,
- $7\mathbb{Z} = \{\ldots, -14, -7, 0, +7, +14, +21, \ldots\}$ est l'ensemble des multiples de 7.

Démonstration. Fixons $n \in \mathbb{Z}$. L'ensemble $n\mathbb{Z}$ est un sous-groupe de $(\mathbb{Z}, +)$, en effet :
- $n\mathbb{Z} \subset \mathbb{Z}$,
- l'élément neutre 0 appartient à $n\mathbb{Z}$,
- pour $x = kn$ et $y = k'n$ des éléments de $n\mathbb{Z}$ alors $x + y = (k + k')n$ est aussi un élément de $n\mathbb{Z}$,
- enfin si $x = kn$ est un élément de $n\mathbb{Z}$ alors $-x = (-k)n$ est aussi un élément de $n\mathbb{Z}$.

Réciproquement soit H un sous-groupe de $(\mathbb{Z}, +)$. Si $H = \{0\}$ alors $H = 0\mathbb{Z}$ et c'est fini. Sinon H contient au moins un élément non-nul et positif (puisque tout élément est accompagné de son opposé) et notons
$$n = \min \{h > 0 \mid h \in H\}.$$
Alors $n > 0$. Comme $n \in H$ alors $-n \in H$, $2n = n + n \in H$, et plus généralement pour $k \in \mathbb{Z}$ alors $kn \in H$. Ainsi $n\mathbb{Z} \subset H$. Nous allons maintenant montrer l'inclusion inverse. Soit $h \in H$. Écrivons la division euclidienne :
$$h = kn + r, \qquad \text{avec } k, r \in \mathbb{Z} \text{ et } 0 \leqslant r < n.$$

Mais $h \in H$ et $kn \in H$ donc $r = h - kn \in H$. Nous avons un entier $r \geqslant 0$ qui est un élément de H et strictement plus petit que n. Par la définition de n, nécessairement $r = 0$. Autrement dit $h = kn$ et donc $h \in n\mathbb{Z}$. Conclusion $H = n\mathbb{Z}$. □

2.4. Sous-groupes engendrés

Soit $(G, \star)$ un groupe et $E \subset G$ un sous-ensemble de G. Le **sous-groupe engendré** par E est le plus petit sous-groupe de G contenant E.

Par exemple si $E = \{2\}$ et le groupe est $(\mathbb{R}^*, \times)$, le sous-groupe engendré par E est $H = \{2^n \mid n \in \mathbb{Z}\}$. Pour le prouver : il faut montrer que H est un sous-groupe, que $2 \in H$, et que si H' est un autre sous-groupe contenant 2 alors $H \subset H'$.

Autre exemple avec le groupe $(\mathbb{Z}, +)$: si $E_1 = \{2\}$ alors le sous-groupe engendré par E_1 est $H_1 = 2\mathbb{Z}$. Si $E_2 = \{8, 12\}$ alors $H_2 = 4\mathbb{Z}$ et plus généralement si $E = \{a, b\}$ alors $H = n\mathbb{Z}$ où $n = \text{pgcd}(a, b)$.

Mini-exercices.

1. Montrer que $\{2^n \mid n \in \mathbb{Z}\}$ est un sous-groupe de $(\mathbb{R}^*, \times)$.
2. Montrer que si H et H' sont deux sous-groupes de $(G, \star)$ alors $H \cap H'$ est aussi un sous-groupe.
3. Montrer que $5\mathbb{Z} \cup 8\mathbb{Z}$ n'est *pas* un sous-groupe de $(\mathbb{Z}, +)$.
4. Montrer que l'ensemble des matrices 2×2 de déterminant 1 ayant leurs coefficients dans $\mathbb{Z}$ est un sous-groupe de $(\mathcal{Gl}_2, \times)$.
5. Trouver le sous-groupe de $(\mathbb{Z}, +)$ engendré par $\{-12, 8, 20\}$.

3. Morphismes de groupes

3.1. Définition

Définition 3.
Soient $(G, \star)$ et $(G', \diamond)$ deux groupes. Une application $f : G \longrightarrow G'$ est un **morphisme de groupes** si :

$$\text{pour tout } x, x' \in G \quad f(x \star x') = f(x) \diamond f(x')$$

L'exemple que vous connaissez déjà est le suivant : soit G le groupe $(\mathbb{R},+)$ et G' le groupe $(\mathbb{R}_+^*,\times)$. Soit $f : \mathbb{R} \longrightarrow \mathbb{R}_+^*$ l'application exponentielle définie par $f(x) = \exp(x)$. Nous avons bien

$$f(x+x') = \exp(x+x') = \exp(x) \times \exp(x') = f(x) \times f(x').$$

Et donc f est bien un morphisme de groupes.

3.2. Propriétés

Proposition 3.
Soit $f : G \longrightarrow G'$ un morphisme de groupes alors :
- *$f(e_G) = e_{G'}$,*
- *pour tout $x \in G$, $f(x^{-1}) = \bigl(f(x)\bigr)^{-1}$.*

Il faut faire attention à l'ensemble auquel appartiennent les éléments considérés : e_G est l'élément neutre de G, $e_{G'}$ celui de G'. Il n'y a pas de raison qu'ils soient égaux (ils ne sont même pas dans le même ensemble). Aussi x^{-1} est l'inverse de x dans G, alors que $\bigl(f(x)\bigr)^{-1}$ est l'inverse de $f(x)$ mais dans G'.

Reprenons l'exemple de la fonction $f : \mathbb{R} \longrightarrow \mathbb{R}_+^*$ définie par $f(x) = \exp(x)$. Nous avons bien $f(0) = 1$: l'élément neutre de $(\mathbb{R},+)$ a pour image l'élément neutre de $(\mathbb{R}_+^*,\times)$. Pour $x \in \mathbb{R}$ son inverse dans $(\mathbb{R},+)$ est ici son opposé $-x$, alors $f(-x) = \exp(-x) = \frac{1}{\exp(x)} = \frac{1}{f(x)}$ est bien l'inverse (dans $(\mathbb{R}_+^*,\times)$) de $f(x)$.

Démonstration.
- $f(e_G) = f(e_G \star e_G) = f(e_G) \diamond f(e_G)$, en multipliant (à droite par exemple) par $f(e_G)^{-1}$ on obtient $e_{G'} = f(e_G)$.
- Soit $x \in G$ alors $x \star x^{-1} = e_G$ donc $f(x \star x^{-1}) = f(e_G)$. Cela entraîne $f(x) \diamond f(x^{-1}) = e_{G'}$, en composant à gauche par $\bigl(f(x)\bigr)^{-1}$, nous obtenons $f(x^{-1}) = \bigl(f(x)\bigr)^{-1}$.

□

Proposition 4.
- *Soient deux morphismes de groupes $f : G \longrightarrow G'$ et $g : G' \longrightarrow G''$. Alors $g \circ f : G \longrightarrow G''$ est un morphisme de groupes.*
- *Si $f : G \longrightarrow G'$ est un morphisme bijectif alors $f^{-1} : G' \longrightarrow G$ est aussi un morphisme de groupes.*

Démonstration. La première partie est facile. Montrons la deuxième : Soit $y, y' \in G'$. Comme f est bijective, il existe $x, x' \in G$ tels que $f(x) = y$ et $f(x') = y'$. Alors $f^{-1}(y \diamond y') = f^{-1}\big(f(x) \diamond f(x')\big) = f^{-1}\big(f(x \star x')\big) = x \star x' = f^{-1}(y) \star f^{-1}(y')$. Et donc f^{-1} est un morphisme de G' vers G. □

Définition 4.
Un morphisme bijectif est un **isomorphisme**. Deux groupes G, G' sont **isomorphes** s'il existe un morphisme bijectif $f : G \longrightarrow G'$.

Continuons notre exemple $f(x) = \exp(x)$, $f : \mathbb{R} \longrightarrow \mathbb{R}_+^*$ est une application bijective. Sa bijection réciproque $f^{-1} : \mathbb{R}_+^* \longrightarrow \mathbb{R}$ est définie par $f^{-1}(x) = \ln(x)$. Par la proposition 4 nous savons que f^{-1} est aussi un morphisme (de $(\mathbb{R}_+^*, \times)$ vers $(\mathbb{R}, +)$) donc $f^{-1}(x \times x') = f^{-1}(x) + f^{-1}(x')$. Ce qui s'exprime ici par la formule bien connue :
$$\ln(x \times x') = \ln(x) + \ln(x').$$
Ainsi f est un isomorphisme et les groupes $(\mathbb{R}, +)$ et $(\mathbb{R}_+^*, \times)$ sont isomorphes.

3.3. Noyau et image

Soit $f : G \longrightarrow G'$ un morphisme de groupes. Nous définissons deux sous-ensembles importants qui vont être des sous-groupes.

Définition 5.
Le **noyau** de f est
$$\operatorname{Ker} f = \big\{ x \in G \mid f(x) = e_{G'} \big\}$$

C'est donc un sous-ensemble de G. En terme d'image réciproque nous avons par définition $\operatorname{Ker} f = f^{-1}(\{e_{G'}\})$. (Attention, la notation f^{-1} ici désigne l'image réciproque, et ne signifie pas que f est bijective.) Le noyau est donc l'ensemble des éléments de G qui s'envoient par f sur l'élément neutre de G'.

Définition 6.
L'**image** de f est
$$\operatorname{Im} f = \big\{ f(x) \mid x \in G \big\}$$

C'est donc un sous-ensemble de G' et en terme d'image directe nous avons $\operatorname{Im} f = f(G)$. Ce sont les éléments de G' qui ont (au moins) un antécédent par f.

Proposition 5.

Soit $f : G \longrightarrow G'$ un morphisme de groupes.

1. *$\operatorname{Ker} f$ est un sous-groupe de G.*
2. *$\operatorname{Im} f$ est un sous-groupe de G'.*
3. *f est injectif si et seulement si $\operatorname{Ker} f = \{e_G\}$.*
4. *f est surjectif si et seulement si $\operatorname{Im} f = G'$.*

Démonstration.

1. Montrons que le noyau est un sous-groupe de G.
    (a) $f(e_G) = e_{G'}$ donc $e_G \in \operatorname{Ker} f$.
    (b) Soient $x, x' \in \operatorname{Ker} f$. Alors $f(x \star x') = f(x) \diamond f(x') = e_{G'} \diamond e_{G'} = e_{G'}$ et donc $x \star x' \in \operatorname{Ker} f$.
    (c) Soit $x \in \operatorname{Ker} f$. Alors $f(x^{-1}) = f(x)^{-1} = e_{G'}^{-1} = e_{G'}$. Et donc $x^{-1} \in \operatorname{Ker} f$.
2. Montrons que l'image est un sous-groupe de G'.
    (a) $f(e_G) = e_{G'}$ donc $e_{G'} \in \operatorname{Im} f$.
    (b) Soient $y, y' \in \operatorname{Im} f$. Il existe alors $x, x' \in G$ tels que $f(x) = y$, $f(x') = y'$. Alors $y \diamond y' = f(x) \diamond f(x') = f(x \star x') \in \operatorname{Im} f$.
    (c) Soit $y \in \operatorname{Im} f$ et $x \in G$ tel que $y = f(x)$. Alors $y^{-1} = f(x)^{-1} = f(x^{-1}) \in \operatorname{Im} f$.
3. Supposons f injective. Soit $x \in \operatorname{Ker} f$, alors $f(x) = e_{G'}$ donc $f(x) = f(e_G)$ et comme f est injective alors $x = e_G$. Donc $\operatorname{Ker} f = \{e_G\}$. Réciproquement supposons $\operatorname{Ker} f = \{e_G\}$. Soient $x, x' \in G$ tels que $f(x) = f(x')$ donc $f(x) \diamond \bigl(f(x')\bigr)^{-1} = e_{G'}$, d'où $f(x) \diamond f(x'^{-1}) = e_{G'}$ et donc $f(x \star x'^{-1}) = e_{G'}$. Ceci implique que $x \star x'^{-1} \in \operatorname{Ker} f$. Comme $\operatorname{Ker} f = \{e_G\}$ alors $x \star x'^{-1} = e_G$ et donc $x = x'$. Ainsi f est injective.
4. C'est clair!

3.4. Exemples

Exemple 1.

1. Soit $f : \mathbb{Z} \longrightarrow \mathbb{Z}$ définie par $f(k) = 3k$. $(\mathbb{Z},+)$ est considéré comme ensemble de départ et d'arrivée de l'application. Alors f est un morphisme du groupe $(\mathbb{Z},+)$ dans lui-même car $f(k+k') = 3(k+k') = 3k+3k' = f(k)+f(k')$. Calculons le noyau : $\operatorname{Ker} f = \{k \in \mathbb{Z} \mid f(k) = 0\}$. Mais si $f(k) = 0$ alors $3k = 0$ donc $k = 0$. Ainsi $\operatorname{Ker} f = \{0\}$ est réduit à l'élément neutre et donc f est injective. Calculons maintenant l'image $\operatorname{Im} f = \{f(k) \mid k \in \mathbb{Z}\} = \{3k \mid k \in \mathbb{Z}\} = 3\mathbb{Z}$. Nous retrouvons que $3\mathbb{Z}$ est un sous-groupe de $(\mathbb{Z},+)$.

   Plus généralement si l'on fixe $n \in \mathbb{Z}$, $n \neq 0$, et que f est définie par $f(k) = k \cdot n$ alors $\operatorname{Ker} f = \{0\}$ et $\operatorname{Im} f = n\mathbb{Z}$.

2. Soient les groupes $(\mathbb{R},+)$ et $(\mathbb{U},\times)$ (où $\mathbb{U} = \{z \in \mathbb{C} \mid |z| = 1\}$) et f l'application $f : \mathbb{R} \longrightarrow \mathbb{U}$ définie par $f(t) = e^{it}$. Montrons que f est un morphisme : $f(t+t') = e^{i(t+t')} = e^{it} \times e^{it'} = f(t) \times f(t')$. Calculons le noyau $\operatorname{Ker} f = \{t \in \mathbb{R} \mid f(t) = 1\}$. Mais si $f(t) = 1$ alors $e^{it} = 1$ donc $t = 0 \pmod{2\pi}$. D'où $\operatorname{Ker} f = \{2k\pi \mid k \in \mathbb{Z}\} = 2\pi\mathbb{Z}$. Ainsi f n'est pas injective. L'image de f est $\mathbb{U}$ car tout nombre complexe de module 1 s'écrit sous la forme $f(t) = e^{it}$.

3. Soient les groupes $(\mathscr{Gl}_2,\times)$ et $(\mathbb{R}^*,\times)$ et $f : \mathscr{Gl}_2 \longrightarrow \mathbb{R}^*$ définie par $f(M) = \det M$. Alors la formule vue plus haut (lemme 1) $\det(M \times M') = \det M \times \det M'$ implique que f est un morphisme de groupes. Ce morphisme est surjectif, car si $t \in \mathbb{R}^*$ alors $\det\begin{pmatrix}1 & 0 \\ 0 & t\end{pmatrix} = t$. Ce morphisme n'est pas injectif car par exemple $\det\begin{pmatrix}1 & 0 \\ 0 & t\end{pmatrix} = \det\begin{pmatrix}t & 0 \\ 0 & 1\end{pmatrix}$.

Attention : ne pas confondre les différentes notations avec des puissances -1 : x^{-1}, f^{-1}, $f^{-1}(\{e_{G'}\})$:

- x^{-1} désigne l'inverse de x dans un groupe $(G,\star)$. Cette notation est cohérente avec la notation usuelle si le groupe est $(\mathbb{R}^*,\times)$ alors $x^{-1} = \frac{1}{x}$.
- Pour une application bijective f^{-1} désigne la bijection réciproque.
- Pour une application quelconque $f : E \longrightarrow F$, l'image réciproque d'une partie $B \subset F$ est $f^{-1}(B) = \{x \in E \mid f(x) \in B\}$, c'est une partie de E. Pour un morphisme f, $\operatorname{Ker} f = f^{-1}(\{e_{G'}\})$ est donc l'ensemble des $x \in G$ tels que leur image par f soit $e_{G'}$. Le noyau est défini même si f n'est pas bijective.

Mini-exercices.

1. Soit $f : (\mathbb{Z},+) \longrightarrow (\mathbb{Q}^*,\times)$ défini par $f(n) = 2^n$. Montrer que f est un morphisme de groupes. Déterminer le noyau de f. f est-elle injective ? surjective ?

2. Mêmes questions pour $f : (\mathbb{R}, +) \longrightarrow (\mathscr{R}, \circ)$, qui à un réel θ associe la rotation d'angle θ de centre l'origine.

3. Soit $(G, \star)$ un groupe et $f : G \longrightarrow G$ l'application définie par $f(x) = x^2$. (Rappel : $x^2 = x \star x$.) Montrer que si $(G, \star)$ est commutatif alors f est un morphisme. Montrer ensuite la réciproque.

4. Montrer qu'il n'existe pas de morphisme $f : (\mathbb{Z}, +) \to (\mathbb{Z}, +)$ tel que $f(2) = 3$.

5. Montrer que $f, g : (\mathbb{R}^*, \times) \to (\mathbb{R}^*, \times)$ définis par $f(x) = x^2$, $g(x) = x^3$ sont des morphismes de groupes. Calculer leurs images et leurs noyaux respectives.

4. Le groupe $\mathbb{Z}/n\mathbb{Z}$

4.1. L'ensemble et le groupe $\mathbb{Z}/n\mathbb{Z}$

Fixons $n \geqslant 1$. Rappelons que $\mathbb{Z}/n\mathbb{Z}$ est l'ensemble
$$\mathbb{Z}/n\mathbb{Z} = \{\overline{0}, \overline{1}, \overline{2}, \ldots, \overline{n-1}\}$$
où $\overline{p}$ désigne la classe d'équivalence de p modulo n.
Autrement dit

$$\boxed{\overline{p} = \overline{q} \iff p \equiv q \pmod{n}}$$

ou encore $\overline{p} = \overline{q} \iff \exists k \in \mathbb{Z} \quad p = q + kn$.
On définit une **addition** sur $\mathbb{Z}/n\mathbb{Z}$ par :

$$\boxed{\overline{p} + \overline{q} = \overline{p+q}}$$

Par exemple dans $\mathbb{Z}/60\mathbb{Z}$, on a $\overline{31} + \overline{46} = \overline{31+46} = \overline{77} = \overline{17}$.

Nous devons montrer que cette addition est bien définie : si $\overline{p'} = \overline{p}$ et $\overline{q'} = \overline{q}$ alors $p' \equiv p \pmod{n}$, $q' \equiv q \pmod{n}$ et donc $p' + q' \equiv p + q \pmod{n}$. Donc $\overline{p' + q'} = \overline{p+q}$. Donc on a aussi $\overline{p'} + \overline{q'} = \overline{p} + \overline{q}$. Nous avons montré que l'addition est indépendante du choix des représentants.

Voici un exemple de la vie courante : considérons seulement les minutes d'une montre ; ces minutes varient de 0 à 59. Lorsque l'aiguille passe à 60, elle désigne aussi 0 (on ne s'occupe pas des heures). Ainsi de suite : 61 s'écrit aussi 1, 62 s'écrit aussi 2,...Cela correspond donc à l'ensemble $\mathbb{Z}/60\mathbb{Z}$. On peut aussi additionner des minutes : 50 minutes plus 15 minutes font 65 minutes qui s'écrivent aussi 5 minutes. Continuons avec l'écriture dans $\mathbb{Z}/60\mathbb{Z}$ par exemple : $\overline{135} + \overline{50} = \overline{185} = \overline{5}$. Remarquez que si l'on écrit d'abord $\overline{135} = \overline{15}$ alors $\overline{135} + \overline{50} = \overline{15} + \overline{50} = \overline{65} = \overline{5}$. On pourrait même écrire $\overline{50} = \overline{-10}$ et donc $\overline{135} + \overline{50} = \overline{15} - \overline{10} = \overline{5}$. C'est le fait que l'addition soit bien définie qui justifie que l'on trouve toujours le même résultat.

> **Proposition 6.**
> $(\mathbb{Z}/n\mathbb{Z}, +)$ *est un groupe commutatif.*

C'est facile. L'élément neutre est $\overline{0}$. L'opposé de $\overline{k}$ est $-\overline{k} = \overline{-k} = \overline{n-k}$. L'associativité et la commutativité découlent de celles de $(\mathbb{Z}, +)$.

4.2. Groupes cycliques de cardinal fini

> **Définition 7.**
> Un groupe $(G, \star)$ est un groupe **cyclique** s'il existe un élément $a \in G$ tel que :
> $$\text{pour tout } x \in G, \text{ il existe } k \in \mathbb{Z} \text{ tel que } x = a^k$$

Autrement dit le groupe G est engendré par un seul élément a.

Le groupe $(\mathbb{Z}/n\mathbb{Z}, +)$ est un groupe cyclique. En effet il est engendré par $a = \overline{1}$, car tout élément $\overline{k}$ s'écrit $\overline{k} = \underbrace{\overline{1} + \overline{1} + \cdots \overline{1}}_{k \text{ fois}} = k \cdot \overline{1}$.

Voici un résultat intéressant : il n'existe, à isomorphisme près, qu'un seul groupe cyclique à n éléments, c'est $\mathbb{Z}/n\mathbb{Z}$:

> **Théorème 1.**
> *Si $(G, \star)$ un groupe cyclique de cardinal n, alors $(G, \star)$ est isomorphe à $(\mathbb{Z}/n\mathbb{Z}, +)$.*

Démonstration. Comme G est cyclique alors $G = \{\ldots, a^{-2}, a^{-1}, e, a, a^2, a^3, \ldots\}$. Dans cette écriture il y a de nombreuses redondances (car de toute façon G n'a que n éléments). Nous allons montrer qu'en fait

$$G = \{e, a, a^2, \ldots, a^{n-1}\} \quad \text{et que} \quad a^n = e.$$

Tout d'abord l'ensemble $\{e, a, a^2, \ldots, a^{n-1}\}$ est inclus dans G. En plus il a exactement n éléments. En effet si $a^p = a^q$ avec $0 \leqslant q < p \leqslant n-1$ alors $a^{p-q} = e$ (avec $p - q > 0$) et ainsi $a^{p-q+1} = a^{p-q} \star a = a$, $a^{p-q+2} = a^2$ et alors le groupe G serait

égal à $\{e, a, a^2, \ldots, a^{p-q-1}\}$ et n'aurait pas n éléments. Ainsi $\{e, a, a^2, \ldots, a^{n-1}\} \subset G$ et les deux ensembles ont le même nombre n d'éléments, donc ils sont égaux.
Montrons maintenant que $a^n = e$. Comme $a^n \in G$ et que $G = \{e, a, a^2, \ldots, a^{n-1}\}$ alors il existe $0 \leqslant p \leqslant n-1$ tel que $a^n = a^p$. Encore une fois si $p > 0$ cela entraîne $a^{n-p} = e$ et donc une contradiction. Ainsi $p = 0$ donc $a^n = a^0 = e$.

Nous pouvons maintenant construire l'isomorphisme entre $(\mathbb{Z}/n\mathbb{Z}, +)$ et $(G, \star)$. Soit $f : \mathbb{Z}/n\mathbb{Z} \longrightarrow G$ l'application définie par $f(\overline{k}) = a^k$.

- Il faut tout d'abord montrer que f est bien définie car notre définition de f dépend du représentant k et pas de la classe $\overline{k}$: si $\overline{k} = \overline{k'}$ (une même classe définie par deux représentants distincts) alors $k \equiv k' \pmod{n}$ et donc il existe $\ell \in \mathbb{Z}$ tel que $k = k' + \ell n$. Ainsi $f(\overline{k}) = a^k = a^{k'+\ell n} = a^{k'} \star a^{\ell n} = a^{k'} \star (a^n)^\ell = a^{k'} \star e^\ell = a^{k'} = f(\overline{k'})$. Ainsi f est bien définie.
- f est un morphisme de groupes car $f(\overline{k} + \overline{k'}) = f(\overline{k+k'}) = a^{k+k'} = a^k \star a^{k'} = f(\overline{k}) \star f(\overline{k'})$ (pour tout $\overline{k}, \overline{k'}$).
- Il est clair que f est surjective car tout élément de G s'écrit a^k.
- Comme l'ensemble de départ et celui d'arrivée ont le même nombre d'éléments et que f est surjective alors f est bijective.

Conclusion : f est un isomorphisme entre $(\mathbb{Z}/n\mathbb{Z}, +)$ et $(G, \star)$. □

Mini-exercices.

1. Trouver tous les sous-groupes de $(\mathbb{Z}/12\mathbb{Z}, +)$.
2. Montrer que le produit défini par $\overline{p} \times \overline{q} = \overline{p \times q}$ est bien défini sur l'ensemble $\mathbb{Z}/n\mathbb{Z}$.
3. Dans la preuve du théorème 1, montrer directement que l'application f est injective.
4. Montrer que l'ensemble $\mathbb{U}_n = \{z \in \mathbb{C} \mid z^n = 1\}$ est un sous-groupe de $(\mathbb{C}^*, \times)$. Montrer que $\mathbb{U}_n$ est isomorphe à $\mathbb{Z}/n\mathbb{Z}$. Expliciter l'isomorphisme.
5. Montrer que l'ensemble $H = \left\{ \begin{pmatrix} 1 & 0 \\ 0 & 1 \end{pmatrix}, \begin{pmatrix} 1 & 0 \\ 0 & -1 \end{pmatrix}, \begin{pmatrix} -1 & 0 \\ 0 & 1 \end{pmatrix}, \begin{pmatrix} -1 & 0 \\ 0 & -1 \end{pmatrix} \right\}$ est un sous-groupe de $(\mathcal{Gl}_2, \times)$ ayant 4 éléments. Montrer que H n'est pas isomorphe à $\mathbb{Z}/4\mathbb{Z}$.

5. Le groupe des permutations $\mathscr{S}_n$

Fixons un entier $n \geqslant 2$.

5.1. Groupe des permutations

> **Proposition 7.**
> L'ensemble des bijections de $\{1, 2, \ldots, n\}$ dans lui-même, muni de la composition des fonctions est un groupe, noté $(\mathscr{S}_n, \circ)$.

Une bijection de $\{1, 2, \ldots, n\}$ (dans lui-même) s'appelle une **permutation**. Le groupe $(\mathscr{S}_n, \circ)$ s'appelle le **groupe des permutations** (ou le **groupe symétrique**).

Démonstration.

1. La composition de deux bijections de $\{1, 2, \ldots, n\}$ est une bijection de $\{1, 2, \ldots, n\}$.
2. La loi est associative (par l'associativité de la composition des fonctions).
3. L'élément neutre est l'identité.
4. L'inverse d'une bijection f est sa bijection réciproque f^{-1}.

□

Il s'agit d'un autre exemple de groupe ayant un nombre fini d'éléments :

> **Lemme 2.**
> Le cardinal de $\mathscr{S}_n$ est $n!$.

Démonstration. La preuve est simple. Pour l'élément 1, son image appartient à $\{1, 2, \ldots, n\}$ donc nous avons n choix. Pour l'image de 2, il ne reste plus que $n-1$ choix (1 et 2 ne doivent pas avoir la même image car notre application est une bijection). Ainsi de suite... Pour l'image du dernier élément n il ne reste qu'une possibilité. Au final il y a $n \times (n-1) \times \cdots \times 2 \times 1 = n!$ façon de construire des bijections de $\{1, 2, \ldots, n\}$. □

5.2. Notation et exemples

Décrire une permutation $f : \{1, 2, \ldots, n\} \longrightarrow \{1, 2, \ldots, n\}$ équivaut à donner les images de chaque i allant de 1 à n. Nous notons donc f par

$$\begin{bmatrix} 1 & 2 & \cdots & n \\ f(1) & f(2) & \cdots & f(n) \end{bmatrix}$$

Par exemple la permutation de $\mathscr{S}_7$ notée

$$\begin{bmatrix} 1 & 2 & 3 & 4 & 5 & 6 & 7 \\ 3 & 7 & 5 & 4 & 6 & 1 & 2 \end{bmatrix} \}_f$$

est la bijection $f : \{1, 2, \ldots, 7\} \longrightarrow \{1, 2, \ldots, 7\}$ définie par $f(1) = 3$, $f(2) = 7$, $f(3) = 5$, $f(4) = 4$, $f(5) = 6$, $f(6) = 1$, $f(7) = 2$. C'est bien une bijection car chaque nombre de 1 à 7 apparaît une fois et une seule sur la deuxième ligne.

L'élément neutre du groupe est l'identité id ; pour $\mathscr{S}_7$ c'est donc $\begin{bmatrix} 1 & 2 & 3 & 4 & 5 & 6 & 7 \\ 1 & 2 & 3 & 4 & 5 & 6 & 7 \end{bmatrix}$.

Il est facile de calculer la composition de deux permutations f et g avec cette notation. Si $f = \begin{bmatrix} 1 & 2 & 3 & 4 & 5 & 6 & 7 \\ 3 & 7 & 5 & 4 & 6 & 1 & 2 \end{bmatrix}$ et $g = \begin{bmatrix} 1 & 2 & 3 & 4 & 5 & 6 & 7 \\ 4 & 3 & 2 & 1 & 7 & 5 & 6 \end{bmatrix}$ alors $g \circ f$ s'obtient en superposant la permutation f puis g

$$g \circ f = \begin{bmatrix} 1 & 2 & 3 & 4 & 5 & 6 & 7 \\ 3 & 7 & 5 & 4 & 6 & 1 & 2 \\ 2 & 6 & 7 & 1 & 5 & 4 & 3 \end{bmatrix} \qquad f \circ g = \begin{bmatrix} 1 & 2 & 3 & 4 & 5 & 6 & 7 \\ 2 & 6 & 7 & 1 & 5 & 4 & 3 \end{bmatrix}$$

ensuite on élimine la ligne intermédiaire du milieu et donc $g \circ f$ se note $\begin{bmatrix} 1 & 2 & 3 & 4 & 5 & 6 & 7 \\ 2 & 6 & 7 & 1 & 5 & 4 & 3 \end{bmatrix}$.

Il est tout aussi facile de calculer l'inverse d'une permutation : il suffit d'échanger les lignes du haut et du bas et de réordonner le tableau. Par exemple l'inverse de

$$f = \begin{bmatrix} 1 & 2 & 3 & 4 & 5 & 6 & 7 \\ 3 & 7 & 5 & 4 & 6 & 1 & 2 \end{bmatrix} \}_{f^{-1}}$$

se note $f^{-1} = \begin{bmatrix} 3 & 7 & 5 & 4 & 6 & 1 & 2 \\ 1 & 2 & 3 & 4 & 5 & 6 & 7 \end{bmatrix}$ ou plutôt après réordonnement $\begin{bmatrix} 1 & 2 & 3 & 4 & 5 & 6 & 7 \\ 6 & 7 & 1 & 4 & 3 & 5 & 2 \end{bmatrix}$.

5.3. Le groupe $\mathscr{S}_3$

Nous allons étudier en détails le groupe $\mathscr{S}_3$ des permutations de $\{1, 2, 3\}$. Nous savons que $\mathscr{S}_3$ possède $3! = 6$ éléments que nous énumérons :

- id $= \begin{bmatrix} 1 & 2 & 3 \\ 1 & 2 & 3 \end{bmatrix}$ l'identité,
- $\tau_1 = \begin{bmatrix} 1 & 2 & 3 \\ 1 & 3 & 2 \end{bmatrix}$ une transposition,
- $\tau_2 = \begin{bmatrix} 1 & 2 & 3 \\ 3 & 2 & 1 \end{bmatrix}$ une deuxième transposition,
- $\tau_3 = \begin{bmatrix} 1 & 2 & 3 \\ 2 & 1 & 3 \end{bmatrix}$ une troisième transposition,

- $\sigma = \begin{bmatrix} 1 & 2 & 3 \\ 2 & 3 & 1 \end{bmatrix}$ un cycle,
- $\sigma^{-1} = \begin{bmatrix} 1 & 2 & 3 \\ 3 & 1 & 2 \end{bmatrix}$ l'inverse du cycle précédent.

Donc $\mathscr{S}_3 = \{\mathrm{id}, \tau_1, \tau_2, \tau_3, \sigma, \sigma^{-1}\}$.

Calculons $\tau_1 \circ \sigma$ et $\sigma \circ \tau_1$:

$$\tau_1 \circ \sigma = \begin{bmatrix} 1 & 2 & 3 \\ 2 & 3 & 1 \\ 3 & 2 & 1 \end{bmatrix} = \begin{bmatrix} 1 & 2 & 3 \\ 3 & 2 & 1 \end{bmatrix} = \tau_2 \quad \text{et} \quad \sigma \circ \tau_1 = \begin{bmatrix} 1 & 2 & 3 \\ 1 & 3 & 2 \\ 2 & 1 & 3 \end{bmatrix} = \begin{bmatrix} 1 & 2 & 3 \\ 2 & 1 & 3 \end{bmatrix} = \tau_3.$$

Ainsi $\tau_1 \circ \sigma = \tau_2$ est différent de $\sigma \circ \tau_1 = \tau_3$, ainsi le groupe $\mathscr{S}_3$ n'est pas commutatif. Et plus généralement :

Lemme 3.
Pour $n \geqslant 3$, le groupe $\mathscr{S}_n$ n'est pas commutatif.

Nous pouvons calculer la table du groupe $\mathscr{S}_3$

$g \circ f$	id	τ_1	τ_2	τ_3	σ	σ^{-1}
id	id	τ_1	τ_2	τ_3	σ	σ^{-1}
τ_1	τ_1	id	σ	σ^{-1}	$\tau_1 \circ \sigma = \tau_2$	τ_3
τ_2	τ_2	σ^{-1}	id	σ	τ_3	τ_1
τ_3	τ_3	σ	σ^{-1}	id	τ_1	τ_2
σ	σ	$\sigma \circ \tau_1 = \tau_3$	τ_1	τ_2	σ^{-1}	id
σ^{-1}	σ^{-1}	τ_2	τ_3	τ_1	id	σ

FIGURE 6.1 – Table du groupe $\mathscr{S}_3$

Comment avons-nous rempli cette table ? Nous avons déjà calculé $\tau_1 \circ \sigma = \tau_2$ et $\sigma \circ \tau_1 = \tau_3$. Comme $f \circ \mathrm{id} = f$ et $\mathrm{id} \circ f = f$ il est facile de remplir la première colonne noire ainsi que la première ligne noire. Ensuite il faut faire les calculs ! On retrouve ainsi que $\mathscr{S}_3 = \{\mathrm{id}, \tau_1, \tau_2, \tau_3, \sigma, \sigma^{-1}\}$ est un groupe : en particulier la composition de deux permutations de la liste reste une permutation de la liste. On lit aussi sur la table l'inverse de chaque élément, par exemple sur la ligne de τ_2 on cherche à quelle colonne on trouve l'identité, c'est la colonne de τ_2. Donc l'inverse de τ_2 est lui-même.

5.4. Groupe des isométries du triangle

Soit (ABC) un triangle équilatéral. Considérons l'ensemble des isométries du plan qui préservent le triangle, c'est-à-dire que l'on cherche toutes les isométries f telles que $f(A) \in \{A,B,C\}$, $f(B) \in \{A,B,C\}$, $f(C) \in \{A,B,C\}$. On trouve les isométries suivantes : l'identité id, les réflexions t_1, t_2, t_3 d'axes $\mathcal{D}_1, \mathcal{D}_2, \mathcal{D}_3$, la rotation s d'angle $\frac{2\pi}{3}$ et la rotation s^{-1} d'angle $-\frac{2\pi}{3}$ (de centre O).

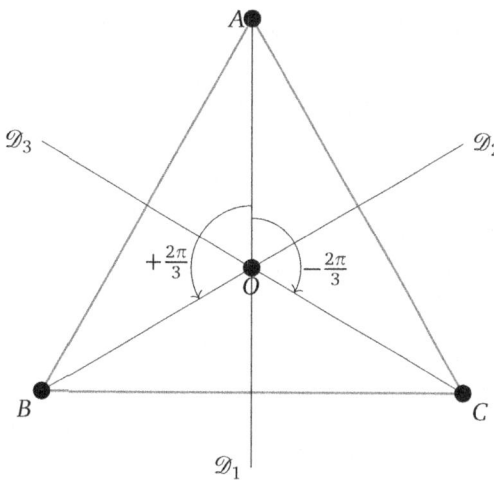

Proposition 8.
L'ensemble des isométries d'un triangle équilatéral, muni de la composition, forme un groupe. Ce groupe est isomorphe à $(\mathcal{S}_3, \circ)$.

L'isomorphisme est juste l'application qui à t_i associe τ_i, à s associe σ et à s^{-1} associe σ^{-1}.

5.5. Décomposition en cycles

- Nous allons définir ce qu'est un **cycle** : c'est une permutation σ qui fixe un certain nombre d'éléments ($\sigma(i) = i$) et dont les éléments non fixés sont obtenus par itération : $j, \sigma(j), \sigma^2(j), \ldots$ C'est plus facile à comprendre sur un exemple :

$$\sigma = \begin{bmatrix} 1 & 2 & 3 & 4 & 5 & 6 & 7 & 8 \\ 1 & 8 & 3 & 5 & 2 & 6 & 7 & 4 \end{bmatrix}$$

est un cycle : les éléments $1, 3, 6, 7$ sont fixes, les autres s'obtiennent comme itération de $2 : 2 \mapsto \sigma(2) = 8 \mapsto \sigma(8) = \sigma^2(2) = 4 \mapsto \sigma(4) = \sigma^3(2) = 5$, ensuite on retrouve $\sigma^4(2) = \sigma(5) = 2$.

- Nous noterons ce cycle par

$$(2\ 8\ 4\ 5)$$

Il faut comprendre cette notation ainsi : l'image de 2 est 8, l'image de 8 est 4, l'image de 4 est 5, l'image de 5 est 2. Les éléments qui n'apparaissent pas (ici $1, 3, 6, 7$) sont fixes. On aurait pu aussi noter ce même cycle par : (8 4 5 2), (4 5 2 8) ou (5 2 8 4).

- Pour calculer l'inverse on renverse les nombres : l'inverse de $\sigma = (2\ 8\ 4\ 5)$ est $\sigma^{-1} = (5\ 4\ 8\ 2)$.

- Le **support** d'un cycle sont les éléments qui ne sont pas fixes : le support de σ est $\{2, 4, 5, 8\}$. La **longueur** (ou l'**ordre**) d'un cycle est le nombre d'éléments qui ne sont pas fixes (c'est donc le cardinal du support). Par exemple (2 8 4 5) est un cycle de longueur 4.

- Autres exemples : $\sigma = \begin{bmatrix} 1 & 2 & 3 \\ 2 & 3 & 1 \end{bmatrix} = (1\ 2\ 3)$ est un cycle de longueur 3 ; $\tau = \begin{bmatrix} 1 & 2 & 3 & 4 \\ 1 & 4 & 3 & 2 \end{bmatrix} = (2\ 4)$ est un cycle de longueur 2, aussi appelé une **transposition**.

- Par contre $f = \begin{bmatrix} 1 & 2 & 3 & 4 & 5 & 6 & 7 \\ 7 & 2 & 5 & 4 & 6 & 3 & 1 \end{bmatrix}$ n'est pas un cycle ; il s'écrit comme la composition de deux cycles $f = (1\ 7) \circ (3\ 5\ 6)$. Comme les supports de (1 7) et (3 5 6) sont disjoints alors on a aussi $f = (3\ 5\ 6) \circ (1\ 7)$.

Ce dernier point fait partie d'un résultat plus général que nous admettons :

> **Théorème 2.**
> *Toute permutation de $\mathcal{S}_n$ se décompose en composition de cycles à supports disjoints. De plus cette décomposition est unique.*

Pour l'unicité il faut comprendre : unique à l'écriture de chaque cycle près (exemple : (3 5 6) et (5 6 3) sont le même cycle) et à l'ordre près (exemple : $(1\ 7) \circ (3\ 5\ 6) = (3\ 5\ 6) \circ (1\ 7)$).

Exemple : la décomposition de $f = \begin{bmatrix} 1 & 2 & 3 & 4 & 5 & 6 & 7 & 8 \\ 5 & 2 & 1 & 8 & 3 & 7 & 6 & 4 \end{bmatrix}$ en composition de cycle à supports disjoints est $(1\ 5\ 3) \circ (4\ 8) \circ (6\ 7)$.

Attention, si les supports ne sont pas disjoints alors cela ne commute plus : par exemple $g = (1\ 2) \circ (2\ 3\ 4)$ n'est pas égale à $h = (2\ 3\ 4) \circ (1\ 2)$. En effet l'écriture de g en produit de cycle à support disjoint est $g = (1\ 2) \circ (2\ 3\ 4) = \begin{bmatrix} 1 & 2 & 3 & 4 \\ 1 & 3 & 4 & 2 \\ 2 & 3 & 4 & 1 \end{bmatrix} = \begin{bmatrix} 1 & 2 & 3 & 4 \\ 2 & 3 & 4 & 1 \end{bmatrix} = (1\ 2\ 3\ 4)$ alors que celle de h est $h = (2\ 3\ 4) \circ (1\ 2) = \begin{bmatrix} 1 & 2 & 3 & 4 \\ 3 & 1 & 4 & 2 \end{bmatrix} = (1\ 3\ 4\ 2)$.

Mini-exercices.

1. Soient f définie par $f(1) = 2$, $f(2) = 3$, $f(3) = 4$, $f(4) = 5$, $f(5) = 1$ et g définie par $g(1) = 2$, $g(2) = 1$, $g(3) = 4$, $g(4) = 3$, $g(5) = 5$. Écrire les permutations f, g, f^{-1}, g^{-1}, $g \circ f$, $f \circ g$, f^2, g^2, $(g \circ f)^2$.

2. Énumérer toutes les permutations de $\mathscr{S}_4$ qui n'ont pas d'éléments fixes. Les écrire ensuite sous forme de compositions de cycles à supports disjoints.

3. Trouver les isométries directes préservant un carré. Dresser la table des compositions et montrer qu'elles forment un groupe. Montrer que ce groupe est isomorphe à $\mathbb{Z}/4\mathbb{Z}$.

4. Montrer qu'il existe un sous-groupe de $\mathscr{S}_3$ isomorphe à $\mathbb{Z}/2\mathbb{Z}$. Même question avec $\mathbb{Z}/3\mathbb{Z}$. Est-ce que $\mathscr{S}_3$ et $\mathbb{Z}/6\mathbb{Z}$ sont isomorphes ?

5. Décomposer la permutation suivante en produit de cycles à supports disjoints : $f = \begin{bmatrix} 1 & 2 & 3 & 4 & 5 & 6 & 7 \\ 5 & 7 & 2 & 6 & 1 & 4 & 3 \end{bmatrix}$. Calculer f^2, f^3, f^4 puis f^{20xx} où $20xx$ est l'année en cours. Mêmes questions avec $g = \begin{bmatrix} 1 & 2 & 3 & 4 & 5 & 6 & 7 & 8 & 9 \\ 3 & 8 & 9 & 6 & 5 & 2 & 4 & 7 & 1 \end{bmatrix}$ et $h = (25)(1243)(12)$.

Auteurs du chapitre Arnaud Bodin, Benjamin Boutin, Pascal Romon

Systèmes linéaires

Chapitre 7

1. Introduction aux systèmes d'équations linéaires

L'algèbre linéaire est un outil essentiel pour toutes les branches des mathématiques, en particulier lorsqu'il s'agit de modéliser puis résoudre numériquement des problèmes issus de divers domaines : des sciences physiques ou mécaniques, des sciences du vivant, de la chimie, de l'économie, des sciences de l'ingénieur ...

Les systèmes linéaires interviennent à travers leurs applications dans de nombreux contextes, car ils forment la base calculatoire de l'algèbre linéaire. Ils permettent également de traiter une bonne partie de la théorie de l'algèbre linéaire en dimension finie. C'est pourquoi ce cours commence avec une étude des équations linéaires et de leur résolution.

Le but de ce chapitre est essentiellement pratique : il s'agit de résoudre des systèmes linéaires. La partie théorique sera revue et prouvée dans le chapitre « Matrices ».

1.1. Exemple : deux droites dans le plan

L'équation d'une droite dans le plan (Oxy) s'écrit

$$ax + by = e$$

où a, b et e sont des paramètres réels, a et b n'étant pas simultanément nuls. Cette équation s'appelle **équation linéaire** dans les variables (ou inconnues) x et y.

Par exemple, $2x + 3y = 6$ est une équation linéaire, alors que les équations suivantes

ne sont pas des équations linéaires :
$$2x + y^2 = 1 \quad \text{ou} \quad y = \sin(x) \quad \text{ou} \quad x = \sqrt{y}.$$

Considérons maintenant deux droites D_1 et D_2 et cherchons les points qui sont simultanément sur ces deux droites. Un point (x, y) est dans l'intersection $D_1 \cap D_2$ s'il est solution du système :
$$\begin{cases} ax + by = e \\ cx + dy = f \end{cases} \quad (S)$$

Trois cas se présentent alors :

1. Les droites D_1 et D_2 se coupent en un seul point. Dans ce cas, illustré par la figure de gauche, le système (S) a une seule solution.

2. Les droites D_1 et D_2 sont parallèles. Alors le système (S) n'a pas de solution. La figure du centre illustre cette situation.

3. Les droites D_1 et D_2 sont confondues et, dans ce cas, le système (S) a une infinité de solutions.

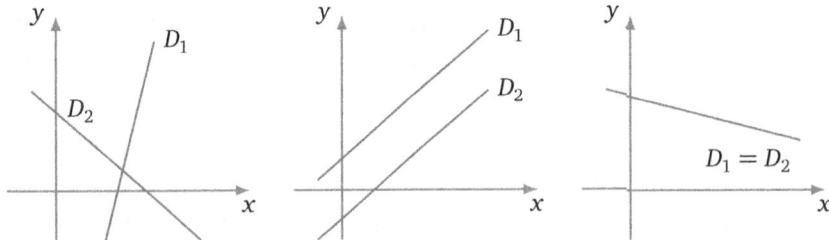

Nous verrons plus loin que ces trois cas de figure (une seule solution, aucune solution, une infinité de solutions) sont les seuls cas qui peuvent se présenter pour n'importe quel système d'équations linéaires.

1.2. Résolution par substitution

Pour savoir s'il existe une ou plusieurs solutions à un système linéaire, et les calculer, une première méthode est la **substitution**. Par exemple pour le système :
$$\begin{cases} 3x + 2y = 1 \\ 2x - 7y = -2 \end{cases} \quad (S)$$

Nous réécrivons la première ligne $3x+2y=1$ sous la forme $y = \frac{1}{2} - \frac{3}{2}x$. Et nous remplaçons (nous *substituons*) le y de la seconde équation, par l'expression $\frac{1}{2} - \frac{3}{2}x$. Nous obtenons un système équivalent :

$$\begin{cases} y &= \frac{1}{2} - \frac{3}{2}x \\ 2x - 7(\frac{1}{2} - \frac{3}{2}x) &= -2 \end{cases}$$

La seconde équation est maintenant une expression qui ne contient que des x, et on peut la résoudre :

$$\begin{cases} y &= \frac{1}{2} - \frac{3}{2}x \\ (2 + 7 \times \frac{3}{2})x &= -2 + \frac{7}{2} \end{cases} \iff \begin{cases} y &= \frac{1}{2} - \frac{3}{2}x \\ x &= \frac{3}{25} \end{cases}$$

Il ne reste plus qu'à remplacer dans la première ligne la valeur de x obtenue :

$$\begin{cases} y &= \frac{8}{25} \\ x &= \frac{3}{25} \end{cases}$$

Le système (S) admet donc une solution unique $(\frac{3}{25}, \frac{8}{25})$. L'ensemble des solutions est donc

$$\mathscr{S} = \left\{ \left(\frac{3}{25}, \frac{8}{25} \right) \right\}.$$

1.3. Exemple : deux plans dans l'espace

Dans l'espace $(Oxyz)$, une équation linéaire est l'équation d'un plan :

$$ax + by + cz = d$$

(on suppose ici que a, b et c ne sont pas simultanément nuls).

L'intersection de deux plans dans l'espace correspond au système suivant à 2 équations et à 3 inconnues :

$$\begin{cases} ax + by + cz &= d \\ a'x + b'y + c'z &= d' \end{cases}$$

Trois cas se présentent alors :
- les plans sont parallèles (et distincts) et il n'y a alors aucune solution au système,
- les plans sont confondus et il y a une infinité de solutions au système,
- les plans se coupent en une droite et il y a une infinité de solutions.

Exemple 1.

1. Le système $\begin{cases} 2x + 3y - 4z &= 7 \\ 4x + 6y - 8z &= -1 \end{cases}$ n'a pas de solution. En effet, en divisant par 2 la seconde équation, on obtient le système équivalent :

$\begin{cases} 2x+3y-4z = 7 \\ 2x+3y-4z = -\frac{1}{2} \end{cases}$. Les deux lignes sont clairement incompatibles : aucun (x,y,z) ne peut vérifier à la fois $2x+3y-4z=7$ et $2x+3y-4z=-\frac{1}{2}$. L'ensemble des solutions est donc $\mathscr{S} = \emptyset$.

2. Pour le système $\begin{cases} 2x+3y-4z = 7 \\ 4x+6y-8z = 14 \end{cases}$, les deux équations définissent le même plan ! Le système est donc équivalent à une seule équation : $2x+3y-4z = 7$. Si on réécrit cette équation sous la forme $z = \frac{1}{2}x + \frac{3}{4}y - \frac{7}{4}$, alors on peut décrire l'ensemble des solutions sous la forme : $\mathscr{S} = \{(x,y,\frac{1}{2}x+\frac{3}{4}y-\frac{7}{4}) \mid x,y \in \mathbb{R}\}$.

3. Soit le système $\begin{cases} 7x+2y-2z = 1 \\ 2x+3y+2z = 1 \end{cases}$. Par substitution :

$\begin{cases} 7x+2y-2z = 1 \\ 2x+3y+2z = 1 \end{cases} \iff \begin{cases} z = \frac{7}{2}x+y-\frac{1}{2} \\ 2x+3y+2(\frac{7}{2}x+y-\frac{1}{2}) = 1 \end{cases}$

$\iff \begin{cases} z = \frac{7}{2}x+y-\frac{1}{2} \\ 9x+5y = 2 \end{cases} \iff \begin{cases} z = \frac{7}{2}x+y-\frac{1}{2} \\ y = -\frac{9}{5}x+\frac{2}{5} \end{cases} \iff \begin{cases} z = \frac{17}{10}x-\frac{1}{10} \\ y = -\frac{9}{5}x+\frac{2}{5} \end{cases}$

Pour décrire l'ensemble des solutions, on peut choisir x comme paramètre :

$$\mathscr{S} = \left\{\left(x, -\frac{9}{5}x+\frac{2}{5}, \frac{17}{10}x-\frac{1}{10}\right) \mid x \in \mathbb{R}\right\}.$$

Géométriquement : nous avons trouvé une équation paramétrique de la droite définie par l'intersection de deux plans.

Du point de vue du nombre de solutions, nous constatons qu'il n'y a que deux possibilités, à savoir aucune solution ou une infinité de solutions. Mais les deux derniers cas ci-dessus sont néanmoins très différents géométriquement et il semblerait que dans le second cas (plans confondus), l'infinité de solutions soit plus grande que dans le troisième cas. Les chapitres suivants nous permettront de rendre rigoureuse cette impression.

Si on considère trois plans dans l'espace, une autre possibilité apparaît : il se peut que les trois plans s'intersectent en un seul point.

1.4. Résolution par la méthode de Cramer

On note $\begin{vmatrix} a & b \\ c & d \end{vmatrix} = ad - bc$ le **déterminant**. On considère le cas d'un système de 2 équations à 2 inconnues :

$$\begin{cases} ax+by = e \\ cx+dy = f \end{cases}$$

Si $ad - bc \neq 0$, on trouve une unique solution dont les coordonnées (x, y) sont :

$$x = \frac{\begin{vmatrix} e & b \\ f & d \end{vmatrix}}{\begin{vmatrix} a & b \\ c & d \end{vmatrix}} \qquad y = \frac{\begin{vmatrix} a & e \\ c & f \end{vmatrix}}{\begin{vmatrix} a & b \\ c & d \end{vmatrix}}$$

Notez que le dénominateur égale le déterminant pour les deux coordonnées et est donc non nul. Pour le numérateur de la première coordonnée x, on remplace la première colonne par le second membre ; pour la seconde coordonnée y, on remplace la seconde colonne par le second membre.

Exemple 2.

Résolvons le système $\begin{cases} tx - 2y & = & 1 \\ 3x + ty & = & 1 \end{cases}$ suivant la valeur du paramètre $t \in \mathbb{R}$.

Le déterminant associé au système est $\begin{vmatrix} t & -2 \\ 3 & t \end{vmatrix} = t^2 + 6$ et ne s'annule jamais. Il existe donc une unique solution (x, y) et elle vérifie :

$$x = \frac{\begin{vmatrix} 1 & -2 \\ 1 & t \end{vmatrix}}{t^2 + 6} = \frac{t+2}{t^2+6}, \qquad y = \frac{\begin{vmatrix} t & 1 \\ 3 & 1 \end{vmatrix}}{t^2 + 6} = \frac{t-3}{t^2+6}.$$

Pour chaque t, l'ensemble des solutions est $\mathscr{S} = \left\{ \left(\frac{t+2}{t^2+6}, \frac{t-3}{t^2+6} \right) \right\}$.

1.5. Résolution par inversion de matrice

En termes matriciels, le système linéaire

$$\begin{cases} ax + by & = & e \\ cx + dy & = & f \end{cases}$$

est équivalent à

$$AX = Y \quad \text{où} \quad A = \begin{pmatrix} a & b \\ c & d \end{pmatrix}, \quad X = \begin{pmatrix} x \\ y \end{pmatrix}, \quad Y = \begin{pmatrix} e \\ f \end{pmatrix}.$$

Si le déterminant de la matrice A est non nul, c'est-à-dire si $ad - bc \neq 0$, alors la matrice A est inversible et

$$A^{-1} = \frac{1}{ad - bc} \begin{pmatrix} d & -b \\ -c & a \end{pmatrix}$$

et l'unique solution $X = \begin{pmatrix} x \\ y \end{pmatrix}$ du système est donnée par

$$X = A^{-1} Y.$$

Exemple 3.

Résolvons le système $\begin{cases} x+y = 1 \\ x+t^2y = t \end{cases}$ suivant la valeur du paramètre $t \in \mathbb{R}$.

Le déterminant du système est $\begin{vmatrix} 1 & 1 \\ 1 & t^2 \end{vmatrix} = t^2 - 1$.

Premier cas. $t \neq +1$ et $t \neq -1$. Alors $t^2 - 1 \neq 0$. La matrice $A = \begin{pmatrix} 1 & 1 \\ 1 & t^2 \end{pmatrix}$ est inversible d'inverse $A^{-1} = \frac{1}{t^2-1}\begin{pmatrix} t^2 & -1 \\ -1 & 1 \end{pmatrix}$. Et la solution $X = \begin{pmatrix} x \\ y \end{pmatrix}$ est

$$X = A^{-1}Y = \frac{1}{t^2-1}\begin{pmatrix} t^2 & -1 \\ -1 & 1 \end{pmatrix}\begin{pmatrix} 1 \\ t \end{pmatrix} = \frac{1}{t^2-1}\begin{pmatrix} t^2-t \\ t-1 \end{pmatrix} = \begin{pmatrix} \frac{t}{t+1} \\ \frac{1}{t+1} \end{pmatrix}.$$

Pour chaque $t \neq \pm 1$, l'ensemble des solutions est $\mathscr{S} = \left\{\left(\frac{t}{t+1}, \frac{1}{t+1}\right)\right\}$.

Deuxième cas. $t = +1$. Le système s'écrit alors : $\begin{cases} x+y = 1 \\ x+y = 1 \end{cases}$ et les deux équations sont identiques. Il y a une infinité de solutions : $\mathscr{S} = \{(x, 1-x) \mid x \in \mathbb{R}\}$.

Troisième cas. $t = -1$. Le système s'écrit alors : $\begin{cases} x+y = 1 \\ x+y = -1 \end{cases}$, les deux équations sont clairement incompatibles et donc $\mathscr{S} = \emptyset$.

Mini-exercices.

1. Tracer les droites d'équations $\begin{cases} x-2y = -1 \\ -x+3y = 3 \end{cases}$ et résoudre le système linéaire de trois façons différentes : substitution, méthode de Cramer, inverse d'une matrice. Idem avec $\begin{cases} 2x-y = 4 \\ 3x+3y = -5 \end{cases}$.

2. Résoudre suivant la valeur du paramètre $t \in \mathbb{R}$: $\begin{cases} 4x-3y = t \\ 2x-y = t^2 \end{cases}$.

3. Discuter et résoudre suivant la valeur du paramètre $t \in \mathbb{R}$: $\begin{cases} tx-y = 1 \\ x+(t-2)y = -1 \end{cases}$. Idem avec $\begin{cases} (t-1)x+y = 1 \\ 2x+ty = -1 \end{cases}$.

2. Théorie des systèmes linéaires

2.1. Définitions

> **Définition 1.**
> On appelle **équation linéaire** dans les variables (ou **inconnues**) $x_1, \ldots, x_p$ toute relation de la forme
> $$a_1 x_1 + \cdots + a_p x_p = b, \qquad (1)$$
> où $a_1, \ldots, a_p$ et b sont des nombres réels donnés.

Remarque.

- Il importe d'insister ici sur le fait que ces équations linéaires sont *implicites*, c'est-à-dire qu'elles décrivent des relations entre les variables, mais ne donnent pas directement les valeurs que peuvent prendre les variables.
- *Résoudre* une équation signifie donc la rendre *explicite*, c'est-à-dire rendre plus apparentes les valeurs que les variables peuvent prendre.
- On peut aussi considérer des équations linéaires de nombres rationnels ou de nombres complexes.

Soit $n \geqslant 1$ un entier.

> **Définition 2.**
> Un **système de n équations linéaires à p inconnues** est une liste de n équations linéaires.

On écrit usuellement de tels systèmes en n lignes placées les unes sous les autres.

Exemple 4.
Le système suivant a 2 équations et 3 inconnues :

$$\begin{cases} x_1 - 3x_2 + x_3 = 1 \\ -2x_1 + 4x_2 - 3x_3 = 9 \end{cases}$$

La forme générale d'un système linéaire de n équations à p inconnues est la suivante :

$$\begin{cases} a_{11}x_1 & +a_{12}x_2 & +a_{13}x_3 & + & \cdots & +a_{1p}x_p & = & b_1 & (\leftarrow \text{équation 1}) \\ a_{21}x_1 & +a_{22}x_2 & +a_{23}x_3 & + & \cdots & +a_{2p}x_p & = & b_2 & (\leftarrow \text{équation 2}) \\ \vdots & \vdots & \vdots & & & \vdots & = & \vdots & \\ a_{i1}x_1 & +a_{i2}x_2 & +a_{i3}x_3 & + & \cdots & +a_{ip}x_p & = & b_i & (\leftarrow \text{équation } i) \\ \vdots & \vdots & \vdots & & & \vdots & = & \vdots & \\ a_{n1}x_1 & +a_{n2}x_2 & +a_{n3}x_3 & + & \cdots & +a_{np}x_p & = & b_n & (\leftarrow \text{équation } n) \end{cases}$$

Les nombres a_{ij}, $i = 1, \ldots, n$, $j = 1, \ldots, p$, sont les **coefficients** du système. Ce sont des données. Les nombres b_i, $i = 1, \ldots, n$, constituent le **second membre** du système et sont également des données.

Il convient de bien observer comment on a rangé le système en lignes (une ligne par équation) numérotées de 1 à n par l'indice i, et en colonnes : les termes correspondant à une même inconnue x_j sont alignés verticalement les uns sous les autres. L'indice j varie de 1 à p. Il y a donc p colonnes à gauche des signes d'égalité, plus une colonne supplémentaire à droite pour le second membre. La notation avec double indice a_{ij} correspond à ce rangement : le premier indice (ici i) est le numéro de *ligne* et le second indice (ici j) est le numéro de *colonne*. Il est extrêmement important de toujours respecter cette convention.

Dans l'exemple 4, on a $n = 2$ (nombre d'équations = nombre de lignes), $p = 3$ (nombre d'inconnues = nombre de colonnes à gauche du signe =) et $a_{11} = 1$, $a_{12} = -3$, $a_{13} = 1$, $a_{21} = -2$, $a_{22} = 4$, $a_{23} = -3$, $b_1 = 1$ et $b_2 = 9$.

Définition 3.
Une **solution** du système linéaire est une liste de p nombres réels $(s_1, s_2, \ldots, s_p)$ (un p-uplet) tels que si l'on substitue s_1 pour x_1, s_2 pour x_2, etc., dans le système linéaire, on obtient une égalité. L'**ensemble des solutions du système** est l'ensemble de tous ces p-uplets.

Exemple 5.
Le système

$$\begin{cases} x_1 & - & 3x_2 & + & x_3 & = & 1 \\ -2x_1 & + & 4x_2 & - & 3x_3 & = & 9 \end{cases}$$

admet comme solution $(-18, -6, 1)$, c'est-à-dire

$$x_1 = -18, \qquad x_2 = -6, \qquad x_3 = 1.$$

Par contre, $(7, 2, 0)$ ne satisfait que la première équation. Ce n'est donc pas une solution du système.

En règle générale, on s'attache à déterminer l'ensemble des solutions d'un système linéaire. C'est ce que l'on appelle **résoudre** le système linéaire. Ceci amène à poser la définition suivante.

> **Définition 4.**
> On dit que deux systèmes linéaires sont **équivalents** s'ils ont le même ensemble de solutions.

À partir de là, le jeu pour résoudre un système linéaire donné consistera à le transformer en un système équivalent dont la résolution sera plus simple que celle du système de départ. Nous verrons plus loin comment procéder de façon systématique pour arriver à ce but.

2.2. Différents types de systèmes

Voici un résultat théorique important pour les systèmes linéaires.

> **Théorème 1.**
> *Un système d'équations linéaires n'a soit aucune solution, soit une seule solution, soit une infinité de solutions.*

En particulier, si vous trouvez 2 solutions différentes à un système linéaire, alors c'est que vous pouvez en trouver une infinité ! Un système linéaire qui n'a aucune solution est dit **incompatible**. La preuve de ce théorème sera vue dans un chapitre ultérieur (« Matrices »).

2.3. Systèmes homogènes

Un cas particulier important est celui des **systèmes homogènes**, pour lesquels $b_1 = b_2 = \cdots = b_n = 0$, c'est-à-dire dont le second membre est nul. De tels systèmes sont toujours compatibles car ils admettent toujours la solution $s_1 = s_2 = \cdots = s_p = 0$. Cette solution est appelée *solution triviale*. Géométriquement, dans le cas 2×2, un système homogène correspond à deux droites qui passent par l'origine, $(0, 0)$ étant donc toujours solution.

Mini-exercices.

1. Écrire un système linéaire de 4 équations et 3 inconnues qui n'a aucune solution. Idem avec une infinité de solution. Idem avec une solution unique.

2. Résoudre le système à n équations et n inconnues dont les équations sont (L_i) : $x_i - x_{i+1} = 1$ pour $i = 1, \ldots, n-1$ et $(L_n) : x_n = 1$.

3. Résoudre les systèmes suivants :
$$\begin{cases} x_1 & +2x_2 & +3x_3 & +4x_4 & = & 0 \\ & x_2 & +2x_3 & +3x_4 & = & 9 \\ & & x_3 & +2x_4 & = & 0 \end{cases} \qquad \begin{cases} x_1 & +2x_2 & +3x_3 & = & 1 \\ x_1 & +x_2 & +x_3 & = & 2 \\ x_1 & -x_2 & +x_3 & = & 3 \end{cases}$$
$$\begin{cases} x_1 & +x_2 & & & = & 1 \\ & x_2 & +x_3 & & = & 2 \\ & & x_3 & +x_4 & = & 3 \\ x_1 & +2x_2 & +2x_3 & +x_4 & = & 0 \end{cases}$$

4. Montrer que si un système linéaire *homogène* a une solution $(x_1, \ldots, x_p) \neq (0, \ldots, 0)$, alors il admet une infinité de solutions.

3. Résolution par la méthode du pivot de Gauss

3.1. Systèmes échelonnés

Définition 5.
Un système est **échelonné** si :
- le nombre de coefficients nuls commençant une ligne croît strictement ligne après ligne.

Il est **échelonné réduit** si en plus :
- le premier coefficient non nul d'une ligne vaut 1 ;
- et c'est le seul élément non nul de sa colonne.

Exemple 6.

- $\begin{cases} 2x_1 & +3x_2 & +2x_3 & -x_4 & = & 5 \\ & -x_2 & -2x_3 & & = & 4 \\ & & & 3x_4 & = & 1 \end{cases}$ est échelonné (mais pas réduit).

- $\begin{cases} 2x_1 & +3x_2 & +2x_3 & -x_4 & = & 5 \\ & & -2x_3 & & = & 4 \\ & & x_3 & +x_4 & = & 1 \end{cases}$ n'est pas échelonné (la dernière ligne commence avec la même variable que la ligne au-dessus).

Il se trouve que les systèmes linéaires sous une forme échelonnée réduite sont particulièrement simples à résoudre.

Exemple 7.

Le système linéaire suivant à 3 équations et 4 inconnues est échelonné et réduit.

$$\begin{cases} x_1 & & +2x_3 & & = & 25 \\ & x_2 & -2x_3 & & = & 16 \\ & & & x_4 & = & 1 \end{cases}$$

Ce système se résout trivialement en

$$\begin{cases} x_1 & = & 25 - 2x_3 \\ x_2 & = & 16 + 2x_3 \\ x_4 & = & 1. \end{cases}$$

En d'autres termes, pour toute valeur de x_3 réelle, les valeurs de x_1, x_2 et x_4 calculées ci-dessus fournissent une solution du système, et on les a ainsi toutes obtenues. On peut donc décrire entièrement l'ensemble des solutions :

$$\mathscr{S} = \{(25 - 2x_3, 16 + 2x_3, x_3, 1) \mid x_3 \in \mathbb{R}\}.$$

3.2. Opérations sur les équations d'un système

Nous allons utiliser trois opérations élémentaires sur les équations (c'est-à-dire sur les lignes) qui sont :

1. $L_i \leftarrow \lambda L_i$ avec $\lambda \neq 0$: on peut multiplier une équation par un réel non nul.

2. $L_i \leftarrow L_i + \lambda L_j$ avec $\lambda \in \mathbb{R}$ (et $j \neq i$) : on peut ajouter à l'équation L_i un multiple d'une autre équation L_j.

3. $L_i \leftrightarrow L_j$: on peut échanger deux équations.

Ces trois opérations élémentaires ne changent pas les solutions d'un système linéaire ; autrement dit ces opérations transforment un système linéaire en un système linéaire équivalent.

Exemple 8.

Utilisons ces opérations élémentaires pour résoudre le système suivant.

$$\begin{cases} x & +y & +7z & = & -1 & (L_1) \\ 2x & -y & +5z & = & -5 & (L_2) \\ -x & -3y & -9z & = & -5 & (L_3) \end{cases}$$

Commençons par l'opération $L_2 \leftarrow L_2 - 2L_1$: on soustrait à la deuxième équation deux fois la première équation. On obtient un système équivalent avec une nouvelle deuxième ligne (plus simple) :

$$\begin{cases} x & +y & +7z & = & -1 \\ & -3y & -9z & = & -3 & \quad L_2 \leftarrow L_2 - 2L_1 \\ -x & -3y & -9z & = & -5 \end{cases}$$

Puis $L_3 \leftarrow L_3 + L_1$:

$$\begin{cases} x & +y & +7z & = & -1 \\ & -3y & -9z & = & -3 \\ & -2y & -2z & = & -6 & \quad L_3 \leftarrow L_3 + L_1 \end{cases}$$

On continue pour faire apparaître un coefficient 1 en tête de la deuxième ligne ; pour cela on divise la ligne L_2 par -3 :

$$\begin{cases} x & +y & +7z & = & -1 \\ & y & +3z & = & 1 & \quad L_2 \leftarrow -\frac{1}{3} L_2 \\ & -2y & -2z & = & -6 \end{cases}$$

On continue ainsi

$$\begin{cases} x & +y & +7z & = & -1 \\ & y & +3z & = & 1 \\ & & 4z & = & -4 & \quad L_3 \leftarrow L_3 + 2L_2 \end{cases} \qquad \begin{cases} x & +y & +7z & = & -1 \\ & y & +3z & = & 1 \\ & & z & = & -1 & \quad L_3 \leftarrow \frac{1}{4} L_3 \end{cases}$$

$$\begin{cases} x & +y & +7z & = & -1 \\ & y & & = & 4 & \quad L_2 \leftarrow L_2 - 3L_3 \\ & & z & = & -1 \end{cases} \qquad \begin{cases} x & +y & & = & 6 & \quad L_1 \leftarrow L_1 - 7L_3 \\ & y & & = & 4 \\ & & z & = & -1 \end{cases}$$

On aboutit à un système réduit et échelonné :

$$\begin{cases} x & & & = & 2 & \quad L_1 \leftarrow L_1 - L_2 \\ & y & & = & 4 \\ & & z & = & -1 \end{cases}$$

On obtient ainsi $x = 2$, $y = 4$ et $z = -1$ et l'unique solution du système est $(2, 4, -1)$.

La méthode utilisée pour cet exemple est reprise et généralisée dans le paragraphe suivant.

3.3. Méthode du pivot de Gauss

La méthode du pivot de Gauss permet de trouver les solutions de n'importe quel système linéaire. Nous allons décrire cet algorithme sur un exemple. Il s'agit d'une description précise d'une suite d'opérations à effectuer, qui dépendent de la situation et d'un ordre précis. Ce processus aboutit toujours (et en plus assez rapidement) à un système échelonné puis réduit, qui conduit immédiatement aux solutions du système.

Partie A. Passage à une forme échelonnée.

Soit le système suivant à résoudre :

$$\begin{cases} & -x_2 & +2x_3 & +13x_4 & = & 5 \\ x_1 & -2x_2 & +3x_3 & +17x_4 & = & 4 \\ -x_1 & +3x_2 & -3x_3 & -20x_4 & = & -1 \end{cases}$$

Pour appliquer la méthode du pivot de Gauss, il faut d'abord que le premier coefficient de la première ligne soit non nul. Comme ce n'est pas le cas ici, on échange les deux premières lignes par l'opération élémentaire $L_1 \leftrightarrow L_2$:

$$\begin{cases} x_1 & -2x_2 & +3x_3 & +17x_4 & = & 4 \\ & -x_2 & +2x_3 & +13x_4 & = & 5 \\ -x_1 & +3x_2 & -3x_3 & -20x_4 & = & -1 \end{cases} \quad L_1 \leftrightarrow L_2$$

Nous avons déjà un coefficient 1 devant le x_1 de la première ligne. On dit que nous avons un **pivot** en position $(1,1)$ (première ligne, première colonne). Ce pivot sert de base pour éliminer tous les autres termes sur la même colonne.

Il n'y a pas de terme x_1 sur le deuxième ligne. Faisons disparaître le terme x_1 de la troisième ligne ; pour cela on fait l'opération élémentaire $L_3 \leftarrow L_3 + L_1$:

$$\begin{cases} x_1 & -2x_2 & +3x_3 & +17x_4 & = & 4 \\ & -x_2 & +2x_3 & +13x_4 & = & 5 \\ & x_2 & & -3x_4 & = & 3 \end{cases} \quad L_3 \leftarrow L_3 + L_1$$

On change le signe de la seconde ligne ($L_2 \leftarrow -L_2$) pour faire apparaître 1 au coefficient du pivot $(2,2)$ (deuxième ligne, deuxième colonne) :

$$\begin{cases} x_1 & -2x_2 & +3x_3 & +17x_4 & = & 4 \\ & x_2 & -2x_3 & -13x_4 & = & -5 \\ & x_2 & & -3x_4 & = & 3 \end{cases} \quad L_2 \leftarrow -L_2$$

On fait disparaître le terme x_2 de la troisième ligne, puis on fait apparaître un coefficient 1 pour le pivot de la position $(3,3)$:

$$\begin{cases} x_1 & -2x_2 & +3x_3 & +17x_4 & = & 4 \\ & x_2 & -2x_3 & -13x_4 & = & -5 \\ & & 2x_3 & +10x_4 & = & 8 \end{cases} \quad L_3 \leftarrow L_3 - L_2$$

$$\begin{cases} x_1 & -2x_2 & +3x_3 & +17x_4 & = & 4 \\ & x_2 & -2x_3 & -13x_4 & = & -5 \\ & & x_3 & +5x_4 & = & 4 \end{cases} \quad L_3 \leftarrow \frac{1}{2} L_3$$

Le système est maintenant sous forme échelonnée.

Partie B. Passage à une forme réduite.

Il reste à le mettre sous la forme échelonnée réduite. Pour cela, on ajoute à une ligne des multiples adéquats des lignes situées au-dessous d'elle, en allant du bas à droite vers le haut à gauche.

On fait apparaître des 0 sur la troisième colonne en utilisant le pivot de la troisième ligne :

$$\begin{cases} x_1 & -2x_2 & +3x_3 & +17x_4 & = & 4 \\ & x_2 & & -3x_4 & = & 3 \\ & & x_3 & +5x_4 & = & 4 \end{cases} \quad L_2 \leftarrow L_2 + 2L_3$$

$$\begin{cases} x_1 & -2x_2 & & 2x_4 & = & -8 \\ & x_2 & & -3x_4 & = & 3 \\ & & x_3 & +5x_4 & = & 4 \end{cases} \quad L_1 \leftarrow L_1 - 3L_3$$

On fait apparaître des 0 sur la deuxième colonne (en utilisant le pivot de la deuxième ligne) :

$$\begin{cases} x_1 & & & -4x_4 & = & -2 \\ & x_2 & & -3x_4 & = & 3 \\ & & x_3 & +5x_4 & = & 4 \end{cases} \quad L_1 \leftarrow L_1 + 2L_2$$

Le système est sous forme échelonnée réduite.

Partie C. Solutions. Le système est maintenant très simple à résoudre. En choisissant x_4 comme variable libre, on peut exprimer x_1, x_2, x_3 en fonction de x_4 :

$$x_1 = 4x_4 - 2, \quad x_2 = 3x_4 + 3, \quad x_3 = -5x_4 + 4.$$

Ce qui permet d'obtenir toutes les solutions du système :

$$\mathscr{S} = \{(4x_4 - 2, 3x_4 + 3, -5x_4 + 4, x_4) \mid x_4 \in \mathbb{R}\}.$$

3.4. Systèmes homogènes

Le fait que l'on puisse toujours se ramener à un système échelonné réduit implique le résultat suivant :

> **Théorème 2.**
> *Tout système homogène d'équations linéaires dont le nombre d'inconnues est strictement plus grand que le nombre d'équations a une infinité de solutions.*

Exemple 9.
Considérons le système homogène
$$\begin{cases} 3x_1 + 3x_2 - 2x_3 - x_5 = 0 \\ -x_1 - x_2 + x_3 + 3x_4 + x_5 = 0 \\ 2x_1 + 2x_2 - x_3 + 2x_4 + 2x_5 = 0 \\ x_3 + 8x_4 + 4x_5 = 0. \end{cases}$$

Sa forme échelonnée réduite est
$$\begin{cases} x_1 + x_2 + 13x_5 = 0 \\ x_3 + 20x_5 = 0 \\ x_4 - 2x_5 = 0. \end{cases}$$

On pose comme variables libres x_2 et x_5 pour avoir
$$x_1 = -x_2 - 13x_5, \qquad x_3 = -20x_5, \qquad x_4 = 2x_5,$$
et l'ensemble des solutions :
$$\mathscr{S} = \{(-x_2 - 13x_5, x_2, -20x_5, 2x_5, x_5) \mid x_2, x_5 \in \mathbb{R}\}$$
qui est bien infini.

Mini-exercices.

1. Écrire un système linéaire à 4 équations et 5 inconnues qui soit échelonné mais pas réduit. Idem avec échelonné, non réduit, dont tous les coefficients sont 0 ou +1. Idem avec échelonné et réduit.

2. Résoudre les systèmes échelonnés suivants :
$$\begin{cases} 2x_1 - x_2 + x_4 = 1 \\ x_2 + x_3 - 2x_4 = 3 \\ 2x_3 + x_4 = 4 \\ x_4 = -2 \end{cases} \qquad \begin{cases} x_1 + x_2 + x_4 = 0 \\ x_2 + x_3 = 0 \\ 2x_3 + x_4 = 0 \end{cases}$$

$$\begin{cases} x_1 & +2x_2 & & +x_4 & = & 0 \\ & & 2x_3 & -3x_4 & = & 0 \end{cases}$$

3. Si l'on passe d'un système (S) par une des trois opérations élémentaires à un système (S'), alors quelle opération permet de passer de (S') à (S) ?

4. Résoudre les systèmes linéaires suivants par la méthode du pivot de Gauss :

$$\begin{cases} 2x & + & y & + & z & = & 3 \\ x & - & y & + & 3z & = & 8 \\ x & + & 2y & - & z & = & -3 \end{cases}$$

$$\begin{cases} 2x_1 & + & 4x_2 & - & 6x_3 & - & 2x_4 & = & 2 \\ 3x_1 & + & 6x_2 & - & 7x_3 & + & 4x_4 & = & 2 \\ 5x_1 & + & 10x_2 & - & 11x_3 & + & 6x_4 & = & 3 \end{cases}$$

5. Résoudre le système suivant, selon les valeurs de $a, b \in \mathbb{R}$:

$$\begin{cases} x & +y & -z & = & a \\ -x & & +2z & = & b \\ & 2y & +2z & = & 4 \end{cases}$$

Auteurs du chapitre
- D'après un cours de Eva Bayer-Fluckiger, Philippe Chabloz, Lara Thomas de l'École Polytechnique Fédérale de Lausanne,
- et un cours de Sophie Chemla de l'université Pierre et Marie Curie, reprenant des parties d'un cours de H. Ledret et d'une équipe de l'université de Bordeaux animée par J. Queyrut,
- mixés et révisés par Arnaud Bodin, relu par Vianney Combet.

Chapitre 8

Matrices

Les matrices sont des tableaux de nombres. La résolution d'un certain nombre de problèmes d'algèbre linéaire se ramène à des manipulations sur les matrices. Ceci est vrai en particulier pour la résolution des systèmes linéaires.

Dans ce chapitre, $\mathbb{K}$ désigne un corps. On peut penser à $\mathbb{Q}$, $\mathbb{R}$ ou $\mathbb{C}$.

1. Définition

1.1. Définition

Définition 1.
- Une **matrice** A est un tableau rectangulaire d'éléments de $\mathbb{K}$.
- Elle est dite de **taille** $n \times p$ si le tableau possède n lignes et p colonnes.
- Les nombres du tableau sont appelés les **coefficients** de A.
- Le coefficient situé à la i-ème ligne et à la j-ème colonne est noté $a_{i,j}$.

Un tel tableau est représenté de la manière suivante :

$$A = \begin{pmatrix} a_{1,1} & a_{1,2} & \cdots & a_{1,j} & \cdots & a_{1,p} \\ a_{2,1} & a_{2,2} & \cdots & a_{2,j} & \cdots & a_{2,p} \\ \cdots & \cdots & \cdots & \cdots & \cdots & \cdots \\ a_{i,1} & a_{i,2} & \cdots & a_{i,j} & \cdots & a_{i,p} \\ \cdots & \cdots & \cdots & \cdots & \cdots & \cdots \\ a_{n,1} & a_{n,2} & \cdots & a_{n,j} & \cdots & a_{n,p} \end{pmatrix} \quad \text{ou} \quad A = \left(a_{i,j}\right)_{\substack{1 \leqslant i \leqslant n \\ 1 \leqslant j \leqslant p}} \quad \text{ou} \quad \left(a_{i,j}\right).$$

Exemple 1.

$$A = \begin{pmatrix} 1 & -2 & 5 \\ 0 & 3 & 7 \end{pmatrix}$$

est une matrice 2×3 avec, par exemple, $a_{1,1} = 1$ et $a_{2,3} = 7$.

Encore quelques définitions :

> **Définition 2.**
> - Deux matrices sont **égales** lorsqu'elles ont la même taille et que les coefficients correspondants sont égaux.
> - L'ensemble des matrices à n lignes et p colonnes à coefficients dans $\mathbb{K}$ est noté $M_{n,p}(\mathbb{K})$. Les éléments de $M_{n,p}(\mathbb{R})$ sont appelés **matrices réelles**.

1.2. Matrices particulières

Voici quelques types de matrices intéressantes :
- Si $n = p$ (même nombre de lignes que de colonnes), la matrice est dite **matrice carrée**. On note $M_n(\mathbb{K})$ au lieu de $M_{n,n}(\mathbb{K})$.

$$\begin{pmatrix} a_{1,1} & a_{1,2} & \dots & a_{1,n} \\ a_{2,1} & a_{2,2} & \dots & a_{2,n} \\ \vdots & \vdots & \ddots & \vdots \\ a_{n,1} & a_{n,2} & \dots & a_{n,n} \end{pmatrix}$$

Les éléments $a_{1,1}, a_{2,2}, \dots, a_{n,n}$ forment la **diagonale principale** de la matrice.
- Une matrice qui n'a qu'une seule ligne ($n = 1$) est appelée **matrice ligne** ou **vecteur ligne**. On la note

$$A = \begin{pmatrix} a_{1,1} & a_{1,2} & \dots & a_{1,p} \end{pmatrix}.$$

- De même, une matrice qui n'a qu'une seule colonne ($p = 1$) est appelée **matrice colonne** ou **vecteur colonne**. On la note

$$A = \begin{pmatrix} a_{1,1} \\ a_{2,1} \\ \vdots \\ a_{n,1} \end{pmatrix}.$$

- La matrice (de taille $n \times p$) dont tous les coefficients sont des zéros est appelée la **matrice nulle** et est notée $0_{n,p}$ ou plus simplement 0. Dans le calcul matriciel, la matrice nulle joue le rôle du nombre 0 pour les réels.

1.3. Addition de matrices

Définition 3 (Somme de deux matrices).
Soient A et B deux matrices ayant la même taille $n \times p$. Leur **somme** $C = A + B$ est la matrice de taille $n \times p$ définie par
$$c_{ij} = a_{ij} + b_{ij}.$$

En d'autres termes, on somme coefficients par coefficients. Remarque : on note indifféremment a_{ij} où $a_{i,j}$ pour les coefficients de la matrice A.

Exemple 2.

$$\text{Si} \quad A = \begin{pmatrix} 3 & -2 \\ 1 & 7 \end{pmatrix} \quad \text{et} \quad B = \begin{pmatrix} 0 & 5 \\ 2 & -1 \end{pmatrix} \quad \text{alors} \quad A + B = \begin{pmatrix} 3 & 3 \\ 3 & 6 \end{pmatrix}.$$

$$\text{Par contre si} \quad B' = \begin{pmatrix} -2 \\ 8 \end{pmatrix} \quad \text{alors} \quad A + B' \quad \text{n'est pas définie.}$$

Définition 4 (Produit d'une matrice par un scalaire).
Le produit d'une matrice $A = (a_{ij})$ de $M_{n,p}(\mathbb{K})$ par un scalaire $\alpha \in \mathbb{K}$ est la matrice (αa_{ij}) formée en multipliant chaque coefficient de A par α. Elle est notée $\alpha \cdot A$ (ou simplement αA).

Exemple 3.

$$\text{Si} \quad A = \begin{pmatrix} 1 & 2 & 3 \\ 0 & 1 & 0 \end{pmatrix} \quad \text{et} \quad \alpha = 2 \quad \text{alors} \quad \alpha A = \begin{pmatrix} 2 & 4 & 6 \\ 0 & 2 & 0 \end{pmatrix}.$$

La matrice $(-1)A$ est l'**opposée** de A et est notée $-A$. La **différence** $A - B$ est définie par $A + (-B)$.

Exemple 4.

$$\text{Si} \quad A = \begin{pmatrix} 2 & -1 & 0 \\ 4 & -5 & 2 \end{pmatrix} \quad \text{et} \quad B = \begin{pmatrix} -1 & 4 & 2 \\ 7 & -5 & 3 \end{pmatrix} \quad \text{alors} \quad A - B = \begin{pmatrix} 3 & -5 & -2 \\ -3 & 0 & -1 \end{pmatrix}.$$

L'addition et la multiplication par un scalaire se comportent sans surprises :

Proposition 1.
Soient A, B et C trois matrices appartenant à $M_{n,p}(\mathbb{K})$. Soient $\alpha \in \mathbb{K}$ et $\beta \in \mathbb{K}$ deux scalaires.

1. $A + B = B + A$: *la somme est commutative,*
2. $A + (B + C) = (A + B) + C$: *la somme est associative,*
3. $A + 0 = A$: *la matrice nulle est l'élément neutre de l'addition,*
4. $(\alpha + \beta)A = \alpha A + \beta A$,
5. $\alpha(A + B) = \alpha A + \alpha B$.

Démonstration. Prouvons par exemple le quatrième point. Le terme général de $(\alpha + \beta)A$ est égal à $(\alpha + \beta)a_{ij}$. D'après les règles de calcul dans $\mathbb{K}$, $(\alpha + \beta)a_{ij}$ est égal à $\alpha a_{ij} + \beta a_{ij}$ qui est le terme général de la matrice $\alpha A + \beta A$. □

Mini-exercices.

1. Soient $A = \begin{pmatrix} -7 & 2 \\ 0 & -1 \\ 1 & -4 \end{pmatrix}$, $B = \begin{pmatrix} 1 & 2 & 3 \\ 2 & 3 & 1 \\ 3 & 2 & 1 \end{pmatrix}$, $C = \begin{pmatrix} 21 & -6 \\ 0 & 3 \\ -3 & 12 \end{pmatrix}$, $D = \frac{1}{2}\begin{pmatrix} 1 & 0 & 1 \\ 0 & 1 & 0 \\ 1 & 1 & 1 \end{pmatrix}$, $E = \begin{pmatrix} 1 & 2 \\ -3 & 0 \\ -8 & 6 \end{pmatrix}$. Calculer toutes les sommes possibles de deux de ces matrices. Calculer $3A + 2C$ et $5B - 4D$. Trouver α tel que $A - \alpha C$ soit la matrice nulle.
2. Montrer que si $A + B = A$, alors B est la matrice nulle.
3. Que vaut $0 \cdot A$? et $1 \cdot A$? Justifier l'affirmation : $\alpha(\beta A) = (\alpha\beta)A$. Idem avec $nA = A + A + \cdots + A$ (n occurrences de A).

2. Multiplication de matrices

2.1. Définition du produit

Le produit AB de deux matrices A et B est défini si et seulement si le nombre de colonnes de A est égal au nombre de lignes de B.

Définition 5 (Produit de deux matrices).
Soient $A = (a_{ij})$ une matrice $n \times p$ et $B = (b_{ij})$ une matrice $p \times q$. Alors le produit $C = AB$ est une matrice $n \times q$ dont les coefficients c_{ij} sont définis par :

$$c_{ij} = \sum_{k=1}^{p} a_{ik} b_{kj}$$

On peut écrire le coefficient de façon plus développée, à savoir :

$$c_{ij} = a_{i1}b_{1j} + a_{i2}b_{2j} + \cdots + a_{ik}b_{kj} + \cdots + a_{ip}b_{pj}.$$

Il est commode de disposer les calculs de la façon suivante.

Avec cette disposition, on considère d'abord la ligne de la matrice A située à gauche du coefficient que l'on veut calculer (ligne représentée par des × dans A) et aussi la colonne de la matrice B située au-dessus du coefficient que l'on veut calculer (colonne représentée par des × dans B). On calcule le produit du premier coefficient de la ligne par le premier coefficient de la colonne ($a_{i1} \times b_{1j}$), que l'on ajoute au produit du deuxième coefficient de la ligne par le deuxième coefficient de la colonne ($a_{i2} \times b_{2j}$), que l'on ajoute au produit du troisième...

2.2. Exemples

Exemple 5.

$$A = \begin{pmatrix} 1 & 2 & 3 \\ 2 & 3 & 4 \end{pmatrix} \qquad B = \begin{pmatrix} 1 & 2 \\ -1 & 1 \\ 1 & 1 \end{pmatrix}$$

On dispose d'abord le produit correctement (à gauche) : la matrice obtenue est de taille 2×2. Puis on calcule chacun des coefficients, en commençant par le premier coefficient $c_{11} = 1 \times 1 + 2 \times (-1) + 3 \times 1 = 2$ (au milieu), puis les autres (à droite).

$$\begin{pmatrix} 1 & 2 & 3 \\ 2 & 3 & 4 \end{pmatrix} \begin{pmatrix} c_{11} & c_{12} \\ c_{21} & c_{22} \end{pmatrix} \quad \begin{pmatrix} 1 & 2 \\ -1 & 1 \\ 1 & 1 \end{pmatrix} \quad \begin{pmatrix} 1 & 2 & 3 \\ 2 & 3 & 4 \end{pmatrix} \begin{pmatrix} 2 & c_{12} \\ c_{21} & c_{22} \end{pmatrix} \quad \begin{pmatrix} 1 & 2 \\ -1 & 1 \\ 1 & 1 \end{pmatrix} \quad \begin{pmatrix} 1 & 2 & 3 \\ 2 & 3 & 4 \end{pmatrix} \begin{pmatrix} 2 & 7 \\ 3 & 11 \end{pmatrix}$$

Un exemple intéressant est le produit d'un vecteur ligne par un vecteur colonne :

$$u = \begin{pmatrix} a_1 & a_2 & \cdots & a_n \end{pmatrix} \quad v = \begin{pmatrix} b_1 \\ b_2 \\ \vdots \\ b_n \end{pmatrix}$$

Alors $u \times v$ est une matrice de taille 1×1 dont l'unique coefficient est $a_1 b_1 + a_2 b_2 + \cdots + a_n b_n$. Ce nombre s'appelle le **produit scalaire** des vecteurs u et v.

Calculer le coefficient c_{ij} dans le produit $A \times B$ revient donc à calculer le produit scalaire des vecteurs formés par la i-ème ligne de A et la j-ème colonne de B.

2.3. Pièges à éviter

Premier piège. Le produit de matrices n'est pas commutatif en général.
En effet, il se peut que AB soit défini mais pas BA, ou que AB et BA soient tous deux définis mais pas de la même taille. Mais même dans le cas où AB et BA sont définis et de la même taille, on a en général $AB \neq BA$.

Exemple 6.

$$\begin{pmatrix} 5 & 1 \\ 3 & -2 \end{pmatrix} \begin{pmatrix} 2 & 0 \\ 4 & 3 \end{pmatrix} = \begin{pmatrix} 14 & 3 \\ -2 & -6 \end{pmatrix} \quad \text{mais} \quad \begin{pmatrix} 2 & 0 \\ 4 & 3 \end{pmatrix} \begin{pmatrix} 5 & 1 \\ 3 & -2 \end{pmatrix} = \begin{pmatrix} 10 & 2 \\ 29 & -2 \end{pmatrix}.$$

Deuxième piège. $AB = 0$ **n'implique pas** $A = 0$ **ou** $B = 0$.
Il peut arriver que le produit de deux matrices non nulles soit nul. En d'autres termes, on peut avoir $A \neq 0$ et $B \neq 0$ mais $AB = 0$.

Exemple 7.

$$A = \begin{pmatrix} 0 & -1 \\ 0 & 5 \end{pmatrix} \quad B = \begin{pmatrix} 2 & -3 \\ 0 & 0 \end{pmatrix} \quad \text{et} \quad AB = \begin{pmatrix} 0 & 0 \\ 0 & 0 \end{pmatrix}.$$

Troisième piège. $AB = AC$ **n'implique pas** $B = C$. On peut avoir $AB = AC$ et $B \neq C$.
Exemple 8.

$$A = \begin{pmatrix} 0 & -1 \\ 0 & 3 \end{pmatrix} \quad B = \begin{pmatrix} 4 & -1 \\ 5 & 4 \end{pmatrix} \quad C = \begin{pmatrix} 2 & 5 \\ 5 & 4 \end{pmatrix} \quad \text{et} \quad AB = AC = \begin{pmatrix} -5 & -4 \\ 15 & 12 \end{pmatrix}.$$

2.4. Propriétés du produit de matrices

Malgré les difficultés soulevées au-dessus, le produit vérifie les propriétés suivantes :

> **Proposition 2.**
> 1. $A(BC) = (AB)C$: *associativité du produit,*
> 2. $A(B+C) = AB + AC$ *et* $(B+C)A = BA + CA$: *distributivité du produit par rapport à la somme,*
> 3. $A \cdot 0 = 0$ *et* $0 \cdot A = 0$.

Démonstration. Posons $A = (a_{ij}) \in M_{n,p}(\mathbb{K})$, $B = (b_{ij}) \in M_{p,q}(\mathbb{K})$ et $C = (c_{ij}) \in M_{q,r}(\mathbb{K})$. Prouvons que $A(BC) = (AB)C$ en montrant que les matrices $A(BC)$ et $(AB)C$ ont les mêmes coefficients.

Le terme d'indice (i,k) de la matrice AB est $x_{ik} = \sum_{\ell=1}^{p} a_{i\ell} b_{\ell k}$. Le terme d'indice (i,j) de la matrice $(AB)C$ est donc

$$\sum_{k=1}^{q} x_{ik} c_{kj} = \sum_{k=1}^{q} \left(\sum_{\ell=1}^{p} a_{i\ell} b_{\ell k} \right) c_{kj}.$$

Le terme d'indice (ℓ, j) de la matrice BC est $y_{\ell j} = \sum_{k=1}^{q} b_{\ell k} c_{kj}$. Le terme d'indice (i,j) de la matrice $A(BC)$ est donc

$$\sum_{\ell=1}^{p} a_{i\ell} \left(\sum_{k=1}^{q} b_{\ell k} c_{kj} \right).$$

Comme dans $\mathbb{K}$ la multiplication est distributive et associative, les coefficients de $(AB)C$ et $A(BC)$ coïncident. Les autres démonstrations se font comme celle de l'associativité. □

2.5. La matrice identité

La matrice carrée suivante s'appelle la **matrice identité** :

$$I_n = \begin{pmatrix} 1 & 0 & \cdots & 0 \\ 0 & 1 & \cdots & 0 \\ \vdots & \vdots & \ddots & \vdots \\ 0 & 0 & \cdots & 1 \end{pmatrix}$$

Ses éléments diagonaux sont égaux à 1 et tous ses autres éléments sont égaux à 0. Elle se note I_n ou simplement I. Dans le calcul matriciel, la matrice identité joue un rôle analogue à celui du nombre 1 pour les réels. C'est l'élément neutre pour la multiplication. En d'autres termes :

> **Proposition 3.**
> *Si A est une matrice n × p, alors*
> $$I_n \cdot A = A \quad \text{et} \quad A \cdot I_p = A.$$

Démonstration. Nous allons détailler la preuve. Soit $A \in M_{n,p}(\mathbb{K})$ de terme général a_{ij}. La matrice unité d'ordre p est telle que tous les éléments de la diagonale principale sont égaux à 1, les autres étant tous nuls.

On peut formaliser cela en introduisant le symbole de Kronecker. Si i et j sont deux entiers, on appelle **symbole de Kronecker**, et on note $\delta_{i,j}$, le réel qui vaut 0 si i est différent de j, et 1 si i est égal à j. Donc

$$\delta_{i,j} = \begin{cases} 0 & \text{si } i \neq j \\ 1 & \text{si } i = j. \end{cases}$$

Alors le terme général de la matrice identité I_p est $\delta_{i,j}$ avec i et j entiers, compris entre 1 et p.

La matrice produit AI_p est une matrice appartenant à $M_{n,p}(\mathbb{K})$ dont le terme général c_{ij} est donné par la formule $c_{ij} = \sum_{k=1}^{p} a_{ik}\delta_{kj}$. Dans cette somme, i et j sont fixés et k prend toutes les valeurs comprises entre 1 et p. Si $k \neq j$ alors $\delta_{kj} = 0$, et si $k = j$ alors $\delta_{kj} = 1$. Donc dans la somme qui définit c_{ij}, tous les termes correspondant à des valeurs de k différentes de j sont nuls et il reste donc $c_{ij} = a_{ij}\delta_{jj} = a_{ij}1 = a_{ij}$. Donc les matrices AI_p et A ont le même terme général et sont donc égales. L'égalité $I_n A = A$ se démontre de la même façon. □

2.6. Puissance d'une matrice

Dans l'ensemble $M_n(\mathbb{K})$ des matrices carrées de taille $n \times n$ à coefficients dans $\mathbb{K}$, la multiplication des matrices est une opération interne : si $A, B \in M_n(\mathbb{K})$ alors $AB \in M_n(\mathbb{K})$.

En particulier, on peut multiplier une matrice carrée par elle-même : on note $A^2 = A \times A$, $A^3 = A \times A \times A$.

On peut ainsi définir les puissances successives d'une matrice :

> **Définition 6.**
> Pour tout $A \in M_n(\mathbb{K})$, on définit les puissances successives de A par $A^0 = I_n$ et $A^{p+1} = A^p \times A$ pour tout $p \in \mathbb{N}$. Autrement dit, $A^p = \underbrace{A \times A \times \cdots \times A}_{p \text{ facteurs}}$.

Exemple 9.

On cherche à calculer A^p avec $A = \begin{pmatrix} 1 & 0 & 1 \\ 0 & -1 & 0 \\ 0 & 0 & 2 \end{pmatrix}$. On calcule A^2, A^3 et A^4 et on obtient :

$$A^2 = \begin{pmatrix} 1 & 0 & 3 \\ 0 & 1 & 0 \\ 0 & 0 & 4 \end{pmatrix} \qquad A^3 = A^2 \times A = \begin{pmatrix} 1 & 0 & 7 \\ 0 & -1 & 0 \\ 0 & 0 & 8 \end{pmatrix} \qquad A^4 = A^3 \times A = \begin{pmatrix} 1 & 0 & 15 \\ 0 & 1 & 0 \\ 0 & 0 & 16 \end{pmatrix}.$$

L'observation de ces premières puissances permet de penser que la formule est :
$A^p = \begin{pmatrix} 1 & 0 & 2^p - 1 \\ 0 & (-1)^p & 0 \\ 0 & 0 & 2^p \end{pmatrix}$. Démontrons ce résultat par récurrence.

Il est vrai pour $p = 0$ (on trouve l'identité). On le suppose vrai pour un entier p et on va le démontrer pour $p + 1$. On a, d'après la définition,

$$A^{p+1} = A^p \times A = \begin{pmatrix} 1 & 0 & 2^p - 1 \\ 0 & (-1)^p & 0 \\ 0 & 0 & 2^p \end{pmatrix} \times \begin{pmatrix} 1 & 0 & 1 \\ 0 & -1 & 0 \\ 0 & 0 & 2 \end{pmatrix} = \begin{pmatrix} 1 & 0 & 2^{p+1} - 1 \\ 0 & (-1)^{p+1} & 0 \\ 0 & 0 & 2^{p+1} \end{pmatrix}.$$

Donc la propriété est démontrée.

2.7. Formule du binôme

Comme la multiplication n'est pas commutative, les identités binomiales usuelles sont fausses. En particulier, $(A+B)^2$ ne vaut en général pas $A^2+2AB+B^2$, mais on sait seulement que

$$(A+B)^2 = A^2 + AB + BA + B^2.$$

> **Proposition 4** (Calcul de $(A+B)^p$ lorsque $AB = BA$).
> *Soient A et B deux éléments de $M_n(\mathbb{K})$ qui **commutent**, c'est-à-dire tels que $AB = BA$. Alors, pour tout entier $p \geqslant 0$, on a la formule*
> $$(A+B)^p = \sum_{k=0}^{p} \binom{p}{k} A^{p-k} B^k$$
> *où $\binom{p}{k}$ désigne le coefficient du binôme.*

La démonstration est similaire à celle de la formule du binôme pour $(a+b)^p$, avec $a, b \in \mathbb{R}$.

Exemple 10.

Soit $A = \begin{pmatrix} 1 & 1 & 1 & 1 \\ 0 & 1 & 2 & 1 \\ 0 & 0 & 1 & 3 \\ 0 & 0 & 0 & 1 \end{pmatrix}$. On pose $N = A - I = \begin{pmatrix} 0 & 1 & 1 & 1 \\ 0 & 0 & 2 & 1 \\ 0 & 0 & 0 & 3 \\ 0 & 0 & 0 & 0 \end{pmatrix}$. La matrice N est nilpotente (c'est-à-dire il existe $k \in \mathbb{N}$ tel que $N^k = 0$) comme le montrent les calculs suivants :

$$N^2 = \begin{pmatrix} 0 & 0 & 2 & 4 \\ 0 & 0 & 0 & 6 \\ 0 & 0 & 0 & 0 \\ 0 & 0 & 0 & 0 \end{pmatrix} \qquad N^3 = \begin{pmatrix} 0 & 0 & 0 & 6 \\ 0 & 0 & 0 & 0 \\ 0 & 0 & 0 & 0 \\ 0 & 0 & 0 & 0 \end{pmatrix} \qquad \text{et} \qquad N^4 = 0.$$

Comme on a $A = I + N$ et les matrices N et I commutent (la matrice identité commute avec toutes les matrices), on peut appliquer la formule du binôme de Newton. On utilise que $I^k = I$ pour tout k et surtout que $N^k = 0$ si $k \geqslant 4$. On obtient

$$A^p = \sum_{k=0}^{p} \binom{p}{k} N^k I^{p-k} = \sum_{k=0}^{3} \binom{p}{k} N^k = I + pN + \tfrac{p(p-1)}{2!} N^2 + \tfrac{p(p-1)(p-2)}{3!} N^3.$$

D'où
$$A^p = \begin{pmatrix} 1 & p & p^2 & p(p^2-p+1) \\ 0 & 1 & 2p & p(3p-2) \\ 0 & 0 & 1 & 3p \\ 0 & 0 & 0 & 1 \end{pmatrix}.$$

Mini-exercices.

1. Soient $A = \begin{pmatrix} 0 & 2 & -2 \\ 6 & -4 & 0 \end{pmatrix}$, $B = \begin{pmatrix} 2 & 1 & 0 \\ 0 & 1 & 0 \\ 2 & -2 & -3 \end{pmatrix}$, $C = \begin{pmatrix} 8 & 2 \\ -3 & 2 \\ -5 & 5 \end{pmatrix}$, $D = \begin{pmatrix} 5 \\ 2 \\ -1 \end{pmatrix}$, $E = \begin{pmatrix} x & y & z \end{pmatrix}$. Quels produits sont possibles ? Les calculer !

2. Soient $A = \begin{pmatrix} 0 & 0 & 1 \\ 0 & 1 & 0 \\ 1 & 1 & 2 \end{pmatrix}$ et $B = \begin{pmatrix} 1 & 0 & 0 \\ 0 & 0 & 2 \\ 1 & -1 & 0 \end{pmatrix}$. Calculer A^2, B^2, AB et BA.

3. Soient $A = \begin{pmatrix} 2 & 0 & 0 \\ 0 & 2 & 0 \\ 0 & 0 & 2 \end{pmatrix}$ et $B = \begin{pmatrix} 0 & 0 & 0 \\ 2 & 0 & 0 \\ 3 & 1 & 0 \end{pmatrix}$. Calculer A^p et B^p pour tout $p \geqslant 0$. Montrer que $AB = BA$. Calculer $(A+B)^p$.

3. Inverse d'une matrice : définition

3.1. Définition

Définition 7 (Matrice inverse).

Soit A une matrice carrée de taille $n \times n$. S'il existe une matrice carrée B de taille $n \times n$ telle que
$$AB = I \quad \text{et} \quad BA = I,$$
on dit que A est **inversible**. On appelle B l'**inverse de A** et on la note A^{-1}.

On verra plus tard qu'il suffit en fait de vérifier une seule des conditions $AB = I$ ou bien $BA = I$.

- Plus généralement, quand A est inversible, pour tout $p \in \mathbb{N}$, on note :
$$A^{-p} = (A^{-1})^p = \underbrace{A^{-1} A^{-1} \cdots A^{-1}}_{p \text{ facteurs}}.$$

- L'ensemble des matrices inversibles de $M_n(\mathbb{K})$ est noté $GL_n(\mathbb{K})$.

3.2. Exemples

Exemple 11.

Soit $A = \begin{pmatrix} 1 & 2 \\ 0 & 3 \end{pmatrix}$. Étudier si A est inversible, c'est étudier l'existence d'une matrice $B = \begin{pmatrix} a & b \\ c & d \end{pmatrix}$ à coefficients dans $\mathbb{K}$, telle que $AB = I$ et $BA = I$. Or $AB = I$ équivaut à :

$$AB = I \iff \begin{pmatrix} 1 & 2 \\ 0 & 3 \end{pmatrix}\begin{pmatrix} a & b \\ c & d \end{pmatrix} = \begin{pmatrix} 1 & 0 \\ 0 & 1 \end{pmatrix} \iff \begin{pmatrix} a+2c & b+2d \\ 3c & 3d \end{pmatrix} = \begin{pmatrix} 1 & 0 \\ 0 & 1 \end{pmatrix}$$

Cette égalité équivaut au système :

$$\begin{cases} a + 2c = 1 \\ b + 2d = 0 \\ 3c = 0 \\ 3d = 1 \end{cases}$$

Sa résolution est immédiate : $a = 1$, $b = -\frac{2}{3}$, $c = 0$, $d = \frac{1}{3}$. Il n'y a donc qu'une seule matrice possible, à savoir $B = \begin{pmatrix} 1 & -\frac{2}{3} \\ 0 & \frac{1}{3} \end{pmatrix}$. Pour prouver qu'elle convient, il faut aussi montrer l'égalité $BA = I$, dont la vérification est laissée au lecteur. La matrice A est donc inversible et $A^{-1} = \begin{pmatrix} 1 & -\frac{2}{3} \\ 0 & \frac{1}{3} \end{pmatrix}$.

Exemple 12.

La matrice $A = \begin{pmatrix} 3 & 0 \\ 5 & 0 \end{pmatrix}$ n'est pas inversible. En effet, soit $B = \begin{pmatrix} a & b \\ c & d \end{pmatrix}$ une matrice quelconque. Alors le produit

$$BA = \begin{pmatrix} a & b \\ c & d \end{pmatrix}\begin{pmatrix} 3 & 0 \\ 5 & 0 \end{pmatrix} = \begin{pmatrix} 3a+5b & 0 \\ 3c+5d & 0 \end{pmatrix}$$

ne peut jamais être égal à la matrice identité.

Exemple 13.

- Soit I_n la matrice carrée identité de taille $n \times n$. C'est une matrice inversible, et son inverse est elle-même par l'égalité $I_n I_n = I_n$.
- La matrice nulle 0_n de taille $n \times n$ n'est pas inversible. En effet on sait que, pour toute matrice B de $M_n(\mathbb{K})$, on a $B 0_n = 0_n$, qui ne peut jamais être la matrice identité.

3.3. Propriétés

Unicité

> **Proposition 5.**
> *Si A est inversible, alors son inverse est unique.*

Démonstration. La méthode classique pour mener à bien une telle démonstration est de supposer l'existence de deux matrices B_1 et B_2 satisfaisant aux conditions imposées et de démontrer que $B_1 = B_2$.
Soient donc B_1 telle que $AB_1 = B_1A = I_n$ et B_2 telle que $AB_2 = B_2A = I_n$. Calculons $B_2(AB_1)$. D'une part, comme $AB_1 = I_n$, on a $B_2(AB_1) = B_2$. D'autre part, comme le produit des matrices est associatif, on a $B_2(AB_1) = (B_2A)B_1 = I_nB_1 = B_1$. Donc $B_1 = B_2$. □

Inverse de l'inverse

> **Proposition 6.**
> *Soit A une matrice inversible. Alors A^{-1} est aussi inversible et on a :*
> $$\boxed{(A^{-1})^{-1} = A}$$

Inverse d'un produit

> **Proposition 7.**
> *Soient A et B deux matrices inversibles de même taille. Alors AB est inversible et*
> $$\boxed{(AB)^{-1} = B^{-1}A^{-1}}$$

Il faut bien faire attention à l'inversion de l'ordre !

Démonstration. Il suffit de montrer $(B^{-1}A^{-1})(AB) = I$ et $(AB)(B^{-1}A^{-1}) = I$. Cela suit de
$$(B^{-1}A^{-1})(AB) = B^{-1}(A^{-1}A)B = B^{-1}IB = B^{-1}B = I,$$
$$\text{et} \quad (AB)(B^{-1}A^{-1}) = A(BB^{-1})A^{-1} = AIA^{-1} = AA^{-1} = I.$$

□

De façon analogue, on montre que si $A_1, \ldots, A_m$ sont inversibles, alors
$$(A_1 A_2 \cdots A_m)^{-1} = A_m^{-1} A_{m-1}^{-1} \cdots A_1^{-1}.$$

Simplification par une matrice inversible

Si C est une matrice quelconque de $M_n(\mathbb{K})$, nous avons vu que la relation $AC = BC$ où A et B sont des éléments de $M_n(\mathbb{K})$ n'entraîne pas forcément l'égalité $A = B$. En revanche, si C est une matrice inversible, on a la proposition suivante :

> **Proposition 8.**
> Soient A et B deux matrices de $M_n(\mathbb{K})$ et C une matrice inversible de $M_n(\mathbb{K})$. Alors l'égalité $AC = BC$ implique l'égalité $A = B$.

Démonstration. Ce résultat est immédiat : si on multiplie à droite l'égalité $AC = BC$ par C^{-1}, on obtient l'égalité : $(AC)C^{-1} = (BC)C^{-1}$. En utilisant l'associativité du produit des matrices on a $A(CC^{-1}) = B(CC^{-1})$, ce qui donne d'après la définition de l'inverse $AI = BI$, d'où $A = B$. □

Mini-exercices.

1. Soient $A = \begin{pmatrix} -1 & -2 \\ 3 & 4 \end{pmatrix}$ et $B = \begin{pmatrix} 2 & 1 \\ 5 & 3 \end{pmatrix}$. Calculer A^{-1}, B^{-1}, $(AB)^{-1}$, $(BA)^{-1}$, A^{-2}.
2. Calculer l'inverse de $\begin{pmatrix} 1 & 0 & 0 \\ 0 & 2 & 0 \\ 1 & 0 & 3 \end{pmatrix}$.
3. Soit $A = \begin{pmatrix} -1 & -2 & 0 \\ 2 & 3 & 0 \\ 0 & 0 & 1 \end{pmatrix}$. Calculer $2A - A^2$. Sans calculs, en déduire A^{-1}.

4. Inverse d'une matrice : calcul

Nous allons voir une méthode pour calculer l'inverse d'une matrice quelconque de manière efficace. Cette méthode est une reformulation de la méthode du pivot de Gauss pour les systèmes linéaires. Auparavant, nous commençons par une formule directe dans le cas simple des matrices 2×2.

4.1. Matrices 2×2

Considérons la matrice $2 \times 2 : A = \begin{pmatrix} a & b \\ c & d \end{pmatrix}$.

> **Proposition 9.**
> Si $ad - bc \neq 0$, alors A est inversible et
> $$\boxed{A^{-1} = \tfrac{1}{ad-bc} \begin{pmatrix} d & -b \\ -c & a \end{pmatrix}}$$

Démonstration. On vérifie que si $B = \tfrac{1}{ad-bc} \begin{pmatrix} d & -b \\ -c & a \end{pmatrix}$ alors $AB = \begin{pmatrix} 1 & 0 \\ 0 & 1 \end{pmatrix}$. Idem pour BA. □

4.2. Méthode de Gauss pour inverser les matrices

La méthode pour inverser une matrice A consiste à faire des opérations élémentaires sur les lignes de la matrice A jusqu'à la transformer en la matrice identité I. On fait simultanément les mêmes opérations élémentaires en partant de la matrice I. On aboutit alors à une matrice qui est A^{-1}. La preuve sera vue dans la section suivante.

En pratique, on fait les deux opérations en même temps en adoptant la disposition suivante : à côté de la matrice A que l'on veut inverser, on rajoute la matrice identité pour former un tableau $(A \mid I)$. Sur les lignes de cette matrice augmentée, on effectue des opérations élémentaires jusqu'à obtenir le tableau $(I \mid B)$. Et alors $B = A^{-1}$.

Ces opérations élémentaires sur les lignes sont :

1. $L_i \leftarrow \lambda L_i$ avec $\lambda \neq 0$: on peut multiplier une ligne par un réel non nul (ou un élément de $\mathbb{K} \setminus \{0\}$).
2. $L_i \leftarrow L_i + \lambda L_j$ avec $\lambda \in \mathbb{K}$ (et $j \neq i$) : on peut ajouter à la ligne L_i un multiple d'une autre ligne L_j.
3. $L_i \leftrightarrow L_j$: on peut échanger deux lignes.

N'oubliez pas : tout ce que vous faites sur la partie gauche de la matrice augmentée, vous devez aussi le faire sur la partie droite.

4.3. Un exemple

Calculons l'inverse de $A = \begin{pmatrix} 1 & 2 & 1 \\ 4 & 0 & -1 \\ -1 & 2 & 2 \end{pmatrix}$.

Voici la matrice augmentée, avec les lignes numérotées :

$$(A \mid I) = \left(\begin{array}{ccc|ccc} 1 & 2 & 1 & 1 & 0 & 0 \\ 4 & 0 & -1 & 0 & 1 & 0 \\ -1 & 2 & 2 & 0 & 0 & 1 \end{array}\right) \begin{array}{l} L_1 \\ L_2 \\ L_3 \end{array}$$

On applique la méthode de Gauss pour faire apparaître des 0 sur la première colonne, d'abord sur la deuxième ligne par l'opération élémentaire $L_2 \leftarrow L_2 - 4L_1$ qui conduit à la matrice augmentée :

$$\left(\begin{array}{ccc|ccc} 1 & 2 & 1 & 1 & 0 & 0 \\ 0 & -8 & -5 & -4 & 1 & 0 \\ -1 & 2 & 2 & 0 & 0 & 1 \end{array}\right) \quad L_2 \leftarrow L_2 - 4L_1$$

Puis un 0 sur la première colonne, à la troisième ligne, avec $L_3 \leftarrow L_3 + L_1$:

$$\left(\begin{array}{ccc|ccc} 1 & 2 & 1 & 1 & 0 & 0 \\ 0 & -8 & -5 & -4 & 1 & 0 \\ 0 & 4 & 3 & 1 & 0 & 1 \end{array}\right) \quad L_3 \leftarrow L_3 + L_1$$

On multiplie la ligne L_2 afin qu'elle commence par 1 :

$$\left(\begin{array}{ccc|ccc} 1 & 2 & 1 & 1 & 0 & 0 \\ 0 & 1 & \frac{5}{8} & \frac{1}{2} & -\frac{1}{8} & 0 \\ 0 & 4 & 3 & 1 & 0 & 1 \end{array}\right) \quad L_2 \leftarrow -\frac{1}{8} L_2$$

On continue afin de faire apparaître des 0 partout sous la diagonale, et on multiplie la ligne L_3. Ce qui termine la première partie de la méthode de Gauss :

$$\left(\begin{array}{ccc|ccc} 1 & 2 & 1 & 1 & 0 & 0 \\ 0 & 1 & \frac{5}{8} & \frac{1}{2} & -\frac{1}{8} & 0 \\ 0 & 0 & \frac{1}{2} & -1 & \frac{1}{2} & 1 \end{array}\right) \quad L_3 \leftarrow L_3 - 4L_2$$

puis

$$\left(\begin{array}{ccc|ccc} 1 & 2 & 1 & 1 & 0 & 0 \\ 0 & 1 & \frac{5}{8} & \frac{1}{2} & -\frac{1}{8} & 0 \\ 0 & 0 & 1 & -2 & 1 & 2 \end{array}\right) \quad L_3 \leftarrow 2L_3$$

Il ne reste plus qu'à « remonter » pour faire apparaître des zéros au-dessus de la diagonale :

$$\begin{pmatrix} 1 & 2 & 1 & | & 1 & 0 & 0 \\ 0 & 1 & 0 & | & \frac{7}{4} & -\frac{3}{4} & -\frac{5}{4} \\ 0 & 0 & 1 & | & -2 & 1 & 2 \end{pmatrix} \quad L_2 \leftarrow L_2 - \frac{5}{8} L_3$$

puis

$$\begin{pmatrix} 1 & 0 & 0 & | & -\frac{1}{2} & \frac{1}{2} & \frac{1}{2} \\ 0 & 1 & 0 & | & \frac{7}{4} & -\frac{3}{4} & -\frac{5}{4} \\ 0 & 0 & 1 & | & -2 & 1 & 2 \end{pmatrix} \quad L_1 \leftarrow L_1 - 2L_2 - L_3$$

Ainsi l'inverse de A est la matrice obtenue à droite et après avoir factorisé tous les coefficients par $\frac{1}{4}$, on a obtenu :

$$A^{-1} = \frac{1}{4} \begin{pmatrix} -2 & 2 & 2 \\ 7 & -3 & -5 \\ -8 & 4 & 8 \end{pmatrix}$$

Pour se rassurer sur ses calculs, on n'oublie pas de vérifier rapidement que $A \times A^{-1} = I$.

Mini-exercices.

1. Si possible calculer l'inverse des matrices : $\begin{pmatrix} 3 & 1 \\ 7 & 2 \end{pmatrix}$, $\begin{pmatrix} 2 & -3 \\ -5 & 4 \end{pmatrix}$, $\begin{pmatrix} 0 & 2 \\ 3 & 0 \end{pmatrix}$, $\begin{pmatrix} \alpha+1 & 1 \\ 2 & \alpha \end{pmatrix}$.

2. Soit $A(\theta) = \begin{pmatrix} \cos\theta & -\sin\theta \\ \sin\theta & \cos\theta \end{pmatrix}$. Calculer $A(\theta)^{-1}$.

3. Calculer l'inverse des matrices : $\begin{pmatrix} 1 & 3 & 0 \\ 2 & 1 & -1 \\ -2 & 1 & 1 \end{pmatrix}$, $\begin{pmatrix} 2 & -2 & 1 \\ 3 & 0 & 5 \\ 1 & 1 & 2 \end{pmatrix}$, $\begin{pmatrix} 1 & 0 & 1 & 0 \\ 0 & 2 & -2 & 0 \\ -1 & 2 & 0 & 1 \\ 0 & 2 & 1 & 3 \end{pmatrix}$, $\begin{pmatrix} 2 & 1 & 1 & 1 \\ 1 & 0 & 0 & 1 \\ 0 & 1 & -1 & 2 \\ 0 & 1 & 1 & 0 \end{pmatrix}$, $\begin{pmatrix} 1 & 1 & 1 & 0 & 0 \\ 0 & 1 & 2 & 0 & 0 \\ -1 & 1 & 2 & 0 & 0 \\ 0 & 0 & 0 & 2 & 1 \\ 0 & 0 & 0 & 5 & 3 \end{pmatrix}$.

5. Inverse d'une matrice : systèmes linéaires et matrices élémentaires

5.1. Matrices et systèmes linéaires

Le système linéaire

$$\begin{cases} a_{11} x_1 + a_{12} x_2 + \cdots + a_{1p} x_p = b_1 \\ a_{21} x_1 + a_{22} x_2 + \cdots + a_{2p} x_p = b_2 \\ \cdots \\ a_{n1} x_1 + a_{n2} x_2 + \cdots + a_{np} x_p = b_n \end{cases}$$

peut s'écrire sous forme matricielle :

$$\underbrace{\begin{pmatrix} a_{11} & \dots & a_{1p} \\ a_{21} & \dots & a_{2p} \\ \vdots & & \vdots \\ a_{n1} & \dots & a_{np} \end{pmatrix}}_{A} \underbrace{\begin{pmatrix} x_1 \\ x_2 \\ \vdots \\ x_p \end{pmatrix}}_{X} = \underbrace{\begin{pmatrix} b_1 \\ b_2 \\ \vdots \\ b_n \end{pmatrix}}_{B}.$$

On appelle $A \in M_{n,p}(\mathbb{K})$ la matrice des coefficients du système. $B \in M_{n,1}(\mathbb{K})$ est le vecteur du second membre. Le vecteur $X \in M_{p,1}(\mathbb{K})$ est une solution du système si et seulement si

$$AX = B.$$

Nous savons que :

> **Théorème 1.**
> *Un système d'équations linéaires n'a soit aucune solution, soit une seule solution, soit une infinité de solutions.*

5.2. Matrices inversibles et systèmes linéaires

Considérons le cas où le nombre d'équations égale le nombre d'inconnues :

$$\underbrace{\begin{pmatrix} a_{11} & \dots & a_{1n} \\ a_{21} & \dots & a_{2n} \\ \vdots & & \vdots \\ a_{n1} & \dots & a_{nn} \end{pmatrix}}_{A} \underbrace{\begin{pmatrix} x_1 \\ x_2 \\ \vdots \\ x_n \end{pmatrix}}_{X} = \underbrace{\begin{pmatrix} b_1 \\ b_2 \\ \vdots \\ b_n \end{pmatrix}}_{B}.$$

Alors $A \in M_n(\mathbb{K})$ est une matrice carrée et B un vecteur de $M_{n,1}(\mathbb{K})$. Pour tout second membre, nous pouvons utiliser les matrices pour trouver la solution du système linéaire.

> **Proposition 10.**
> *Si la matrice A est inversible, alors la solution du système $AX = B$ est unique et est :*
>
> $$\boxed{X = A^{-1}B.}$$

La preuve est juste de vérifier que si $X = A^{-1}B$, alors $AX = A(A^{-1}B) = (AA^{-1})B = I \cdot B = B$. Réciproquement si $AX = B$, alors nécessairement $X = A^{-1}B$. Nous verrons bientôt que si la matrice n'est pas inversible, alors soit il n'y a pas de solution, soit une infinité.

5.3. Les matrices élémentaires

Pour calculer l'inverse d'une matrice A, et aussi pour résoudre des systèmes linéaires, nous avons utilisé trois opérations élémentaires sur les lignes qui sont :

1. $L_i \leftarrow \lambda L_i$ avec $\lambda \neq 0$: on peut multiplier une ligne par un réel non nul (ou un élément de $\mathbb{K} \setminus \{0\}$).
2. $L_i \leftarrow L_i + \lambda L_j$ avec $\lambda \in \mathbb{K}$ (et $j \neq i$) : on peut ajouter à la ligne L_i un multiple d'une autre ligne L_j.
3. $L_i \leftrightarrow L_j$: on peut échanger deux lignes.

Nous allons définir trois matrices élémentaires $E_{L_i \leftarrow \lambda L_i}, E_{L_i \leftarrow L_i + \lambda L_j}, E_{L_i \leftrightarrow L_j}$ correspondant à ces opérations. Plus précisément, le produit $E \times A$ correspondra à l'opération élémentaire sur A. Voici les définitions accompagnées d'exemples.

1. La matrice $E_{L_i \leftarrow \lambda L_i}$ est la matrice obtenue en multipliant par λ la i-ème ligne de la matrice identité I_n, où λ est un nombre réel non nul.

$$E_{L_2 \leftarrow 5L_2} = \begin{pmatrix} 1 & 0 & 0 & 0 \\ 0 & 5 & 0 & 0 \\ 0 & 0 & 1 & 0 \\ 0 & 0 & 0 & 1 \end{pmatrix}$$

2. La matrice $E_{L_i \leftarrow L_i + \lambda L_j}$ est la matrice obtenue en ajoutant λ fois la j-ème ligne de I_n à la i-ème ligne de I_n.

$$E_{L_2 \leftarrow L_2 - 3L_1} = \begin{pmatrix} 1 & 0 & 0 & 0 \\ -3 & 1 & 0 & 0 \\ 0 & 0 & 1 & 0 \\ 0 & 0 & 0 & 1 \end{pmatrix}$$

3. La matrice $E_{L_i \leftrightarrow L_j}$ est la matrice obtenue en permutant les i-ème et j-ème lignes de I_n.

$$E_{L_2 \leftrightarrow L_4} = E_{L_4 \leftrightarrow L_2} = \begin{pmatrix} 1 & 0 & 0 & 0 \\ 0 & 0 & 0 & 1 \\ 0 & 0 & 1 & 0 \\ 0 & 1 & 0 & 0 \end{pmatrix}$$

Les opérations élémentaires sur les lignes sont réversibles, ce qui entraîne l'inversibilité des matrices élémentaires.

Le résultat de la multiplication d'un matrice élémentaire E par A est la matrice obtenue en effectuant l'opération élémentaire correspondante sur A. Ainsi :

1. La matrice $E_{L_i \leftarrow \lambda L_i} \times A$ est la matrice obtenue en multipliant par λ la i-ème ligne de A.
2. La matrice $E_{L_i \leftarrow L_i + \lambda L_j} \times A$ est la matrice obtenue en ajoutant λ fois la j-ème ligne de A à la i-ème ligne de A.
3. La matrice $E_{L_i \leftrightarrow L_j} \times A$ est la matrice obtenue en permutant les i-ème et j-ème lignes de A.

Exemple 14.

1.
$$E_{L_2 \leftarrow \frac{1}{3} L_2} \times A = \begin{pmatrix} 1 & 0 & 0 \\ 0 & \frac{1}{3} & 0 \\ 0 & 0 & 1 \end{pmatrix} \times \begin{pmatrix} x_1 & x_2 & x_3 \\ y_1 & y_2 & y_3 \\ z_1 & z_2 & z_3 \end{pmatrix} = \begin{pmatrix} x_1 & x_2 & x_3 \\ \frac{1}{3}y_1 & \frac{1}{3}y_2 & \frac{1}{3}y_3 \\ z_1 & z_2 & z_3 \end{pmatrix}$$

2.
$$E_{L_1 \leftarrow L_1 - 7L_3} \times A = \begin{pmatrix} 1 & 0 & -7 \\ 0 & 1 & 0 \\ 0 & 0 & 1 \end{pmatrix} \times \begin{pmatrix} x_1 & x_2 & x_3 \\ y_1 & y_2 & y_3 \\ z_1 & z_2 & z_3 \end{pmatrix} = \begin{pmatrix} x_1 - 7z_1 & x_2 - 7z_2 & x_3 - 7z_3 \\ y_1 & y_2 & y_3 \\ z_1 & z_2 & z_3 \end{pmatrix}$$

3.
$$E_{L_2 \leftrightarrow L_3} \times A = \begin{pmatrix} 1 & 0 & 0 \\ 0 & 0 & 1 \\ 0 & 1 & 0 \end{pmatrix} \times \begin{pmatrix} x_1 & x_2 & x_3 \\ y_1 & y_2 & y_3 \\ z_1 & z_2 & z_3 \end{pmatrix} = \begin{pmatrix} x_1 & x_2 & x_3 \\ z_1 & z_2 & z_3 \\ y_1 & y_2 & y_3 \end{pmatrix}$$

5.4. Équivalence à une matrice échelonnée

Définition 8.
Deux matrices A et B sont dites **équivalentes par lignes** si l'une peut être obtenue à partir de l'autre par une suite d'opérations élémentaires sur les lignes. On note $A \sim B$.

Définition 9.
Une matrice est **échelonnée** si :
- le nombre de zéros commençant une ligne croît strictement ligne par ligne

jusqu'à ce qu'il ne reste plus que des zéros.

Elle est **échelonnée réduite** si en plus :
- le premier coefficient non nul d'une ligne (non nulle) vaut 1 ;
- et c'est le seul élément non nul de sa colonne.

Exemple d'une matrice échelonnée (à gauche) et échelonnée réduite (à droite) ; les $*$ désignent des coefficients quelconques, les $+$ des coefficients non nuls :

$$\begin{pmatrix} + & * & * & * & * & * & * \\ 0 & 0 & + & * & * & * & * \\ 0 & 0 & 0 & + & * & * & * \\ 0 & 0 & 0 & 0 & 0 & 0 & + \\ 0 & 0 & 0 & 0 & 0 & 0 & 0 \\ 0 & 0 & 0 & 0 & 0 & 0 & 0 \end{pmatrix} \qquad \begin{pmatrix} 1 & * & 0 & 0 & * & * & 0 \\ 0 & 0 & 1 & 0 & * & * & 0 \\ 0 & 0 & 0 & 1 & * & * & 0 \\ 0 & 0 & 0 & 0 & 0 & 0 & 1 \\ 0 & 0 & 0 & 0 & 0 & 0 & 0 \\ 0 & 0 & 0 & 0 & 0 & 0 & 0 \end{pmatrix}$$

Théorème 2.
Étant donnée une matrice $A \in M_{n,p}(\mathbb{K})$, il existe une unique matrice échelonnée réduite U obtenue à partir de A par des opérations élémentaires sur les lignes.

Ce théorème permet donc de se ramener par des opérations élémentaires à des matrices dont la structure est beaucoup plus simple : les matrices échelonnées réduites.

Démonstration. Nous admettons l'unicité.
L'existence se démontre grâce à l'algorithme de Gauss. L'idée générale consiste à utiliser des substitutions de lignes pour placer des zéros là où il faut de façon à créer d'abord une forme échelonnée, puis une forme échelonnée réduite.

Soit A une matrice $n \times p$ quelconque.

Partie A. Passage à une forme échelonnée.
Étape A.1. *Choix du pivot.*
On commence par inspecter la première colonne. Soit elle ne contient que des zéros, auquel cas on passe directement à l'étape A.3, soit elle contient au moins un terme non nul. On choisit alors un tel terme, que l'on appelle le **pivot**. Si c'est le terme a_{11}, on passe directement à l'étape A.2 ; si c'est un terme a_{i1} avec $i \neq 1$, on échange les lignes 1 et i ($L_1 \leftrightarrow L_i$) et on passe à l'étape A.2.
Au terme de l'étape A.1, soit la matrice A a sa première colonne nulle (à gauche) ou bien on obtient une matrice équivalente dont le premier coefficient a'_{11} est non nul

(à droite) :

$$\begin{pmatrix} 0 & a_{12} & \cdots & a_{1j} & \cdots & a_{1p} \\ 0 & a_{22} & \cdots & a_{2j} & \cdots & a_{2p} \\ \vdots & \vdots & & \vdots & & \vdots \\ 0 & a_{i2} & \cdots & a_{ij} & \cdots & a_{ip} \\ \vdots & \vdots & & \vdots & & \vdots \\ 0 & a_{n2} & \cdots & a_{nj} & \cdots & a_{np} \end{pmatrix} = A \quad \text{ou} \quad \begin{pmatrix} a'_{11} & a'_{12} & \cdots & a'_{1j} & \cdots & a'_{1p} \\ a'_{21} & a'_{22} & \cdots & a'_{2j} & \cdots & a'_{2p} \\ \vdots & \vdots & & \vdots & & \vdots \\ a'_{i1} & a'_{i2} & \cdots & a'_{ij} & \cdots & a'_{ip} \\ \vdots & \vdots & & \vdots & & \vdots \\ a'_{n1} & a'_{n2} & \cdots & a'_{nj} & \cdots & a'_{np} \end{pmatrix} \sim A.$$

Étape A.2. *Élimination.*

On ne touche plus à la ligne 1, et on se sert du pivot a'_{11} pour éliminer tous les termes a'_{i1} (avec $i \geqslant 2$) situés sous le pivot. Pour cela, il suffit de remplacer la ligne i par elle-même moins $\frac{a'_{i1}}{a'_{11}} \times$ la ligne 1, ceci pour $i = 2, \ldots, n$: $L_2 \leftarrow L_2 - \frac{a'_{21}}{a'_{11}} L_1$, $L_3 \leftarrow L_3 - \frac{a'_{31}}{a'_{11}} L_1, \ldots$

Au terme de l'étape A.2, on a obtenu une matrice de la forme

$$\begin{pmatrix} a'_{11} & a'_{12} & \cdots & a'_{1j} & \cdots & a'_{1p} \\ 0 & a''_{22} & \cdots & a''_{2j} & \cdots & a''_{2p} \\ \vdots & \vdots & & \vdots & & \vdots \\ 0 & a''_{i2} & \cdots & a''_{ij} & \cdots & a''_{ip} \\ \vdots & \vdots & & \vdots & & \vdots \\ 0 & a''_{n2} & \cdots & a''_{nj} & \cdots & a''_{np} \end{pmatrix} \sim A.$$

Étape A.3. *Boucle.*

Au début de l'étape A.3, on a obtenu dans tous les cas de figure une matrice de la forme

$$\begin{pmatrix} a^1_{11} & a^1_{12} & \cdots & a^1_{1j} & \cdots & a^1_{1p} \\ 0 & a^1_{22} & \cdots & a^1_{2j} & \cdots & a^1_{2p} \\ \vdots & \vdots & & \vdots & & \vdots \\ 0 & a^1_{i2} & \cdots & a^1_{ij} & \cdots & a^1_{ip} \\ \vdots & \vdots & & \vdots & & \vdots \\ 0 & a^1_{n2} & \cdots & a^1_{nj} & \cdots & a^1_{np} \end{pmatrix} \sim A$$

dont la première colonne est bien celle d'une matrice échelonnée. On va donc conserver cette première colonne. Si $a^1_{11} \neq 0$, on conserve aussi la première ligne, et l'on repart avec l'étape A.1 en l'appliquant cette fois à la sous-matrice $(n-1) \times (p-1)$

(ci-dessous à gauche : on « oublie » la première ligne et la première colonne de A) ; si $a_{11}^1 = 0$, on repart avec l'étape A.1 en l'appliquant à la sous-matrice $n \times (p-1)$ (à droite, on « oublie » la première colonne) :

$$\begin{pmatrix} a_{22}^1 & \cdots & a_{2j}^1 & \cdots & a_{2p}^1 \\ \vdots & & \vdots & & \vdots \\ a_{i2}^1 & \cdots & a_{ij}^1 & \cdots & a_{ip}^1 \\ \vdots & & \vdots & & \vdots \\ a_{n2}^1 & \cdots & a_{nj}^1 & \cdots & a_{np}^1 \end{pmatrix} \qquad \begin{pmatrix} a_{12}^1 & \cdots & a_{1j}^1 & \cdots & a_{1p}^1 \\ a_{22}^1 & \cdots & a_{2j}^1 & \cdots & a_{2p}^1 \\ \vdots & & \vdots & & \vdots \\ a_{i2}^1 & \cdots & a_{ij}^1 & \cdots & a_{ip}^1 \\ \vdots & & \vdots & & \vdots \\ a_{n2}^1 & \cdots & a_{nj}^1 & \cdots & a_{np}^1 \end{pmatrix}$$

Au terme de cette deuxième itération de la boucle, on aura obtenu une matrice de la forme

$$\begin{pmatrix} a_{11}^1 & a_{12}^1 & \cdots & a_{1j}^1 & \cdots & a_{1p}^1 \\ 0 & a_{22}^2 & \cdots & a_{2j}^2 & \cdots & a_{2p}^2 \\ \vdots & \vdots & & \vdots & & \vdots \\ 0 & 0 & \cdots & a_{ij}^2 & \cdots & a_{ip}^2 \\ \vdots & \vdots & & \vdots & & \vdots \\ 0 & 0 & \cdots & a_{nj}^2 & \cdots & a_{np}^2 \end{pmatrix} \sim A,$$

et ainsi de suite.

Comme chaque itération de la boucle travaille sur une matrice qui a une colonne de moins que la précédente, alors au bout d'au plus $p-1$ itérations de la boucle, on aura obtenu une matrice échelonnée.

Partie B. Passage à une forme échelonnée réduite.

Étape B.1. *Homothéties.*

On repère le premier élément non nul de chaque ligne non nulle, et on multiplie cette ligne par l'inverse de cet élément. Exemple : si le premier élément non nul de la ligne i est $\alpha \neq 0$, alors on effectue $L_i \leftarrow \frac{1}{\alpha} L_i$. Ceci crée une matrice échelonnée avec des 1 en position de pivots.

Étape B.2. *Élimination.*

On élimine les termes situés au-dessus des positions de pivot comme précédemment, en procédant à partir du bas à droite de la matrice. Ceci ne modifie pas la structure échelonnée de la matrice en raison de la disposition des zéros dont on part.

□

Exemple 15.
Soit
$$A = \begin{pmatrix} 1 & 2 & 3 & 4 \\ 0 & 2 & 4 & 6 \\ -1 & 0 & 1 & 0 \end{pmatrix}.$$

A. Passage à une forme échelonnée.
Première itération de la boucle, étape A.1. Le choix du pivot est tout fait, on garde $a_{11}^1 = 1$.
Première itération de la boucle, étape A.2. On ne fait rien sur la ligne 2 qui contient déjà un zéro en bonne position et on remplace la ligne 3 par $L_3 \leftarrow L_3 + L_1$. On obtient
$$A \sim \begin{pmatrix} 1 & 2 & 3 & 4 \\ 0 & 2 & 4 & 6 \\ 0 & 2 & 4 & 4 \end{pmatrix}.$$

Deuxième itération de la boucle, étape A.1. Le choix du pivot est tout fait, on garde $a_{22}^2 = 2$.
Deuxième itération de la boucle, étape A.2. On remplace la ligne 3 avec l'opération $L_3 \leftarrow L_3 - L_2$. On obtient
$$A \sim \begin{pmatrix} 1 & 2 & 3 & 4 \\ 0 & 2 & 4 & 6 \\ 0 & 0 & 0 & -2 \end{pmatrix}.$$

Cette matrice est échelonnée.

B. Passage à une forme échelonnée réduite.
Étape B.1, homothéties. On multiplie la ligne 2 par $\frac{1}{2}$ et la ligne 3 par $-\frac{1}{2}$ et l'on obtient
$$A \sim \begin{pmatrix} 1 & 2 & 3 & 4 \\ 0 & 1 & 2 & 3 \\ 0 & 0 & 0 & 1 \end{pmatrix}.$$

Étape B.2, première itération. On ne touche plus à la ligne 3 et on remplace la ligne 2 par $L_2 \leftarrow L_2 - 3L_3$ et $L_1 \leftarrow L_1 - 4L_3$. On obtient
$$A \sim \begin{pmatrix} 1 & 2 & 3 & 0 \\ 0 & 1 & 2 & 0 \\ 0 & 0 & 0 & 1 \end{pmatrix}.$$

Étape B.2, deuxième itération. On ne touche plus à la ligne 2 et on remplace la ligne

1 par $L_1 \leftarrow L_1 - 2L_2$. On obtient
$$A \sim \begin{pmatrix} 1 & 0 & -1 & 0 \\ 0 & 1 & 2 & 0 \\ 0 & 0 & 0 & 1 \end{pmatrix}$$
qui est bien échelonnée et réduite.

5.5. Matrices élémentaires et inverse d'une matrice

Théorème 3.
Soit $A \in M_n(\mathbb{K})$. La matrice A est inversible si et seulement si sa forme échelonnée réduite est la matrice identité I_n.

Démonstration. Notons U la forme échelonnée réduite de A. Et notons E le produit de matrices élémentaires tel que $EA = U$.

$\Longleftarrow$ Si $U = I_n$ alors $EA = I_n$. Ainsi par définition, A est inversible et $A^{-1} = E$.

$\Longrightarrow$ Nous allons montrer que si $U \neq I_n$, alors A n'est pas inversible.
— Supposons $U \neq I_n$. Alors la dernière ligne de U est nulle (sinon il y aurait un pivot sur chaque ligne donc ce serait I_n).
— Cela entraîne que U n'est pas inversible : en effet, pour tout matrice carrée V, la dernière ligne de UV est nulle ; on n'aura donc jamais $UV = I_n$.
— Alors, A n'est pas inversible non plus : en effet, si A était inversible, on aurait $U = EA$ et U serait inversible comme produit de matrices inversibles (E est inversible car c'est un produit de matrices élémentaires qui sont inversibles).

$\square$

Remarque.
Justifions maintenant notre méthode pour calculer A^{-1}.

Nous partons de $(A|I)$ pour arriver par des opérations élémentaires sur les lignes à $(I|B)$. Montrons que $B = A^{-1}$. Faire une opération élémentaire signifie multiplier à gauche par une des matrices élémentaires. Notons E le produit de ces matrices élémentaires. Dire que l'on arrive à la fin du processus à I signifie $EA = I$. Donc $A^{-1} = E$. Comme on fait les mêmes opérations sur la partie droite du tableau, alors on obtient $EI = B$. Donc $B = E$. Conséquence : $B = A^{-1}$.

Corollaire 1.

Les assertions suivantes sont équivalentes :
(i) La matrice A est inversible.
(ii) Le système linéaire $AX = \begin{pmatrix} 0 \\ \vdots \\ 0 \end{pmatrix}$ a une unique solution $X = \begin{pmatrix} 0 \\ \vdots \\ 0 \end{pmatrix}$.
(iii) Pour tout second membre B, le système linéaire $AX = B$ a une unique solution X.

Démonstration. Nous avons déjà vu $(i) \implies (ii)$ et $(i) \implies (iii)$.
Nous allons seulement montrer $(ii) \implies (i)$. Nous raisonnons par contraposée : nous allons montrer la proposition équivalente non$(i) \implies$ non(ii). Si A n'est pas inversible, alors sa forme échelonnée réduite U contient un premier zéro sur sa diagonale, disons à la place ℓ. Alors U à la forme suivante

$$\begin{pmatrix} 1 & 0 & \cdots & c_1 & * & \cdots & * \\ 0 & \ddots & 0 & \vdots & & \cdots & * \\ 0 & 0 & 1 & c_{\ell-1} & & \cdots & * \\ 0 & \cdots & 0 & 0 & * & \cdots & * \\ 0 & \cdots & 0 & 0 & * & \cdots & * \\ \vdots & \vdots & \vdots & \cdots & 0 & \ddots & \vdots \\ 0 & \cdots & & & \cdots & 0 & * \end{pmatrix}. \quad \text{On note} \quad X = \begin{pmatrix} -c_1 \\ \vdots \\ -c_{\ell-1} \\ 1 \\ 0 \\ \vdots \\ 0 \end{pmatrix}.$$

Alors X n'est pas le vecteur nul, mais UX est le vecteur nul. Comme $A = E^{-1}U$, alors AX est le vecteur nul. Nous avons donc trouvé un vecteur non nul X tel que $AX = 0$. □

Mini-exercices.

1. Exprimer les systèmes linéaires suivants sous forme matricielle et les résoudre en inversant la matrice : $\begin{cases} 2x + 4y = 7 \\ -2x + 3y = -14 \end{cases}$, $\begin{cases} x + z = 1 \\ -2y + 3z = 1 \\ x + z = 1 \end{cases}$, $\begin{cases} x + t = \alpha \\ x - 2y = \beta \\ x + y + t = 2 \\ y + t = 4 \end{cases}$.

2. Écrire les matrices 4×4 correspondant aux opérations élémentaires : $L_2 \leftarrow \frac{1}{3}L_2$, $L_3 \leftarrow L_3 - \frac{1}{4}L_2$, $L_1 \leftrightarrow L_4$. Sans calculs, écrire leurs inverses. Écrire la matrice

4 × 4 de l'opération $L_1 \leftarrow L_1 - 2L_3 + 3L_4$.

3. Écrire les matrices suivantes sous forme échelonnée, puis échelonnée réduite :
$\begin{pmatrix} 1 & 2 & 3 \\ 1 & 4 & 0 \\ -2 & -2 & -3 \end{pmatrix}$, $\begin{pmatrix} 1 & 0 & 2 \\ 1 & -1 & 1 \\ 2 & -2 & 3 \end{pmatrix}$, $\begin{pmatrix} 2 & 0 & -2 & 0 \\ 0 & -1 & 1 & 0 \\ 1 & -2 & 1 & 4 \\ -1 & 2 & -1 & -2 \end{pmatrix}$.

6. Matrices triangulaires, transposition, trace, matrices symétriques

6.1. Matrices triangulaires, matrices diagonales

Soit A une matrice de taille $n \times n$. On dit que A est **triangulaire inférieure** si ses éléments au-dessus de la diagonale sont nuls, autrement dit :
$$i < j \implies a_{ij} = 0.$$

Une matrice triangulaire inférieure a la forme suivante :

$$\begin{pmatrix} a_{11} & 0 & \cdots & \cdots & 0 \\ a_{21} & a_{22} & \ddots & & \vdots \\ \vdots & \vdots & \ddots & \ddots & \vdots \\ \vdots & \vdots & & \ddots & 0 \\ a_{n1} & a_{n2} & \cdots & \cdots & a_{nn} \end{pmatrix}$$

On dit que A est **triangulaire supérieure** si ses éléments en-dessous de la diagonale sont nuls, autrement dit :
$$i > j \implies a_{ij} = 0.$$

Une matrice triangulaire supérieure a la forme suivante :

$$\begin{pmatrix} a_{11} & a_{12} & \cdots & \cdots & \cdots & a_{1n} \\ 0 & a_{22} & \cdots & \cdots & \cdots & a_{2n} \\ \vdots & \ddots & \ddots & & & \vdots \\ \vdots & & \ddots & \ddots & & \vdots \\ \vdots & & & \ddots & \ddots & \vdots \\ 0 & \cdots & \cdots & \cdots & 0 & a_{nn} \end{pmatrix}$$

Exemple 16.
Deux matrices triangulaires inférieures (à gauche), une matrice triangulaire supérieure (à droite) :

$$\begin{pmatrix} 4 & 0 & 0 \\ 0 & -1 & 0 \\ 3 & -2 & 3 \end{pmatrix} \qquad \begin{pmatrix} 5 & 0 \\ 1 & -2 \end{pmatrix} \qquad \begin{pmatrix} 1 & 1 & -1 \\ 0 & -1 & -1 \\ 0 & 0 & -1 \end{pmatrix}$$

Une matrice qui est triangulaire inférieure **et** triangulaire supérieure est dite **diagonale**. Autrement dit : $i \neq j \implies a_{ij} = 0$.

Exemple 17.
Exemples de matrices diagonales :

$$\begin{pmatrix} -1 & 0 & 0 \\ 0 & 6 & 0 \\ 0 & 0 & 0 \end{pmatrix} \qquad \text{et} \qquad \begin{pmatrix} 2 & 0 \\ 0 & 3 \end{pmatrix}$$

Exemple 18 (Puissances d'une matrice diagonale).
Si D est une matrice diagonale, il est très facile de calculer ses puissances D^p (par récurrence sur p) :

$$D = \begin{pmatrix} \alpha_1 & 0 & \ldots & \ldots & 0 \\ 0 & \alpha_2 & 0 & \ldots & 0 \\ \vdots & \ddots & \ddots & \ddots & \vdots \\ 0 & \ldots & 0 & \alpha_{n-1} & 0 \\ 0 & \ldots & \ldots & 0 & \alpha_n \end{pmatrix} \implies D^p = \begin{pmatrix} \alpha_1^p & 0 & \ldots & \ldots & 0 \\ 0 & \alpha_2^p & 0 & \ldots & 0 \\ \vdots & \ddots & \ddots & \ddots & \vdots \\ 0 & \ldots & 0 & \alpha_{n-1}^p & 0 \\ 0 & \ldots & \ldots & 0 & \alpha_n^p \end{pmatrix}$$

> **Théorème 4.**
> *Une matrice A de taille $n \times n$, triangulaire, est inversible si et seulement si ses éléments diagonaux sont tous non nuls.*

Démonstration. Supposons que A soit triangulaire supérieure.
- Si les éléments de la diagonale sont tous non nuls, alors la matrice A est déjà sous la forme échelonnée. En multipliant chaque ligne i par l'inverse de l'élément diagonal a_{ii}, on obtient des 1 sur la diagonale. De ce fait, la forme échelonnée réduite de A sera la matrice identité. Le théorème 3 permet de conclure que A est inversible.
- Inversement, supposons qu'au moins l'un des éléments diagonaux soit nul et notons $a_{\ell\ell}$ le premier élément nul de la diagonale. En multipliant les lignes 1 à

$\ell - 1$ par l'inverse de leur élément diagonal, on obtient une matrice de la forme

$$\begin{pmatrix} 1 & * & \cdots & & & \cdots & * \\ 0 & \ddots & * & \cdots & & \cdots & * \\ 0 & 0 & 1 & * & & \cdots & * \\ 0 & \cdots & 0 & 0 & * & \cdots & * \\ 0 & \cdots & 0 & 0 & * & \cdots & * \\ \vdots & \vdots & \vdots & \cdots & 0 & \ddots & \vdots \\ 0 & \cdots & & & \cdots & 0 & * \end{pmatrix}.$$

Il est alors clair que la colonne numéro ℓ de la forme échelonnée réduite ne contiendra pas de 1 comme pivot. La forme échelonnée réduite de A ne peut donc pas être I_n et par le théorème 3, A n'est pas inversible.

Dans le cas d'une matrice triangulaire inférieure, on utilise la transposition (qui fait l'objet de la section suivante) et on obtient une matrice triangulaire supérieure. On applique alors la démonstration ci-dessus. □

6.2. La transposition

Soit A la matrice de taille $n \times p$

$$A = \begin{pmatrix} a_{11} & a_{12} & \cdots & a_{1p} \\ a_{21} & a_{22} & \cdots & a_{2p} \\ \vdots & \vdots & & \vdots \\ a_{n1} & a_{n2} & \cdots & a_{np} \end{pmatrix}.$$

Définition 10.

On appelle **matrice transposée** de A la matrice A^T de taille $p \times n$ définie par :

$$A^T = \begin{pmatrix} a_{11} & a_{21} & \cdots & a_{n1} \\ a_{12} & a_{22} & \cdots & a_{n2} \\ \vdots & \vdots & & \vdots \\ a_{1p} & a_{2p} & \cdots & a_{np} \end{pmatrix}.$$

Autrement dit : le coefficient à la place (i, j) de A^T est a_{ji}. Ou encore la i-ème ligne de A devient la i-ème colonne de A^T (et réciproquement la j-ème colonne de A^T est la j-ème ligne de A).

Notation : La transposée de la matrice A se note aussi souvent ^tA.

Exemple 19.

$$\begin{pmatrix} 1 & 2 & 3 \\ 4 & 5 & -6 \\ -7 & 8 & 9 \end{pmatrix}^T = \begin{pmatrix} 1 & 4 & -7 \\ 2 & 5 & 8 \\ 3 & -6 & 9 \end{pmatrix}$$

$$\begin{pmatrix} 0 & 3 \\ 1 & -5 \\ -1 & 2 \end{pmatrix}^T = \begin{pmatrix} 0 & 1 & -1 \\ 3 & -5 & 2 \end{pmatrix} \qquad (1 \quad -2 \quad 5)^T = \begin{pmatrix} 1 \\ -2 \\ 5 \end{pmatrix}$$

L'opération de transposition obéit aux règles suivantes :

Théorème 5.

1. $(A+B)^T = A^T + B^T$
2. $(\alpha A)^T = \alpha A^T$
3. $(A^T)^T = A$
4. $\boxed{(AB)^T = B^T A^T}$
5. Si A est inversible, alors A^T l'est aussi et on a $(A^T)^{-1} = (A^{-1})^T$.

Notez bien l'inversion : $(AB)^T = B^T A^T$, comme pour $(AB)^{-1} = B^{-1} A^{-1}$.

6.3. La trace

Dans le cas d'une matrice carrée de taille $n \times n$, les éléments $a_{11}, a_{22}, \ldots, a_{nn}$ sont appelés les **éléments diagonaux**.

Sa **diagonale principale** est la diagonale $(a_{11}, a_{22}, \ldots, a_{nn})$.

$$\begin{pmatrix} a_{11} & a_{12} & \cdots & a_{1n} \\ a_{21} & a_{22} & \cdots & a_{2n} \\ \vdots & \vdots & \ddots & \vdots \\ a_{n1} & a_{n2} & \cdots & a_{nn} \end{pmatrix}$$

Définition 11.

La **trace** de la matrice A est le nombre obtenu en additionnant les éléments diagonaux de A. Autrement dit,

$$\boxed{\operatorname{tr} A = a_{11} + a_{22} + \cdots + a_{nn}.}$$

Exemple 20.
- Si $A = \begin{pmatrix} 2 & 1 \\ 0 & 5 \end{pmatrix}$, alors $\operatorname{tr} A = 2 + 5 = 7$.
- Pour $B = \begin{pmatrix} 1 & 1 & 2 \\ 5 & 2 & 8 \\ 11 & 0 & -10 \end{pmatrix}$, $\operatorname{tr} B = 1 + 2 - 10 = -7$.

Théorème 6.

Soient A et B deux matrices $n \times n$. Alors :

1. $\operatorname{tr}(A + B) = \operatorname{tr} A + \operatorname{tr} B$,
2. $\operatorname{tr}(\alpha A) = \alpha \operatorname{tr} A$ *pour tout* $\alpha \in \mathbb{K}$,
3. $\operatorname{tr}(A^T) = \operatorname{tr} A$,
4. $\operatorname{tr}(AB) = \operatorname{tr}(BA)$.

Démonstration.

1. Pour tout $1 \leqslant i \leqslant n$, le coefficient (i,i) de $A + B$ est $a_{ii} + b_{ii}$. Ainsi, on a bien $\operatorname{tr}(A+B) = \operatorname{tr}(A) + \operatorname{tr}(B)$.
2. On a $\operatorname{tr}(\alpha A) = \alpha a_{11} + \cdots + \alpha a_{nn} = \alpha(a_{11} + \cdots + a_{nn}) = \alpha \operatorname{tr} A$.
3. Étant donné que la transposition ne change pas les éléments diagonaux, la trace de A est égale à la trace de A^T.
4. Notons c_{ij} les coefficients de AB. Alors par définition
$$c_{ii} = a_{i1}b_{1i} + a_{i2}b_{2i} + \cdots + a_{in}b_{ni}.$$

Ainsi,
$$\begin{aligned}\operatorname{tr}(AB) = \; & a_{11}b_{11} + a_{12}b_{21} + \cdots + a_{1n}b_{n1} \\ & + a_{21}b_{12} + a_{22}b_{22} + \cdots + a_{2n}b_{n2} \\ & \vdots \\ & + a_{n1}b_{1n} + a_{n2}b_{2n} + \cdots + a_{nn}b_{nn}.\end{aligned}$$

On peut réarranger les termes pour obtenir
$$\begin{aligned}\operatorname{tr}(AB) = \; & a_{11}b_{11} + a_{21}b_{12} + \cdots + a_{n1}b_{1n} \\ & + a_{12}b_{21} + a_{22}b_{22} + \cdots + a_{n2}b_{2n} \\ & \vdots \\ & + a_{1n}b_{n1} + a_{2n}b_{n2} + \cdots + a_{nn}b_{nn}.\end{aligned}$$

En utilisant la commutativité de la multiplication dans $\mathbb{K}$, la première ligne devient
$$b_{11}a_{11} + b_{12}a_{21} + \cdots + b_{1n}a_{n1}$$

qui vaut le coefficient $(1, 1)$ de BA. On note d_{ij} les coefficients de BA. En faisant de même avec les autres lignes, on voit finalement que

$$\operatorname{tr}(AB) = d_{11} + \cdots + d_{nn} = \operatorname{tr}(BA).$$

□

6.4. Matrices symétriques

Définition 12.
Une matrice A de taille $n \times n$ est **symétrique** si elle est égale à sa transposée, c'est-à-dire si
$$A = A^T,$$
ou encore si $a_{ij} = a_{ji}$ pour tout $i, j = 1, \ldots, n$. Les coefficients sont donc symétriques par rapport à la diagonale.

Exemple 21.
Les matrices suivantes sont symétriques :

$$\begin{pmatrix} 0 & 2 \\ 2 & 4 \end{pmatrix} \quad \begin{pmatrix} -1 & 0 & 5 \\ 0 & 2 & -1 \\ 5 & -1 & 0 \end{pmatrix}$$

Exemple 22.
Pour une matrice B quelconque, les matrices $B \cdot B^T$ et $B^T \cdot B$ sont symétriques.
Preuve : $(BB^T)^T = (B^T)^T B^T = BB^T$. Idem pour $B^T B$.

6.5. Matrices antisymétriques

Définition 13.
Une matrice A de taille $n \times n$ est **antisymétrique** si
$$A^T = -A,$$
c'est-à-dire si $a_{ij} = -a_{ji}$ pour tout $i, j = 1, \ldots, n$.

Exemple 23.

$$\begin{pmatrix} 0 & -1 \\ 1 & 0 \end{pmatrix} \quad \begin{pmatrix} 0 & 4 & 2 \\ -4 & 0 & -5 \\ -2 & 5 & 0 \end{pmatrix}$$

Remarquons que les éléments diagonaux d'une matrice antisymétrique sont toujours tous nuls.

Exemple 24.

Toute matrice est la somme d'une matrice symétrique et d'une matrice antisymétrique.

Preuve : Soit A une matrice. Définissons $B = \frac{1}{2}(A + A^T)$ et $C = \frac{1}{2}(A - A^T)$. Alors d'une part $A = B + C$; d'autre part B est symétrique, car $B^T = \frac{1}{2}(A^T + (A^T)^T) = \frac{1}{2}(A^T + A) = B$; et enfin C est antisymétrique, car $C^T = \frac{1}{2}(A^T - (A^T)^T) = -C$.

Exemple :

$$\text{Pour} \quad A = \begin{pmatrix} 2 & 10 \\ 8 & -3 \end{pmatrix} \quad \text{alors} \quad A = \underbrace{\begin{pmatrix} 2 & 9 \\ 9 & -3 \end{pmatrix}}_{\text{symétrique}} + \underbrace{\begin{pmatrix} 0 & 1 \\ -1 & 0 \end{pmatrix}}_{\text{antisymétrique}}.$$

Mini-exercices.

1. Montrer que la somme de deux matrices triangulaires supérieures reste triangulaire supérieure. Montrer que c'est aussi valable pour le produit.
2. Montrer que si A est triangulaire supérieure, alors A^T est triangulaire inférieure. Et si A est diagonale ?
3. Soit $A = \begin{pmatrix} x_1 \\ x_2 \\ \vdots \\ x_n \end{pmatrix}$. Calculer $A^T \cdot A$, puis $A \cdot A^T$.
4. Soit $A = \begin{pmatrix} a & b \\ c & d \end{pmatrix}$. Calculer $\text{tr}(A \cdot A^T)$.
5. Soit A une matrice de taille 2×2 inversible. Montrer que si A est symétrique, alors A^{-1} aussi. Et si A est antisymétrique ?
6. Montrer que la décomposition d'une matrice sous la forme « symétrique + antisymétrique » est unique.

Auteurs du chapitre

- D'après un cours de Eva Bayer-Fluckiger, Philippe Chabloz, Lara Thomas de l'École Polytechnique Fédérale de Lausanne,
- et un cours de Sophie Chemla de l'université Pierre et Marie Curie, reprenant des parties de cours de H. Ledret et d'une équipe de l'université de Bordeaux animée par J. Queyrut,
- mixés et révisés par Arnaud Bodin, relu par Vianney Combet.

L'espace vectoriel $\mathbb{R}^n$

Chapitre 9

Ce chapitre est consacré à l'ensemble $\mathbb{R}^n$ vu comme espace vectoriel. Il peut être vu de plusieurs façons :

- un cours minimal sur les espaces vectoriels pour ceux qui n'auraient besoin que de $\mathbb{R}^n$,
- une introduction avant d'attaquer le cours détaillé sur les espaces vectoriels,
- une source d'exemples à lire en parallèle du cours sur les espaces vectoriels.

1. Vecteurs de $\mathbb{R}^n$

1.1. Opérations sur les vecteurs

- L'ensemble des nombres réels $\mathbb{R}$ est souvent représenté par une droite. C'est un espace de dimension 1.
- Le plan est formé des couples $\begin{pmatrix} x_1 \\ x_2 \end{pmatrix}$ de nombres réels. Il est noté $\mathbb{R}^2$. C'est un espace à deux dimensions.
- L'espace de dimension 3 est constitué des triplets de nombres réels $\begin{pmatrix} x_1 \\ x_2 \\ x_3 \end{pmatrix}$. Il est noté $\mathbb{R}^3$.

  Le symbole $\begin{pmatrix} x_1 \\ x_2 \\ x_3 \end{pmatrix}$ a deux interprétations géométriques : soit comme un point de l'espace (figure de gauche), soit comme un vecteur (figure de droite) :

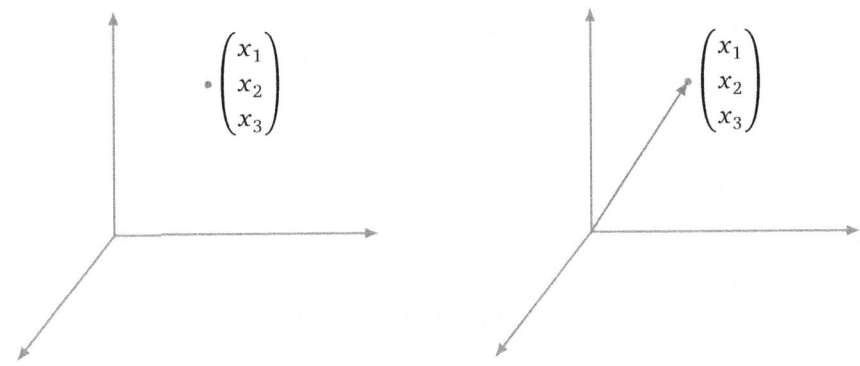

On généralise ces notions en considérant des espaces de dimension n pour tout entier positif $n = 1, 2, 3, 4, \ldots$ Les éléments de l'espace de dimension n sont les n-uples $\begin{pmatrix} x_1 \\ x_2 \\ \vdots \\ x_n \end{pmatrix}$ de nombres réels. L'espace de dimension n est noté $\mathbb{R}^n$. Comme en dimensions 2 et 3, le n-uple $\begin{pmatrix} x_1 \\ x_2 \\ \vdots \\ x_n \end{pmatrix}$ dénote aussi bien un point qu'un vecteur de l'espace de dimension n.

Soient $u = \begin{pmatrix} u_1 \\ u_2 \\ \vdots \\ u_n \end{pmatrix}$ et $v = \begin{pmatrix} v_1 \\ v_2 \\ \vdots \\ v_n \end{pmatrix}$ deux vecteurs de $\mathbb{R}^n$.

Définition 1.
- **Somme de deux vecteurs.** Leur somme est par définition le vecteur $u + v = \begin{pmatrix} u_1 + v_1 \\ \vdots \\ u_n + v_n \end{pmatrix}$.
- **Produit d'un vecteur par un scalaire.** Soit $\lambda \in \mathbb{R}$ (appelé un **scalaire**) : $\lambda \cdot u = \begin{pmatrix} \lambda u_1 \\ \vdots \\ \lambda u_n \end{pmatrix}$.
- Le **vecteur nul** de $\mathbb{R}^n$ est le vecteur $0 = \begin{pmatrix} 0 \\ \vdots \\ 0 \end{pmatrix}$.
- L'**opposé** du vecteur $u = \begin{pmatrix} u_1 \\ \vdots \\ u_n \end{pmatrix}$ est le vecteur $-u = \begin{pmatrix} -u_1 \\ \vdots \\ -u_n \end{pmatrix}$.

Voici des vecteurs dans $\mathbb{R}^2$ (ici $\lambda = 2$) :

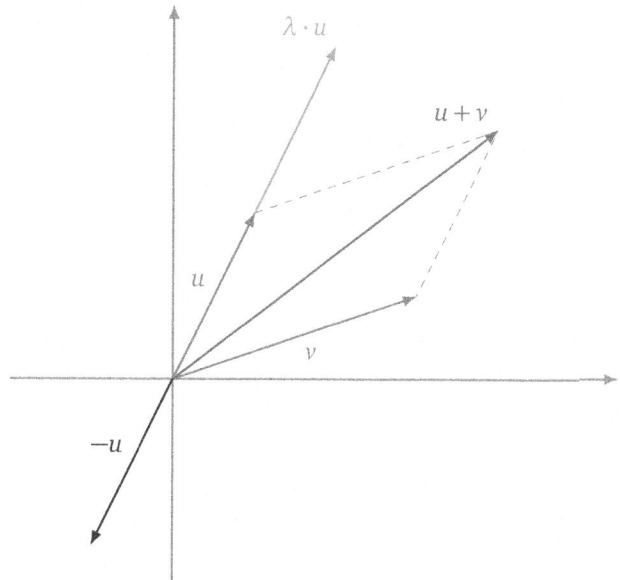

Dans un premier temps, vous pouvez noter $\vec{u}, \vec{v}, \vec{0}$ au lieu de u, v, 0. Mais il faudra s'habituer rapidement à la notation sans flèche. De même, si λ est un scalaire et u un vecteur, on notera souvent λu au lieu de $\lambda \cdot u$.

Théorème 1.
Soient $u = \begin{pmatrix} u_1 \\ \vdots \\ u_n \end{pmatrix}$, $v = \begin{pmatrix} v_1 \\ \vdots \\ v_n \end{pmatrix}$ et $w = \begin{pmatrix} w_1 \\ \vdots \\ w_n \end{pmatrix}$ des vecteurs de $\mathbb{R}^n$ et $\lambda, \mu \in \mathbb{R}$. Alors :

1. $u + v = v + u$
2. $u + (v + w) = (u + v) + w$
3. $u + 0 = 0 + u = u$
4. $u + (-u) = 0$
5. $1 \cdot u = u$
6. $\lambda \cdot (\mu \cdot u) = (\lambda \mu) \cdot u$
7. $\lambda \cdot (u + v) = \lambda \cdot u + \lambda \cdot v$
8. $(\lambda + \mu) \cdot u = \lambda \cdot u + \mu \cdot u$

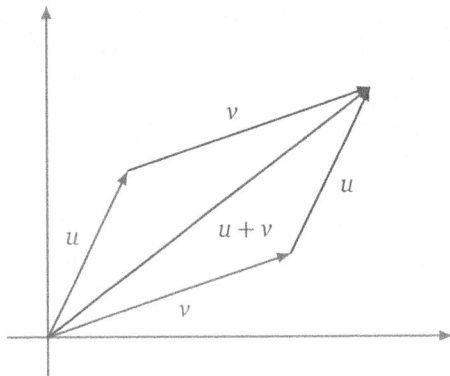

Chacune de ces propriétés découle directement de la définition de la somme et de la multiplication par un scalaire. Ces huit propriétés font de $\mathbb{R}^n$ un **espace vectoriel**. Dans le cadre général, ce sont ces huit propriétés qui définissent ce qu'est un espace vectoriel.

1.2. Représentation des vecteurs de $\mathbb{R}^n$

Soit $u = \begin{pmatrix} u_1 \\ \vdots \\ u_n \end{pmatrix}$ un vecteur de $\mathbb{R}^n$. On l'appelle **vecteur colonne** et on considère naturellement u comme une matrice de taille $n \times 1$. Parfois, on rencontre aussi des **vecteurs lignes** : on peut voir le vecteur u comme une matrice $1 \times n$, de la forme $(u_1, \ldots, u_n)$. En fait, le vecteur ligne correspondant à u est le transposé u^T du vecteur colonne u.

Les opérations de somme et de produit par un scalaire définies ci-dessus pour les vecteurs coïncident parfaitement avec les opérations définies sur les matrices :

$$u + v = \begin{pmatrix} u_1 \\ \vdots \\ u_n \end{pmatrix} + \begin{pmatrix} v_1 \\ \vdots \\ v_n \end{pmatrix} = \begin{pmatrix} u_1 + v_1 \\ \vdots \\ u_n + v_n \end{pmatrix} \quad \text{et} \quad \lambda u = \lambda \begin{pmatrix} u_1 \\ \vdots \\ u_n \end{pmatrix} = \begin{pmatrix} \lambda u_1 \\ \vdots \\ \lambda u_n \end{pmatrix}.$$

1.3. Produit scalaire

Soient $u = \begin{pmatrix} u_1 \\ \vdots \\ u_n \end{pmatrix}$ et $v = \begin{pmatrix} v_1 \\ \vdots \\ v_n \end{pmatrix}$ deux vecteurs de $\mathbb{R}^n$. On définit leur **produit scalaire** par

$$\langle u \mid v \rangle = u_1 v_1 + u_2 v_2 + \cdots + u_n v_n.$$

C'est un scalaire (un nombre réel). Remarquons que cette définition généralise la notion de produit scalaire dans le plan $\mathbb{R}^2$ et dans l'espace $\mathbb{R}^3$.

Une autre écriture :

$$\langle u \mid v \rangle = u^T \times v = \begin{pmatrix} u_1 & u_2 & \cdots & u_n \end{pmatrix} \times \begin{pmatrix} v_1 \\ v_2 \\ \vdots \\ v_n \end{pmatrix}$$

Soient $A = (a_{ij})$ une matrice de taille $n \times p$, et $B = (b_{ij})$ une matrice de taille $p \times q$. Nous savons que l'on peut former le produit matriciel AB. On obtient une matrice de taille $n \times q$. L'élément d'indice ij de la matrice AB est

$$a_{i1}b_{1j} + a_{i2}b_{2j} + \cdots + a_{ip}b_{pj}.$$

Remarquons que ceci est aussi le produit matriciel :

$$\begin{pmatrix} a_{i1} & a_{i2} & \cdots & a_{ip} \end{pmatrix} \times \begin{pmatrix} b_{1j} \\ b_{2j} \\ \vdots \\ b_{pj} \end{pmatrix}.$$

Autrement dit, c'est le produit scalaire du i-ème vecteur ligne de A avec le j-ème vecteur colonne de B. Notons $\ell_1, \ldots, \ell_n$ les vecteurs lignes formant la matrice A, et $c_1, \ldots, c_q$ les vecteurs colonnes formant la matrice B. On a alors

$$AB = \begin{pmatrix} \langle \ell_1 \mid c_1 \rangle & \langle \ell_1 \mid c_2 \rangle & \cdots & \langle \ell_1 \mid c_q \rangle \\ \langle \ell_2 \mid c_1 \rangle & \langle \ell_2 \mid c_2 \rangle & \cdots & \langle \ell_2 \mid c_q \rangle \\ \vdots & \vdots & & \vdots \\ \langle \ell_n \mid c_1 \rangle & \langle \ell_n \mid c_2 \rangle & \cdots & \langle \ell_n \mid c_q \rangle \end{pmatrix}.$$

Mini-exercices.

1. Faire un dessin pour chacune des 8 propriétés qui font de $\mathbb{R}^2$ un espace vectoriel.

2. Faire la même chose pour $\mathbb{R}^3$.

3. Montrer que le produit scalaire vérifie $\langle u \mid v \rangle = \langle v \mid u \rangle$, $\langle u + v \mid w \rangle = \langle u \mid w \rangle + \langle v \mid w \rangle$, $\langle \lambda u \mid v \rangle = \lambda \langle u \mid v \rangle$ pour tout $u, v, w \in \mathbb{R}^n$ et $\lambda \in \mathbb{R}$.

4. Soit $u \in \mathbb{R}^n$. Montrer que $\langle u \mid u \rangle \geqslant 0$. Montrer $\langle u \mid u \rangle = 0$ si et seulement si u est le vecteur nul.

2. Exemples d'applications linéaires

Soient
$$f_1 : \mathbb{R}^p \longrightarrow \mathbb{R} \quad f_2 : \mathbb{R}^p \longrightarrow \mathbb{R} \quad \ldots \quad f_n : \mathbb{R}^p \longrightarrow \mathbb{R}$$
n fonctions de p variables réelles à valeurs réelles ; chaque f_i est une fonction :
$$f_i : \mathbb{R}^p \longrightarrow \mathbb{R}, \quad (x_1, x_2, \ldots, x_p) \mapsto f_i(x_1, \ldots, x_p)$$

On construit une application
$$f : \mathbb{R}^p \longrightarrow \mathbb{R}^n$$
définie par
$$f(x_1, \ldots, x_p) = \bigl(f_1(x_1, \ldots, x_p), \ldots, f_n(x_1, \ldots, x_p)\bigr).$$

2.1. Applications linéaires

Définition 2.
Une application $f : \mathbb{R}^p \longrightarrow \mathbb{R}^n$ définie par $f(x_1, \ldots, x_p) = (y_1, \ldots, y_n)$ est dite une **application linéaire** si
$$\begin{cases} y_1 &= a_{11}x_1 + a_{12}x_2 + \cdots + a_{1p}x_p \\ y_2 &= a_{21}x_1 + a_{22}x_2 + \cdots + a_{2p}x_p \\ \vdots & \quad \vdots \qquad\quad \vdots \qquad\qquad\quad \vdots \\ y_n &= a_{n1}x_1 + a_{n2}x_2 + \cdots + a_{np}x_p. \end{cases}$$

En notation matricielle, on a
$$f\begin{pmatrix} x_1 \\ x_2 \\ \vdots \\ x_p \end{pmatrix} = \begin{pmatrix} y_1 \\ y_2 \\ \vdots \\ y_n \end{pmatrix} = \begin{pmatrix} a_{11} & a_{12} & \cdots & a_{1p} \\ a_{21} & a_{22} & \cdots & a_{2p} \\ \vdots & \vdots & & \vdots \\ a_{n1} & a_{n2} & \cdots & a_{np} \end{pmatrix} \begin{pmatrix} x_1 \\ x_2 \\ \vdots \\ x_p \end{pmatrix},$$

ou encore, si on note $X = \begin{pmatrix} x_1 \\ \vdots \\ x_p \end{pmatrix}$ et $A \in M_{n,p}(\mathbb{R})$ la matrice (a_{ij}),

$$\boxed{f(X) = AX.}$$

Autrement dit, une application linéaire $\mathbb{R}^p \to \mathbb{R}^n$ peut s'écrire $X \mapsto AX$. La matrice $A \in M_{n,p}(\mathbb{R})$ est appelée la **matrice de l'application linéaire** f.

Remarque.
- On a toujours $f(0,\ldots,0) = (0,\ldots,0)$. Si on note 0 pour le vecteur nul dans $\mathbb{R}^p$ et aussi dans $\mathbb{R}^n$, alors une application linéaire vérifie toujours $f(0) = 0$.
- Le nom complet de la matrice A est : la matrice de l'application linéaire f de la base canonique de $\mathbb{R}^p$ vers la base canonique de $\mathbb{R}^n$!

Exemple 1.
La fonction $f : \mathbb{R}^4 \longrightarrow \mathbb{R}^3$ définie par

$$\begin{cases} y_1 &= -2x_1 + 5x_2 + 2x_3 - 7x_4 \\ y_2 &= 4x_1 + 2x_2 - 3x_3 + 3x_4 \\ y_3 &= 7x_1 - 3x_2 + 9x_3 \end{cases}$$

s'exprime sous forme matricielle comme suit :

$$\begin{pmatrix} y_1 \\ y_2 \\ y_3 \end{pmatrix} = \begin{pmatrix} -2 & 5 & 2 & -7 \\ 4 & 2 & -3 & 3 \\ 7 & -3 & 9 & 0 \end{pmatrix} \begin{pmatrix} x_1 \\ x_2 \\ x_3 \\ x_4 \end{pmatrix}.$$

Exemple 2.
- Pour l'application linéaire identité $\mathbb{R}^n \to \mathbb{R}^n$, $(x_1,\ldots,x_n) \mapsto (x_1,\ldots,x_n)$, sa matrice associée est l'identité I_n (car $I_n X = X$).
- Pour l'application linéaire nulle $\mathbb{R}^p \to \mathbb{R}^n$, $(x_1,\ldots,x_p) \mapsto (0,\ldots,0)$, sa matrice associée est la matrice nulle $0_{n,p}$ (car $0_{n,p} X = 0$).

2.2. Exemples d'applications linéaires

Réflexion par rapport à l'axe (Oy)

La fonction

$$f : \mathbb{R}^2 \longrightarrow \mathbb{R}^2 \quad \begin{pmatrix} x \\ y \end{pmatrix} \mapsto \begin{pmatrix} -x \\ y \end{pmatrix}$$

est la réflexion par rapport à l'axe des ordonnées (Oy), et sa matrice est

$$\begin{pmatrix} -1 & 0 \\ 0 & 1 \end{pmatrix} \quad \text{car} \quad \begin{pmatrix} -1 & 0 \\ 0 & 1 \end{pmatrix} \begin{pmatrix} x \\ y \end{pmatrix} = \begin{pmatrix} -x \\ y \end{pmatrix}.$$

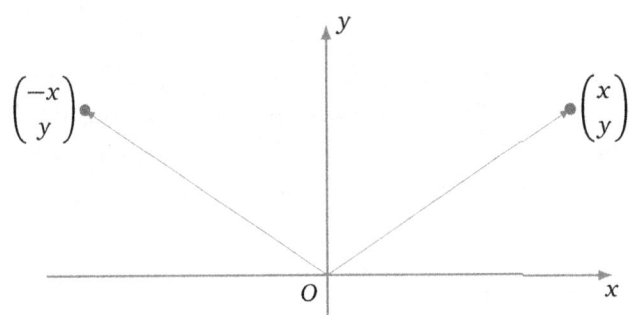

Réflexion par rapport à l'axe (Ox)

La réflexion par rapport à l'axe des abscisses (Ox) est donnée par la matrice
$$\begin{pmatrix} 1 & 0 \\ 0 & -1 \end{pmatrix}.$$

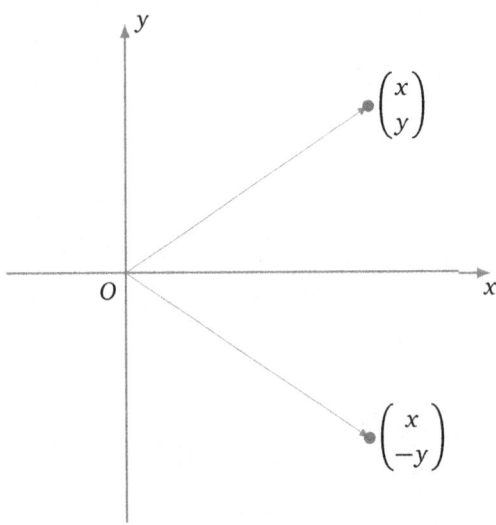

Réflexion par rapport à la droite $(y = x)$

La réflexion par rapport à la droite $(y = x)$ est donnée par
$$f : \mathbb{R}^2 \longrightarrow \mathbb{R}^2, \qquad \begin{pmatrix} x \\ y \end{pmatrix} \mapsto \begin{pmatrix} y \\ x \end{pmatrix}$$
et sa matrice est
$$\begin{pmatrix} 0 & 1 \\ 1 & 0 \end{pmatrix}.$$

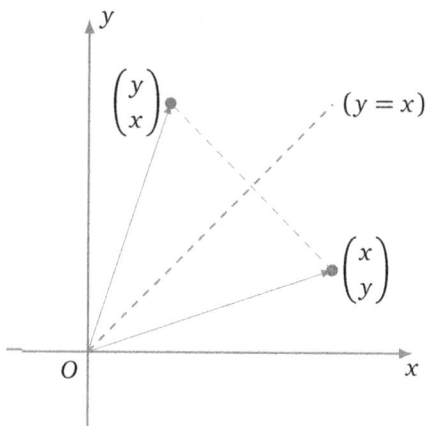

Homothéties

L'homothétie de rapport λ centrée à l'origine est :
$$f : \mathbb{R}^2 \longrightarrow \mathbb{R}^2, \qquad \begin{pmatrix} x \\ y \end{pmatrix} \mapsto \begin{pmatrix} \lambda x \\ \lambda y \end{pmatrix}.$$

On peut donc écrire $f\begin{pmatrix} x \\ y \end{pmatrix} = \begin{pmatrix} \lambda & 0 \\ 0 & \lambda \end{pmatrix}\begin{pmatrix} x \\ y \end{pmatrix}$. Alors la matrice de l'homothétie est :
$$\begin{pmatrix} \lambda & 0 \\ 0 & \lambda \end{pmatrix}.$$

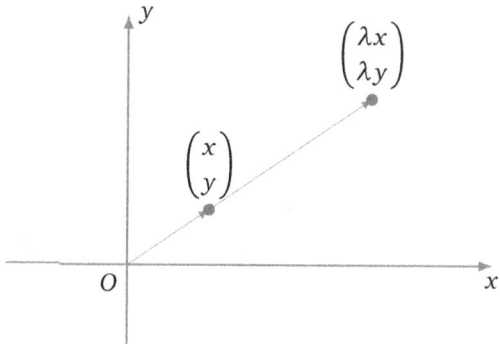

Remarque.

La translation de vecteur $\begin{pmatrix} u_0 \\ v_0 \end{pmatrix}$ est l'application
$$f : \mathbb{R}^2 \to \mathbb{R}^2, \qquad \begin{pmatrix} x \\ y \end{pmatrix} \mapsto \begin{pmatrix} x \\ y \end{pmatrix} + \begin{pmatrix} u_0 \\ v_0 \end{pmatrix} = \begin{pmatrix} x + u_0 \\ y + v_0 \end{pmatrix}.$$

Si c'est une translation de vecteur non nul, c'est-à-dire $\binom{u_0}{v_0} \neq \binom{0}{0}$, alors **ce n'est pas** une application linéaire, car $f\binom{0}{0} \neq \binom{0}{0}$.

Rotations

Soit $f : \mathbb{R}^2 \longrightarrow \mathbb{R}^2$ la rotation d'angle θ, centrée à l'origine.

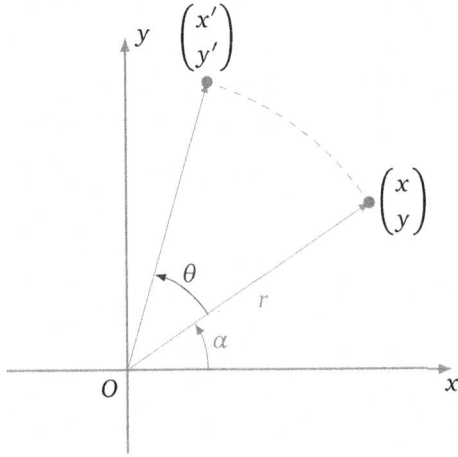

Si le vecteur $\binom{x}{y}$ fait un angle α avec l'horizontale et que le point $\binom{x}{y}$ est à une distance r de l'origine, alors
$$\begin{cases} x &= r\cos\alpha \\ y &= r\sin\alpha \end{cases}.$$

Si $\binom{x'}{y'}$ dénote l'image de $\binom{x}{y}$ par la rotation d'angle θ, on obtient :
$$\begin{cases} x' &= r\cos(\alpha+\theta) \\ y' &= r\sin(\alpha+\theta) \end{cases} \quad \text{donc} \quad \begin{cases} x' &= r\cos\alpha\cos\theta - r\sin\alpha\sin\theta \\ y' &= r\cos\alpha\sin\theta + r\sin\alpha\cos\theta \end{cases}$$

(où l'on a appliqué les formules de trigonométrie pour $\cos(\alpha+\theta)$ et $\sin(\alpha+\theta)$). On aboutit à
$$\begin{cases} x' &= x\cos\theta - y\sin\theta \\ y' &= x\sin\theta + y\cos\theta \end{cases} \quad \text{donc} \quad \begin{pmatrix} x' \\ y' \end{pmatrix} = \begin{pmatrix} \cos\theta & -\sin\theta \\ \sin\theta & \cos\theta \end{pmatrix} \begin{pmatrix} x \\ y \end{pmatrix}.$$

Autrement dit, la rotation d'angle θ est donnée par la matrice
$$\begin{pmatrix} \cos\theta & -\sin\theta \\ \sin\theta & \cos\theta \end{pmatrix}.$$

Projections orthogonales

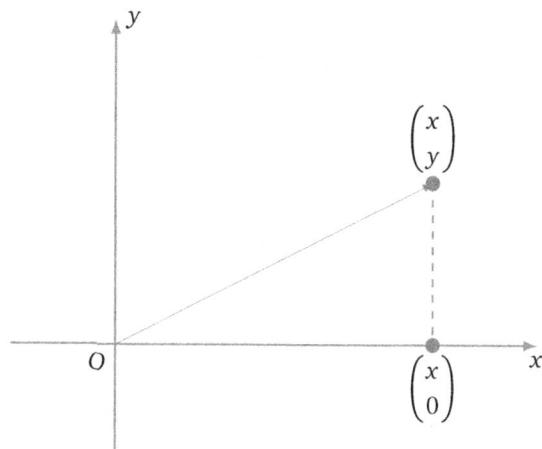

L'application

$$f : \mathbb{R}^2 \longrightarrow \mathbb{R}^2, \quad \begin{pmatrix} x \\ y \end{pmatrix} \mapsto \begin{pmatrix} x \\ 0 \end{pmatrix}$$

est la projection orthogonale sur l'axe (Ox). C'est une application linéaire donnée par la matrice

$$\begin{pmatrix} 1 & 0 \\ 0 & 0 \end{pmatrix}.$$

L'application linéaire

$$f : \mathbb{R}^3 \longrightarrow \mathbb{R}^3, \quad \begin{pmatrix} x \\ y \\ z \end{pmatrix} \mapsto \begin{pmatrix} x \\ y \\ 0 \end{pmatrix}$$

est la projection orthogonale sur le plan (Oxy) et sa matrice est

$$\begin{pmatrix} 1 & 0 & 0 \\ 0 & 1 & 0 \\ 0 & 0 & 0 \end{pmatrix}.$$

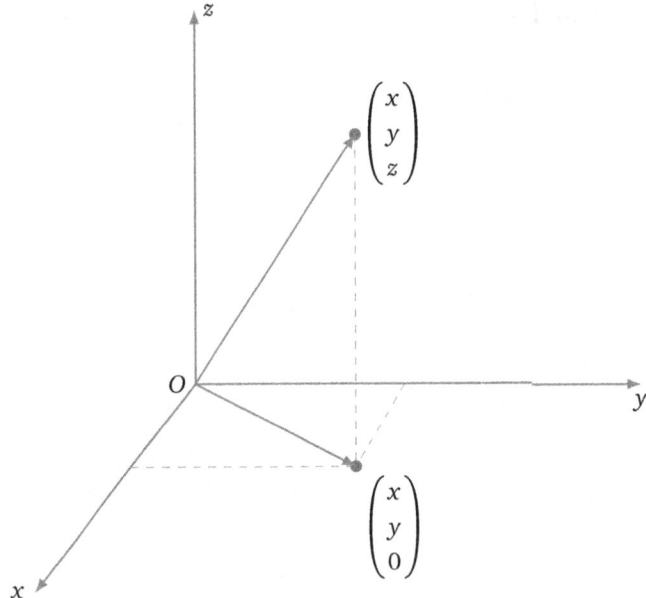

De même, la projection orthogonale sur le plan (Oxz) est donnée par la matrice de gauche ; la projection orthogonale sur le plan (Oyz) par la matrice de droite :

$$\begin{pmatrix} 1 & 0 & 0 \\ 0 & 0 & 0 \\ 0 & 0 & 1 \end{pmatrix} \quad \begin{pmatrix} 0 & 0 & 0 \\ 0 & 1 & 0 \\ 0 & 0 & 1 \end{pmatrix}.$$

Réflexions dans l'espace

L'application

$$f : \mathbb{R}^3 \longrightarrow \mathbb{R}^3, \quad \begin{pmatrix} x \\ y \\ z \end{pmatrix} \mapsto \begin{pmatrix} x \\ y \\ -z \end{pmatrix}$$

est la réflexion par rapport au plan (Oxy). C'est une application linéaire et sa matrice est

$$\begin{pmatrix} 1 & 0 & 0 \\ 0 & 1 & 0 \\ 0 & 0 & -1 \end{pmatrix}.$$

De même, les réflexions par rapport aux plans (Oxz) (à gauche) et (Oyz) (à droite) sont données par les matrices :

$$\begin{pmatrix} 1 & 0 & 0 \\ 0 & -1 & 0 \\ 0 & 0 & 1 \end{pmatrix} \qquad \begin{pmatrix} -1 & 0 & 0 \\ 0 & 1 & 0 \\ 0 & 0 & 1 \end{pmatrix}.$$

Mini-exercices.

1. Soit $A = \begin{pmatrix} 1 & 2 \\ 1 & 3 \end{pmatrix}$ et soit f l'application linéaire associée. Calculer et dessiner l'image par f de $\begin{pmatrix} 1 \\ 0 \end{pmatrix}$, puis $\begin{pmatrix} 0 \\ 1 \end{pmatrix}$ et plus généralement de $\begin{pmatrix} x \\ y \end{pmatrix}$. Dessiner l'image par f du carré de sommets $\begin{pmatrix} 0 \\ 0 \end{pmatrix} \begin{pmatrix} 1 \\ 0 \end{pmatrix} \begin{pmatrix} 1 \\ 1 \end{pmatrix} \begin{pmatrix} 0 \\ 1 \end{pmatrix}$. Dessiner l'image par f du cercle inscrit dans ce carré.

2. Soit $A = \begin{pmatrix} 1 & 2 & -1 \\ 0 & 1 & 0 \\ 2 & 1 & 1 \end{pmatrix}$ et soit f l'application linéaire associée. Calculer l'image par f de $\begin{pmatrix} 1 \\ 0 \\ 0 \end{pmatrix}$, $\begin{pmatrix} 0 \\ 1 \\ 0 \end{pmatrix}$, $\begin{pmatrix} 0 \\ 0 \\ 1 \end{pmatrix}$ et plus généralement de $\begin{pmatrix} x \\ y \\ z \end{pmatrix}$.

3. Écrire la matrice de la rotation du plan d'angle $\frac{\pi}{4}$ centrée à l'origine. Idem dans l'espace avec la rotation d'angle $\frac{\pi}{4}$ d'axe (Ox).

4. Écrire la matrice de la réflexion du plan par rapport à la droite $(y = -x)$. Idem dans l'espace avec la réflexion par rapport au plan d'équation $(y = -x)$.

5. Écrire la matrice de la projection orthogonale de l'espace sur l'axe (Oy).

3. Propriétés des applications linéaires

3.1. Composition d'applications linéaires et produit de matrices

Soient
$$f : \mathbb{R}^p \longrightarrow \mathbb{R}^n \qquad \text{et} \qquad g : \mathbb{R}^q \longrightarrow \mathbb{R}^p$$
deux applications linéaires. Considérons leur composition :
$$\mathbb{R}^q \xrightarrow{g} \mathbb{R}^p \xrightarrow{f} \mathbb{R}^n \qquad f \circ g : \mathbb{R}^q \longrightarrow \mathbb{R}^n.$$

L'application $f \circ g$ est une application linéaire. Notons :
- $A = \text{Mat}(f) \in M_{n,p}(\mathbb{R})$ la matrice associée à f,
- $B = \text{Mat}(g) \in M_{p,q}(\mathbb{R})$ la matrice associée à g,
- $C = \text{Mat}(f \circ g) \in M_{n,q}(\mathbb{R})$ la matrice associée à $f \circ g$.

On a pour un vecteur $X \in \mathbb{R}^q$:
$$(f \circ g)(X) = f\big(g(X)\big) = f\big(BX\big) = A(BX) = (AB)X.$$

Donc la matrice associée à $f \circ g$ est $C = AB$.

Autrement dit, la matrice associée à la composition de deux applications linéaires est égale au produit de leurs matrices :

$$\boxed{\operatorname{Mat}(f \circ g) = \operatorname{Mat}(f) \times \operatorname{Mat}(g)}$$

En fait le produit de matrices, qui au premier abord peut sembler bizarre et artificiel, est défini exactement pour vérifier cette relation.

Exemple 3.

Soit $f : \mathbb{R}^2 \longrightarrow \mathbb{R}^2$ la réflexion par rapport à la droite $(y = x)$ et soit $g : \mathbb{R}^2 \longrightarrow \mathbb{R}^2$ la rotation d'angle $\theta = \frac{\pi}{3}$ (centrée à l'origine). Les matrices sont

$$A = \operatorname{Mat}(f) = \begin{pmatrix} 0 & 1 \\ 1 & 0 \end{pmatrix} \quad \text{et} \quad B = \operatorname{Mat}(g) = \begin{pmatrix} \cos\theta & -\sin\theta \\ \sin\theta & \cos\theta \end{pmatrix} = \begin{pmatrix} \frac{1}{2} & -\frac{\sqrt{3}}{2} \\ \frac{\sqrt{3}}{2} & \frac{1}{2} \end{pmatrix}.$$

Voici pour $X = \begin{pmatrix} 1 \\ 0 \end{pmatrix}$ les images $f(X)$, $g(X)$, $f \circ g(X)$, $g \circ f(X)$:

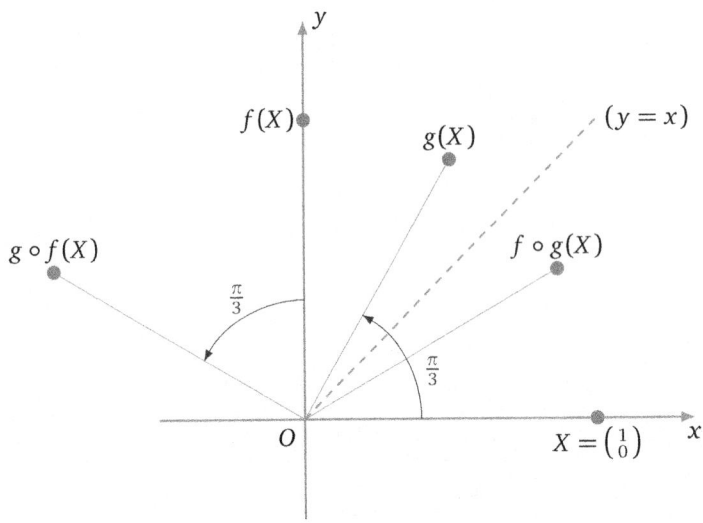

Alors

$$C = \operatorname{Mat}(f \circ g) = \operatorname{Mat}(f) \times \operatorname{Mat}(g) = \begin{pmatrix} 0 & 1 \\ 1 & 0 \end{pmatrix} \times \begin{pmatrix} \frac{1}{2} & -\frac{\sqrt{3}}{2} \\ \frac{\sqrt{3}}{2} & \frac{1}{2} \end{pmatrix} = \begin{pmatrix} \frac{\sqrt{3}}{2} & \frac{1}{2} \\ \frac{1}{2} & -\frac{\sqrt{3}}{2} \end{pmatrix}.$$

Notons que si l'on considère la composition $g \circ f$ alors

$$D = \mathrm{Mat}(g \circ f) = \mathrm{Mat}(g) \times \mathrm{Mat}(f) = \begin{pmatrix} \frac{1}{2} & -\frac{\sqrt{3}}{2} \\ \frac{\sqrt{3}}{2} & \frac{1}{2} \end{pmatrix} \times \begin{pmatrix} 0 & 1 \\ 1 & 0 \end{pmatrix} = \begin{pmatrix} -\frac{\sqrt{3}}{2} & \frac{1}{2} \\ \frac{1}{2} & \frac{\sqrt{3}}{2} \end{pmatrix}.$$

Les matrices $C = AB$ et $D = BA$ sont distinctes, ce qui montre que la composition d'applications linéaires, comme la multiplication des matrices, n'est pas commutative en général.

3.2. Application linéaire bijective et matrice inversible

Théorème 2.
Une application linéaire $f : \mathbb{R}^n \to \mathbb{R}^n$ est bijective si et seulement si sa matrice associée $A = \mathrm{Mat}(f) \in M_n(\mathbb{R})$ est inversible.

L'application f est définie par $f(X) = AX$. Donc si f est bijective, alors d'une part $f(X) = Y \iff X = f^{-1}(Y)$, mais d'autre part $AX = Y \iff X = A^{-1}Y$. Conséquence : la matrice de f^{-1} est A^{-1}.

Corollaire 1.
Si f est bijective, alors

$$\boxed{\mathrm{Mat}(f^{-1}) = \bigl(\mathrm{Mat}(f)\bigr)^{-1}.}$$

Exemple 4.
Soit $f : \mathbb{R}^2 \longrightarrow \mathbb{R}^2$ la rotation d'angle θ. Alors $f^{-1} : \mathbb{R}^2 \longrightarrow \mathbb{R}^2$ est la rotation d'angle $-\theta$.
On a

$$\mathrm{Mat}(f) = \begin{pmatrix} \cos\theta & -\sin\theta \\ \sin\theta & \cos\theta \end{pmatrix},$$

$$\mathrm{Mat}(f^{-1}) = \bigl(\mathrm{Mat}(f)\bigr)^{-1} = \begin{pmatrix} \cos\theta & \sin\theta \\ -\sin\theta & \cos\theta \end{pmatrix} = \begin{pmatrix} \cos(-\theta) & -\sin(-\theta) \\ \sin(-\theta) & \cos(-\theta) \end{pmatrix}.$$

Exemple 5.
Soit $f : \mathbb{R}^2 \longrightarrow \mathbb{R}^2$ la projection sur l'axe (Ox). Alors f n'est pas injective. En effet, pour x fixé et tout $y \in \mathbb{R}$, $f\bigl(\begin{smallmatrix}x\\y\end{smallmatrix}\bigr) = \bigl(\begin{smallmatrix}x\\0\end{smallmatrix}\bigr)$. L'application f n'est pas non plus surjective : ceci se vérifie aisément car aucun point en-dehors de l'axe (Ox) n'est dans l'image de f.

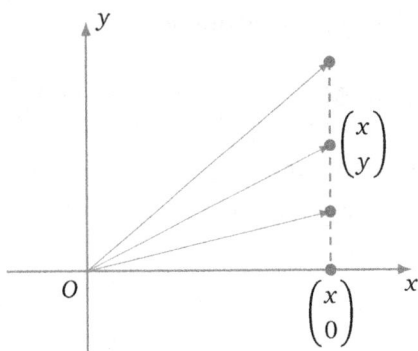

La matrice de f est $\begin{pmatrix} 1 & 0 \\ 0 & 0 \end{pmatrix}$; elle n'est pas inversible.

La preuve du théorème 2 est une conséquence directe du théorème suivant, vu dans le chapitre sur les matrices :

> **Théorème 3.**
>
> *Les assertions suivantes sont équivalentes :*
>
> (i) *La matrice A est inversible.*
>
> (ii) *Le système linéaire* $AX = \begin{pmatrix} 0 \\ \vdots \\ 0 \end{pmatrix}$ *a une unique solution* $X = \begin{pmatrix} 0 \\ \vdots \\ 0 \end{pmatrix}$.
>
> (iii) *Pour tout second membre Y, le système linéaire* $AX = Y$ *a une unique solution X.*

Voici donc la preuve du théorème 2.

Démonstration. • Si A est inversible, alors pour tout vecteur Y le système $AX = Y$ a une unique solution X, autrement dit pour tout Y, il existe un unique X tel que $f(X) = AX = Y$. f est donc bijective.

• Si A n'est pas inversible, alors il existe un vecteur X non nul tel que $AX = 0$. En conséquence on a $X \neq 0$ mais $f(X) = f(0) = 0$. f n'est pas injective donc pas bijective.

□

3.3. Caractérisation des applications linéaires

> **Théorème 4.**
>
> *Une application* $f : \mathbb{R}^p \longrightarrow \mathbb{R}^n$ *est linéaire si et seulement si pour tous les vecteurs u, v de $\mathbb{R}^p$ et pour tout scalaire $\lambda \in \mathbb{R}$, on a*
>
> (i) $f(u+v) = f(u) + f(v)$,

(ii) $f(\lambda u) = \lambda f(u)$.

Dans le cadre général des espaces vectoriels, ce sont ces deux propriétés (i) et (ii) qui définissent une application linéaire.

Définition 3.
Les vecteurs
$$e_1 = \begin{pmatrix} 1 \\ 0 \\ \vdots \\ 0 \end{pmatrix} \quad e_2 = \begin{pmatrix} 0 \\ 1 \\ 0 \\ \vdots \\ 0 \end{pmatrix} \quad \cdots \quad e_p = \begin{pmatrix} 0 \\ \vdots \\ 0 \\ 1 \end{pmatrix}$$
sont appelés les **vecteurs de la base canonique** de $\mathbb{R}^p$.

La démonstration du théorème impliquera :

Corollaire 2.
Soit $f : \mathbb{R}^p \longrightarrow \mathbb{R}^n$ une application linéaire, et soient $e_1, \ldots, e_p$ les vecteurs de base canonique de $\mathbb{R}^p$. Alors la matrice de f (dans les bases canoniques de $\mathbb{R}^p$ vers $\mathbb{R}^n$) est donnée par
$$\mathrm{Mat}(f) = \begin{pmatrix} f(e_1) & f(e_2) & \cdots & f(e_p) \end{pmatrix} ;$$
autrement dit les vecteurs colonnes de $\mathrm{Mat}(f)$ sont les images par f des vecteurs de la base canonique $(e_1, \ldots, e_p)$.

Exemple 6.
Considérons l'application linéaire $f : \mathbb{R}^3 \to \mathbb{R}^4$ définie par
$$\begin{cases} y_1 &= 2x_1 &+x_2 &-x_3 \\ y_2 &= -x_1 &-4x_2 & \\ y_3 &= 5x_1 &+x_2 &+x_3 \\ y_4 &= &3x_2 &+2x_3. \end{cases}$$

Calculons les images des vecteurs de la base canonique $\begin{pmatrix}1\\0\\0\end{pmatrix}, \begin{pmatrix}0\\1\\0\end{pmatrix}, \begin{pmatrix}0\\0\\1\end{pmatrix}$:

$$f\begin{pmatrix}1\\0\\0\end{pmatrix} = \begin{pmatrix}2\\-1\\5\\0\end{pmatrix} \quad f\begin{pmatrix}0\\1\\0\end{pmatrix} = \begin{pmatrix}1\\-4\\1\\3\end{pmatrix} \quad f\begin{pmatrix}0\\0\\1\end{pmatrix} = \begin{pmatrix}-1\\0\\1\\2\end{pmatrix}.$$

Donc la matrice de f est :

$$\operatorname{Mat}(f) = \begin{pmatrix} 2 & 1 & -1 \\ -1 & -4 & 0 \\ 5 & 1 & 1 \\ 0 & 3 & 2 \end{pmatrix}.$$

Exemple 7.
Soit $f : \mathbb{R}^2 \to \mathbb{R}^2$ la réflexion par rapport à la droite $(y = x)$ et soit g la rotation du plan d'angle $\frac{\pi}{6}$ centrée à l'origine. Calculons la matrice de l'application $f \circ g$. La base canonique de $\mathbb{R}^2$ est formée des vecteurs $\begin{pmatrix} 1 \\ 0 \end{pmatrix}$ et $\begin{pmatrix} 0 \\ 1 \end{pmatrix}$.

$$f \circ g \begin{pmatrix} 1 \\ 0 \end{pmatrix} = f \begin{pmatrix} \frac{\sqrt{3}}{2} \\ \frac{1}{2} \end{pmatrix} = \begin{pmatrix} \frac{1}{2} \\ \frac{\sqrt{3}}{2} \end{pmatrix} \qquad f \circ g \begin{pmatrix} 0 \\ 1 \end{pmatrix} = f \begin{pmatrix} -\frac{1}{2} \\ \frac{\sqrt{3}}{2} \end{pmatrix} = \begin{pmatrix} \frac{\sqrt{3}}{2} \\ -\frac{1}{2} \end{pmatrix}$$

Donc la matrice de $f \circ g$ est :

$$\operatorname{Mat}(f) = \begin{pmatrix} \frac{1}{2} & \frac{\sqrt{3}}{2} \\ \frac{\sqrt{3}}{2} & -\frac{1}{2} \end{pmatrix}.$$

Voici la preuve du théorème 4.

Démonstration. Supposons $f : \mathbb{R}^p \longrightarrow \mathbb{R}^n$ linéaire, et soit A sa matrice. On a $f(u + v) = A(u+v) = Au + Av = f(u) + f(v)$ et $f(\lambda u) = A(\lambda u) = \lambda Au = \lambda f(u)$.
Réciproquement, soit $f : \mathbb{R}^p \longrightarrow \mathbb{R}^n$ une application qui vérifie (i) et (ii). Nous devons construire une matrice A telle que $f(u) = Au$. Notons d'abord que (i) implique que $f(v_1 + v_2 + \cdots + v_r) = f(v_1) + f(v_2) + \cdots + f(v_r)$. Notons $(e_1, \ldots, e_p)$ les vecteurs de la base canonique de $\mathbb{R}^p$.
Soit A la matrice $n \times p$ dont les colonnes sont

$$f(e_1), f(e_2), \ldots, f(e_p).$$

Pour $X = \begin{pmatrix} x_1 \\ x_2 \\ \vdots \\ x_p \end{pmatrix} \in \mathbb{R}^p,$ alors $X = x_1 e_1 + x_2 e_2 + \cdots + x_p e_p$

et donc
$$\begin{aligned}
AX &= A(x_1 e_1 + x_2 e_2 + \cdots + x_p e_p) \\
&= A x_1 e_1 + A x_2 e_2 + \cdots + A x_p e_p \\
&= x_1 A e_1 + x_2 A e_2 + \cdots + x_p A e_p \\
&= x_1 f(e_1) + x_2 f(e_2) + \cdots + x_p f(e_p) \\
&= f(x_1 e_1) + f(x_2 e_2) + \cdots + f(x_p e_p) \\
&= f(x_1 e_1 + x_2 e_2 + \cdots + x_p e_p) = f(X).
\end{aligned}$$

On a alors $f(X) = AX$, et f est bien une application linéaire (de matrice A). □

Mini-exercices.

1. Soit f la réflexion du plan par rapport à l'axe (Ox) et soit g la rotation d'angle $\frac{2\pi}{3}$ centrée à l'origine. Calculer la matrice de $f \circ g$ de deux façons différentes (produit de matrices et image de la base canonique). Cette matrice est-elle inversible ? Si oui, calculer l'inverse. Interprétation géométrique. Même question avec $g \circ f$.

2. Soit f la projection orthogonale de l'espace sur le plan (Oxz) et soit g la rotation d'angle $\frac{\pi}{2}$ d'axe (Oy). Calculer la matrice de $f \circ g$ de deux façons différentes (produit de matrices et image de la base canonique). Cette matrice est-elle inversible ? Si oui, calculer l'inverse. Interprétation géométrique. Même question avec $g \circ f$.

Auteurs du chapitre

- D'après un cours de Eva Bayer-Fluckiger, Philippe Chabloz, Lara Thomas de l'École Polytechnique Fédérale de Lausanne,
- révisé et reformaté par Arnaud Bodin, relu par Vianney Combet.

Chapitre 10

Espaces vectoriels

La notion d'espace vectoriel est une structure fondamentale des mathématiques modernes. Il s'agit de dégager les propriétés communes que partagent des ensembles pourtant très différents. Par exemple, on peut additionner deux vecteurs du plan, et aussi multiplier un vecteur par un réel (pour l'agrandir ou le rétrécir). Mais on peut aussi additionner deux fonctions, ou multiplier une fonction par un réel. Même chose avec les polynômes, les matrices,... Le but est d'obtenir des théorèmes généraux qui s'appliqueront aussi bien aux vecteurs du plan, de l'espace, aux espaces de fonctions, aux polynômes, aux matrices,... La contrepartie de cette grande généralité de situations est que la notion d'espace vectoriel est difficile à appréhender et vous demandera une quantité conséquente de travail ! Il est bon d'avoir d'abord étudié le chapitre « L'espace vectoriel $\mathbb{R}^n$ ».

1. Espace vectoriel (début)

Dans ce chapitre, $\mathbb{K}$ désigne un corps. Dans la plupart des exemples, ce sera le corps des réels $\mathbb{R}$.

1.1. Définition d'un espace vectoriel

Un espace vectoriel est un ensemble formé de vecteurs, de sorte que l'on puisse additionner (et soustraire) deux vecteurs u, v pour en former un troisième $u + v$ (ou $u - v$) et aussi afin que l'on puisse multiplier chaque vecteur u d'un facteur λ pour obtenir un vecteur $\lambda \cdot u$. Voici la définition formelle :

Définition 1.

Un $\mathbb{K}$-**espace vectoriel** est un ensemble non vide E muni :
- d'une loi de composition interne, c'est-à-dire d'une application de $E \times E$ dans E :
$$\begin{array}{rcl} E \times E & \to & E \\ (u,v) & \mapsto & u+v \end{array}$$
- d'une loi de composition externe, c'est-à-dire d'une application de $\mathbb{K} \times E$ dans E :
$$\begin{array}{rcl} \mathbb{K} \times E & \to & E \\ (\lambda,u) & \mapsto & \lambda \cdot u \end{array}$$

qui vérifient les propriétés suivantes :

1. $u + v = v + u$ (pour tous $u, v \in E$)
2. $u + (v + w) = (u + v) + w$ (pour tous $u, v, w \in E$)
3. Il existe un **élément neutre** $0_E \in E$ tel que $u + 0_E = u$ (pour tout $u \in E$)
4. Tout $u \in E$ admet un **symétrique** u' tel que $u + u' = 0_E$. Cet élément u' est noté $-u$.
5. $1 \cdot u = u$ (pour tout $u \in E$)
6. $\lambda \cdot (\mu \cdot u) = (\lambda \mu) \cdot u$ (pour tous $\lambda, \mu \in \mathbb{K}, u \in E$)
7. $\lambda \cdot (u + v) = \lambda \cdot u + \lambda \cdot v$ (pour tous $\lambda \in \mathbb{K}, u, v \in E$)
8. $(\lambda + \mu) \cdot u = \lambda \cdot u + \mu \cdot u$ (pour tous $\lambda, \mu \in \mathbb{K}, u \in E$)

Nous reviendrons en détail sur chacune de ces propriétés juste après des exemples.

1.2. Premiers exemples

Exemple 1 (Le $\mathbb{R}$-espace vectoriel $\mathbb{R}^2$).
Posons $\mathbb{K} = \mathbb{R}$ et $E = \mathbb{R}^2$. Un élément $u \in E$ est donc un couple (x, y) avec x élément de $\mathbb{R}$ et y élément de $\mathbb{R}$. Ceci s'écrit
$$\mathbb{R}^2 = \{(x, y) \mid x \in \mathbb{R}, y \in \mathbb{R}\}.$$

- *Définition de la loi interne.* Si (x, y) et (x', y') sont deux éléments de $\mathbb{R}^2$, alors :
$$(x, y) + (x', y') = (x + x', y + y').$$

- *Définition de la loi externe.* Si λ est un réel et (x, y) est un élément de $\mathbb{R}^2$, alors :
$$\lambda \cdot (x, y) = (\lambda x, \lambda y).$$

L'élément neutre de la loi interne est le vecteur nul $(0,0)$. Le symétrique de (x, y) est $(-x, -y)$, que l'on note aussi $-(x, y)$.

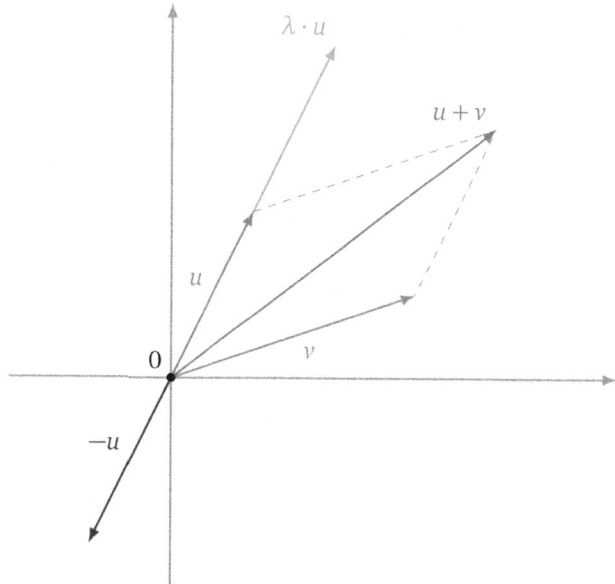

L'exemple suivant généralise le précédent. C'est aussi le bon moment pour lire ou relire le chapitre « L'espace vectoriel $\mathbb{R}^n$ ».

Exemple 2 (Le $\mathbb{R}$-espace vectoriel $\mathbb{R}^n$).

Soit n un entier supérieur ou égal à 1. Posons $\mathbb{K} = \mathbb{R}$ et $E = \mathbb{R}^n$. Un élément $u \in E$ est donc un n-uplet $(x_1, x_2, \ldots, x_n)$ avec $x_1, x_2, \ldots, x_n$ des éléments de $\mathbb{R}$.

- *Définition de la loi interne.* Si $(x_1, \ldots, x_n)$ et $(x'_1, \ldots, x'_n)$ sont deux éléments de $\mathbb{R}^n$, alors :
$$(x_1, \ldots, x_n) + (x'_1, \ldots, x'_n) = (x_1 + x'_1, \ldots, x_n + x'_n).$$

- *Définition de la loi externe.* Si λ est un réel et $(x_1, \ldots, x_n)$ est un élément de $\mathbb{R}^n$, alors :
$$\lambda \cdot (x_1, \ldots, x_n) = (\lambda x_1, \ldots, \lambda x_n).$$

L'élément neutre de la loi interne est le vecteur nul $(0, 0, \ldots, 0)$. Le symétrique de $(x_1, \ldots, x_n)$ est $(-x_1, \ldots, -x_n)$, que l'on note $-(x_1, \ldots, x_n)$.

De manière analogue, on peut définir le $\mathbb{C}$-espace vectoriel $\mathbb{C}^n$, et plus généralement le $\mathbb{K}$-espace vectoriel $\mathbb{K}^n$.

Exemple 3.
Tout plan passant par l'origine dans $\mathbb{R}^3$ est un espace vectoriel (par rapport aux opérations habituelles sur les vecteurs). Soient $\mathbb{K} = \mathbb{R}$ et $E = \mathscr{P}$ un plan passant par l'origine. Le plan admet une équation de la forme :
$$ax + by + cz = 0$$
où a, b et c sont des réels non tous nuls.

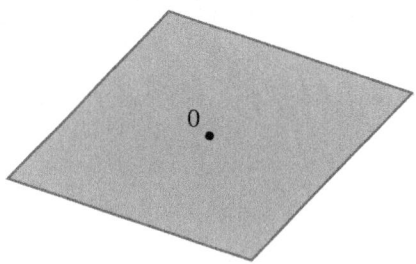

Un élément $u \in E$ est donc un triplet (noté ici comme un vecteur colonne) $\begin{pmatrix} x \\ y \\ z \end{pmatrix}$ tel que $ax + by + cz = 0$.

Soient $\begin{pmatrix} x \\ y \\ z \end{pmatrix}$ et $\begin{pmatrix} x' \\ y' \\ z' \end{pmatrix}$ deux éléments de $\mathscr{P}$. Autrement dit,
$$ax + by + cz = 0,$$
$$\text{et} \quad ax' + by' + cz' = 0.$$

Alors $\begin{pmatrix} x+x' \\ y+y' \\ z+z' \end{pmatrix}$ est aussi dans $\mathscr{P}$ car on a bien :
$$a(x+x') + b(y+y') + c(z+z') = 0.$$

Les autres propriétés sont aussi faciles à vérifier : par exemple l'élément neutre est $\begin{pmatrix} 0 \\ 0 \\ 0 \end{pmatrix}$; et si $\begin{pmatrix} x \\ y \\ z \end{pmatrix}$ appartient à $\mathscr{P}$, alors $ax + by + cz = 0$, que l'on peut réécrire $a(-x) + b(-y) + c(-z) = 0$ et ainsi $-\begin{pmatrix} x \\ y \\ z \end{pmatrix}$ appartient à $\mathscr{P}$.

Attention ! Un plan ne contenant pas l'origine n'est pas un espace vectoriel, car justement il ne contient pas le vecteur nul $\begin{pmatrix} 0 \\ 0 \\ 0 \end{pmatrix}$.

1.3. Terminologie et notations

Rassemblons les définitions déjà vues.
- On appelle les éléments de E des **vecteurs**. Au lieu de $\mathbb{K}$-espace vectoriel, on dit aussi espace vectoriel sur $\mathbb{K}$.

- Les éléments de $\mathbb{K}$ seront appelés des **scalaires**.
- L'**élément neutre** 0_E s'appelle aussi le **vecteur nul**. Il ne doit pas être confondu avec l'élément 0 de $\mathbb{K}$. Lorsqu'il n'y aura pas de risque de confusion, 0_E sera aussi noté 0.
- Le **symétrique** $-u$ d'un vecteur $u \in E$ s'appelle aussi l'**opposé**.
- La loi de composition interne sur E (notée usuellement +) est appelée couramment l'addition et $u + u'$ est appelée somme des vecteurs u et u'.
- La loi de composition externe sur E est appelée couramment multiplication par un scalaire. La multiplication du vecteur u par le scalaire λ sera souvent notée simplement λu, au lieu de $\lambda \cdot u$.

Somme de n vecteurs. Il est possible de définir, par récurrence, l'addition de n vecteurs, $n \geqslant 2$. La structure d'espace vectoriel permet de définir l'addition de deux vecteurs (et initialise le processus). Si maintenant la somme de $n-1$ vecteurs est définie, alors la somme de n vecteurs $v_1, v_2, \ldots, v_n$ est définie par

$$v_1 + v_2 + \cdots + v_n = (v_1 + v_2 + \cdots + v_{n-1}) + v_n.$$

L'associativité de la loi $+$ nous permet de ne pas mettre de parenthèses dans la somme $v_1 + v_2 + \cdots + v_n$.

On notera $v_1 + v_2 + \cdots + v_n = \displaystyle\sum_{i=1}^{n} v_i$.

Mini-exercices.

1. Vérifier les 8 axiomes qui font de $\mathbb{R}^3$ un $\mathbb{R}$-espace vectoriel.
2. Idem pour une droite $\mathcal{D}$ de $\mathbb{R}^3$ passant par l'origine définie par
$$\begin{cases} ax + by + cz = 0 \\ a'x + b'y + c'z = 0. \end{cases}$$
3. Justifier que les ensembles suivants *ne sont pas* des espaces vectoriels : $\{(x,y) \in \mathbb{R}^2 \mid xy = 0\}$; $\{(x,y) \in \mathbb{R}^2 \mid x = 1\}$; $\{(x,y) \in \mathbb{R}^2 \mid x \geqslant 0 \text{ et } y \geqslant 0\}$; $\{(x,y) \in \mathbb{R}^2 \mid -1 \leqslant x \leqslant 1 \text{ et } -1 \leqslant y \leqslant 1\}$.
4. Montrer par récurrence que si les v_i sont des éléments d'un $\mathbb{K}$-espace vectoriel E, alors pour tous $\lambda_i \in \mathbb{K}$: $\lambda_1 v_1 + \lambda_2 v_2 + \cdots + \lambda_n v_n \in E$.

2. Espace vectoriel (fin)

2.1. Détail des axiomes de la définition

Revenons en détail sur la définition d'un espace vectoriel. Soit donc E un $\mathbb{K}$-espace vectoriel. Les éléments de E seront appelés des **vecteurs**. Les éléments de $\mathbb{K}$ seront appelés des **scalaires**.

Loi interne.
La loi de composition interne dans E, c'est une application de $E \times E$ dans E :
$$\begin{array}{rcl} E \times E & \to & E \\ (u, v) & \mapsto & u + v \end{array}$$
C'est-à-dire qu'à partir de deux vecteurs u et v de E, on nous en fournit un troisième, qui sera noté $u + v$.
La loi de composition interne dans E et la somme dans $\mathbb{K}$ seront toutes les deux notées +, mais le contexte permettra de déterminer aisément de quelle loi il s'agit.

Loi externe.
La loi de composition externe, c'est une application de $\mathbb{K} \times E$ dans E :
$$\begin{array}{rcl} \mathbb{K} \times E & \to & E \\ (\lambda, u) & \mapsto & \lambda \cdot u \end{array}$$
C'est-à-dire qu'à partir d'un scalaire $\lambda \in \mathbb{K}$ et d'un vecteur $u \in E$, on nous fournit un autre vecteur, qui sera noté $\lambda \cdot u$.

Axiomes relatifs à la loi interne.

1. **Commutativité.** Pour tous $u, v \in E$, $u + v = v + u$. On peut donc additionner des vecteurs dans l'ordre que l'on souhaite.

2. **Associativité.** Pour tous $u, v, w \in E$, on a $u + (v + w) = (u + v) + w$. Conséquence : on peut « oublier » les parenthèses et noter sans ambiguïté $u + v + w$.

3. Il existe un **élément neutre**, c'est-à-dire qu'il existe un élément de E, noté 0_E, vérifiant : pour tout $u \in E$, $u + 0_E = u$ (et on a aussi $0_E + u = u$ par commutativité). Cet élément 0_E s'appelle aussi le **vecteur nul**.

4. Tout élément u de E admet un **symétrique** (ou **opposé**), c'est-à-dire qu'il existe un élément u' de E tel que $u + u' = 0_E$ (et on a aussi $u' + u = 0_E$ par commutativité). Cet élément u' de E est noté $-u$.

Proposition 1.
- *S'il existe un élément neutre 0_E vérifiant l'axiome (3) ci-dessus, alors il est unique.*
- *Soit u un élément de E. S'il existe un élément symétrique u' de E vérifiant l'axiome (4), alors il est unique.*

Démonstration.
- Soient 0_E et $0'_E$ deux éléments vérifiant la définition de l'élément neutre. On a alors, pour tout élément u de E :
$$u + 0_E = 0_E + u = u \qquad \text{et} \qquad u + 0'_E = 0'_E + u = u$$
  — Alors, la première propriété utilisée avec $u = 0'_E$ donne $0'_E + 0_E = 0_E + 0'_E = 0'_E$.
  — La deuxième propriété utilisée avec $u = 0_E$ donne $0_E + 0'_E = 0'_E + 0_E = 0_E$.
  — En comparant ces deux résultats, il vient $0_E = 0'_E$.
- Supposons qu'il existe deux symétriques de u notés u' et u''. On a :
$$u + u' = u' + u = 0_E \qquad \text{et} \qquad u + u'' = u'' + u = 0_E.$$
  Calculons $u' + (u + u'')$ de deux façons différentes, en utilisant l'associativité de la loi + et les relations précédentes.
  — $u' + (u + u'') = u' + 0_E = u'$
  — $u' + (u + u'') = (u' + u) + u'' = 0_E + u'' = u''$
  — On en déduit $u' = u''$.

□

Remarque.
Les étudiants connaissant la théorie des groupes reconnaîtront, dans les quatre premiers axiomes ci-dessus, les axiomes caractérisant un groupe commutatif.

Axiomes relatifs à la loi externe.

5. Soit 1 l'élément neutre de la multiplication de $\mathbb{K}$. Pour tout élément u de E, on a
$$1 \cdot u = u.$$

6. Pour tous éléments λ et μ de $\mathbb{K}$ et pour tout élément u de E, on a
$$\lambda \cdot (\mu \cdot u) = (\lambda \times \mu) \cdot u.$$

Axiomes liant les deux lois.

7. **Distributivité** par rapport à l'addition des vecteurs. Pour tout élément λ de $\mathbb{K}$ et pour tous éléments u et v de E, on a
$$\lambda \cdot (u+v) = \lambda \cdot u + \lambda \cdot v.$$

8. **Distributivité** par rapport à l'addition des scalaires. Pour tous λ et μ de $\mathbb{K}$ et pour tout élément u de E, on a :
$$(\lambda + \mu) \cdot u = \lambda \cdot u + \mu \cdot u.$$

La loi interne et la loi externe doivent donc satisfaire ces huit axiomes pour que $(E, +, \cdot)$ soit un espace vectoriel sur $\mathbb{K}$.

2.2. Exemples

Dans tous les exemples qui suivent, la vérification des axiomes se fait simplement et est laissée au soin des étudiants. Seules seront indiquées, dans chaque cas, les valeurs de l'élément neutre de la loi interne et du symétrique d'un élément.

Exemple 4 (L'espace vectoriel des fonctions de $\mathbb{R}$ dans $\mathbb{R}$).
L'ensemble des fonctions $f : \mathbb{R} \longrightarrow \mathbb{R}$ est noté $\mathscr{F}(\mathbb{R}, \mathbb{R})$. Nous le munissons d'une structure de $\mathbb{R}$-espace vectoriel de la manière suivante.
- *Loi interne.* Soient f et g deux éléments de $\mathscr{F}(\mathbb{R}, \mathbb{R})$. La fonction $f + g$ est définie par :
$$\forall x \in \mathbb{R} \quad (f+g)(x) = f(x) + g(x)$$
(où le signe + désigne la loi interne de $\mathscr{F}(\mathbb{R}, \mathbb{R})$ dans le membre de gauche et l'addition dans $\mathbb{R}$ dans le membre de droite).
- *Loi externe.* Si λ est un nombre réel et f une fonction de $\mathscr{F}(\mathbb{R}, \mathbb{R})$, la fonction $\lambda \cdot f$ est définie par l'image de tout réel x comme suit :
$$\forall x \in \mathbb{R} \quad (\lambda \cdot f)(x) = \lambda \times f(x).$$
(Nous désignons par $\cdot$ la loi externe de $\mathscr{F}(\mathbb{R}, \mathbb{R})$ et par $\times$ la multiplication dans $\mathbb{R}$. Avec l'habitude on oubliera les signes de multiplication : $(\lambda f)(x) = \lambda f(x)$.)
- *Élément neutre.* L'élément neutre pour l'addition est la fonction nulle, définie par :
$$\forall x \in \mathbb{R} \quad f(x) = 0.$$
On peut noter cette fonction $0_{\mathscr{F}(\mathbb{R}, \mathbb{R})}$.
- *Symétrique.* Le symétrique de l'élément f de $\mathscr{F}(\mathbb{R}, \mathbb{R})$ est l'application g de $\mathbb{R}$ dans $\mathbb{R}$ définie par :
$$\forall x \in \mathbb{R} \quad g(x) = -f(x).$$

Le symétrique de f est noté $-f$.

Exemple 5 (Le $\mathbb{R}$-espace vectoriel des suites réelles).
On note $\mathscr{S}$ l'ensemble des suites réelles $(u_n)_{n\in\mathbb{N}}$. Cet ensemble peut être vu comme l'ensemble des applications de $\mathbb{N}$ dans $\mathbb{R}$; autrement dit $\mathscr{S} = \mathscr{F}(\mathbb{N}, \mathbb{R})$.

- *Loi interne.* Soient $u = (u_n)_{n\in\mathbb{N}}$ et $v = (v_n)_{n\in\mathbb{N}}$ deux suites appartenant à $\mathscr{S}$. La suite $u + v$ est la suite $w = (w_n)_{n\in\mathbb{N}}$ dont le terme général est défini par

$$\forall n \in \mathbb{N} \quad w_n = u_n + v_n$$

(où $u_n + v_n$ désigne la somme de u_n et de v_n dans $\mathbb{R}$).

- *Loi externe.* Si λ est un nombre réel et $u = (u_n)_{n\in\mathbb{N}}$ un élément de $\mathscr{S}$, $\lambda \cdot u$ est la suite $v = (v_n)_{n\in\mathbb{N}}$ définie par

$$\forall n \in \mathbb{N} \quad v_n = \lambda \times u_n$$

où $\times$ désigne la multiplication dans $\mathbb{R}$.

- *Élément neutre.* L'élément neutre de la loi interne est la suite dont tous les termes sont nuls.

- *Symétrique.* Le symétrique de la suite $u = (u_n)_{n\in\mathbb{N}}$ est la suite $u' = (u'_n)_{n\in\mathbb{N}}$ définie par :

$$\forall n \in \mathbb{N} \quad u'_n = -u_n.$$

Elle est notée $-u$.

Exemple 6 (Les matrices).
L'ensemble $M_{n,p}(\mathbb{R})$ des matrices à n lignes et p colonnes à coefficients dans $\mathbb{R}$ est muni d'une structure de $\mathbb{R}$-espace vectoriel. La loi interne est l'addition de deux matrices. La loi externe est la multiplication d'une matrice par un scalaire. L'élément neutre pour la loi interne est la matrice nulle (tous les coefficients sont nuls). Le symétrique de la matrice $A = (a_{i,j})$ est la matrice $(-a_{i,j})$. De même, l'ensemble $M_{n,p}(\mathbb{K})$ des matrices à coefficients dans $\mathbb{K}$ est un $\mathbb{K}$-espace vectoriel.

Autres exemples :

1. L'espace vectoriel $\mathbb{R}[X]$ des polynômes $P(X) = a_n X^n + \cdots + a_2 X^2 + a_1 X + a_0$. L'addition est l'addition de deux polynômes $P(X) + Q(X)$, la multiplication par un scalaire $\lambda \in \mathbb{R}$ est $\lambda \cdot P(X)$. L'élément neutre est le polynôme nul. L'opposé de $P(X)$ est $-P(X)$.

2. L'ensemble des fonctions continues de $\mathbb{R}$ dans $\mathbb{R}$; l'ensemble des fonctions dérivables de $\mathbb{R}$ dans $\mathbb{R}$,...

3. $\mathbb{C}$ est un $\mathbb{R}$-espace vectoriel : addition $z + z'$ de deux nombres complexes, multiplication λz par un scalaire $\lambda \in \mathbb{R}$. L'élément neutre est le nombre complexe 0 et le symétrique du nombre complexe z est $-z$.

2.3. Règles de calcul

Proposition 2.
Soit E un espace vectoriel sur un corps $\mathbb{K}$. Soient $u \in E$ et $\lambda \in \mathbb{K}$. Alors on a :

1. $0 \cdot u = 0_E$
2. $\lambda \cdot 0_E = 0_E$
3. $(-1) \cdot u = -u$
4. $\boxed{\lambda \cdot u = 0_E \iff \lambda = 0 \text{ ou } u = 0_E}$

L'opération qui à (u, v) associe $u + (-v)$ s'appelle la **soustraction**. Le vecteur $u + (-v)$ est noté $u - v$. Les propriétés suivantes sont satisfaites : $\lambda(u - v) = \lambda u - \lambda v$ et $(\lambda - \mu)u = \lambda u - \mu u$.

Démonstration. Les démonstrations des propriétés sont des manipulations sur les axiomes définissant les espaces vectoriels.

1. - Le point de départ de la démonstration est l'égalité dans $\mathbb{K}$: $0 + 0 = 0$.
   - D'où, pour tout vecteur de E, l'égalité $(0 + 0) \cdot u = 0 \cdot u$.
   - Donc, en utilisant la distributivité de la loi externe par rapport à la loi interne et la définition de l'élément neutre, on obtient $0 \cdot u + 0 \cdot u = 0 \cdot u$. On peut rajouter l'élément neutre dans le terme de droite, pour obtenir : $0 \cdot u + 0 \cdot u = 0 \cdot u + 0_E$.
   - En ajoutant $-(0 \cdot u)$ de chaque côté de l'égalité, on obtient : $0 \cdot u = 0_E$.

2. La preuve est semblable en partant de l'égalité $0_E + 0_E = 0_E$.

3. Montrer $(-1) \cdot u = -u$ signifie exactement que $(-1) \cdot u$ est le symétrique de u, c'est-à-dire vérifie $u + (-1) \cdot u = 0_E$. En effet :
$$u + (-1) \cdot u = 1 \cdot u + (-1) \cdot u = (1 + (-1)) \cdot u = 0 \cdot u = 0_E.$$

4. On sait déjà que si $\lambda = 0$ ou $u = 0_E$, alors les propriétés précédentes impliquent $\lambda \cdot u = 0_E$.

   Pour la réciproque, soient $\lambda \in \mathbb{K}$ un scalaire et $u \in E$ un vecteur tels que $\lambda \cdot u = 0_E$. Supposons λ différent de 0. On doit alors montrer que $u = 0_E$.

- Comme $\lambda \neq 0$, alors λ est inversible pour le produit dans le corps $\mathbb{K}$. Soit λ^{-1} son inverse.
- En multipliant par λ^{-1} les deux membres de l'égalité $\lambda \cdot u = 0_E$, il vient : $\lambda^{-1} \cdot (\lambda \cdot u) = \lambda^{-1} \cdot 0_E$.
- D'où en utilisant les propriétés de la multiplication par un scalaire $(\lambda^{-1} \times \lambda) \cdot u = 0_E$ et donc $1 \cdot u = 0_E$.
- D'où $u = 0_E$.

$\square$

Mini-exercices.

1. Justifier si les objets suivants sont des espaces vectoriels.
   (a) L'ensemble des fonctions réelles sur $[0,1]$, continues, positives ou nulles, pour l'addition et le produit par un réel.
   (b) L'ensemble des fonctions réelles sur $\mathbb{R}$ vérifiant $\lim_{x \to +\infty} f(x) = 0$ pour les mêmes opérations.
   (c) L'ensemble des fonctions sur $\mathbb{R}$ telles que $f(3) = 7$.
   (d) L'ensemble $\mathbb{R}_+^*$ pour les opérations $x \oplus y = xy$ et $\lambda \cdot x = x^\lambda$ ($\lambda \in \mathbb{R}$).
   (e) L'ensemble des points (x, y) de $\mathbb{R}^2$ vérifiant $\sin(x+y) = 0$.
   (f) L'ensemble des vecteurs (x, y, z) de $\mathbb{R}^3$ orthogonaux au vecteur $(-1, 3, -2)$.
   (g) L'ensemble des fonctions de classe $\mathscr{C}^2$ vérifiant $f'' + f = 0$.
   (h) L'ensemble des fonctions continues sur $[0,1]$ vérifiant $\int_0^1 f(x) \sin x \, dx = 0$.
   (i) L'ensemble des matrices $\begin{pmatrix} a & b \\ c & d \end{pmatrix} \in M_2(\mathbb{R})$ vérifiant $a + d = 0$.

2. Prouver les propriétés de la soustraction : $\lambda \cdot (u - v) = \lambda \cdot u - \lambda \cdot v$ et $(\lambda - \mu) \cdot u = \lambda \cdot u - \mu \cdot u$.

3. Sous-espace vectoriel (début)

Il est vite fatiguant de vérifier les 8 axiomes qui font d'un ensemble un espace vectoriel. Heureusement, il existe une manière rapide et efficace de prouver qu'un ensemble est un espace vectoriel : grâce à la notion de sous-espace vectoriel.

3.1. Définition d'un sous-espace vectoriel

> **Définition 2.**
> Soit E un $\mathbb{K}$-espace vectoriel. Une partie F de E est appelée un **sous-espace vectoriel** si :
> - $0_E \in F$,
> - $u + v \in F$ pour tous $u, v \in F$,
> - $\lambda \cdot u \in F$ pour tout $\lambda \in \mathbb{K}$ et tout $u \in F$.

Remarque.
Expliquons chaque condition.
- La première condition signifie que le vecteur nul de E doit aussi être dans F. En fait il suffit même de prouver que F est non vide.
- La deuxième condition, c'est dire que F est stable pour l'addition : la somme $u + v$ de deux vecteurs u, v de F est bien sûr un vecteur de E (car E est un espace vectoriel), mais ici on exige que $u + v$ soit un élément de F.
- La troisième condition, c'est dire que F est stable pour la multiplication par un scalaire.

Exemple 7 (Exemples immédiats).

1. L'ensemble $F = \{(x,y) \in \mathbb{R}^2 \mid x + y = 0\}$ est un sous-espace vectoriel de $\mathbb{R}^2$. En effet :

    (a) $(0,0) \in F$,

    (b) si $u = (x_1, y_1)$ et $v = (x_2, y_2)$ appartiennent à F, alors $x_1 + y_1 = 0$ et $x_2 + y_2 = 0$ donc $(x_1 + x_2) + (y_1 + y_2) = 0$ et ainsi $u + v = (x_1 + x_2, y_1 + y_2)$ appartient à F,

    (c) si $u = (x,y) \in F$ et $\lambda \in \mathbb{R}$, alors $x + y = 0$ donc $\lambda x + \lambda y = 0$, d'où $\lambda u \in F$.

2. L'ensemble des fonctions continues sur $\mathbb{R}$ est un sous-espace vectoriel de l'espace vectoriel des fonctions de $\mathbb{R}$ dans $\mathbb{R}$. Preuve : la fonction nulle est continue ; la somme de deux fonctions continues est continue ; une constante fois une fonction continue est une fonction continue.
3. L'ensemble des suites réelles convergentes est un sous-espace vectoriel de l'espace vectoriel des suites réelles.

Voici des sous-ensembles qui *ne sont pas* des sous-espaces vectoriels.

Exemple 8.

1. L'ensemble $F_1 = \{(x, y) \in \mathbb{R}^2 \mid x + y = 2\}$ n'est pas un sous-espace vectoriel de $\mathbb{R}^2$. En effet le vecteur nul $(0,0)$ n'appartient pas à F_1.
2. L'ensemble $F_2 = \{(x, y) \in \mathbb{R}^2 \mid x = 0 \text{ ou } y = 0\}$ n'est pas un sous-espace vectoriel de $\mathbb{R}^2$. En effet les vecteurs $u = (1,0)$ et $v = (0,1)$ appartiennent à F_2, mais pas le vecteur $u + v = (1,1)$.
3. L'ensemble $F_3 = \{(x, y) \in \mathbb{R}^2 \mid x \geqslant 0 \text{ et } y \geqslant 0\}$ n'est pas un sous-espace vectoriel de $\mathbb{R}^2$. En effet le vecteur $u = (1,1)$ appartient à F_3 mais, pour $\lambda = -1$, le vecteur $-u = (-1,-1)$ n'appartient pas à F_3.

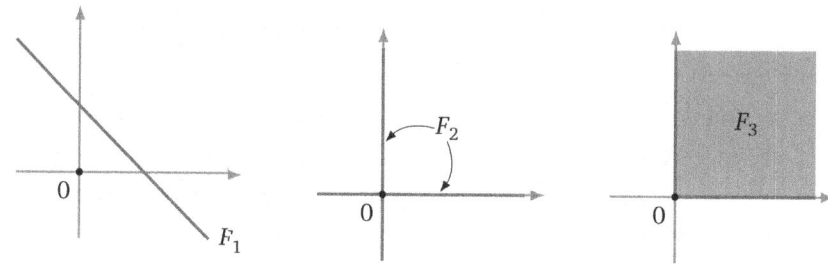

3.2. Un sous-espace vectoriel est un espace vectoriel

La notion de sous-espace vectoriel prend tout son intérêt avec le théorème suivant : un sous-espace vectoriel est lui-même un espace vectoriel. C'est ce théorème qui va nous fournir plein d'exemples d'espaces vectoriels.

Théorème 1.
Soient E un $\mathbb{K}$-espace vectoriel et F un sous-espace vectoriel de E. Alors F est lui-même un $\mathbb{K}$-espace vectoriel pour les lois induites par E.

Méthodologie. Pour répondre à une question du type « L'ensemble F est-il un espace vectoriel ? », une façon efficace de procéder est de trouver un espace vectoriel E qui contient F, puis prouver que F est un sous-espace vectoriel de E. Il y a seulement trois propriétés à vérifier au lieu de huit !

Exemple 9.

1. Est-ce que l'ensemble des fonctions paires (puis des fonctions impaires) forme un espace vectoriel (sur $\mathbb{R}$ avec les lois usuelles sur les fonctions) ?

   Notons $\mathscr{P}$ l'ensemble des fonctions paires et $\mathscr{I}$ l'ensemble des fonctions impaires. Ce sont deux sous-ensembles de l'espace vectoriel $\mathscr{F}(\mathbb{R}, \mathbb{R})$ des fonctions.

   $$\mathscr{P} = \{f \in \mathscr{F}(\mathbb{R}, \mathbb{R}) \mid \forall x \in \mathbb{R}, f(-x) = f(x)\}$$
   $$\mathscr{I} = \{f \in \mathscr{F}(\mathbb{R}, \mathbb{R}) \mid \forall x \in \mathbb{R}, f(-x) = -f(x)\}$$

   $\mathscr{P}$ et $\mathscr{I}$ sont des sous-espaces vectoriels de $\mathscr{F}(\mathbb{R}, \mathbb{R})$. C'est très simple à vérifier, par exemple pour $\mathscr{P}$:

   (a) la fonction nulle est une fonction paire,

   (b) si $f, g \in \mathscr{P}$ alors $f + g \in \mathscr{P}$,

   (c) si $f \in \mathscr{P}$ et si $\lambda \in \mathbb{R}$ alors $\lambda f \in \mathscr{P}$.

   Par le théorème 1, $\mathscr{P}$ est un espace vectoriel (de même pour $\mathscr{I}$).

2. Est-ce que l'ensemble $\mathscr{S}_n$ des matrices symétriques de taille n est un espace vectoriel (sur $\mathbb{R}$ avec les lois usuelles sur les matrices) ?

   $\mathscr{S}_n$ est un sous-ensemble de l'espace vectoriel $M_n(\mathbb{R})$. Et c'est même un sous-espace vectoriel. Il suffit en effet de vérifier que la matrice nulle est symétrique, que la somme de deux matrices symétriques est encore symétrique et finalement que le produit d'une matrice symétrique par un scalaire est une matrice symétrique. Par le théorème 1, $\mathscr{S}_n$ est un espace vectoriel.

Preuve du théorème 1. Soit F un sous-espace vectoriel d'un espace vectoriel $(E,+,\cdot)$. La stabilité de F pour les deux lois permet de munir cet ensemble d'une loi de composition interne et d'une loi de composition externe, en restreignant à F les opérations définies dans E. Les propriétés de commutativité et d'associativité de l'addition, ainsi que les quatre axiomes relatifs à la loi externe sont vérifiés, car ils sont satisfaits dans E donc en particulier dans F, qui est inclus dans E.

L'existence d'un élément neutre découle de la définition de sous-espace vectoriel. Il reste seulement à justifier que si $u \in F$, alors son symétrique $-u$ appartient à F.

Fixons $u \in F$. Comme on a aussi $u \in E$ et que E est un espace vectoriel alors il existe un élément de E, noté $-u$, tel que $u + (-u) = 0_E$. Comme u est élément de F, alors pour $\lambda = -1$, $(-1)u \in F$. Et ainsi $-u$ appartient à F. □

Un autre exemple d'espace vectoriel est donné par l'ensemble des solutions d'un système linéaire homogène. Soit $AX = 0$ un système de n équations à p inconnues :

$$\begin{pmatrix} a_{11} & \cdots & a_{1p} \\ \vdots & & \vdots \\ a_{n1} & \cdots & a_{np} \end{pmatrix} \begin{pmatrix} x_1 \\ \vdots \\ x_p \end{pmatrix} = \begin{pmatrix} 0 \\ \vdots \\ 0 \end{pmatrix}$$

On a alors

Théorème 2.

Soit $A \in M_{n,p}(\mathbb{R})$. Soit $AX = 0$ un système d'équations linéaires homogènes à p variables. Alors l'ensemble des vecteurs solutions est un sous-espace vectoriel de $\mathbb{R}^p$.

Démonstration. Soit F l'ensemble des vecteurs $X \in \mathbb{R}^p$ solutions de l'équation $AX = 0$. Vérifions que F est un sous-espace vectoriel de $\mathbb{R}^p$.
- Le vecteur 0 est un élément de F.
- F est stable par addition : si X et X' sont des vecteurs solutions, alors $AX = 0$ et $AX' = 0$, donc $A(X + X') = AX + AX' = 0$, et ainsi $X + X' \in F$.
- F est stable par multiplication par un scalaire : si X est un vecteur solution, on a aussi $A(\lambda X) = \lambda(AX) = \lambda 0 = 0$, ceci pour tout $\lambda \in \mathbb{R}$. Donc $\lambda X \in F$.

□

Exemple 10.
Considérons le système
$$\begin{pmatrix} 1 & -2 & 3 \\ 2 & -4 & 6 \\ 3 & -6 & 9 \end{pmatrix} \begin{pmatrix} x \\ y \\ z \end{pmatrix} = \begin{pmatrix} 0 \\ 0 \\ 0 \end{pmatrix}.$$
L'ensemble des solutions $F \subset \mathbb{R}^3$ de ce système est :
$$F = \{(x = 2s - 3t, y = s, z = t) \mid s, t \in \mathbb{R}\}.$$
Par le théorème 2, F est un sous-espace vectoriel de $\mathbb{R}^3$. Donc par le théorème 1, F est un espace vectoriel.

Une autre façon de voir les choses est d'écrire que les éléments de F sont ceux qui vérifient l'équation $(x = 2y - 3z)$. Autrement dit, F est d'équation $(x - 2y + 3z = 0)$. L'ensemble des solutions F est donc un plan passant par l'origine. Nous avons déjà vu que ceci est un espace vectoriel.

Mini-exercices.

Parmi les ensembles suivants, reconnaître ceux qui sont des sous-espaces vectoriels :

1. $\{(x, y, z) \in \mathbb{R}^3 \mid x + y = 0\}$
2. $\{(x, y, z, t) \in \mathbb{R}^4 \mid x = t \text{ et } y = z\}$
3. $\{(x, y, z) \in \mathbb{R}^3 \mid z = 1\}$
4. $\{(x, y) \in \mathbb{R}^2 \mid x^2 + xy \geqslant 0\}$
5. $\{(x, y) \in \mathbb{R}^2 \mid x^2 + y^2 \geqslant 1\}$
6. $\{f \in \mathscr{F}(\mathbb{R}, \mathbb{R}) \mid f(0) = 1\}$
7. $\{f \in \mathscr{F}(\mathbb{R}, \mathbb{R}) \mid f(1) = 0\}$
8. $\{f \in \mathscr{F}(\mathbb{R}, \mathbb{R}) \mid f \text{ est croissante}\}$
9. $\{(u_n)_{n \in \mathbb{N}} \mid (u_n) \text{ tend vers } 0\}$

4. Sous-espace vectoriel (milieu)

4.1. Combinaisons linéaires

Définition 3.
Soit $n \geq 1$ un entier, soient $v_1, v_2, \ldots, v_n$, n vecteurs d'un espace vectoriel E. Tout vecteur de la forme
$$u = \lambda_1 v_1 + \lambda_2 v_2 + \cdots + \lambda_n v_n$$
(où $\lambda_1, \lambda_2, \ldots, \lambda_n$ sont des éléments de $\mathbb{K}$) est appelé **combinaison linéaire** des vecteurs $v_1, v_2, \ldots, v_n$. Les scalaires $\lambda_1, \lambda_2, \ldots, \lambda_n$ sont appelés **coefficients** de la combinaison linéaire.

Remarque : Si $n = 1$, alors $u = \lambda_1 v_1$ et on dit que u est **colinéaire** à v_1.

Exemple 11.

1. Dans le $\mathbb{R}$-espace vectoriel $\mathbb{R}^3$, $(3,3,1)$ est combinaison linéaire des vecteurs $(1,1,0)$ et $(1,1,1)$ car on a l'égalité
$$(3,3,1) = 2(1,1,0) + (1,1,1).$$

2. Dans le $\mathbb{R}$-espace vectoriel $\mathbb{R}^2$, le vecteur $u = (2,1)$ *n'est pas* colinéaire au vecteur $v_1 = (1,1)$ car s'il l'était, il existerait un réel λ tel que $u = \lambda v_1$, ce qui équivaudrait à l'égalité $(2,1) = (\lambda, \lambda)$.

3. Soit $E = \mathscr{F}(\mathbb{R}, \mathbb{R})$ l'espace vectoriel des fonctions réelles. Soient f_0, f_1, f_2 et f_3 les fonctions définies par :
$$\forall x \in \mathbb{R} \quad f_0(x) = 1, \quad f_1(x) = x, \quad f_2(x) = x^2, \quad f_3(x) = x^3.$$
Alors la fonction f définie par
$$\forall x \in \mathbb{R} \quad f(x) = x^3 - 2x^2 - 7x - 4$$
est combinaison linéaire des fonctions f_0, f_1, f_2, f_3 puisque l'on a l'égalité
$$f = f_3 - 2f_2 - 7f_1 - 4f_0.$$

4. Dans $M_{2,3}(\mathbb{R})$, on considère $A = \begin{pmatrix} 1 & 1 & 3 \\ 0 & -1 & 4 \end{pmatrix}$. On peut écrire A naturellement sous la forme suivante d'une combinaison linéaire de matrices élémentaires (des zéros partout, sauf un 1) :
$$A = \begin{pmatrix} 1 & 0 & 0 \\ 0 & 0 & 0 \end{pmatrix} + \begin{pmatrix} 0 & 1 & 0 \\ 0 & 0 & 0 \end{pmatrix} + 3\begin{pmatrix} 0 & 0 & 1 \\ 0 & 0 & 0 \end{pmatrix} - \begin{pmatrix} 0 & 0 & 0 \\ 0 & 1 & 0 \end{pmatrix} + 4\begin{pmatrix} 0 & 0 & 0 \\ 0 & 0 & 1 \end{pmatrix}.$$

Voici deux exemples plus compliqués.

Exemple 12.
Soient $u = \begin{pmatrix} 1 \\ 2 \\ -1 \end{pmatrix}$ et $v = \begin{pmatrix} 6 \\ 4 \\ 2 \end{pmatrix}$ deux vecteurs de $\mathbb{R}^3$. Montrons que $w = \begin{pmatrix} 9 \\ 2 \\ 7 \end{pmatrix}$ est combinaison linéaire de u et v. On cherche donc λ et μ tels que $w = \lambda u + \mu v$:

$$\begin{pmatrix} 9 \\ 2 \\ 7 \end{pmatrix} = \lambda \begin{pmatrix} 1 \\ 2 \\ -1 \end{pmatrix} + \mu \begin{pmatrix} 6 \\ 4 \\ 2 \end{pmatrix} = \begin{pmatrix} \lambda \\ 2\lambda \\ -\lambda \end{pmatrix} + \begin{pmatrix} 6\mu \\ 4\mu \\ 2\mu \end{pmatrix} = \begin{pmatrix} \lambda + 6\mu \\ 2\lambda + 4\mu \\ -\lambda + 2\mu \end{pmatrix}.$$

On a donc

$$\begin{cases} 9 = \lambda + 6\mu \\ 2 = 2\lambda + 4\mu \\ 7 = -\lambda + 2\mu. \end{cases}$$

Une solution de ce système est $(\lambda = -3, \mu = 2)$, ce qui implique que w est combinaison linéaire de u et v. On vérifie que l'on a bien

$$\begin{pmatrix} 9 \\ 2 \\ 7 \end{pmatrix} = -3 \begin{pmatrix} 1 \\ 2 \\ -1 \end{pmatrix} + 2 \begin{pmatrix} 6 \\ 4 \\ 2 \end{pmatrix}.$$

Exemple 13.
Soient $u = \begin{pmatrix} 1 \\ 2 \\ -1 \end{pmatrix}$ et $v = \begin{pmatrix} 6 \\ 4 \\ 2 \end{pmatrix}$. Montrons que $w = \begin{pmatrix} 4 \\ -1 \\ 8 \end{pmatrix}$ n'est pas une combinaison linéaire de u et v. L'égalité

$$\begin{pmatrix} 4 \\ -1 \\ 8 \end{pmatrix} = \lambda \begin{pmatrix} 1 \\ 2 \\ -1 \end{pmatrix} + \mu \begin{pmatrix} 6 \\ 4 \\ 2 \end{pmatrix} \quad \text{équivaut au système} \quad \begin{cases} 4 = \lambda + 6\mu \\ -1 = 2\lambda + 4\mu \\ 8 = -\lambda + 2\mu. \end{cases}$$

Or ce système n'a aucune solution. Donc il n'existe pas $\lambda, \mu \in \mathbb{R}$ tels que $w = \lambda u + \mu v$.

4.2. Caractérisation d'un sous-espace vectoriel

> **Théorème 3** (Caractérisation d'un sous-espace par la notion de combinaison linéaire).
> *Soient E un $\mathbb{K}$-espace vectoriel et F une partie non vide de E. F est un sous-espace vectoriel de E si et seulement si*
>
> $$\lambda u + \mu v \in F \quad \text{pour tous } u, v \in F \quad \text{et tous } \lambda, \mu \in \mathbb{K}.$$
>
> *Autrement dit si et seulement si toute combinaison linéaire de deux éléments de F appartient à F.*

Démonstration.
- Supposons que F soit un sous-espace vectoriel. Et soient $u, v \in F$, $\lambda, \mu \in \mathbb{K}$. Alors par la définition de sous-espace vectoriel : $\lambda u \in F$ et $\mu v \in F$ et ainsi $\lambda u + \mu v \in F$.
- Réciproquement, supposons que pour chaque $u, v \in F$, $\lambda, \mu \in \mathbb{K}$ on a $\lambda u + \mu v \in F$.
  — Comme F n'est pas vide, soient $u, v \in F$. Posons $\lambda = \mu = 0$. Alors $\lambda u + \mu v = 0_E \in F$.
  — Si $u, v \in F$, alors en posant $\lambda = \mu = 1$ on obtient $u + v \in F$.
  — Si $u \in F$ et $\lambda \in \mathbb{K}$ (et pour n'importe quel v, en posant $\mu = 0$), alors $\lambda u \in F$.

□

4.3. Intersection de deux sous-espaces vectoriels

Proposition 3 (Intersection de deux sous-espaces).
Soient F, G deux sous-espaces vectoriels d'un $\mathbb{K}$-espace vectoriel E. L'intersection $F \cap G$ est un sous-espace vectoriel de E.

On démontrerait de même que l'intersection $F_1 \cap F_2 \cap F_3 \cap \cdots \cap F_n$ d'une famille quelconque de sous-espaces vectoriels de E est un sous-espace vectoriel de E.

Démonstration. Soient F et G deux sous-espaces vectoriels de E.
- $0_E \in F$, $0_E \in G$ car F et G sont des sous-espaces vectoriels de E ; donc $0_E \in F \cap G$.
- Soient u et v deux vecteurs de $F \cap G$. Comme F est un sous-espace vectoriel, alors $u, v \in F$ implique $u + v \in F$. De même $u, v \in G$ implique $u + v \in G$. Donc $u + v \in F \cap G$.
- Soient $u \in F \cap G$ et $\lambda \in \mathbb{K}$. Comme F est un sous-espace vectoriel, alors $u \in F$ implique $\lambda u \in F$. De même $u \in G$ implique $\lambda u \in G$. Donc $\lambda u \in F \cap G$.

Conclusion : $F \cap G$ est un sous-espace vectoriel de E. □

Exemple 14.
Soit $\mathcal{D}$ le sous-ensemble de $\mathbb{R}^3$ défini par :
$$\mathcal{D} = \{(x, y, z) \in \mathbb{R}^3 \mid x + 3y + z = 0 \quad \text{et} \quad x - y + 2z = 0\}.$$
Est-ce que $\mathcal{D}$ est sous-espace vectoriel de $\mathbb{R}^3$? L'ensemble $\mathcal{D}$ est l'intersection de F et G, les sous-ensembles de $\mathbb{R}^3$ définis par :
$$F = \{(x, y, z) \in \mathbb{R}^3 \mid x + 3y + z = 0\}$$
$$G = \{(x, y, z) \in \mathbb{R}^3 \mid x - y + 2z = 0\}$$

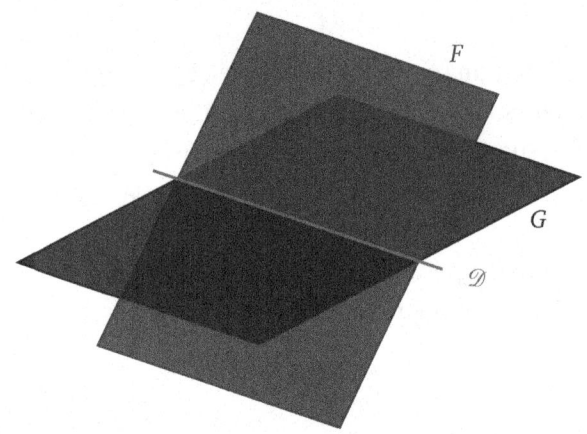

Ce sont deux plans passant par l'origine, donc des sous-espaces vectoriels de $\mathbb{R}^3$. Ainsi $\mathscr{D} = F \cap G$ est un sous-espace vectoriel de $\mathbb{R}^3$, c'est une droite vectorielle.

Remarque.

La réunion de deux sous-espaces vectoriels de E n'est pas en général un sous-espace vectoriel de E. Prenons par exemple $E = \mathbb{R}^2$. Considérons les sous-espaces vectoriels $F = \{(x,y) \mid x = 0\}$ et $G = \{(x,y) \mid y = 0\}$. Alors $F \cup G$ n'est pas un sous-espace vectoriel de $\mathbb{R}^2$. Par exemple, $(0,1) + (1,0) = (1,1)$ est la somme d'un élément de F et d'un élément de G, mais n'est pas dans $F \cup G$.

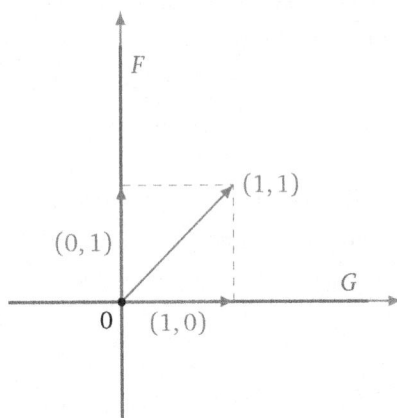

Mini-exercices.

1. Peut-on trouver $t \in \mathbb{R}$ tel que les vecteurs $\begin{pmatrix} -2 \\ \sqrt{2} \\ t \end{pmatrix}$ et $\begin{pmatrix} -4\sqrt{2} \\ 4t \\ 2\sqrt{2} \end{pmatrix}$ soient colinéaires ?

2. Peut-on trouver $t \in \mathbb{R}$ tel que le vecteur $\begin{pmatrix} 1 \\ 3t \\ t \end{pmatrix}$ soit une combinaison linéaire de

$\begin{pmatrix}1\\3\\2\end{pmatrix}$ et $\begin{pmatrix}-1\\1\\-1\end{pmatrix}$?

5. Sous-espace vectoriel (fin)

5.1. Somme de deux sous-espaces vectoriels

Comme la réunion de deux sous-espaces vectoriels F et G n'est pas en général un sous-espace vectoriel, il est utile de connaître les sous-espaces vectoriels qui contiennent à la fois les deux sous-espaces vectoriels F et G, et en particulier le plus petit d'entre eux (au sens de l'inclusion).

Définition 4 (Définition de la somme de deux sous-espaces).
Soient F et G deux sous-espaces vectoriels d'un $\mathbb{K}$-espace vectoriel E. L'ensemble de tous les éléments $u + v$, où u est un élément de F et v un élément de G, est appelé **somme** des sous-espaces vectoriels F et G. Cette somme est notée $F + G$. On a donc
$$F + G = \{u + v \mid u \in F, v \in G\}.$$

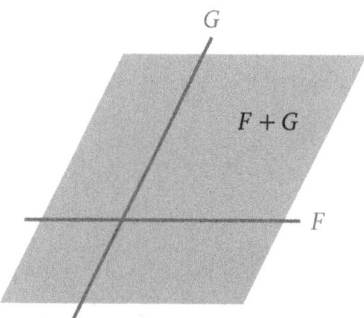

Proposition 4.
Soient F et G deux sous-espaces vectoriels du $\mathbb{K}$-espace vectoriel E.
1. $F + G$ est un sous-espace vectoriel de E.
2. $F + G$ est le plus petit sous-espace vectoriel contenant à la fois F et G.

Démonstration.

1. Montrons que $F+G$ est un sous-espace vectoriel.
   - $0_E \in F$, $0_E \in G$, donc $0_E = 0_E + 0_E \in F+G$.
   - Soient w et w' des éléments de $F+G$. Comme w est dans $F+G$, il existe u dans F et v dans G tels que $w = u+v$. Comme w' est dans $F+G$, il existe u' dans F et v' dans G tels que $w' = u'+v'$. Alors $w+w' = (u+v)+(u'+v') = (u+u')+(v+v') \in F+G$, car $u+u' \in F$ et $v+v' \in G$.
   - Soit w un élément de $F+G$ et $\lambda \in \mathbb{K}$. Il existe u dans F et v dans G tels que $w = u+v$. Alors $\lambda w = \lambda(u+v) = (\lambda u)+(\lambda v) \in F+G$, car $\lambda u \in F$ et $\lambda v \in G$.

2. - L'ensemble $F+G$ contient F et contient G : en effet tout élément u de F s'écrit $u = u+0$ avec u appartenant à F et 0 appartenant à G (puisque G est un sous-espace vectoriel), donc u appartient à $F+G$. De même pour un élément de G.
   - Si H est un sous-espace vectoriel contenant F et G, alors montrons que $F+G \subset H$. C'est clair : si $u \in F$ alors en particulier $u \in H$ (car $F \subset H$), de même si $v \in G$ alors $v \in H$. Comme H est un sous-espace vectoriel, alors $u+v \in H$.

$\square$

Exemple 15.

Déterminons $F+G$ dans le cas où F et G sont les sous-espaces vectoriels de $\mathbb{R}^3$ suivants :
$$F = \{(x,y,z) \in \mathbb{R}^3 \mid y = z = 0\} \quad \text{et} \quad G = \{(x,y,z) \in \mathbb{R}^3 \mid x = z = 0\}.$$

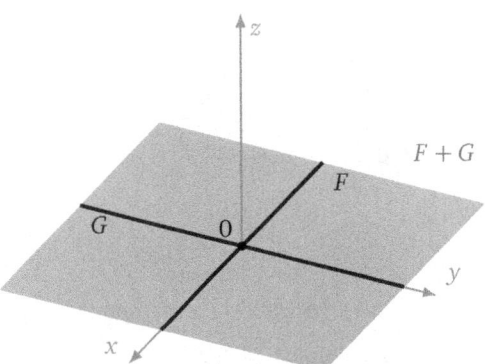

Un élément w de $F+G$ s'écrit $w = u+v$ où u est un élément de F et v un élément de G. Comme $u \in F$ alors il existe $x \in \mathbb{R}$ tel que $u = (x,0,0)$, et comme $v \in G$ il existe $y \in \mathbb{R}$ tel que $v = (0,y,0)$. Donc $w = (x,y,0)$. Réciproquement, un tel élément $w = (x,y,0)$

est la somme de $(x,0,0)$ et de $(0,y,0)$. Donc $F+G = \{(x,y,z) \in \mathbb{R}^3 \mid z = 0\}$. On voit même que, pour cet exemple, tout élément de $F+G$ s'écrit de façon *unique* comme la somme d'un élément de F et d'un élément de G.

Exemple 16.

Soient F et G les deux sous-espaces vectoriels de $\mathbb{R}^3$ suivants :
$$F = \{(x,y,z) \in \mathbb{R}^3 \mid x = 0\} \qquad \text{et} \qquad G = \{(x,y,z) \in \mathbb{R}^3 \mid y = 0\}.$$

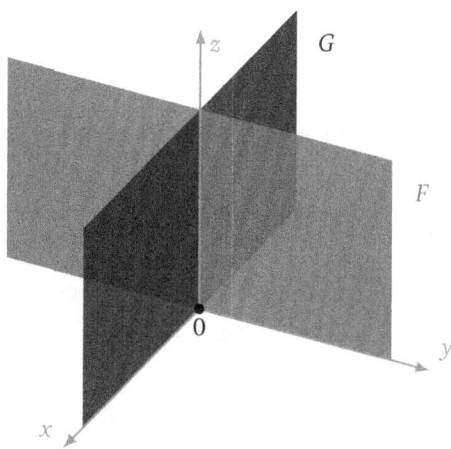

Dans cet exemple, montrons que $F+G = \mathbb{R}^3$. Par définition de $F+G$, tout élément de $F+G$ est dans $\mathbb{R}^3$. Mais réciproquement, si $w = (x,y,z)$ est un élément quelconque de $\mathbb{R}^3$: $w = (x,y,z) = (0,y,z) + (x,0,0)$, avec $(0,y,z) \in F$ et $(x,0,0) \in G$, donc w appartient à $F+G$.

Remarquons que, dans cet exemple, un élément de $\mathbb{R}^3$ ne s'écrit pas forcément de façon unique comme la somme d'un élément de F et d'un élément de G. Par exemple $(1,2,3) = (0,2,3) + (1,0,0) = (0,2,0) + (1,0,3)$.

5.2. Sous-espaces vectoriels supplémentaires

Définition 5 (Définition de la somme directe de deux sous-espaces).
Soient F et G deux sous-espaces vectoriels de E. F et G sont en **somme directe** dans E si
- $F \cap G = \{0_E\}$,
- $F + G = E$.

On note alors $F \oplus G = E$.

Si F et G sont en somme directe, on dit que F et G sont des sous-espaces vectoriels **supplémentaires** dans E.

> **Proposition 5.**
>
> F et G sont supplémentaires dans E si et seulement si tout élément de E s'écrit d'une manière **unique** comme la somme d'un élément de F et d'un élément de G.

Remarque.
- Dire qu'un élément w de E s'écrit d'une manière unique comme la somme d'un élément de F et d'un élément de G signifie que si $w = u + v$ avec $u \in F$, $v \in G$ et $w = u' + v'$ avec $u' \in F$, $v' \in G$ alors $u = u'$ et $v = v'$.
- On dit aussi que F est un sous-espace supplémentaire de G (ou que G est un sous-espace supplémentaire de F).
- Il n'y a pas unicité du supplémentaire d'un sous-espace vectoriel donné (voir un exemple ci-dessous).
- L'existence d'un supplémentaire d'un sous-espace vectoriel sera prouvée dans le cadre des espaces vectoriels de dimension finie.

Démonstration.
- Supposons $E = F \oplus G$ et montrons que tout élément $u \in E$ se décompose de manière unique. Soient donc $u = v + w$ et $u = v' + w'$ avec $v, v' \in F$ et $w, w' \in G$. On a alors $v + w = v' + w'$, donc $v - v' = w' - w$. Comme F est un sous-espace vectoriel alors $v - v' \in F$, mais d'autre part G est aussi un sous-espace vectoriel donc $w' - w \in G$. Conclusion : $v - v' = w' - w \in F \cap G$. Mais par définition d'espaces supplémentaires $F \cap G = \{0_E\}$, donc $v - v' = 0_E$ et aussi $w' - w = 0_E$. On en déduit $v = v'$ et $w = w'$, ce qu'il fallait démontrer.
- Supposons que tout $u \in E$ se décompose de manière unique et montrons $E = F \oplus G$.
  — Montrons $F \cap G = \{0_E\}$. Si $u \in F \cap G$, il peut s'écrire des deux manières suivantes comme somme d'un élément de F et d'un élément de G :
  $$u = 0_E + u \quad \text{et} \quad u = u + 0_E.$$
  Par l'unicité de la décomposition, $u = 0_E$.
  — Montrons $F + G = E$. Il n'y rien à prouver, car par hypothèse tout élément u se décompose en $u = v + w$, avec $v \in F$ et $w \in G$.

□

Exemple 17.

1. Soient $F = \{(x,0) \in \mathbb{R}^2 \mid x \in \mathbb{R}\}$ et $G = \{(0,y) \in \mathbb{R}^2 \mid y \in \mathbb{R}\}$.
   Montrons que $F \oplus G = \mathbb{R}^2$. La première façon de le voir est que l'on a clairement $F \cap G = \{(0,0)\}$ et que, comme $(x,y) = (x,0) + (0,y)$, alors $F + G = \mathbb{R}^2$. Une autre façon de le voir est d'utiliser la proposition 5, car la décomposition $(x,y) = (x,0) + (0,y)$ est unique.

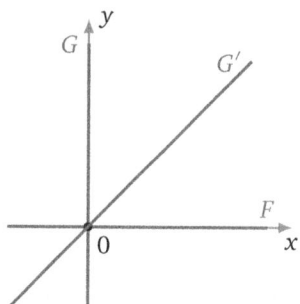

2. Gardons F et notons $G' = \{(x,x) \in \mathbb{R}^2 \mid x \in \mathbb{R}\}$. Montrons que l'on a aussi $F \oplus G' = \mathbb{R}^2$:

   (a) Montrons $F \cap G' = \{(0,0)\}$. Si $(x,y) \in F \cap G'$ alors d'une part $(x,y) \in F$ donc $y = 0$, et aussi $(x,y) \in G'$ donc $x = y$. Ainsi $(x,y) = (0,0)$.

   (b) Montrons $F + G' = \mathbb{R}^2$. Soit $u = (x,y) \in \mathbb{R}^2$. Cherchons $v \in F$ et $w \in G'$ tels que $u = v + w$. Comme $v = (x_1, y_1) \in F$ alors $y_1 = 0$, et comme $w = (x_2, y_2) \in G'$ alors $x_2 = y_2$. Il s'agit donc de trouver x_1 et x_2 tels que
   $$(x,y) = (x_1, 0) + (x_2, x_2).$$
   Donc $(x,y) = (x_1 + x_2, x_2)$. Ainsi $x = x_1 + x_2$ et $y = x_2$, d'où $x_1 = x - y$ et $x_2 = y$. On trouve bien
   $$(x,y) = (x - y, 0) + (y, y),$$
   qui prouve que tout élément de $\mathbb{R}^2$ est somme d'un élément de F et d'un élément de G'.

3. De façon plus générale, deux droites distinctes du plan passant par l'origine forment des sous-espaces supplémentaires.

Exemple 18.

Est-ce que les sous-espaces vectoriels F et G de $\mathbb{R}^3$ définis par
$$F = \{(x,y,z) \in \mathbb{R}^3 \mid x - y - z = 0\} \quad \text{et} \quad G = \{(x,y,z) \in \mathbb{R}^3 \mid y = z = 0\}$$
sont supplémentaires dans $\mathbb{R}^3$?

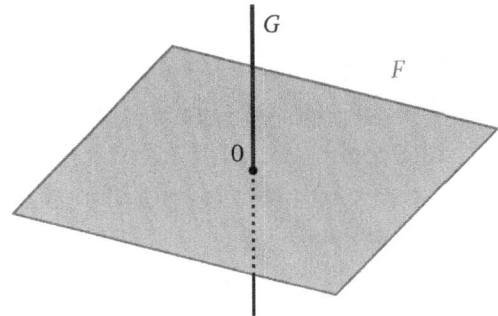

1. Il est facile de vérifier que $F \cap G = \{0\}$. En effet si l'élément $u = (x, y, z)$ appartient à l'intersection de F et de G, alors les coordonnées de u vérifient : $x - y - z = 0$ (car u appartient à F), et $y = z = 0$ (car u appartient à G), donc $u = (0, 0, 0)$.

2. Il reste à démontrer que $F + G = \mathbb{R}^3$.

   Soit donc $u = (x, y, z)$ un élément quelconque de $\mathbb{R}^3$; il faut déterminer des éléments v de F et w de G tels que $u = v + w$. L'élément v doit être de la forme $v = (y_1 + z_1, y_1, z_1)$ et l'élément w de la forme $w = (x_2, 0, 0)$. On a $u = v + w$ si et seulement si $y_1 = y$, $z_1 = z$, $x_2 = x - y - z$. On a donc
   $$(x, y, z) = (y + z, y, z) + (x - y - z, 0, 0)$$
   avec $v = (y + z, y, z)$ dans F et $w = (x - y - z, 0, 0)$ dans G.

Conclusion : $F \oplus G = \mathbb{R}^3$.

Exemple 19.

Dans le $\mathbb{R}$-espace vectoriel $\mathscr{F}(\mathbb{R}, \mathbb{R})$ des fonctions de $\mathbb{R}$ dans $\mathbb{R}$, on considère le sous-espace vectoriel des fonctions paires $\mathscr{P}$ et le sous-espace vectoriel des fonctions impaires $\mathscr{I}$. Montrons que $\mathscr{P} \oplus \mathscr{I} = \mathscr{F}(\mathbb{R}, \mathbb{R})$.

1. Montrons $\mathscr{P} \cap \mathscr{I} = \{0_{\mathscr{F}(\mathbb{R},\mathbb{R})}\}$.

   Soit $f \in \mathscr{P} \cap \mathscr{I}$, c'est-à-dire que f est à la fois une fonction paire et impaire. Il s'agit de montrer que f est la fonction identiquement nulle. Soit $x \in \mathbb{R}$. Comme $f(-x) = f(x)$ (car f est paire) et $f(-x) = -f(x)$ (car f est impaire), alors $f(x) = -f(x)$, ce qui implique $f(x) = 0$. Ceci est vrai quel que soit $x \in \mathbb{R}$; donc f est la fonction nulle. Ainsi $\mathscr{P} \cap \mathscr{I} = \{0_{\mathscr{F}(\mathbb{R},\mathbb{R})}\}$.

2. Montrons $\mathscr{P} + \mathscr{I} = \mathscr{F}(\mathbb{R}, \mathbb{R})$.

   Soit $f \in \mathscr{F}(\mathbb{R}, \mathbb{R})$. Il s'agit de montrer que f peut s'écrire comme la somme d'une fonction paire et d'une fonction impaire.

Analyse. Si $f = g + h$, avec $g \in \mathscr{P}$, $h \in \mathscr{I}$, alors pour tout x, d'une part, (a) $f(x) = g(x) + h(x)$, et d'autre part, (b) $f(-x) = g(-x) + h(-x) = g(x) - h(x)$. Par somme et différence de (a) et (b), on tire que

$$g(x) = \frac{f(x) + f(-x)}{2} \quad \text{et} \quad h(x) = \frac{f(x) - f(-x)}{2}.$$

Synthèse. Pour $f \in \mathscr{F}(\mathbb{R}, \mathbb{R})$, on définit deux fonctions g, h par $g(x) = \frac{f(x) + f(-x)}{2}$ et $h(x) = \frac{f(x) - f(-x)}{2}$. Alors d'une part $f(x) = g(x) + h(x)$ et d'autre part $g \in \mathscr{P}$ (vérifier $g(-x) = g(x)$) et $h \in \mathscr{I}$ (vérifier $h(-x) = -h(x)$). Bilan : $\mathscr{P} + \mathscr{I} = \mathscr{F}(\mathbb{R}, \mathbb{R})$.

En conclusion, $\mathscr{P}$ et $\mathscr{I}$ sont en somme directe dans $\mathscr{F}(\mathbb{R}, \mathbb{R})$: $\mathscr{P} \oplus \mathscr{I} = \mathscr{F}(\mathbb{R}, \mathbb{R})$. Notez que, comme le prouvent nos calculs, les g et h obtenus sont uniques.

5.3. Sous-espace engendré

Théorème 4 (Théorème de structure de l'ensemble des combinaisons linéaires). *Soit $\{v_1, \ldots, v_n\}$ un ensemble fini de vecteurs d'un $\mathbb{K}$-espace vectoriel E. Alors :*
- *L'ensemble des combinaisons linéaires des vecteurs $\{v_1, \ldots, v_n\}$ est un sous-espace vectoriel de E.*
- *C'est le plus petit sous-espace vectoriel de E (au sens de l'inclusion) contenant les vecteurs $v_1, \ldots, v_n$.*

Notation. Ce sous-espace vectoriel est appelé **sous-espace engendré par $v_1, \ldots, v_n$** et est noté $\text{Vect}(v_1, \ldots, v_n)$. On a donc

$$u \in \text{Vect}(v_1, \ldots, v_n) \iff \text{il existe } \lambda_1, \ldots, \lambda_n \in \mathbb{K} \text{ tels que } u = \lambda_1 v_1 + \cdots + \lambda_n v_n$$

Remarque.
- Dire que $\text{Vect}(v_1, \ldots, v_n)$ est le plus petit sous-espace vectoriel de E contenant les vecteurs $v_1, \ldots, v_n$ signifie que si F est un sous-espace vectoriel de E contenant aussi les vecteurs $v_1, \ldots, v_n$ alors $\text{Vect}(v_1, \ldots, v_n) \subset F$.
- Plus généralement, on peut définir le sous-espace vectoriel engendré par une partie $\mathscr{V}$ quelconque (non nécessairement finie) d'un espace vectoriel : $\text{Vect}\,\mathscr{V}$ est le plus petit sous-espace vectoriel contenant $\mathscr{V}$.

Exemple 20.

1. E étant un $\mathbb{K}$-espace vectoriel, et u un élément quelconque de E, l'ensemble $\text{Vect}(u) = \{\lambda u \mid \lambda \in \mathbb{K}\}$ est le sous-espace vectoriel de E engendré par u. Il est souvent noté $\mathbb{K}u$. Si u n'est pas le vecteur nul, on parle d'une **droite vectorielle**.

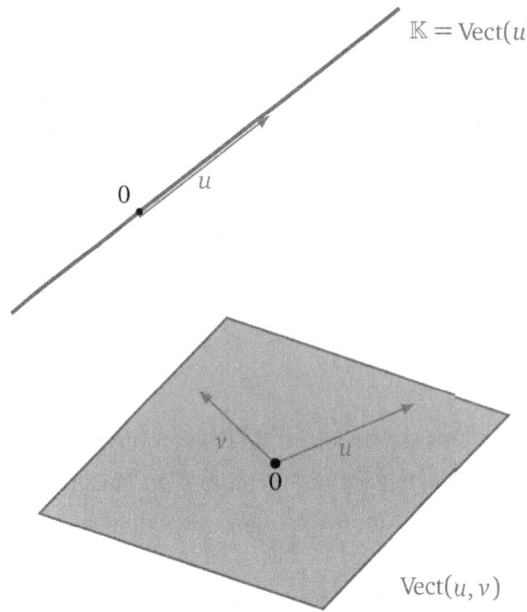

2. Si u et v sont deux vecteurs de E, alors $\text{Vect}(u,v) = \{\lambda u + \mu v \mid \lambda, \mu \in \mathbb{K}\}$. Si u et v ne sont pas colinéaires, alors $\text{Vect}(u,v)$ est un **plan vectoriel**.

3. Soient $u = \begin{pmatrix} 1 \\ 1 \\ 1 \end{pmatrix}$ et $v = \begin{pmatrix} 1 \\ 2 \\ 3 \end{pmatrix}$ deux vecteurs de $\mathbb{R}^3$. Déterminons $\mathscr{P} = \text{Vect}(u,v)$.

$$\begin{pmatrix} x \\ y \\ z \end{pmatrix} \in \text{Vect}(u,v) \iff \begin{pmatrix} x \\ y \\ z \end{pmatrix} = \lambda u + \mu v \quad \text{pour certains } \lambda, \mu \in \mathbb{R}$$
$$\iff \begin{pmatrix} x \\ y \\ z \end{pmatrix} = \lambda \begin{pmatrix} 1 \\ 1 \\ 1 \end{pmatrix} + \mu \begin{pmatrix} 1 \\ 2 \\ 3 \end{pmatrix}$$
$$\iff \begin{cases} x = \lambda + \mu \\ y = \lambda + 2\mu \\ z = \lambda + 3\mu \end{cases}$$

Nous obtenons bien une équation paramétrique du plan $\mathscr{P}$ passant par l'origine et contenant les vecteurs u et v. On sait en trouver une équation cartésienne : $(x - 2y + z = 0)$.

Exemple 21.

Soient E l'espace vectoriel des applications de $\mathbb{R}$ dans $\mathbb{R}$ et f_0, f_1, f_2 les applications définies par :
$$\forall x \in \mathbb{R} \quad f_0(x) = 1, \quad f_1(x) = x \quad \text{et} \quad f_2(x) = x^2.$$
Le sous-espace vectoriel de E engendré par $\{f_0, f_1, f_2\}$ est l'espace vectoriel des fonctions polynômes f de degré inférieur ou égal à 2, c'est-à-dire de la forme $f(x) = ax^2 + bx + c$.

Méthodologie. On peut démontrer qu'une partie F d'un espace vectoriel E est un sous-espace vectoriel de E en montrant que F est égal à l'ensemble des combinaisons linéaires d'un nombre fini de vecteurs de E.

Exemple 22.

Est-ce que $F = \{(x,y,z) \in \mathbb{R}^3 \mid x - y - z = 0\}$ est un sous-espace vectoriel de $\mathbb{R}^3$?
Un triplet de $\mathbb{R}^3$ est élément de F si et seulement si $x = y + z$. Donc u est élément de F si et seulement s'il peut s'écrire $u = (y+z, y, z)$. Or, on a l'égalité
$$(y+z, y, z) = y(1,1,0) + z(1,0,1).$$
Donc F est l'ensemble des combinaisons linéaires de $\{(1,1,0),(1,0,1)\}$. C'est le sous-espace vectoriel engendré par $\{(1,1,0),(1,0,1)\}$: $F = \text{Vect}\{(1,1,0),(1,0,1)\}$. C'est bien un plan vectoriel (un plan passant par l'origine).

Preuve du théorème 4.

1. On appelle F l'ensemble des combinaisons linéaires des vecteurs $\{v_1, \ldots, v_n\}$.

    (a) $0_E \in F$ car F contient la combinaison linéaire particulière $0v_1 + \cdots + 0v_n$.

    (b) Si $u, v \in F$ alors il existe $\lambda_1, \ldots, \lambda_n \in \mathbb{K}$ tels que $u = \lambda_1 v_1 + \cdots + \lambda_n v_n$ et $\mu_1, \ldots, \mu_n \in \mathbb{K}$ tels que $v = \mu_1 v_1 + \cdots + \mu_n v_n$. On en déduit que $u + v = (\lambda_1 + \mu_1)v_1 + \cdots + (\lambda_n + \mu_n)v_n$ appartient bien à F.

    (c) De même, $\lambda \cdot u = (\lambda \lambda_1)v_1 + \cdots + (\lambda \lambda_n)v_n \in F$.

    Conclusion : F est un sous-espace vectoriel.

2. Si G est un sous-espace vectoriel contenant $\{v_1, \ldots, v_n\}$, alors il est stable par combinaison linéaire ; il contient donc toute combinaison linéaire des vecteurs $\{v_1, \ldots, v_n\}$. Par conséquent F est inclus dans G : F est le plus petit sous-espace (au sens de l'inclusion) contenant $\{v_1, \ldots, v_n\}$.

□

Mini-exercices.

1. Trouver des sous-espaces vectoriels distincts F et G de $\mathbb{R}^3$ tels que
   (a) $F + G = \mathbb{R}^3$ et $F \cap G \neq \{0\}$;
   (b) $F + G \neq \mathbb{R}^3$ et $F \cap G = \{0\}$;
   (c) $F + G = \mathbb{R}^3$ et $F \cap G = \{0\}$;
   (d) $F + G \neq \mathbb{R}^3$ et $F \cap G \neq \{0\}$.

2. Soient $F = \{(x, y, z) \in \mathbb{R}^3 \mid x + y + z = 0\}$ et $G = \text{Vect}\{(1, 1, 1)\} \subset \mathbb{R}^3$.
   (a) Montrer que F est un espace vectoriel. Trouver deux vecteurs u, v tels que $F = \text{Vect}(u, v)$.
   (b) Calculer $F \cap G$ et montrer que $F + G = \mathbb{R}^3$. Que conclure ?

3. Soient $A = \begin{pmatrix} 1 & 0 \\ 0 & 0 \end{pmatrix}$, $B = \begin{pmatrix} 0 & 0 \\ 0 & 1 \end{pmatrix}$, $C = \begin{pmatrix} 0 & 1 \\ 0 & 0 \end{pmatrix}$, $D = \begin{pmatrix} 0 & 0 \\ 1 & 0 \end{pmatrix}$ des matrices de $M_2(\mathbb{R})$.
   (a) Quel est l'espace vectoriel F engendré par A et B ? Idem avec G engendré par C et D.
   (b) Calculer $F \cap G$. Montrer que $F + G = M_2(\mathbb{R})$. Conclure.

6. Application linéaire (début)

6.1. Définition

Nous avons déjà rencontré la notion d'application linéaire dans le cas $f : \mathbb{R}^p \longrightarrow \mathbb{R}^n$ (voir le chapitre « L'espace vectoriel $\mathbb{R}^n$ »). Cette notion se généralise à des espaces vectoriels quelconques.

> **Définition 6.**
> Soient E et F deux $\mathbb{K}$-espaces vectoriels. Une application f de E dans F est une **application linéaire** si elle satisfait aux deux conditions suivantes :
> 1. $f(u + v) = f(u) + f(v)$, pour tous $u, v \in E$;
> 2. $f(\lambda \cdot u) = \lambda \cdot f(u)$, pour tout $u \in E$ et tout $\lambda \in \mathbb{K}$.

Autrement dit : une application est linéaire si elle « respecte » les deux lois d'un espace vectoriel.

Notation. L'ensemble des applications linéaires de E dans F est noté $\mathscr{L}(E, F)$.

6.2. Premiers exemples

Exemple 23.

L'application f définie par
$$f : \mathbb{R}^3 \to \mathbb{R}^2$$
$$(x,y,z) \mapsto (-2x, y+3z)$$

est une application linéaire. En effet, soient $u = (x,y,z)$ et $v = (x',y',z')$ deux éléments de $\mathbb{R}^3$ et λ un réel.

$$\begin{aligned} f(u+v) &= f(x+x', y+y', z+z') \\ &= \bigl(-2(x+x'), y+y' + 3(z+z')\bigr) \\ &= (-2x, y+3z) + (-2x', y'+3z') \\ &= f(u) + f(v) \end{aligned}$$

et

$$\begin{aligned} f(\lambda \cdot u) &= f(\lambda x, \lambda y, \lambda z) \\ &= (-2\lambda x, \lambda y + 3\lambda z) \\ &= \lambda \cdot (-2x, y+3z) \\ &= \lambda \cdot f(u) \end{aligned}$$

Toutes les applications ne sont pas des applications linéaires !

Exemple 24.

Soit $f : \mathbb{R} \to \mathbb{R}$ l'application définie par $f(x) = x^2$. On a $f(1) = 1$ et $f(2) = 4$. Donc $f(2) \neq 2 \cdot f(1)$. Ce qui fait que l'on n'a pas l'égalité $f(\lambda x) = \lambda f(x)$ pour un certain choix de λ, x. Donc f n'est pas linéaire. Notez que l'on n'a pas non plus $f(x+x') = f(x) + f(x')$ dès que $xx' \neq 0$.

Voici d'autres exemples d'applications linéaires :

1. Pour une matrice fixée $A \in M_{n,p}(\mathbb{R})$, l'application $f : \mathbb{R}^p \longrightarrow \mathbb{R}^n$ définie par
$$f(X) = AX$$
est une application linéaire.

2. L'**application nulle**, notée $0_{\mathscr{L}(E,F)}$:
$$f : E \longrightarrow F \qquad f(u) = 0_F \qquad \text{pour tout } u \in E.$$

3. L'**application identité**, notée id_E :
$$f : E \longrightarrow E \qquad f(u) = u \qquad \text{pour tout } u \in E.$$

6.3. Premières propriétés

> **Proposition 6.**
> Soient E et F deux $\mathbb{K}$-espaces vectoriels. Si f est une application linéaire de E dans F, alors :
> - $f(0_E) = 0_F$,
> - $f(-u) = -f(u)$, pour tout $u \in E$.

Démonstration. Il suffit d'appliquer la définition de la linéarité avec $\lambda = 0$, puis avec $\lambda = -1$. $\square$

Pour démontrer qu'une application est linéaire, on peut aussi utiliser une propriété plus « concentrée », donnée par la caractérisation suivante :

> **Proposition 7** (Caractérisation d'une application linéaire).
> Soient E et F deux $\mathbb{K}$-espaces vectoriels et f une application de E dans F. L'application f est linéaire si et seulement si, pour tous vecteurs u et v de E et pour tous scalaires λ et μ de $\mathbb{K}$,
> $$\boxed{f(\lambda u + \mu v) = \lambda f(u) + \mu f(v).}$$

Plus généralement, une application linéaire f préserve les combinaisons linéaires : pour tous $\lambda_1, \ldots, \lambda_n \in \mathbb{K}$ et tous $v_1, \ldots, v_n \in E$, on a
$$f(\lambda_1 v_1 + \cdots + \lambda_n v_n) = \lambda_1 f(v_1) + \cdots + \lambda_n f(v_n).$$

Démonstration.
- Soit f une application linéaire de E dans F. Soient $u, v \in E$, $\lambda, \mu \in \mathbb{K}$. En utilisant les deux axiomes de la définition, on a
$$f(\lambda u + \mu v) = f(\lambda u) + f(\mu v) = \lambda f(u) + \mu f(v).$$
- Montrons la réciproque. Soit $f : E \to F$ une application telle que $f(\lambda u + \mu v) = \lambda f(u) + \mu f(v)$ (pour tous $u, v \in E$, $\lambda, \mu \in \mathbb{K}$). Alors, d'une part $f(u+v) = f(u) + f(v)$ (en considérant le cas particulier où $\lambda = \mu = 1$), et d'autre part $f(\lambda u) = \lambda f(u)$ (cas particulier où $\mu = 0$).

$\square$

Vocabulaire.
Soient E et F deux $\mathbb{K}$-espaces vectoriels.

- Une application linéaire de E dans F est aussi appelée **morphisme** ou **homomorphisme** d'espaces vectoriels. L'ensemble des applications linéaires de E dans F est noté $\mathscr{L}(E,F)$.
- Une application linéaire de E dans E est appelée **endomorphisme** de E. L'ensemble des endomorphismes de E est noté $\mathscr{L}(E)$.

Mini-exercices.

Montrer que les applications suivantes $f_i : \mathbb{R}^2 \to \mathbb{R}^2$ sont linéaires. Caractériser géométriquement ces applications et faire un dessin.

1. $f_1(x,y) = (-x,-y)$;
2. $f_2(x,y) = (3x, 3y)$;
3. $f_3(x,y) = (x,-y)$;
4. $f_4(x,y) = (-x, y)$;
5. $f_5(x,y) = \left(\frac{\sqrt{3}}{2}x - \frac{1}{2}y, \frac{1}{2}x + \frac{\sqrt{3}}{2}y\right)$.

7. Application linéaire (milieu)

7.1. Exemples géométriques

Symétrie centrale.

Soient E un $\mathbb{K}$-espace vectoriel. On définit l'application f par :
$$f : E \to E$$
$$u \mapsto -u$$

f est linéaire et s'appelle la **symétrie centrale** par rapport à l'origine 0_E.

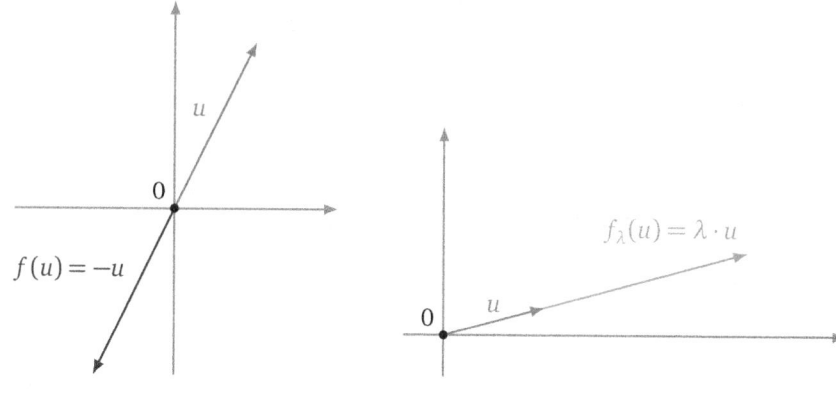

Homothétie.

Soient E un $\mathbb{K}$-espace vectoriel et $\lambda \in \mathbb{K}$. On définit l'application f_λ par :

$$f_\lambda : E \to E$$
$$u \mapsto \lambda u$$

f_λ est linéaire. f_λ est appelée **homothétie** de rapport λ.

Cas particuliers notables :
- $\lambda = 1$, f_λ est l'application identité ;
- $\lambda = 0$, f_λ est l'application nulle ;
- $\lambda = -1$, on retrouve la symétrie centrale.

Preuve que f_λ est une application linéaire :

$$f_\lambda(\alpha u + \beta v) = \lambda(\alpha u + \beta v) = \alpha(\lambda u) + \beta(\lambda v) = \alpha f_\lambda(u) + \beta f_\lambda(v).$$

Projection.

Soient E un $\mathbb{K}$-espace vectoriel et F et G deux sous-espaces vectoriels supplémentaires dans E, c'est-à-dire $E = F \oplus G$. Tout vecteur u de E s'écrit de façon unique $u = v + w$ avec $v \in F$ et $w \in G$. La **projection** sur F parallèlement à G est l'application $p : E \to E$ définie par $p(u) = v$.

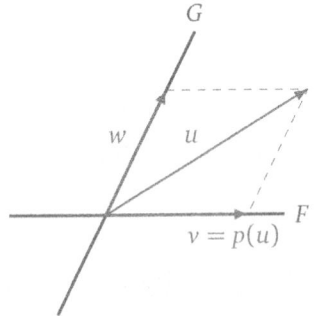

- Une projection est une application linéaire.

  En effet, soient $u, u' \in E$, $\lambda, \mu \in \mathbb{K}$. On décompose u et u' en utilisant que $E = F \oplus G$: $u = v + w$, $u' = v' + w'$ avec $v, v' \in F$, $w, w' \in G$. Commençons par écrire

  $$\lambda u + \mu u' = \lambda(v + w) + \mu(v' + w') = (\lambda v + \mu v') + (\lambda w + \mu w').$$

  Comme F et G sont des un sous-espaces vectoriels de E, alors $\lambda v + \mu v' \in F$ et $\lambda w + \mu w' \in G$. Ainsi :

  $$p(\lambda u + \mu u') = \lambda v + \mu v' = \lambda p(u) + \mu p(u').$$

- Une projection p vérifie l'égalité $p^2 = p$.
  Note : $p^2 = p$ signifie $p \circ p = p$, c'est-à-dire pour tout $u \in E$: $p(p(u)) = p(u)$. Il s'agit juste de remarquer que si $v \in F$ alors $p(v) = v$ (car $v = v + 0$, avec $v \in F$ et $0 \in G$). Maintenant, pour $u \in E$, on a $u = v + w$ avec $v \in F$ et $w \in G$. Par définition $p(u) = v$. Mais alors $p(p(u)) = p(v) = v$. Bilan : $p \circ p(u) = v = p(u)$. Donc $p \circ p = p$.

Exemple 25.

Nous avons vu que les sous-espaces vectoriels F et G de $\mathbb{R}^3$ définis par

$$F = \{(x,y,z) \in \mathbb{R}^3 \mid x - y - z = 0\} \quad \text{et} \quad G = \{(x,y,z) \in \mathbb{R}^3 \mid y = z = 0\}$$

sont supplémentaires dans $\mathbb{R}^3$: $\mathbb{R}^3 = F \oplus G$ (exemple 18). Nous avions vu que la décomposition s'écrivait :

$$(x, y, z) = (y + z, y, z) + (x - y - z, 0, 0).$$

Si p est la projection sur F parallèlement à G, alors on a $p(x, y, z) = (y + z, y, z)$.

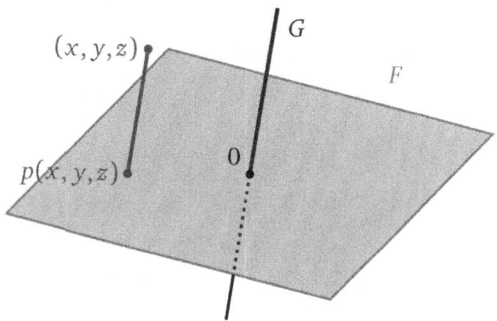

Exemple 26.

Nous avons vu dans l'exemple 19 que l'ensemble des fonctions paires $\mathscr{P}$ et l'ensemble des fonctions impaires $\mathscr{I}$ sont des sous-espaces vectoriels supplémentaires dans $\mathscr{F}(\mathbb{R}, \mathbb{R})$. Notons p la projection sur $\mathscr{P}$ parallèlement à $\mathscr{I}$. Si f est un élément de $\mathscr{F}(\mathbb{R}, \mathbb{R})$, on a $p(f) = g$ où

$$g : \mathbb{R} \to \mathbb{R}$$
$$x \mapsto \frac{f(x) + f(-x)}{2}.$$

7.2. Autres exemples

1. La **dérivation**. Soient $E = \mathscr{C}^1(\mathbb{R}, \mathbb{R})$ l'espace vectoriel des fonctions $f : \mathbb{R} \longrightarrow \mathbb{R}$ dérivables avec f' continue et $F = \mathscr{C}^0(\mathbb{R}, \mathbb{R})$ l'espace vectoriel des fonctions continues. Soit
$$d : \mathscr{C}^1(\mathbb{R}, \mathbb{R}) \longrightarrow \mathscr{C}^0(\mathbb{R}, \mathbb{R})$$
$$f \longmapsto f'$$
Alors d est une application linéaire, car $(\lambda f + \mu g)' = \lambda f' + \mu g'$ et donc $d(\lambda f + \mu g) = \lambda d(f) + \mu d(g)$.

2. L'**intégration**. Soient $E = \mathscr{C}^0(\mathbb{R}, \mathbb{R})$ et $F = \mathscr{C}^1(\mathbb{R}, \mathbb{R})$. Soit
$$I : \mathscr{C}^0(\mathbb{R}, \mathbb{R}) \longrightarrow \mathscr{C}^1(\mathbb{R}, \mathbb{R})$$
$$f(x) \longmapsto \int_0^x f(t)\, dt$$
L'application I est linéaire car $\int_0^x \bigl(\lambda f(t) + \mu g(t)\bigr)\, dt = \lambda \int_0^x f(t)\, dt + \mu \int_0^x g(t)\, dt$ pour toutes fonctions f et g et pour tous $\lambda, \mu \in \mathbb{R}$.

3. Avec les **polynômes**.
   Soit $E = \mathbb{R}_n[X]$ l'espace vectoriel des polynômes de degré $\leqslant n$. Soit $F = \mathbb{R}_{n+1}[X]$ et soit
$$f : E \longrightarrow F$$
$$P(X) \longmapsto XP(X)$$
Autrement dit, si $P(X) = a_n X^n + \cdots + a_1 X + a_0$, alors $f(P(X)) = a_n X^{n+1} + \cdots + a_1 X^2 + a_0 X$.
C'est une application linéaire : $f(\lambda P(X) + \mu Q(X)) = \lambda X P(X) + \mu X Q(X) = \lambda f(P(X)) + \mu f(Q(X))$.

4. La **transposition**.
   Considérons l'application T de $M_n(\mathbb{K})$ dans $M_n(\mathbb{K})$ donnée par la transposition :
$$T : M_n(\mathbb{K}) \longrightarrow M_n(\mathbb{K})$$
$$A \longmapsto A^T$$
T est linéaire, car on sait que pour toutes matrices $A, B \in M_n(\mathbb{K})$ et tous scalaires $\lambda, \mu \in \mathbb{K}$:
$$(\lambda A + \mu B)^T = (\lambda A)^T + (\mu B)^T = \lambda A^T + \mu B^T.$$

5. La **trace**.
$$\mathrm{tr} : M_n(\mathbb{K}) \longrightarrow \mathbb{K}$$
$$A \longmapsto \mathrm{tr} A$$
est une application linéaire car $\mathrm{tr}(\lambda A + \mu B) = \lambda \mathrm{tr} A + \mu \mathrm{tr} B$.

Mini-exercices.

1. Les applications suivantes sont-elles linéaires ?
   (a) $\mathbb{R} \longrightarrow \mathbb{R}, \quad x \longmapsto 3x - 2$
   (b) $\mathbb{R}^4 \longrightarrow \mathbb{R}, \quad (x, y, x', y') \longmapsto x \cdot x' + y \cdot y'$
   (c) $\mathscr{C}^0(\mathbb{R}, \mathbb{R}) \longrightarrow \mathbb{R}, \quad f \longmapsto f(1)$
   (d) $\mathscr{C}^1(\mathbb{R}, \mathbb{R}) \longrightarrow \mathscr{C}^0(\mathbb{R}, \mathbb{R}), \quad f \longmapsto f' + f$
   (e) $\mathscr{C}^0([0, 1], \mathbb{R}) \longrightarrow \mathbb{R}, \quad f \longmapsto \int_0^1 |f(t)| \, dt$
   (f) $\mathscr{C}^0([0, 1], \mathbb{R}) \longrightarrow \mathbb{R}, \quad f \longmapsto \max_{x \in [0,1]} f(x)$
   (g) $\mathbb{R}_3[X] \longrightarrow \mathbb{R}_3[X], \quad P(X) \longmapsto P(X + 1) - P(0)$

2. Soient $f, g : M_n(\mathbb{R}) \longrightarrow M_n(\mathbb{R})$ définies par $A \longmapsto \frac{A+A^T}{2}$ et $A \longmapsto \frac{A-A^T}{2}$. Montrer que f et g sont des applications linéaires. Montrer que $f(A)$ est une matrice symétrique, $g(A)$ une matrice antisymétrique et que $A = f(A) + g(A)$. En déduire que les matrices symétriques et les matrices antisymétriques sont en somme directe dans $M_n(\mathbb{R})$. Caractériser géométriquement f et g.

8. Application linéaire (fin)

8.1. Image d'une application linéaire

Commençons par des rappels. Soient E et F deux ensembles et f une application de E dans F. Soit A un sous-ensemble de E. L'ensemble des images par f des éléments de A, appelé **image directe** de A par f, est noté $f(A)$. C'est un sous-ensemble de F. On a par définition :

$$f(A) = \{f(x) \mid x \in A\}.$$

Dans toute la suite, E et F désigneront des $\mathbb{K}$-espaces vectoriels et $f : E \to F$ sera une application linéaire.

$f(E)$ s'appelle l'**image** de l'application linéaire f et est noté $\text{Im}\, f$.

> **Proposition 8** (Structure de l'image d'un sous-espace vectoriel).
>
> 1. *Si E' est un sous-espace vectoriel de E, alors $f(E')$ est un sous-espace vectoriel de F.*
>
> 2. *En particulier, $\text{Im}\, f$ est un sous-espace vectoriel de F.*

Remarque.
On a par définition de l'image directe $f(E)$:
$$f \text{ est surjective si et seulement si } \text{Im} f = F.$$

Démonstration. Tout d'abord, comme $0_E \in E'$ alors $0_F = f(0_E) \in f(E')$. Ensuite on montre que pour tout couple (y_1, y_2) d'éléments de $f(E')$ et pour tous scalaires λ, μ, l'élément $\lambda y_1 + \mu y_2$ appartient à $f(E')$. En effet :
$$y_1 \in f(E') \Longleftrightarrow \exists x_1 \in E', f(x_1) = y_1$$
$$y_2 \in f(E') \Longleftrightarrow \exists x_2 \in E', f(x_2) = y_2.$$
Comme f est linéaire, on a
$$\lambda y_1 + \mu y_2 = \lambda f(x_1) + \mu f(x_2) = f(\lambda x_1 + \mu x_2).$$
Or $\lambda x_1 + \mu x_2$ est un élément de E', car E' est un sous-espace vectoriel de E, donc $\lambda y_1 + \mu y_2$ est bien un élément de $f(E')$.
□

8.2. Noyau d'une application linéaire

Définition 7 (Définition du noyau).
Soient E et F deux $\mathbb{K}$-espaces vectoriels et f une application linéaire de E dans F. Le **noyau** de f, noté Ker(f), est l'ensemble des éléments de E dont l'image est 0_F :

$$\boxed{\text{Ker}(f) = \{x \in E \mid f(x) = 0_F\}}$$

Autrement dit, le noyau est l'image réciproque du vecteur nul de l'espace d'arrivée : Ker$(f) = f^{-1}\{0_F\}$.

Proposition 9.
Soient E et F deux $\mathbb{K}$-espaces vectoriels et f une application linéaire de E dans F. Le noyau de f est un sous-espace vectoriel de E.

Démonstration. Ker(f) est non vide car $f(0_E) = 0_F$ donc $0_E \in \text{Ker}(f)$. Soient $x_1, x_2 \in \text{Ker}(f)$ et $\lambda, \mu \in \mathbb{K}$. Montrons que $\lambda x_1 + \mu x_2$ est un élément de Ker(f). On a, en utilisant la linéarité de f et le fait que x_1 et x_2 sont des éléments de Ker(f) : $f(\lambda x_1 + \mu x_2) = \lambda f(x_1) + \mu f(x_2) = \lambda 0_F + \mu 0_F = 0_F$. □

Exemple 27.

Reprenons l'exemple de l'application linéaire f définie par
$$\begin{aligned} f : \quad \mathbb{R}^3 &\to \mathbb{R}^2 \\ (x,y,z) &\mapsto (-2x, y+3z) \end{aligned}$$

- Calculons le noyau $\operatorname{Ker}(f)$.
$$\begin{aligned} (x,y,z) \in \operatorname{Ker}(f) &\iff f(x,y,z) = (0,0) \\ &\iff (-2x, y+3z) = (0,0) \\ &\iff \begin{cases} -2x &= 0 \\ y+3z &= 0 \end{cases} \\ &\iff (x,y,z) = (0,-3z,z), \quad z \in \mathbb{R} \end{aligned}$$
Donc $\operatorname{Ker}(f) = \{(0,-3z,z) \mid z \in \mathbb{R}\}$. Autrement dit, $\operatorname{Ker}(f) = \operatorname{Vect}\{(0,-3,1)\}$: c'est une droite vectorielle.

- Calculons l'image de f. Fixons $(x', y') \in \mathbb{R}^2$.
$$\begin{aligned} (x', y') = f(x,y,z) &\iff (-2x, y+3z) = (x', y') \\ &\iff \begin{cases} -2x &= x' \\ y+3z &= y' \end{cases} \end{aligned}$$
On peut prendre par exemple $x = -\frac{x'}{2}$, $y' = y$, $z = 0$. Conclusion : pour n'importe quel $(x', y') \in \mathbb{R}^2$, on a $f(-\frac{x'}{2}, y', 0) = (x', y')$. Donc $\operatorname{Im}(f) = \mathbb{R}^2$, et f est surjective.

Exemple 28.

Soit $A \in M_{n,p}(\mathbb{R})$. Soit $f : \mathbb{R}^p \longrightarrow \mathbb{R}^n$ l'application linéaire définie par $f(X) = AX$. Alors $\operatorname{Ker}(f) = \{X \in \mathbb{R}^p \mid AX = 0\}$: c'est donc l'ensemble des $X \in \mathbb{R}^p$ solutions du système linéaire homogène $AX = 0$. On verra plus tard que $\operatorname{Im}(f)$ est l'espace engendré par les colonnes de la matrice A.

Le noyau fournit une nouvelle façon d'obtenir des sous-espaces vectoriels.

Exemple 29.

Un plan $\mathscr{P}$ passant par l'origine, d'équation $(ax + by + cz = 0)$, est un sous-espace vectoriel de $\mathbb{R}^3$. En effet, soit $f : \mathbb{R}^3 \to \mathbb{R}$ l'application définie par $f(x,y,z) = ax+by+cz$. Il est facile de vérifier que f est linéaire, de sorte que $\operatorname{Ker} f = \{(x,y,z) \in \mathbb{R}^3 \mid ax+by+cz = 0\} = \mathscr{P}$ est un sous-espace vectoriel.

Exemple 30.
Soient E un $\mathbb{K}$-espace vectoriel, F et G deux sous-espaces vectoriels de E, supplémentaires : $E = F \oplus G$. Soit p la projection sur F parallèlement à G. Déterminons le noyau et l'image de p.

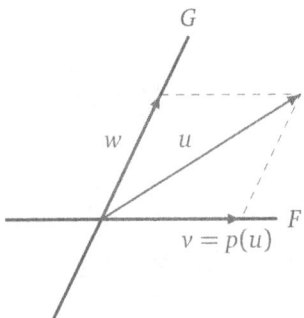

Un vecteur u de E s'écrit d'une manière unique $u = v + w$ avec $v \in F$ et $w \in G$ et par définition $p(u) = v$.
- $\mathrm{Ker}(p) = G$: le noyau de p est l'ensemble des vecteurs u de E tels que $v = 0$, c'est donc G.
- $\mathrm{Im}(p) = F$. Il est immédiat que $\mathrm{Im}(p) \subset F$. Réciproquement, si $u \in F$ alors $p(u) = u$, donc $F \subset \mathrm{Im}(p)$.

Conclusion :
$$\mathrm{Ker}(p) = G \qquad \text{et} \qquad \mathrm{Im}(p) = F.$$

Théorème 5 (Caractérisation des applications linéaires injectives).
Soient E et F deux $\mathbb{K}$-espaces vectoriels et f une application linéaire de E dans F. Alors :

$$\boxed{f \text{ injective} \quad \Longleftrightarrow \quad \mathrm{Ker}(f) = \{0_E\}}$$

Autrement dit, f est injective si et seulement si son noyau ne contient que le vecteur nul. En particulier, pour montrer que f est injective, il suffit de vérifier que :
$$\text{si } f(x) = 0_F \text{ alors } x = 0_E.$$

Démonstration.
- Supposons que f soit injective et montrons que $\mathrm{Ker}(f) = \{0_E\}$. Soit x un élément de $\mathrm{Ker}(f)$. On a $f(x) = 0_F$. Or, comme f est linéaire, on a aussi $f(0_E) = 0_F$. De l'égalité $f(x) = f(0_E)$, on déduit $x = 0_E$ car f est injective. Donc $\mathrm{Ker}(f) = \{0_E\}$.

- Réciproquement, supposons maintenant que $\mathrm{Ker}(f) = \{0_E\}$. Soient x et y deux éléments de E tels que $f(x) = f(y)$. On a donc $f(x) - f(y) = 0_F$. Comme f est linéaire, on en déduit $f(x - y) = 0_F$, c'est-à-dire $x - y$ est un élément de $\mathrm{Ker}(f)$. Donc $x - y = 0_E$, soit $x = y$.

$\square$

Exemple 31.

Considérons, pour $n \geqslant 1$, l'application linéaire

$$f : \mathbb{R}_n[X] \longrightarrow \mathbb{R}_{n+1}[X]$$
$$P(X) \longmapsto X \cdot P(X).$$

Étudions d'abord le noyau de f : soit $P(X) = a_n X^n + \cdots + a_1 X + a_0 \in \mathbb{R}_n[X]$ tel que $X \cdot P(X) = 0$. Alors

$$a_n X^{n+1} + \cdots + a_1 X^2 + a_0 X = 0.$$

Ainsi, $a_i = 0$ pour tout $i \in \{0, \ldots, n\}$ et donc $P(X) = 0$. Le noyau de f est donc nul : $\mathrm{Ker}(f) = \{0\}$.

L'espace $\mathrm{Im}(f)$ est l'ensemble des polynômes de $\mathbb{R}_{n+1}[X]$ sans terme constant : $\mathrm{Im}(f) = \mathrm{Vect}\{X, X^2, \ldots, X^{n+1}\}$.

Conclusion : f est injective, mais n'est pas surjective.

8.3. L'espace vectoriel $\mathscr{L}(E, F)$

Soient E et F deux $\mathbb{K}$-espaces vectoriels. Remarquons tout d'abord que, similairement à l'exemple 4, l'ensemble des applications de E dans F, noté $\mathscr{F}(E, F)$, peut être muni d'une loi de composition interne + et d'une loi de composition externe, définies de la façon suivante : f, g étant deux éléments de $\mathscr{F}(E, F)$, et λ étant un élément de $\mathbb{K}$, pour tout vecteur u de E,

$$(f + g)(u) = f(u) + g(u) \qquad \text{et} \qquad (\lambda \cdot f)(u) = \lambda f(u).$$

Proposition 10.

L'ensemble des applications linéaires entre deux $\mathbb{K}$-espaces vectoriels E et F, noté $\mathscr{L}(E, F)$, muni des deux lois définies précédemment, est un $\mathbb{K}$-espace vectoriel.

Démonstration. L'ensemble $\mathscr{L}(E, F)$ est inclus dans le $\mathbb{K}$-espace vectoriel $\mathscr{F}(E, F)$. Pour montrer que $\mathscr{L}(E, F)$ est un $\mathbb{K}$-espace vectoriel, il suffit donc de montrer que $\mathscr{L}(E, F)$ est un sous-espace vectoriel de $\mathscr{F}(E, F)$:

- Tout d'abord, l'application nulle appartient à $\mathscr{L}(E,F)$.
- Soient $f, g \in \mathscr{L}(E,F)$, et montrons que $f + g$ est linéaire. Pour tous vecteurs u et v de E et pour tous scalaires α, β de $\mathbb{K}$,

$$\begin{aligned}(f+g)(\alpha u + \beta v) &= f(\alpha u + \beta v) + g(\alpha u + \beta v) &&\text{(définition de } f+g\text{)}\\ &= \alpha f(u) + \beta f(v) + \alpha g(u) + \beta g(v) &&\text{(linéarité de } f \text{ et de } g\text{)}\\ &= \alpha(f(u) + g(u)) + \beta(f(v) + g(v)) &&\text{(propriétés des lois de } F\text{)}\\ &= \alpha(f+g)(u) + \beta(f+g)(v) &&\text{(définition de } f+g\text{)}\end{aligned}$$

$f + g$ est donc linéaire et $\mathscr{L}(E,F)$ est stable pour l'addition.
- Soient $f \in \mathscr{L}(E,F)$, $\lambda \in \mathbb{K}$, et montrons que λf est linéaire.

$$\begin{aligned}(\lambda f)(\alpha u + \beta v) &= \lambda f(\alpha u + \beta v) &&\text{(définition de } \lambda f\text{)}\\ &= \lambda(\alpha f(u) + \beta f(v)) &&\text{(linéarité de } f\text{)}\\ &= \alpha \lambda f(u) + \beta \lambda f(v) &&\text{(propriétés des lois de } F\text{)}\\ &= \alpha(\lambda f)(u) + \beta(\lambda f)(v) &&\text{(définition de } \lambda f\text{)}\end{aligned}$$

λf est donc linéaire et $\mathscr{L}(E,F)$ est stable pour la loi externe.

$\mathscr{L}(E,F)$ est donc un sous-espace vectoriel de $\mathscr{F}(E,F)$. $\square$

En particulier, $\mathscr{L}(E)$ est un sous-espace vectoriel de $\mathscr{F}(E,E)$.

8.4. Composition et inverse d'applications linéaires

Proposition 11 (Composée de deux applications linéaires).
Soient E, F, G trois $\mathbb{K}$-espaces vectoriels, f une application linéaire de E dans F et g une application linéaire de F dans G. Alors $g \circ f$ est une application linéaire de E dans G.

Remarque.
En particulier, le composé de deux endomorphismes de E est un endomorphisme de E. Autrement dit, $\circ$ est une loi de composition interne sur $\mathscr{L}(E)$.

Démonstration. Soient u et v deux vecteurs de E, et α et β deux éléments de $\mathbb{K}$. Alors :

$$\begin{aligned}(g \circ f)(\alpha u + \beta v) &= g(f(\alpha u + \beta v)) &&\text{(définition de } g \circ f\text{)}\\ &= g(\alpha f(u) + \beta f(v)) &&\text{(linéarité de } f\text{)}\\ &= \alpha g(f(u)) + \beta g(f(v)) &&\text{(linéarité de } g\text{)}\\ &= \alpha(g \circ f)(u) + \beta(g \circ f)(v) &&\text{(définition de } g \circ f\text{)}\end{aligned}$$

$\square$

La composition des applications linéaires se comporte bien :

$$g\circ(f_1+f_2) = g\circ f_1 + g\circ f_2 \quad (g_1+g_2)\circ f = g_1\circ f + g_2\circ f \quad (\lambda g)\circ f = g\circ(\lambda f) = \lambda(g\circ f)$$

Vocabulaire.
Soient E et F deux $\mathbb{K}$-espaces vectoriels.
- Une application linéaire **bijective** de E sur F est appelée **isomorphisme** d'espaces vectoriels. Les deux espaces vectoriels E et F sont alors dits **isomorphes**.
- Un endomorphisme bijectif de E (c'est-à-dire une application linéaire bijective de E dans E) est appelé **automorphisme** de E. L'ensemble des automorphismes de E est noté $GL(E)$.

> **Proposition 12** (Linéarité de l'application réciproque d'un isomorphisme).
> *Soient E et F deux $\mathbb{K}$-espaces vectoriels. Si f est un isomorphisme de E sur F, alors f^{-1} est un isomorphisme de F sur E.*

Démonstration. Comme f est une application bijective de E sur F, alors f^{-1} est une application bijective de F sur E. Il reste donc à prouver que f^{-1} est bien linéaire. Soient u' et v' deux vecteurs de F et soient α et β deux éléments de $\mathbb{K}$. On pose $f^{-1}(u') = u$ et $f^{-1}(v') = v$, et on a alors $f(u) = u'$ et $f(v) = v'$. Comme f est linéaire, on a

$$f^{-1}(\alpha u' + \beta v') = f^{-1}(\alpha f(u) + \beta f(v)) = f^{-1}(f(\alpha u + \beta v)) = \alpha u + \beta v$$

car $f^{-1} \circ f = \mathrm{id}_E$ (où id_E désigne l'application identité de E dans E). Ainsi

$$f^{-1}(\alpha u' + \beta v') = \alpha f^{-1}(u') + \beta f^{-1}(v'),$$

et f^{-1} est donc linéaire. □

Exemple 32.
Soit $f : \mathbb{R}^2 \to \mathbb{R}^2$ définie par $f(x,y) = (2x + 3y, x + y)$. Il est facile de prouver que f est linéaire. Pour prouver que f est bijective, on pourrait calculer son noyau et son image. Mais ici nous allons calculer directement son inverse : on cherche à résoudre $f(x,y) = (x', y')$. Cela correspond à l'équation $(2x + 3y, x + y) = (x', y')$ qui est un système linéaire à deux équations et deux inconnues. On trouve $(x, y) = (-x' + 3y', x' - 2y')$. On pose donc $f^{-1}(x', y') = (-x' + 3y', x' - 2y')$. On vérifie aisément que f^{-1} est l'inverse de f, et on remarque que f^{-1} est une application linéaire.

Exemple 33.
Plus généralement, soit $f : \mathbb{R}^n \to \mathbb{R}^n$ l'application linéaire définie par $f(X) = AX$ (où A est une matrice de $M_n(\mathbb{R})$). Si la matrice A est inversible, alors f^{-1} est une application linéaire bijective et est définie par $f^{-1}(X) = A^{-1}X$.
Dans l'exemple précédent,
$$X = \begin{pmatrix} x \\ y \end{pmatrix} \qquad A = \begin{pmatrix} 2 & 3 \\ 1 & 1 \end{pmatrix} \qquad A^{-1} = \begin{pmatrix} -1 & 3 \\ 1 & -2 \end{pmatrix}.$$

Mini-exercices.

1. Soit $f : \mathbb{R}^3 \to \mathbb{R}^3$ définie par $f(x, y, z) = (-x, y + z, 2z)$. Montrer que f est une application linéaire. Calculer $\mathrm{Ker}(f)$ et $\mathrm{Im}(f)$. f admet-elle un inverse ? Même question avec $f(x, y, z) = (x - y, x + y, y)$.

2. Soient E un espace vectoriel, et F, G deux sous-espaces tels que $E = F \oplus G$. Chaque $u \in E$ se décompose de manière unique $u = v + w$ avec $v \in F, w \in G$. La **symétrie** par rapport à F parallèlement à G est l'application $s : E \to E$ définie par $s(u) = v - w$. Faire un dessin. Montrer que s est une application linéaire. Montrer que $s^2 = \mathrm{id}_E$. Calculer $\mathrm{Ker}(s)$ et $\mathrm{Im}(s)$. s admet-elle un inverse ?

3. Soit $f : \mathbb{R}_n[X] \to \mathbb{R}_n[X]$ définie par $P(X) \mapsto P''(X)$ (où P'' désigne la dérivée seconde). Montrer que f est une application linéaire. Calculer $\mathrm{Ker}(f)$ et $\mathrm{Im}(f)$. f admet-elle un inverse ?

Auteurs du chapitre
- D'après un cours de Sophie Chemla de l'université Pierre et Marie Curie, reprenant des parties d'un cours de H. Ledret et d'une équipe de l'université de Bordeaux animée par J. Queyrut,
- et un cours de Eva Bayer-Fluckiger, Philippe Chabloz, Lara Thomas de l'École Polytechnique Fédérale de Lausanne,
- mixés et révisés par Arnaud Bodin, relu par Vianney Combet.

Dimension finie

Chapitre 11

Les espaces vectoriels qui sont engendrés par un nombre fini de vecteurs sont appelés espaces vectoriels de dimension finie. Pour ces espaces, nous allons voir comment calculer une base, c'est-à-dire une famille minimale de vecteurs qui engendrent tout l'espace. Le nombre de vecteurs dans une base s'appelle la dimension et nous verrons comment calculer la dimension des espaces et des sous-espaces.

1. Famille libre

1.1. Combinaison linéaire (rappel)

Soit E un $\mathbb{K}$-espace vectoriel.

> **Définition 1.**
> Soient $v_1, v_2, \ldots, v_p$, $p \geqslant 1$ vecteurs d'un espace vectoriel E. Tout vecteur de la forme
> $$u = \lambda_1 v_1 + \lambda_2 v_2 + \cdots + \lambda_p v_p$$
> (où $\lambda_1, \lambda_2, \ldots, \lambda_p$ sont des éléments de $\mathbb{K}$) est appelé **combinaison linéaire** des vecteurs $v_1, v_2, \ldots, v_p$. Les scalaires $\lambda_1, \lambda_2, \ldots, \lambda_p$ sont appelés **coefficients** de la combinaison linéaire.

1.2. Définition

Définition 2.
Une famille $\{v_1, v_2, \ldots, v_p\}$ de E est une **famille libre** ou **linéairement indépendante** si toute combinaison linéaire nulle
$$\lambda_1 v_1 + \lambda_2 v_2 + \cdots + \lambda_p v_p = 0$$
est telle que tous ses coefficients sont nuls, c'est-à-dire
$$\lambda_1 = 0, \quad \lambda_2 = 0, \quad \ldots \quad \lambda_p = 0.$$

Dans le cas contraire, c'est-à-dire s'il existe une combinaison linéaire nulle à coefficients non tous nuls, on dit que la famille est **liée** ou **linéairement dépendante**. Une telle combinaison linéaire s'appelle alors une **relation de dépendance linéaire** entre les v_j.

1.3. Premiers exemples

Pour des vecteurs de $\mathbb{R}^n$, décider si une famille $\{v_1, \ldots, v_p\}$ est libre ou liée revient à résoudre un système linéaire.

Exemple 1.
Dans le $\mathbb{R}$-espace vectoriel $\mathbb{R}^3$, considérons la famille
$$\left\{ \begin{pmatrix} 1 \\ 2 \\ 3 \end{pmatrix}, \begin{pmatrix} 4 \\ 5 \\ 6 \end{pmatrix}, \begin{pmatrix} 2 \\ 1 \\ 0 \end{pmatrix} \right\}.$$

On souhaite déterminer si elle est libre ou liée. On cherche des scalaires $(\lambda_1, \lambda_2, \lambda_3)$ tels que
$$\lambda_1 \begin{pmatrix} 1 \\ 2 \\ 3 \end{pmatrix} + \lambda_2 \begin{pmatrix} 4 \\ 5 \\ 6 \end{pmatrix} + \lambda_3 \begin{pmatrix} 2 \\ 1 \\ 0 \end{pmatrix} = \begin{pmatrix} 0 \\ 0 \\ 0 \end{pmatrix}$$
ce qui équivaut au système :
$$\begin{cases} \lambda_1 + 4\lambda_2 + 2\lambda_3 = 0 \\ 2\lambda_1 + 5\lambda_2 + \lambda_3 = 0 \\ 3\lambda_1 + 6\lambda_2 = 0 \end{cases}$$

On calcule (voir un peu plus bas) que ce système est équivalent à :
$$\begin{cases} \lambda_1 - 2\lambda_3 = 0 \\ \lambda_2 + \lambda_3 = 0 \end{cases}$$

Ce système a une infinité de solutions et en prenant par exemple $\lambda_3 = 1$ on obtient $\lambda_1 = 2$ et $\lambda_2 = -1$, ce qui fait que

$$2\begin{pmatrix}1\\2\\3\end{pmatrix} - \begin{pmatrix}4\\5\\6\end{pmatrix} + \begin{pmatrix}2\\1\\0\end{pmatrix} = \begin{pmatrix}0\\0\\0\end{pmatrix}.$$

La famille

$$\left\{\begin{pmatrix}1\\2\\3\end{pmatrix}, \begin{pmatrix}4\\5\\6\end{pmatrix}, \begin{pmatrix}2\\1\\0\end{pmatrix}\right\}$$

est donc une famille liée.

Voici les calculs de la réduction de Gauss sur la matrice associée au système :

$$\begin{pmatrix}1 & 4 & 2\\2 & 5 & 1\\3 & 6 & 0\end{pmatrix} \sim \begin{pmatrix}1 & 4 & 2\\0 & -3 & -3\\0 & -6 & -6\end{pmatrix} \sim \begin{pmatrix}1 & 4 & 2\\0 & -3 & -3\\0 & 0 & 0\end{pmatrix} \sim \begin{pmatrix}1 & 4 & 2\\0 & 1 & 1\\0 & 0 & 0\end{pmatrix} \sim \begin{pmatrix}1 & 0 & -2\\0 & 1 & 1\\0 & 0 & 0\end{pmatrix}$$

Exemple 2.

Soient $v_1 = \begin{pmatrix}1\\1\\1\end{pmatrix}$, $v_2 = \begin{pmatrix}2\\-1\\0\end{pmatrix}$, $v_3 = \begin{pmatrix}2\\1\\1\end{pmatrix}$. Est-ce que la famille $\{v_1, v_2, v_3\}$ est libre ou liée ? Résolvons le système linéaire correspondant à l'équation $\lambda_1 v_1 + \lambda_2 v_2 + \lambda_3 v_3 = 0$:

$$\begin{cases}\lambda_1 &+& 2\lambda_2 &+& 2\lambda_3 &=& 0\\ \lambda_1 &-& \lambda_2 &+& \lambda_3 &=& 0\\ \lambda_1 & & &+& \lambda_3 &=& 0\end{cases}$$

On résout ce système et on trouve comme seule solution $\lambda_1 = 0$, $\lambda_2 = 0$, $\lambda_3 = 0$. La famille $\{v_1, v_2, v_3\}$ est donc une famille libre.

Exemple 3.

Soient $v_1 = \begin{pmatrix}2\\-1\\0\\3\end{pmatrix}$, $v_2 = \begin{pmatrix}1\\2\\5\\-1\end{pmatrix}$ et $v_3 = \begin{pmatrix}7\\-1\\5\\8\end{pmatrix}$. Alors $\{v_1, v_2, v_3\}$ forme une famille liée, car

$$3v_1 + v_2 - v_3 = 0.$$

1.4. Autres exemples

Exemple 4.

Les polynômes $P_1(X) = 1-X$, $P_2(X) = 5+3X-2X^2$ et $P_3(X) = 1+3X-X^2$ forment une famille liée dans l'espace vectoriel $\mathbb{R}[X]$, car

$$3P_1(X) - P_2(X) + 2P_3(X) = 0.$$

Exemple 5.
Dans le $\mathbb{R}$-espace vectoriel $\mathscr{F}(\mathbb{R}, \mathbb{R})$ des fonctions de $\mathbb{R}$ dans $\mathbb{R}$, on considère la famille $\{\cos, \sin\}$. Montrons que c'est une famille libre. Supposons que l'on ait $\lambda \cos + \mu \sin = 0$. Cela équivaut à
$$\forall x \in \mathbb{R} \qquad \lambda \cos(x) + \mu \sin(x) = 0.$$
En particulier, pour $x = 0$, cette égalité donne $\lambda = 0$. Et pour $x = \frac{\pi}{2}$, elle donne $\mu = 0$. Donc la famille $\{\cos, \sin\}$ est libre. En revanche la famille $\{\cos^2, \sin^2, 1\}$ est liée car on a la relation de dépendance linéaire $\cos^2 + \sin^2 - 1 = 0$. Les coefficients de dépendance linéaire sont $\lambda_1 = 1, \lambda_2 = 1, \lambda_3 = -1$.

1.5. Famille liée

Soit E un $\mathbb{K}$-espace vectoriel. Si $v \neq 0$, la famille à un seul vecteur $\{v\}$ est libre (et liée si $v = 0$). Considérons le cas particulier d'une famille de deux vecteurs.

Proposition 1.
La famille $\{v_1, v_2\}$ est liée si et seulement si v_1 est un multiple de v_2 ou v_2 est un multiple de v_1.

Ce qui se reformule ainsi par contraposition : « La famille $\{v_1, v_2\}$ est libre si et seulement si v_1 n'est pas un multiple de v_2 et v_2 n'est pas un multiple de v_1. »

Démonstration.
- Supposons la famille $\{v_1, v_2\}$ liée, alors il existe λ_1, λ_2 non tous les deux nuls tels que $\lambda_1 v_1 + \lambda_2 v_2 = 0$. Si c'est λ_1 qui n'est pas nul, on peut diviser par λ_1, ce qui donne $v_1 = -\frac{\lambda_2}{\lambda_1} v_2$ et v_1 est un multiple de v_2. Si c'est λ_2 qui n'est pas nul, alors de même v_2 est un multiple de v_1.
- Réciproquement, si v_1 est un multiple de v_2, alors il existe un scalaire μ tel que $v_1 = \mu v_2$, soit $1 v_1 + (-\mu) v_2 = 0$, ce qui est une relation de dépendance linéaire entre v_1 et v_2 puisque $1 \neq 0$: la famille $\{v_1, v_2\}$ est alors liée. Même conclusion si c'est v_2 qui est un multiple de v_1.

□

Généralisons tout de suite cette proposition à une famille d'un nombre quelconque de vecteurs.

Théorème 1.
Soit E un $\mathbb{K}$-espace vectoriel. Une famille $\mathscr{F} = \{v_1, v_2, \ldots, v_p\}$ de $p \geqslant 2$ vecteurs de E

est une famille liée si et seulement si au moins un des vecteurs de $\mathscr{F}$ est combinaison linéaire des autres vecteurs de $\mathscr{F}$.

Démonstration. C'est essentiellement la même démonstration que ci-dessus.
- Supposons d'abord $\mathscr{F}$ liée. Il existe donc une relation de dépendance linéaire
$$\lambda_1 v_1 + \lambda_2 v_2 + \cdots + \lambda_p v_p = 0,$$
avec $\lambda_k \neq 0$ pour au moins un indice k. Passons tous les autres termes à droite du signe égal. Il vient
$$\lambda_k v_k = -\lambda_1 v_1 - \lambda_2 v_2 - \cdots - \lambda_p v_p,$$
où v_k ne figure pas au second membre. Comme $\lambda_k \neq 0$, on peut diviser cette égalité par λ_k et l'on obtient
$$v_k = -\frac{\lambda_1}{\lambda_k} v_1 - \frac{\lambda_2}{\lambda_k} v_2 - \cdots - \frac{\lambda_p}{\lambda_k} v_p,$$
c'est-à-dire que v_k est combinaison linéaire des autres vecteurs de $\mathscr{F}$, ce qui peut encore s'écrire $v_k \in \text{Vect}\left(\mathscr{F} \setminus \{v_k\}\right)$ (avec la notation ensembliste $A \setminus B$ pour l'ensemble des éléments de A qui n'appartiennent pas à B).
- Réciproquement, supposons que pour un certain k, on ait $v_k \in \text{Vect}\left(\mathscr{F} \setminus \{v_k\}\right)$. Ceci signifie que l'on peut écrire
$$v_k = \mu_1 v_1 + \mu_2 v_2 + \cdots + \mu_p v_p,$$
où v_k ne figure pas au second membre. Passant v_k au second membre, il vient
$$0 = \mu_1 v_1 + \mu_2 v_2 + \cdots - v_k + \cdots + \mu_p v_p,$$
ce qui est une relation de dépendance linéaire pour $\mathscr{F}$ (puisque $-1 \neq 0$) et ainsi la famille $\mathscr{F}$ est liée.

□

1.6. Interprétation géométrique de la dépendance linéaire

- Dans $\mathbb{R}^2$ ou $\mathbb{R}^3$, deux vecteurs sont linéairement dépendants si et seulement s'ils sont colinéaires. Ils sont donc sur une même droite vectorielle.
- Dans $\mathbb{R}^3$, trois vecteurs sont linéairement dépendants si et seulement s'ils sont coplanaires. Ils sont donc dans un même plan vectoriel.

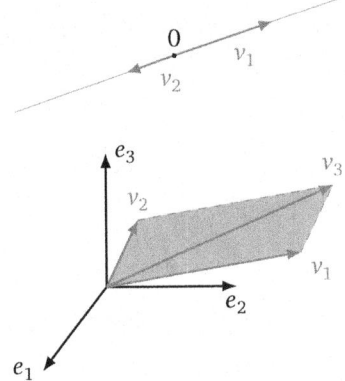

Proposition 2.
Soit $\mathscr{F} = \{v_1, v_2, \ldots, v_p\}$ une famille de vecteurs de $\mathbb{R}^n$. Si $\mathscr{F}$ contient plus de n éléments (c'est-à-dire $p > n$), alors $\mathscr{F}$ est une famille liée.

Démonstration. Supposons que
$$v_1 = \begin{pmatrix} v_{11} \\ v_{21} \\ \vdots \\ v_{n1} \end{pmatrix} \quad v_2 = \begin{pmatrix} v_{12} \\ v_{22} \\ \vdots \\ v_{n2} \end{pmatrix} \quad \cdots \quad v_p = \begin{pmatrix} v_{1p} \\ v_{2p} \\ \vdots \\ v_{np} \end{pmatrix}.$$

L'équation
$$x_1 v_1 + x_2 v_2 + \cdots + x_p v_p = 0$$
donne alors le système suivant
$$\begin{cases} v_{11} x_1 + v_{12} x_2 + \cdots + v_{1p} x_p &= 0 \\ v_{21} x_1 + v_{22} x_2 + \cdots + v_{2p} x_p &= 0 \\ \quad \vdots \\ v_{n1} x_1 + v_{n2} x_2 + \cdots + v_{np} x_p &= 0 \end{cases}$$
C'est un système homogène de n équations à p inconnues. Lorsque $p > n$, ce système a des solutions non triviales (voir le chapitre « Systèmes linéaires », dernier théorème) ce qui montre que la famille $\mathscr{F}$ est une famille liée. □

Mini-exercices.

1. Pour quelles valeurs de $t \in \mathbb{R}$, $\left\{\begin{pmatrix} -1 \\ t \end{pmatrix}, \begin{pmatrix} t^2 \\ -t \end{pmatrix}\right\}$ est une famille libre de $\mathbb{R}^2$? Même question avec la famille $\left\{\begin{pmatrix} 1 \\ t \\ t^2 \end{pmatrix} \begin{pmatrix} t^2 \\ 1 \\ 1 \end{pmatrix} \begin{pmatrix} 1 \\ t \\ 1 \end{pmatrix}\right\}$ de $\mathbb{R}^3$.

2. Montrer que toute famille contenant une famille liée est liée.
3. Montrer que toute famille inclue dans une famille libre est libre.
4. Montrer que si $f : E \to F$ est une application linéaire et que $\{v_1,\ldots,v_p\}$ est une famille liée de E, alors $\{f(v_1),\ldots,f(v_p)\}$ est une famille liée de F.
5. Montrer que si $f : E \to F$ est une application linéaire *injective* et que $\{v_1,\ldots,v_p\}$ est une famille libre de E, alors $\{f(v_1),\ldots,f(v_p)\}$ est une famille libre de F.

2. Famille génératrice

Soit E un espace vectoriel sur un corps $\mathbb{K}$.

2.1. Définition

> **Définition 3.**
> Soient $v_1,\ldots,v_p$ des vecteurs de E. La famille $\{v_1,\ldots,v_p\}$ est une **famille génératrice** de l'espace vectoriel E si tout vecteur de E est une combinaison linéaire des vecteurs $v_1,\ldots,v_p$.
> Ce qui peut s'écrire aussi :
> $$\forall v \in E \quad \exists \lambda_1,\ldots,\lambda_p \in \mathbb{K} \quad v = \lambda_1 v_1 + \cdots + \lambda_p v_p$$

On dit aussi que la famille $\{v_1,\ldots,v_p\}$ **engendre** l'espace vectoriel E.
Cette notion est bien sûr liée à la notion de sous-espace vectoriel engendré : les vecteurs $\{v_1,\ldots,v_p\}$ forment une famille génératrice de E si et seulement si $E = \text{Vect}(v_1,\ldots,v_p)$.

2.2. Exemples

Exemple 6.
Considérons par exemple les vecteurs $v_1 = \begin{pmatrix} 1 \\ 0 \\ 0 \end{pmatrix}$, $v_2 = \begin{pmatrix} 0 \\ 1 \\ 0 \end{pmatrix}$ et $v_3 = \begin{pmatrix} 0 \\ 0 \\ 1 \end{pmatrix}$ de $E = \mathbb{R}^3$.
La famille $\{v_1,v_2,v_3\}$ est génératrice car tout vecteur $v = \begin{pmatrix} x \\ y \\ z \end{pmatrix}$ de $\mathbb{R}^3$ peut s'écrire
$$\begin{pmatrix} x \\ y \\ z \end{pmatrix} = x \begin{pmatrix} 1 \\ 0 \\ 0 \end{pmatrix} + y \begin{pmatrix} 0 \\ 1 \\ 0 \end{pmatrix} + z \begin{pmatrix} 0 \\ 0 \\ 1 \end{pmatrix}.$$
Les coefficients sont ici $\lambda_1 = x$, $\lambda_2 = y$, $\lambda_3 = z$.

Exemple 7.
Soient maintenant les vecteurs $v_1 = \begin{pmatrix} 1 \\ 1 \\ 1 \end{pmatrix}$, $v_2 = \begin{pmatrix} 1 \\ 2 \\ 3 \end{pmatrix}$ de $E = \mathbb{R}^3$. Les vecteurs $\{v_1, v_2\}$ *ne forment pas* une famille génératrice de $\mathbb{R}^3$. Par exemple, le vecteur $v = \begin{pmatrix} 0 \\ 1 \\ 0 \end{pmatrix}$ n'est pas dans $\text{Vect}(v_1, v_2)$. En effet, si c'était le cas, alors il existerait $\lambda_1, \lambda_2 \in \mathbb{R}$ tels que $v = \lambda_1 v_1 + \lambda_2 v_2$. Ce qui s'écrirait aussi $\begin{pmatrix} 0 \\ 1 \\ 0 \end{pmatrix} = \lambda_1 \begin{pmatrix} 1 \\ 1 \\ 1 \end{pmatrix} + \lambda_2 \begin{pmatrix} 1 \\ 2 \\ 3 \end{pmatrix}$, d'où le système linéaire :
$$\begin{cases} \lambda_1 + \lambda_2 = 0 \\ \lambda_1 + 2\lambda_2 = 1 \\ \lambda_1 + 3\lambda_2 = 0 \end{cases}$$
Ce système n'a pas de solution. (La première et la dernière ligne impliquent $\lambda_1 = 0, \lambda_2 = 0$, ce qui est incompatible avec la deuxième.)

Exemple 8.
Soit $E = \mathbb{R}^2$.
- Soient $v_1 = \begin{pmatrix} 1 \\ 0 \end{pmatrix}$ et $v_2 = \begin{pmatrix} 0 \\ 1 \end{pmatrix}$. La famille $\{v_1, v_2\}$ est génératrice de $\mathbb{R}^2$ car tout vecteur de $\mathbb{R}^2$ se décompose comme $\begin{pmatrix} x \\ y \end{pmatrix} = x \begin{pmatrix} 1 \\ 0 \end{pmatrix} + y \begin{pmatrix} 0 \\ 1 \end{pmatrix}$.
- Soient maintenant $v_1' = \begin{pmatrix} 2 \\ 1 \end{pmatrix}$ et $v_2' = \begin{pmatrix} 1 \\ 1 \end{pmatrix}$. Alors $\{v_1', v_2'\}$ est aussi une famille génératrice. En effet, soit $v = \begin{pmatrix} x \\ y \end{pmatrix}$ un élément quelconque de $\mathbb{R}^2$. Montrer que v est combinaison linéaire de v_1' et v_2' revient à démontrer l'existence de deux réels λ et μ tels que $v = \lambda v_1' + \mu v_2'$. Il s'agit donc d'étudier l'existence de solutions au système :
$$\begin{cases} 2\lambda + \mu = x \\ \lambda + \mu = y \end{cases}$$
Il a pour solution $\lambda = x - y$ et $\mu = -x + 2y$, et ceci, quels que soient les réels x et y.

Ceci prouve qu'il peut exister plusieurs familles finies différentes, non incluses les unes dans les autres, engendrant le même espace vectoriel.

Exemple 9.
Soit $\mathbb{R}_n[X]$ l'espace vectoriel des polynômes de degré $\leqslant n$. Alors les polynômes $\{1, X, \ldots, X^n\}$ forment une famille génératrice. Par contre, l'espace vectoriel $\mathbb{R}[X]$ de tous les polynômes ne possède pas de famille finie génératrice.

2.3. Liens entre familles génératrices

La proposition suivante est souvent utile :

> **Proposition 3.**
> Soit $\mathscr{F} = \{v_1, v_2, \ldots, v_p\}$ une famille génératrice de E. Alors $\mathscr{F}' = \{v'_1, v'_2, \ldots, v'_q\}$ est aussi une famille génératrice de E si et seulement si tout vecteur de $\mathscr{F}$ est une combinaison linéaire de vecteurs de $\mathscr{F}'$.

Démonstration. C'est une conséquence immédiate de la définition de Vect $\mathscr{F}$ et de Vect $\mathscr{F}'$. □

Nous chercherons bientôt à avoir un nombre minimal de générateurs. Voici une proposition sur la réduction d'une famille génératrice.

> **Proposition 4.**
> Si la famille de vecteurs $\{v_1, \ldots, v_p\}$ engendre E et si l'un des vecteurs, par exemple v_p, est combinaison linéaire des autres, alors la famille $\{v_1, \ldots, v_p\} \setminus \{v_p\} = \{v_1, \ldots, v_{p-1}\}$ est encore une famille génératrice de E.

Démonstration. En effet, comme les vecteurs $v_1, \ldots, v_p$ engendrent E, alors pour tout élément v de E, il existe des scalaires $\lambda_1, \ldots, \lambda_p$ tels que
$$v = \lambda_1 v_1 + \cdots + \lambda_p v_p.$$
Or l'hypothèse v_p est combinaison linéaire des vecteurs $v_1, \ldots, v_{p-1}$ se traduit par l'existence de scalaires $\alpha_1, \ldots, \alpha_{p-1}$ tels que
$$v_p = \alpha_1 v_1 + \cdots + \alpha_{p-1} v_{p-1}.$$
Alors, le vecteur v s'écrit :
$$v = \lambda_1 v_1 + \cdots + \lambda_{p-1} v_{p-1} + \lambda_p \left(\alpha_1 v_1 + \cdots + \alpha_{p-1} v_{p-1}\right).$$
Donc
$$v = \left(\lambda_1 + \lambda_p \alpha_1\right) v_1 + \cdots + \left(\lambda_{p-1} + \lambda_p \alpha_{p-1}\right) v_{p-1},$$
ce qui prouve que v est combinaison linéaire des vecteurs $v_1, \ldots, v_{p-1}$. Ceci achève la démonstration. Il est clair que si l'on remplace v_p par n'importe lequel des vecteurs v_i, la démonstration est la même. □

Mini-exercices.

1. À quelle condition sur $t \in \mathbb{R}$, la famille $\left\{ \begin{pmatrix} 0 \\ t-1 \end{pmatrix}, \begin{pmatrix} t \\ -t \end{pmatrix} \begin{pmatrix} t^2-t \\ t-1 \end{pmatrix} \right\}$ est une famille génératrice de $\mathbb{R}^2$?

2. Même question avec la famille $\left\{ \begin{pmatrix} 1 \\ 0 \\ t \end{pmatrix} \begin{pmatrix} 1 \\ t \\ t^2 \end{pmatrix} \begin{pmatrix} 1 \\ t^2 \\ 1 \end{pmatrix} \right\}$ de $\mathbb{R}^3$.

3. Montrer qu'une famille de vecteurs contenant une famille génératrice est encore une famille génératrice de E.

4. Montrer que si $f : E \to F$ est une application linéaire *surjective* et que $\{v_1, \ldots, v_p\}$ est une famille génératrice de E, alors $\{f(v_1), \ldots, f(v_p)\}$ est une famille génératrice de F.

3. Base

La notion de base généralise la notion de repère. Dans $\mathbb{R}^2$, un repère est donné par un couple de vecteurs non colinéaires. Dans $\mathbb{R}^3$, un repère est donné par un triplet de vecteurs non coplanaires. Dans un repère, un vecteur se décompose suivant les vecteurs d'une base. Il en sera de même pour une base d'un espace vectoriel.

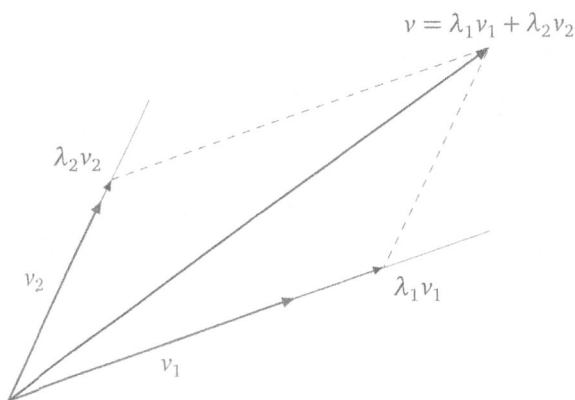

3.1. Définition

Définition 4 (Base d'un espace vectoriel).
Soit E un $\mathbb{K}$-espace vectoriel. Une famille $\mathscr{B} = (v_1, v_2, \ldots, v_n)$ de vecteurs de E est une **base** de E si $\mathscr{B}$ est une famille libre **et** génératrice.

Théorème 2.

*Soit $\mathscr{B} = (v_1, v_2, \ldots, v_n)$ une base de l'espace vectoriel E. Tout vecteur $v \in E$ s'exprime de façon unique comme combinaison linéaire d'éléments de $\mathscr{B}$. Autrement dit, il **existe** des scalaires $\lambda_1, \ldots, \lambda_n \in \mathbb{K}$ **uniques** tels que :*

$$v = \lambda_1 v_1 + \lambda_2 v_2 + \cdots + \lambda_n v_n.$$

Remarque.

1. $(\lambda_1, \ldots, \lambda_n)$ s'appellent les **coordonnées** du vecteur v dans la base $\mathscr{B}$.

2. Il faut observer que pour une base $\mathscr{B} = (v_1, v_2, \ldots, v_n)$ on introduit un **ordre** sur les vecteurs. Bien sûr, si on permutait les vecteurs on obtiendrait toujours une base, mais il faudrait aussi permuter les coordonnées.

3. Notez que l'application
$$\begin{aligned} \phi \ :\ \mathbb{K}^n &\to E \\ (\lambda_1, \lambda_2, \ldots, \lambda_n) &\mapsto \lambda_1 v_1 + \lambda_2 v_2 + \cdots + \lambda_n v_n \end{aligned}$$
est un isomorphisme de l'espace vectoriel $\mathbb{K}^n$ vers l'espace vectoriel E.

Preuve du théorème 2.

- Par définition, $\mathscr{B}$ est une famille génératrice de E, donc pour tout $v \in E$ il existe $\lambda_1, \ldots, \lambda_n \in \mathbb{K}$ tels que
$$v = \lambda_1 v_1 + \lambda_2 v_2 + \cdots + \lambda_n v_n.$$
Cela prouve la partie existence.

- Il reste à montrer l'unicité des $\lambda_1, \lambda_2, \ldots, \lambda_n$. Soient $\mu_1, \mu_2, \ldots, \mu_n \in \mathbb{K}$ d'autres scalaires tels que $v = \mu_1 v_1 + \mu_2 v_2 + \cdots + \mu_n v_n$. Alors, par différence on a : $(\lambda_1 - \mu_1)v_1 + (\lambda_2 - \mu_2)v_2 + \cdots + (\lambda_n - \mu_n)v_n = 0$. Comme $\mathscr{B} = \{v_1, \ldots, v_n\}$ est une famille libre, ceci implique $\lambda_1 - \mu_1 = 0, \quad \lambda_2 - \mu_2 = 0, \quad \ldots, \quad \lambda_n - \mu_n = 0$ et donc $\lambda_1 = \mu_1, \quad \lambda_2 = \mu_2, \quad \ldots, \lambda_n = \mu_n$.

□

3.2. Exemples

Exemple 10.

1. Soient les vecteurs $e_1 = \begin{pmatrix} 1 \\ 0 \end{pmatrix}$ et $e_2 = \begin{pmatrix} 0 \\ 1 \end{pmatrix}$. Alors (e_1, e_2) est une base de $\mathbb{R}^2$, appelée **base canonique** de $\mathbb{R}^2$.

2. Soient les vecteurs $v_1 = \binom{3}{1}$ et $v_2 = \binom{1}{2}$. Alors (v_1, v_2) forment aussi une base de $\mathbb{R}^2$.

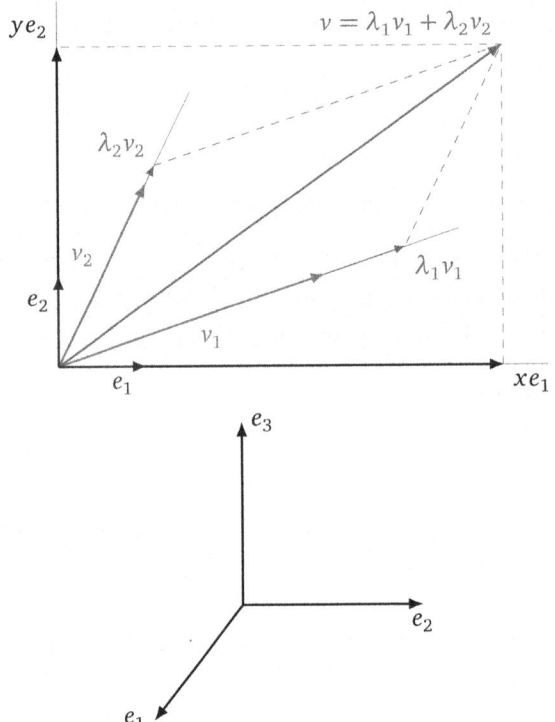

3. De même dans $\mathbb{R}^3$, si $e_1 = \begin{pmatrix} 1 \\ 0 \\ 0 \end{pmatrix}$, $e_2 = \begin{pmatrix} 0 \\ 1 \\ 0 \end{pmatrix}$, $e_3 = \begin{pmatrix} 0 \\ 0 \\ 1 \end{pmatrix}$, alors (e_1, e_2, e_3) forment la **base canonique** de $\mathbb{R}^3$.

Exemple 11.
Soient $v_1 = \begin{pmatrix} 1 \\ 2 \\ 1 \end{pmatrix}$, $v_2 = \begin{pmatrix} 2 \\ 9 \\ 0 \end{pmatrix}$ et $v_3 = \begin{pmatrix} 3 \\ 3 \\ 4 \end{pmatrix}$. Montrons que la famille $\mathscr{B} = (v_1, v_2, v_3)$ est une base de $\mathbb{R}^3$.

Dans les deux premiers points, nous ramenons le problème à l'étude d'un système linéaire.

1. Montrons d'abord que $\mathscr{B}$ est une famille génératrice de $\mathbb{R}^3$. Soit $v = \begin{pmatrix} a_1 \\ a_2 \\ a_3 \end{pmatrix}$ un vecteur quelconque de $\mathbb{R}^3$. On cherche $\lambda_1, \lambda_2, \lambda_3 \in \mathbb{R}$ tels que

$$v = \lambda_1 v_1 + \lambda_2 v_2 + \lambda_3 v_3.$$

Ceci se reformule comme suit :
$$\begin{pmatrix} a_1 \\ a_2 \\ a_3 \end{pmatrix} = \lambda_1 \begin{pmatrix} 1 \\ 2 \\ 1 \end{pmatrix} + \lambda_2 \begin{pmatrix} 2 \\ 9 \\ 0 \end{pmatrix} + \lambda_3 \begin{pmatrix} 3 \\ 3 \\ 4 \end{pmatrix} = \begin{pmatrix} \lambda_1 + 2\lambda_2 + 3\lambda_3 \\ 2\lambda_1 + 9\lambda_2 + 3\lambda_3 \\ \lambda_1 + 4\lambda_3 \end{pmatrix}.$$

Ceci conduit au système suivant :
$$\begin{cases} \lambda_1 + 2\lambda_2 + 3\lambda_3 = a_1 \\ 2\lambda_1 + 9\lambda_2 + 3\lambda_3 = a_2 \\ \lambda_1 + 4\lambda_3 = a_3. \end{cases} \quad (S)$$

Il nous restera à montrer que ce système a une solution $\lambda_1, \lambda_2, \lambda_3$.

2. Pour montrer que $\mathscr{B}$ est une famille libre, il faut montrer que l'unique solution de
$$\lambda_1 v_1 + \lambda_2 v_2 + \lambda_3 v_3 = 0$$
est
$$\lambda_1 = \lambda_2 = \lambda_3 = 0.$$

Ceci équivaut à montrer que le système
$$\begin{cases} \lambda_1 + 2\lambda_2 + 3\lambda_3 = 0 \\ 2\lambda_1 + 9\lambda_2 + 3\lambda_3 = 0 \\ \lambda_1 + 4\lambda_3 = 0 \end{cases} \quad (S')$$
a une unique solution
$$\lambda_1 = \lambda_2 = \lambda_3 = 0.$$

3. Nous pouvons maintenant répondre à la question sans explicitement résoudre les systèmes.

Remarquons que les deux systèmes ont la même matrice de coefficients. On peut donc montrer simultanément que $\mathscr{B}$ est une famille génératrice et une famille libre de $\mathbb{R}^3$ en montrant que la matrice des coefficients est inversible. En effet, si la matrice des coefficients est inversible, alors (S) admet une solution $(\lambda_1, \lambda_2, \lambda_3)$ quel que soit (a_1, a_2, a_3) et d'autre part (S') admet la seule solution $(0,0,0)$.

Cette matrice est
$$A = \begin{pmatrix} 1 & 2 & 3 \\ 2 & 9 & 3 \\ 1 & 0 & 4 \end{pmatrix}.$$

Pour montrer qu'elle est inversible, on peut calculer son inverse ou seulement son déterminant qui vaut $\det A = -1$ (le déterminant étant non nul la matrice est inversible).

Conclusion : $\mathscr{B}$ est une famille libre et génératrice ; c'est une base de $\mathbb{R}^3$.

Exemple 12.
Les vecteurs de $\mathbb{K}^n$:

$$e_1 = \begin{pmatrix} 1 \\ 0 \\ \vdots \\ 0 \end{pmatrix} \quad e_2 = \begin{pmatrix} 0 \\ 1 \\ \vdots \\ 0 \end{pmatrix} \quad \ldots \quad e_n = \begin{pmatrix} 0 \\ \vdots \\ 0 \\ 1 \end{pmatrix}$$

forment une base de $\mathbb{K}^n$, appelée la **base canonique** de $\mathbb{K}^n$.

Remarque.
L'exemple 11 se généralise de la façon suivante. Pour montrer que n vecteurs de $\mathbb{R}^n$ forment une base de $\mathbb{R}^n$, il suffit de montrer la chose suivante : la matrice A constituée des composantes de ces vecteurs (chaque vecteur formant une colonne de A) est inversible.

Application : montrer que les vecteurs

$$v_1 = \begin{pmatrix} 1 \\ 0 \\ 0 \\ \vdots \\ 0 \end{pmatrix} \quad v_2 = \begin{pmatrix} 1 \\ 2 \\ 0 \\ \vdots \\ 0 \end{pmatrix} \quad \ldots \quad v_n = \begin{pmatrix} 1 \\ 2 \\ 3 \\ \vdots \\ n \end{pmatrix}$$

forment aussi une base de $\mathbb{R}^n$.

Voici quelques autres exemples :

Exemple 13.

1. La base canonique de $\mathbb{R}_n[X]$ est $\mathscr{B} = (1, X, X^2, \ldots, X^n)$. Attention, il y a $n+1$ vecteurs !

2. Voici une autre base de $\mathbb{R}_n[X]$: $(1, 1+X, 1+X+X^2, \ldots, 1+X+X^2+\cdots+X^n)$.

3. L'espace vectoriel $M_2(\mathbb{R})$ des matrices 2×2 admet une base formée des vecteurs :

$$M_1 = \begin{pmatrix} 1 & 0 \\ 0 & 0 \end{pmatrix} \quad M_2 = \begin{pmatrix} 0 & 1 \\ 0 & 0 \end{pmatrix} \quad M_3 = \begin{pmatrix} 0 & 0 \\ 1 & 0 \end{pmatrix} \quad M_4 = \begin{pmatrix} 0 & 0 \\ 0 & 1 \end{pmatrix}.$$

En effet, n'importe quelle matrice $M = \begin{pmatrix} a & b \\ c & d \end{pmatrix}$ de $M_2(\mathbb{R})$ se décompose de manière unique en
$$M = aM_1 + bM_2 + cM_3 + dM_4.$$

4. C'est un bon exercice de prouver que les quatre matrices suivantes forment aussi une base de $M_2(\mathbb{R})$:
$$M'_1 = \begin{pmatrix} 1 & 0 \\ 1 & 0 \end{pmatrix} \quad M'_2 = \begin{pmatrix} 1 & 0 \\ 0 & 1 \end{pmatrix} \quad M'_3 = \begin{pmatrix} 0 & 1 \\ 1 & 0 \end{pmatrix} \quad M'_4 = \begin{pmatrix} 1 & 3 \\ 4 & 2 \end{pmatrix}.$$

3.3. Existence d'une base

Voyons maintenant un théorème d'existence d'une base finie. Dans la suite, les espaces vectoriels sont supposés non réduits à $\{0\}$.

Théorème 3 (Théorème d'existence d'une base).
Tout espace vectoriel admettant une famille finie génératrice admet une base.

3.4. Théorème de la base incomplète

Une version importante et plus générale de ce qui précède est le théorème suivant :

Théorème 4 (Théorème de la base incomplète).
Soit E un $\mathbb{K}$-espace vectoriel admettant une famille génératrice finie.

1. *Toute famille libre $\mathscr{L}$ peut être complétée en une base. C'est-à-dire qu'il existe une famille $\mathscr{F}$ telle que $\mathscr{L} \cup \mathscr{F}$ soit une famille libre et génératrice de E.*

2. *De toute famille génératrice $\mathscr{G}$ on peut extraire une base de E. C'est-à-dire qu'il existe une famille $\mathscr{B} \subset \mathscr{G}$ telle que $\mathscr{B}$ soit une famille libre et génératrice de E.*

3.5. Preuves

Les deux théorèmes précédents sont la conséquence d'un résultat encore plus général :

Théorème 5.

Soit $\mathcal{G}$ une famille génératrice finie de E et $\mathcal{L}$ une famille libre de E. Alors il existe une famille $\mathcal{F}$ de $\mathcal{G}$ telle que $\mathcal{L} \cup \mathcal{F}$ soit une base de E.

Le théorème 4 de la base incomplète se déduit du théorème 5 ainsi :

1. On sait qu'il existe une famille génératrice de E : notons-la $\mathcal{G}$. On applique le théorème 5 avec ce $\mathcal{L}$ et ce $\mathcal{G}$.
2. On applique le théorème 5 avec $\mathcal{L} = \emptyset$ et la famille $\mathcal{G}$ de l'énoncé.

En particulier, le théorème 3 d'existence d'une base se démontre comme le point (2) ci-dessus avec $\mathcal{L} = \emptyset$ et $\mathcal{G}$ une famille génératrice de E.

3.6. Preuves (suite)

Nous avons : Théorème 5 $\implies$ Théorème 4 $\implies$ Théorème 3.

Il nous reste donc à prouver le théorème 5. La démonstration que nous en donnons est un algorithme.

Démonstration.
- Étape 0. Si $\mathcal{L}$ est une famille génératrice de E, on pose $\mathcal{F} = \emptyset$ et c'est fini puisque $\mathcal{L}$ est une famille génératrice et libre, donc une base. Sinon on passe à l'étape suivante.
- Étape 1. Comme $\mathcal{L}$ n'est pas une famille génératrice, alors il existe au moins un élément g_1 de $\mathcal{G}$ qui n'est pas combinaison linéaire des éléments de $\mathcal{L}$. (En effet, par l'absurde, si tous les éléments de $\mathcal{G}$ sont dans $\text{Vect}\,\mathcal{L}$, alors $\mathcal{L}$ serait aussi une famille génératrice.) On pose $\mathcal{L}_1 = \mathcal{L} \cup \{g_1\}$. Alors la famille $\mathcal{L}_1$ vérifie les propriétés suivantes :
  (i) $\mathcal{L} \subsetneq \mathcal{L}_1 \subset E$: la famille $\mathcal{L}_1$ est strictement plus grande que $\mathcal{L}$.
  (ii) $\mathcal{L}_1$ est une famille libre. (En effet, si $\mathcal{L}_1$ n'était pas une famille libre, alors une combinaison linéaire nulle impliquerait que $g_1 \in \text{Vect}\,\mathcal{L}$.)
  On recommence le même raisonnement à partir de $\mathcal{L}_1$: si $\mathcal{L}_1$ est une famille génératrice de E, alors on pose $\mathcal{F} = \{g_1\}$ et on s'arrête. Sinon on passe à l'étape suivante.
- Étape 2. Il existe au moins un élément g_2 de $\mathcal{G}$ qui n'est pas combinaison linéaire des éléments de $\mathcal{L}_1$. Alors la famille $\mathcal{L}_2 = \mathcal{L}_1 \cup \{g_2\} = \mathcal{L} \cup \{g_1, g_2\}$ est strictement plus grande que $\mathcal{L}_1$ et est encore une famille libre.

Si $\mathscr{L}_2$ est une famille génératrice, on pose $\mathscr{F} = \{g_1, g_2\}$ et c'est fini. Sinon on passe à l'étape d'après.
- ...

L'algorithme consiste donc à construire une suite, strictement croissante pour l'inclusion, de familles libres, où, si $\mathscr{L}_{k-1}$ n'engendre pas E, alors $\mathscr{L}_k$ est construite partir de $\mathscr{L}_{k-1}$ en lui ajoutant un vecteur g_k de $\mathscr{G}$, de sorte que $\mathscr{L}_k = \mathscr{L}_{k-1} \cup \{g_k\}$ reste une famille libre.

- L'algorithme se termine. Comme la famille $\mathscr{G}$ est finie, le processus s'arrête en moins d'étapes qu'il y a d'éléments dans $\mathscr{G}$. Notez que, comme $\mathscr{G}$ est une famille génératrice, dans le pire des cas on peut être amené à prendre $\mathscr{F} = \mathscr{G}$.
- L'algorithme est correct. Lorsque l'algorithme s'arrête, disons à l'étape s : on a $\mathscr{L}_s = \mathscr{L} \cup \mathscr{F}$ où $\mathscr{F} = \{g_1, \ldots, g_s\}$. Par construction, $\mathscr{L}_s$ est une famille finie, libre et aussi génératrice (car c'est la condition d'arrêt). Donc $\mathscr{L} \cup \mathscr{F}$ est une base de E.

□

Exemple 14.

Soit $\mathbb{R}[X]$ le $\mathbb{R}$-espace vectoriel des polynômes réels et E le sous-espace de $\mathbb{R}[X]$ engendré par la famille $\mathscr{G} = \{P_1, P_2, P_3, P_4, P_5\}$ définie par :

$$P_1(X) = 1 \qquad P_2(X) = X \qquad P_3(X) = X+1 \qquad P_4(X) = 1+X^3 \qquad P_5(X) = X-X^3$$

Partons de $\mathscr{L} = \varnothing$ et cherchons $\mathscr{F} \subset \mathscr{G}$ telle que $\mathscr{F}$ soit une base de E.

- Étape 0. Comme $\mathscr{L}$ n'est pas génératrice (vu que $\mathscr{L} = \varnothing$), on passe à l'étape suivante.
- Étape 1. On pose $\mathscr{L}_1 = \mathscr{L} \cup \{P_1\} = \{P_1\}$. Comme P_1 est non nul, $\mathscr{L}_1$ est une famille libre.
- Étape 2. Considérons P_2. Comme les éléments P_1 et P_2 sont linéairement indépendants, $\mathscr{L}_2 = \{P_1, P_2\}$ est une famille libre.
- Étape 3. Considérons P_3 : ce vecteur est combinaison linéaire des vecteurs P_1 et P_2 car $P_3(X) = X+1 = P_1(X) + P_2(X)$ donc $\{P_1, P_2, P_3\}$ est une famille liée. Considérons alors P_4. Un calcul rapide prouve que les vecteurs P_1, P_2 et P_4 sont linéairement indépendants. Alors $\mathscr{L}_3 = \{P_1, P_2, P_4\}$ est une famille libre.

    Il ne reste que le vecteur P_5 à considérer. Il s'agit, pour pouvoir conclure, d'étudier l'indépendance linéaire des vecteurs P_1, P_2, P_4, P_5. Or un calcul rapide montre l'égalité

$$P_1 + P_2 - P_4 - P_5 = 0,$$

ce qui prouve que la famille $\{P_1, P_2, P_4, P_5\}$ est liée. Donc avec les notations de l'algorithme, $s = 3$ et $\mathscr{L}_3 = \{P_1, P_2, P_4\}$ est une base de E.

Mini-exercices.

1. Trouver toutes les façons d'obtenir une base de $\mathbb{R}^2$ avec les vecteurs suivants : $v_1 = \begin{pmatrix} -1 \\ -3 \end{pmatrix}$, $v_2 = \begin{pmatrix} 3 \\ 3 \end{pmatrix}$, $v_3 = \begin{pmatrix} 0 \\ 0 \end{pmatrix}$, $v_4 = \begin{pmatrix} 2 \\ 0 \end{pmatrix}$, $v_5 = \begin{pmatrix} 2 \\ 6 \end{pmatrix}$.

2. Montrer que la famille $\{v_1, v_2, v_3, v_4\}$ des vecteurs $v_1 = \begin{pmatrix} 2 \\ 1 \\ -3 \end{pmatrix}$, $v_2 = \begin{pmatrix} 2 \\ 3 \\ -1 \end{pmatrix}$, $v_3 = \begin{pmatrix} -1 \\ 2 \\ 4 \end{pmatrix}$, $v_4 = \begin{pmatrix} 1 \\ 1 \\ -1 \end{pmatrix}$ est une famille génératrice du sous-espace vectoriel d'équation $2x - y + z = 0$ de $\mathbb{R}^3$. En extraire une base.

3. Déterminer une base du sous-espace vectoriel E_1 de $\mathbb{R}^3$ d'équation $x + 3y - 2z = 0$. Compléter cette base en une base de $\mathbb{R}^3$. Idem avec E_2 vérifiant les deux équations $x + 3y - 2z = 0$ et $y = z$.

4. Donner une base de l'espace vectoriel des matrices 3×3 ayant une diagonale nulle. Idem avec l'espace vectoriel des polynômes $P \in \mathbb{R}_n[X]$ vérifiant $P(0) = 0$, $P'(0) = 0$.

4. Dimension d'un espace vectoriel

4.1. Définition

Définition 5.
Un $\mathbb{K}$-espace vectoriel E admettant une base ayant un nombre fini d'éléments est dit de **dimension finie**.

Par le théorème 3 d'existence d'une base, c'est équivalent à l'existence d'une famille finie génératrice.

On va pouvoir parler de **la** dimension d'un espace vectoriel grâce au théorème suivant :

Théorème 6 (Théorème de la dimension).
Toutes les bases d'un espace vectoriel E de dimension finie ont le même nombre d'éléments.

Nous détaillerons la preuve un peu plus loin.

Définition 6.

La **dimension** d'un espace vectoriel de dimension finie E, notée $\dim E$, est par définition le nombre d'éléments d'une base de E.

Méthodologie. Pour déterminer la dimension d'un espace vectoriel, il suffit de trouver une base de E (une famille à la fois libre et génératrice) : le cardinal (nombre d'éléments) de cette famille donne la dimension de E. Le théorème 6 de la dimension prouve que même si on choisissait une base différente alors ces deux bases auraient le même nombre d'éléments.

Convention. On convient d'attribuer à l'espace vectoriel $\{0\}$ la dimension 0.

4.2. Exemples

Exemple 15.

1. La base canonique de $\mathbb{R}^2$ est $\left(\binom{1}{0}, \binom{0}{1}\right)$. La dimension de $\mathbb{R}^2$ est donc 2.
2. Les vecteurs $\left(\binom{2}{1}, \binom{1}{1}\right)$ forment aussi une base de $\mathbb{R}^2$, et illustrent qu'une autre base contient le même nombre d'éléments.
3. Plus généralement, $\mathbb{K}^n$ est de dimension n, car par exemple sa base canonique $(e_1, e_2, \ldots, e_n)$ contient n éléments.
4. $\dim \mathbb{R}_n[X] = n+1$ car une base de $\mathbb{R}_n[X]$ est $(1, X, X^2, \ldots, X^n)$, qui contient $n+1$ éléments.

Exemple 16.

Les espaces vectoriels suivants ne sont pas de dimension finie :
- $\mathbb{R}[X]$: l'espace vectoriel de tous les polynômes,
- $\mathscr{F}(\mathbb{R}, \mathbb{R})$: l'espace vectoriel des fonctions de $\mathbb{R}$ dans $\mathbb{R}$,
- $\mathscr{S} = \mathscr{F}(\mathbb{N}, \mathbb{R})$: l'espace vectoriel des suites réelles.

Exemple 17.

Nous avons vu que l'ensemble des solutions d'un système d'équations linéaires **homogène** est un espace vectoriel. On considère par exemple le système

$$\begin{cases} 2x_1 + 2x_2 - x_3 + x_5 = 0 \\ -x_1 - x_2 + 2x_3 - 3x_4 + x_5 = 0 \\ x_1 + x_2 - 2x_3 - x_5 = 0 \\ x_3 + x_4 + x_5 = 0. \end{cases}$$

On vérifie que la solution générale de ce système est

$$x_1 = -s - t \qquad x_2 = s \qquad x_3 = -t \qquad x_4 = 0 \qquad x_5 = t.$$

Donc les vecteurs solutions s'écrivent sous la forme

$$\begin{pmatrix} x_1 \\ x_2 \\ x_3 \\ x_4 \\ x_5 \end{pmatrix} = \begin{pmatrix} -s-t \\ s \\ -t \\ 0 \\ t \end{pmatrix} = \begin{pmatrix} -s \\ s \\ 0 \\ 0 \\ 0 \end{pmatrix} + \begin{pmatrix} -t \\ 0 \\ -t \\ 0 \\ t \end{pmatrix} = s \begin{pmatrix} -1 \\ 1 \\ 0 \\ 0 \\ 0 \end{pmatrix} + t \begin{pmatrix} -1 \\ 0 \\ -1 \\ 0 \\ 1 \end{pmatrix}.$$

Ceci montre que les vecteurs

$$v_1 = \begin{pmatrix} -1 \\ 1 \\ 0 \\ 0 \\ 0 \end{pmatrix} \quad \text{et} \quad v_2 = \begin{pmatrix} -1 \\ 0 \\ -1 \\ 0 \\ 1 \end{pmatrix}$$

engendrent l'espace des solutions du système. D'autre part, on vérifie que v_1 et v_2 sont linéairement indépendants. Donc (v_1, v_2) est une base de l'espace des solutions du système. Ceci montre que cet espace vectoriel est de dimension 2.

4.3. Compléments

Lorsqu'un espace vectoriel est de dimension finie, le fait de connaître sa dimension est une information très riche ; les propriétés suivantes montrent comment exploiter cette information.

Le schéma de preuve sera : Lemme 1 $\implies$ Proposition 5 $\implies$ Théorème 6.

Lemme 1.

Soit E un espace vectoriel. Soit $\mathcal{L}$ une famille libre et soit $\mathcal{G}$ une famille génératrice finie de E. Alors $\operatorname{Card} \mathcal{L} \leqslant \operatorname{Card} \mathcal{G}$.

Ce lemme implique le résultat important :

Proposition 5.

Soit E un $\mathbb{K}$-espace vectoriel admettant une base ayant n éléments. Alors :

1. *Toute famille libre de E a au plus n éléments.*

2. *Toute famille génératrice de E a au moins n éléments.*

En effet, soit $\mathcal{B}$ une base de E telle que $\operatorname{Card} \mathcal{B} = n$.

1. On applique le lemme 1 à la famille $\mathcal{B}$ considérée génératrice ; alors une famille libre $\mathcal{L}$ vérifie $\operatorname{Card} \mathcal{L} \leqslant \operatorname{Card} \mathcal{B} = n$.

2. On applique le lemme 1 à la famille $\mathcal{B}$ considérée maintenant comme une famille libre, alors une famille génératrice $\mathcal{G}$ vérifie $n = \operatorname{Card} \mathcal{B} \leqslant \operatorname{Card} \mathcal{G}$.

Cette proposition impliquera bien le théorème 6 de la dimension :

Corollaire 1.
Si E est un espace vectoriel admettant une base ayant n éléments, alors toute base de E possède n éléments.

La preuve du corollaire (et donc du théorème 6 de la dimension) est la suivante : par la proposition 5, si $\mathscr{B}$ est une base quelconque de E, alors $\mathscr{B}$ est à la fois une famille libre et génératrice, donc possède à la fois au plus n éléments et au moins n éléments, donc exactement n éléments.

Il reste à énoncer un résultat important et très utile :

Théorème 7.
Soient E un $\mathbb{K}$-espace vectoriel de dimension n, et $\mathscr{F} = (v_1, \ldots, v_n)$ une famille de n vecteurs de E. Il y a équivalence entre :
 (i) $\mathscr{F}$ est une base de E,
 (ii) $\mathscr{F}$ est une famille libre de E,
 (iii) $\mathscr{F}$ est une famille génératrice de E.

La preuve sera une conséquence du théorème 6 de la dimension et du théorème 4 de la base incomplète.

Autrement dit, lorsque le nombre de vecteurs considéré est exactement égal à la dimension de l'espace vectoriel, l'une des deux conditions – être libre ou bien génératrice – suffit pour que ces vecteurs déterminent une base de E.

Démonstration.
- Les implications (i) $\implies$ (ii) et (i) $\implies$ (iii) découlent de la définition d'une base.
- Voici la preuve de (ii) $\implies$ (i).
  Si $\mathscr{F}$ est une famille libre ayant n éléments, alors par le théorème de la base incomplète (théorème 4) il existe une famille $\mathscr{F}'$ telle que $\mathscr{F} \cup \mathscr{F}'$ soit une base de E. D'une part $\mathscr{F} \cup \mathscr{F}'$ est une base de E qui est de dimension n, donc par le théorème 6, $\mathrm{Card}(\mathscr{F} \cup \mathscr{F}') = n$. Mais d'autre part $\mathrm{Card}(\mathscr{F} \cup \mathscr{F}') = \mathrm{Card}\,\mathscr{F} + \mathrm{Card}\,\mathscr{F}'$ (par l'algorithme du théorème 4) et par hypothèse $\mathrm{Card}\,\mathscr{F} = n$. Donc $\mathrm{Card}\,\mathscr{F}' = 0$, ce qui implique que $\mathscr{F}' = \varnothing$ et donc que $\mathscr{F}$ est déjà une base de E.
- Voici la preuve de (iii) $\implies$ (i).
  Par hypothèse, $\mathscr{F}$ est cette fois une famille génératrice. Toujours par le théorème 4, on peut extraire de cette famille une base $\mathscr{B} \subset \mathscr{F}$. Puis par le théorème 6,

Card $\mathcal{B} = n$, donc $n = $ Card $\mathcal{B} \leqslant $ Card $\mathcal{F} = n$. Donc $\mathcal{B} = \mathcal{F}$ et $\mathcal{F}$ est bien une base. $\square$

Exemple 18.
Pour quelles valeurs de $t \in \mathbb{R}$ les vecteurs (v_1, v_2, v_3) suivants forment une base de $\mathbb{R}^3$?

$$v_1 = \begin{pmatrix} 1 \\ 1 \\ 4 \end{pmatrix} \qquad v_2 = \begin{pmatrix} 1 \\ 3 \\ t \end{pmatrix} \qquad v_3 = \begin{pmatrix} 1 \\ 1 \\ t \end{pmatrix}$$

- Nous avons une famille de 3 vecteurs dans l'espace $\mathbb{R}^3$ de dimension 3. Donc pour montrer que la famille (v_1, v_2, v_3) est une base, par le théorème 7, il suffit de montrer que la famille est libre ou bien de montrer qu'elle est génératrice. Dans la pratique, il est souvent plus facile de vérifier qu'une famille est libre.
- À quelle condition la famille $\{v_1, v_2, v_3\}$ est libre ? Soient $\lambda_1, \lambda_2, \lambda_3 \in \mathbb{R}$ tels que $\lambda_1 v_1 + \lambda_2 v_2 + \lambda_3 v_3 = 0$. Cela implique le système

$$\begin{cases} \lambda_1 + \lambda_2 + \lambda_3 = 0 \\ \lambda_1 + 3\lambda_2 + \lambda_3 = 0 \\ 4\lambda_1 + t\lambda_2 + t\lambda_3 = 0 \end{cases}.$$

Ce système est équivalent à :

$$\begin{cases} \lambda_1 + \lambda_2 + \lambda_3 = 0 \\ 2\lambda_2 = 0 \\ (t-4)\lambda_2 + (t-4)\lambda_3 = 0 \end{cases} \iff \begin{cases} \lambda_1 + \lambda_3 = 0 \\ \lambda_2 = 0 \\ (t-4)\lambda_3 = 0 \end{cases}$$

- Il est clair que si $t \neq 4$, alors la seule solution est $(\lambda_1, \lambda_2, \lambda_3) = (0, 0, 0)$ et donc $\{v_1, v_2, v_3\}$ est une famille libre. Si $t = 4$, alors par exemple $(\lambda_1, \lambda_2, \lambda_3) = (1, 0, -1)$ est une solution non nulle, donc la famille n'est pas libre.
- Conclusion : si $t \neq 4$ la famille est libre, donc par le théorème 7 la famille (v_1, v_2, v_3) est en plus génératrice, donc c'est une base de $\mathbb{R}^3$. Si $t = 4$, la famille n'est pas libre et n'est donc pas une base.

4.4. Preuve

Il nous reste la preuve du lemme 1. La démonstration est délicate et hors-programme.

Démonstration. La preuve de ce lemme se fait en raisonnant par récurrence.

On démontre par récurrence que, pour tout $n \geqslant 1$, la propriété suivante est vraie :
« Dans un espace vectoriel engendré par n vecteurs, toute famille ayant $n+1$ éléments est liée. »

Initialisation. On vérifie que la propriété est vraie pour $n = 1$. Soit E un espace vectoriel engendré par un vecteur noté g_1, et soit $\{v_1, v_2\}$ une famille de E ayant deux éléments. Les vecteurs v_1 et v_2 peuvent s'écrire comme combinaisons linéaires du vecteur g_1 ; autrement dit, il existe des scalaires α_1, α_2 tels que $v_1 = \alpha_1 g_1$ et $v_2 = \alpha_2 g_1$, ce qui donne la relation : $\alpha_2 v_1 - \alpha_1 v_2 = 0_E$. En supposant v_2 non nul (sinon il est évident que $\{v_1, v_2\}$ est liée), le scalaire α_2 est donc non nul. On a trouvé une combinaison linéaire nulle des vecteurs v_1, v_2, avec des coefficients non tous nuls. Donc la famille $\{v_1, v_2\}$ est liée.

Hérédité. On démontre maintenant que si la propriété est vraie au rang $n-1$ ($n \geqslant 2$), alors elle vraie au rang n. Soit E un espace vectoriel engendré par n vecteurs notés $g_1, g_2, \ldots, g_n$, et soit $\{v_1, v_2, \ldots, v_n, v_{n+1}\}$ une famille de E ayant $n+1$ éléments. Tout vecteur v_j, pour $j = 1, 2, \ldots, n+1$, est combinaison linéaire de $g_1, g_2, \ldots, g_n$, donc il existe des scalaires $\alpha_1^j, \alpha_2^j, \ldots, \alpha_n^j$ tels que :
$$v_j = \alpha_1^j g_1 + \alpha_2^j g_2 + \cdots + \alpha_n^j g_n.$$

Remarque. On est contraint d'utiliser ici deux indices i, j pour les scalaires (attention ! j n'est pas un exposant) car deux informations sont nécessaires : l'indice j indique qu'il s'agit de la décomposition du vecteur v_j, et i indique à quel vecteur de la famille génératrice est associé ce coefficient.

En particulier, pour $j = n+1$, le vecteur v_{n+1} s'écrit :
$$v_{n+1} = \alpha_1^{n+1} g_1 + \alpha_2^{n+1} g_2 + \cdots + \alpha_n^{n+1} g_n.$$

Si v_{n+1} est nul, c'est terminé, la famille est liée ; sinon, v_{n+1} est non nul, et au moins un des coefficients α_j^{n+1} est non nul. On suppose, pour alléger l'écriture, que α_n^{n+1} est non nul (sinon il suffit de changer l'ordre des vecteurs). On construit une nouvelle famille de n vecteurs de E de telle sorte que ces vecteurs soient combinaisons linéaires de $g_1, g_2, \ldots, g_{n-1}$, c'est-à-dire appartiennent au sous-espace engendré par $\{g_1, g_2, \ldots, g_{n-1}\}$. Pour $j = 1, 2, \ldots, n$, on définit w_j par :
$$w_j = \alpha_n^{n+1} v_j - \alpha_n^j v_{n+1} = \sum_{k=1}^{n} (\alpha_n^{n+1} \alpha_k^j - \alpha_n^j \alpha_k^{n+1}) g_k.$$

Le coefficient de g_n est nul. Donc w_j est bien combinaison linéaire de $g_1, g_2, \ldots, g_{n-1}$. On a n vecteurs qui appartiennent à un espace vectoriel engendré par $n-1$ vecteurs ;

on peut appliquer l'hypothèse de récurrence : la famille $\{w_1, w_2, \ldots, w_n\}$ est liée. Par conséquent, il existe des scalaires non tous nuls $\lambda_1, \lambda_2, \ldots, \lambda_n$ tels que
$$\lambda_1 w_1 + \lambda_2 w_2 + \cdots + \lambda_n w_n = 0.$$
En remplaçant les w_j par leur expression en fonction des vecteurs v_i, on obtient :
$$\alpha_n^{n+1} \lambda_1 v_1 + \alpha_n^{n+1} \lambda_2 v_2 + \cdots + \alpha_n^{n+1} \lambda_n v_n - (\lambda_1 \alpha_n^1 + \cdots + \lambda_n \alpha_n^n) v_{n+1} = 0_E$$
Le coefficient α_n^{n+1} a été supposé non nul et au moins un des scalaires $\lambda_1, \lambda_2, \ldots, \lambda_n$ est non nul ; on a donc une combinaison linéaire nulle des vecteurs $v_1, v_2, \ldots, v_n, v_{n+1}$ avec des coefficients qui ne sont pas tous nuls, ce qui prouve que ces vecteurs forment une famille liée.

Conclusion. La démonstration par récurrence est ainsi achevée. □

Mini-exercices.

Dire si les assertions suivantes sont vraies ou fausses. Justifier votre réponse par un résultat du cours ou un contre-exemple :

1. Une famille de $p \geqslant n$ vecteurs dans un espace vectoriel de dimension n est génératrice.

2. Une famille de $p > n$ vecteurs dans un espace vectoriel de dimension n est liée.

3. Une famille de $p < n$ vecteurs dans un espace vectoriel de dimension n est libre.

4. Une famille génératrice de $p \leqslant n$ vecteurs dans un espace vectoriel de dimension n est libre.

5. Une famille de $p \neq n$ vecteurs dans un espace vectoriel de dimension n n'est pas une base.

6. Toute famille libre à p éléments d'un espace vectoriel de dimension n se complète par une famille ayant exactement $n - p$ éléments en une base de E.

5. Dimension des sous-espaces vectoriels

Tout sous-espace vectoriel F d'un $\mathbb{K}$-espace vectoriel E étant lui même un $\mathbb{K}$-espace vectoriel, la question est de savoir s'il est de dimension finie ou s'il ne l'est pas. Prenons l'exemple de l'espace vectoriel $E = \mathscr{F}(\mathbb{R}, \mathbb{R})$ des fonctions de $\mathbb{R}$ dans $\mathbb{R}$:
- il contient le sous-espace vectoriel $F_1 = \mathbb{R}_n[X]$ des (fonctions) polynômes de degré $\leqslant n$, qui est de dimension finie ;
- et aussi le sous-espace vectoriel $F_2 = \mathbb{R}[X]$ de l'ensemble des (fonctions) polynômes, qui lui est de dimension infinie.

5.1. Dimension d'un sous-espace vectoriel

Nous allons voir par contre que lorsque E est de dimension finie alors F aussi.

> **Théorème 8.**
> *Soit E un $\mathbb{K}$-espace vectoriel de dimension finie.*
> 1. *Alors tout sous-espace vectoriel F de E est de dimension finie ;*
> 2. $\dim F \leqslant \dim E$;
> 3. $F = E \iff \dim F = \dim E.$

Démonstration.
- Soit E un espace vectoriel de dimension n et soit F un sous-espace vectoriel de E. Si $F = \{0\}$ il n'y a rien à montrer. On suppose donc $F \neq \{0\}$ et soit v un élément non nul de F. La famille $\{v\}$ est une famille libre de F, donc F contient des familles libres. Toute famille libre d'éléments de F étant une famille libre d'éléments de E (voir la définition des familles libres), alors comme E est de dimension n, toutes les familles libres de F ont au plus n éléments.
- On considère l'ensemble K des entiers k tels qu'il existe une famille libre de F ayant k éléments :
$$K = \left\{ k \in \mathbb{N} \mid \exists \{v_1, v_2, \ldots, v_k\} \subset F \text{ et } \{v_1, v_2, \ldots, v_k\} \text{ est une famille libre de } F \right\}$$
Cet ensemble K est non vide (car $1 \in K$) ; K est un sous-ensemble borné de $\mathbb{N}$ (puisque tout élément de K est compris entre 1 et n) donc K admet un maximum. Notons p ce maximum et soit $\{v_1, v_2, \ldots, v_p\}$ une famille libre de F ayant p éléments.

- Montrons que $\{v_1, v_2, \ldots, v_p\}$ est aussi génératrice de F. Par l'absurde, s'il existe w un élément de F qui n'est pas dans $\text{Vect}(v_1, \ldots, v_p)$, alors la famille $\{v_1, \ldots, v_p, w\}$ ne peut pas être libre (sinon p ne serait pas le maximum de K). La famille $\{v_1, \ldots, v_p, w\}$ est donc liée, mais alors la relation de dépendance linéaire implique que $w \in \text{Vect}(v_1, \ldots, v_p)$, ce qui est une contradiction.
  Conclusion : $(v_1, \ldots, v_p)$ est une famille libre et génératrice, donc est une base de F.
- On a ainsi démontré simultanément que :
  — F est de dimension finie (puisque $(v_1, v_2, \ldots, v_p)$ est une base de F).
  — Ainsi $\dim F = p$, donc $\dim F \leqslant \dim E$ (puisque toute famille libre de F a au plus n éléments).
  — De plus, lorsque $p = n$, le p-uplet $(v_1, v_2, \ldots, v_p)$, qui est une base de F, est aussi une base de E (car $\{v_1, v_2, \ldots, v_p\}$ est alors une famille libre de E ayant exactement n éléments, donc est une base de E). Tout élément de E s'écrit comme une combinaison linéaire de $v_1, v_2, \ldots, v_p$, d'où $E = F$.

□

5.2. Exemples

Exemple 19.
Si E est un $\mathbb{K}$-espace vectoriel de dimension 2, les sous-espaces vectoriels de E sont :
- soit de dimension 0 : c'est alors le sous-espace $\{0\}$;
- soit de dimension 1 : ce sont les droites vectorielles, c'est-à-dire les sous-espaces $\mathbb{K}u = \text{Vect}\{u\}$ engendrés par les vecteurs non nuls u de E ;
- soit de dimension 2 : c'est alors l'espace E tout entier.

Vocabulaire. Plus généralement, dans un $\mathbb{K}$-espace vectoriel E de dimension n ($n \geqslant 2$), tout sous-espace vectoriel de E de dimension 1 est appelé **droite vectorielle** de E et tout sous-espace vectoriel de E de dimension 2 est appelé **plan vectoriel** de E. Tout sous-espace vectoriel de E de dimension $n-1$ est appelé **hyperplan** de E. Pour $n = 3$, un hyperplan est un plan vectoriel ; pour $n = 2$, un hyperplan est une droite vectorielle.

Le théorème 8 précédent permet de déduire le corollaire suivant :

Corollaire 2.
Soit E un $\mathbb{K}$-espace vectoriel. Soient F et G deux sous-espaces vectoriels de E. On

suppose que F est de dimension finie et que $G \subset F$. Alors :

$$F = G \iff \dim F = \dim G$$

Autrement dit, sachant qu'un sous-espace est inclus dans un autre, alors pour montrer qu'ils sont égaux il suffit de montrer l'égalité des dimensions.

Exemple 20.

Deux droites vectorielles F et G sont soit égales, soit d'intersection réduite au vecteur nul.

Exemple 21.

Soient les sous-espaces vectoriels de $\mathbb{R}^3$ suivants :

$F = \left\{ \begin{pmatrix} x \\ y \\ z \end{pmatrix} \in \mathbb{R}^3 \mid 2x-3y+z = 0 \right\}$ et $G = \text{Vect}(u, v)$ où $u = \begin{pmatrix} 1 \\ 1 \\ 1 \end{pmatrix}$ et $v = \begin{pmatrix} 2 \\ 1 \\ -1 \end{pmatrix}$.

Est-ce que $F = G$?

1. On remarque que les vecteurs u et v ne sont pas colinéaires, donc G est de dimension 2, et de plus ils appartiennent à F, donc G est contenu dans F.

2. Pour trouver la dimension de F, on pourrait déterminer une base de F et on montrerait alors que la dimension de F est 2. Mais il est plus judicieux ici de remarquer que F est contenu strictement dans $\mathbb{R}^3$ (par exemple le vecteur $\begin{pmatrix} 1 \\ 0 \\ 0 \end{pmatrix}$ de $\mathbb{R}^3$ n'est pas dans F), donc $\dim F < \dim \mathbb{R}^3 = 3$; mais puisque F contient G alors $\dim F \geqslant \dim G = 2$, donc la dimension de F ne peut être que 2.

3. On a donc démontré que $G \subset F$ et que $\dim G = \dim F$, ce qui entraîne $G = F$.

5.3. Théorème des quatre dimensions

Théorème 9 (Théorème des quatre dimensions).
Soient E un espace vectoriel de dimension finie et F, G des sous-espaces vectoriels de E. Alors :

$$\boxed{\dim(F + G) = \dim F + \dim G - \dim(F \cap G)}$$

Corollaire 3.
Si $E = F \oplus G$, alors $\dim E = \dim F + \dim G$.

Exemple 22.

Dans un espace vectoriel E de dimension 6, on considère deux sous-espaces F et G avec $\dim F = 3$ et $\dim G = 4$. Que peut-on dire de $F \cap G$? de $F + G$? Peut-on avoir $F \oplus G = E$?

- $F \cap G$ est un sous-espace vectoriel inclus dans F, donc $\dim(F \cap G) \leqslant \dim F = 3$. Donc les dimensions possibles pour $F \cap G$ sont pour l'instant $0, 1, 2, 3$.
- $F + G$ est un sous-espace vectoriel contenant G et inclus dans E, donc $4 = \dim G \leqslant \dim(F + G) \leqslant \dim E = 6$. Donc les dimensions possibles pour $F + G$ sont $4, 5, 6$.
- Le théorème 9 des quatre dimensions nous donne la relation : $\dim(F \cap G) = \dim F + \dim G - \dim(F + G) = 3 + 4 - \dim(F + G) = 7 - \dim(F + G)$. Comme $F + G$ est de dimension 4, 5 ou 6, alors la dimension de $F \cap G$ est 3, 2 ou 1.
- Conclusion : les dimensions possibles pour $F + G$ sont 4, 5 ou 6 ; les dimensions correspondantes pour $F \cap G$ sont alors 3, 2 ou 1. Dans tous les cas, $F \cap G \neq \{0\}$ et en particulier F et G ne sont jamais en somme directe dans E.

La méthode de la preuve du théorème 9 des quatre dimensions implique aussi :

Corollaire 4.

Tout sous-espace vectoriel F d'un espace vectoriel E de dimension finie admet un supplémentaire.

Preuve du théorème 9.

- Notez l'analogie de la formule avec la formule pour les ensembles finis :

$$\operatorname{Card}(A \cup B) = \operatorname{Card} A + \operatorname{Card} B - \operatorname{Card}(A \cap B).$$

- Nous allons partir d'une base $\mathscr{B}_{F \cap G} = \{u_1, \ldots, u_p\}$ de $F \cap G$. On commence par compléter $\mathscr{B}_{F \cap G}$ en une base $\mathscr{B}_F = \{u_1, \ldots, u_p, v_{p+1}, \ldots, v_q\}$ de F. On complète ensuite $\mathscr{B}_{F \cap G}$ en une base $\mathscr{B}_G = \{u_1, \ldots, u_p, w_{p+1}, \ldots, w_r\}$ de G.
- Nous allons maintenant montrer que la famille

$$\{u_1, \ldots, u_p, v_{p+1}, \ldots, v_q, w_{p+1}, \ldots, w_r\}$$

est une base de $F + G$. Il est tout d'abord clair que c'est une famille génératrice de $F + G$ (car $\mathscr{B}_F$ est une famille génératrice de F et $\mathscr{B}_G$ est une famille génératrice de G).
- Montrons que cette famille est libre. Soit une combinaison linéaire nulle :

$$\sum_{i=1}^{p} \alpha_i u_i + \sum_{j=p+1}^{q} \beta_j v_j + \sum_{k=p+1}^{r} \gamma_k w_k = 0 \tag{1}$$

On pose $u = \sum_{i=1}^{p} \alpha_i u_i$, $v = \sum_{j=p+1}^{q} \beta_j v_j$, $w = \sum_{k=p+1}^{r} \gamma_k w_k$. Alors d'une part $u + v \in F$ (car $\mathcal{B}_F$ est une base de F) mais comme l'équation (1) équivaut à $u + v + w = 0$, alors $u + v = -w \in G$ (car $w \in G$). Maintenant $u + v \in F \cap G$ et aussi bien sûr $u \in F \cap G$, donc $v = \sum_{j=p+1}^{q} \beta_j v_j \in F \cap G$. Cela implique $\beta_j = 0$ pour tout j (car les $\{v_j\}$ complètent la base de $F \cap G$).

La combinaison linéaire nulle (1) devient $\sum_{i=1}^{p} \alpha_i u_i + \sum_{k=p+1}^{r} \gamma_k w_k = 0$. Or $\mathcal{B}_G$ est une base de G, donc $\alpha_i = 0$ et $\gamma_k = 0$ pour tout i, k. Ainsi $\mathcal{B}_{F+G} = \{u_1, \ldots, u_p, v_{p+1}, \ldots, v_q, w_{p+1}, \ldots, w_r\}$ est une base de $F + G$.

- Il ne reste plus qu'à compter le nombre de vecteurs de chaque base : $\dim F \cap G = \operatorname{Card} \mathcal{B}_{F \cap G} = p$, $\dim F = \operatorname{Card} \mathcal{B}_F = q$, $\dim G = \operatorname{Card} \mathcal{B}_G = r$, $\dim(F + G) = \operatorname{Card} \mathcal{B}_{F+G} = q + r - p$. Ce qui prouve bien $\dim(F+G) = \dim F + \dim G - \dim(F \cap G)$.

□

Mini-exercices.

1. Soient $F = \operatorname{Vect}\left(\begin{pmatrix}1\\2\\3\end{pmatrix}, \begin{pmatrix}3\\-1\\2\end{pmatrix}\right)$ et $G = \operatorname{Vect}\left(\begin{pmatrix}-7\\7\\0\end{pmatrix}, \begin{pmatrix}6\\5\\11\end{pmatrix}\right)$. Montrer que $F = G$.

2. Dans $\mathbb{R}^3$, on considère $F = \operatorname{Vect}\left(\begin{pmatrix}1\\t\\-1\end{pmatrix}, \begin{pmatrix}t\\1\\1\end{pmatrix}\right)$, $G = \operatorname{Vect}\begin{pmatrix}1\\1\\1\end{pmatrix}$. Calculer les dimensions de $F, G, F \cap G, F + G$ en fonction de $t \in \mathbb{R}$.

3. Dans un espace vectoriel de dimension 7, on considère des sous-espaces F et G vérifiant $\dim F = 3$ et $\dim G \leqslant 2$. Que peut-on dire pour $\dim(F \cap G)$? Et pour $\dim(F + G)$?

4. Dans un espace vectoriel E de dimension finie, montrer l'équivalence entre : (i) $F \oplus G = E$; (ii) $F + G = E$ et $\dim F + \dim G = \dim E$; (iii) $F \cap G = \{0_E\}$ et $\dim F + \dim G = \dim E$.

5. Soit H un hyperplan dans un espace vectoriel de dimension finie E. Soit $v \in E \setminus H$. Montrer que H et $\operatorname{Vect}(v)$ sont des sous-espaces supplémentaires dans E.

Auteurs du chapitre

- D'après un cours de Sophie Chemla de l'université Pierre et Marie Curie, reprenant des parties d'un cours de H. Ledret et d'une équipe de l'université de Bordeaux animée par J. Queyrut,
- et un cours de Eva Bayer-Fluckiger, Philippe Chabloz, Lara Thomas de l'École Polytechnique Fédérale de Lausanne,

- mixé, révisé et complété par Arnaud Bodin. Relu par Vianney Combet.

Matrices et applications linéaires

Chapitre 12

Ce chapitre est l'aboutissement de toutes les notions d'algèbre linéaire vues jusqu'ici : espaces vectoriels, dimension, applications linéaires, matrices. Nous allons voir que dans le cas des espaces vectoriels de dimension finie, l'étude des applications linéaires se ramène à l'étude des matrices, ce qui facilite les calculs.

1. Rang d'une famille de vecteurs

Le rang d'une famille de vecteurs est la dimension du plus petit sous-espace vectoriel contenant tous ces vecteurs.

1.1. Définition

Soient E un $\mathbb{K}$-espace vectoriel et $\{v_1, \ldots, v_p\}$ une famille finie de vecteurs de E. Le sous-espace vectoriel $\mathrm{Vect}(v_1, \ldots, v_p)$ engendré par $\{v_1, \ldots, v_p\}$ étant de dimension finie, on peut donc donner la définition suivante :

Définition 1 (Rang d'une famille finie de vecteurs).
Soit E un $\mathbb{K}$-espace vectoriel et soit $\{v_1, \ldots, v_p\}$ une famille finie de vecteurs de E. Le **rang** de la famille $\{v_1, \ldots, v_p\}$ est la dimension du sous-espace vectoriel $\mathrm{Vect}(v_1, \ldots, v_p)$ engendré par les vecteurs $v_1, \ldots, v_p$. Autrement dit :

$$\mathrm{rg}(v_1, \ldots, v_p) = \dim \mathrm{Vect}(v_1, \ldots, v_p)$$

Calculer le rang d'une famille de vecteurs n'est pas toujours évident, cependant il y a des inégalités qui découlent directement de la définition.

> **Proposition 1.**
> Soient E un $\mathbb{K}$-espace vectoriel et $\{v_1, \ldots, v_p\}$ une famille de p vecteurs de E. Alors :
> 1. $0 \leqslant \mathrm{rg}(v_1, \ldots, v_p) \leqslant p$: le rang est inférieur ou égal au nombre d'éléments dans la famille.
> 2. Si E est de dimension finie alors $\mathrm{rg}(v_1, \ldots, v_p) \leqslant \dim E$: le rang est inférieur ou égal à la dimension de l'espace ambiant E.

Remarque.
- Le rang d'une famille vaut 0 si et seulement si tous les vecteurs sont nuls.
- Le rang d'une famille $\{v_1, \ldots, v_p\}$ vaut p si et seulement si la famille $\{v_1, \ldots, v_p\}$ est libre.

Exemple 1.
Quel est le rang de la famille $\{v_1, v_2, v_3\}$ suivante dans l'espace vectoriel $\mathbb{R}^4$?

$$v_1 = \begin{pmatrix} 1 \\ 0 \\ 1 \\ 0 \end{pmatrix} \quad v_2 = \begin{pmatrix} 0 \\ 1 \\ 1 \\ 1 \end{pmatrix} \quad v_3 = \begin{pmatrix} -1 \\ 1 \\ 0 \\ 1 \end{pmatrix}$$

- Ce sont des vecteurs de $\mathbb{R}^4$ donc $\mathrm{rg}(v_1, v_2, v_3) \leqslant 4$.
- Mais comme il n'y a que 3 vecteurs alors $\mathrm{rg}(v_1, v_2, v_3) \leqslant 3$.
- Le vecteur v_1 est non nul donc $\mathrm{rg}(v_1, v_2, v_3) \geqslant 1$.
- Il est clair que v_1 et v_2 sont linéairement indépendants donc $\mathrm{rg}(v_1, v_2, v_3) \geqslant \mathrm{rg}(v_1, v_2) = 2$.

Il reste donc à déterminer si le rang vaut 2 ou 3. On cherche si la famille $\{v_1, v_2, v_3\}$ est libre ou liée en résolvant le système linéaire $\lambda_1 v_1 + \lambda_2 v_2 + \lambda_3 v_3 = 0$. On trouve $v_1 - v_2 + v_3 = 0$. La famille est donc liée. Ainsi $\mathrm{Vect}(v_1, v_2, v_3) = \mathrm{Vect}(v_1, v_2)$, donc $\mathrm{rg}(v_1, v_2, v_3) = \dim \mathrm{Vect}(v_1, v_2, v_3) = 2$.

1.2. Rang d'une matrice

Une matrice peut être vue comme une juxtaposition de vecteurs colonnes.

> **Définition 2.**
> On définit le **rang** d'une matrice comme étant le rang de ses vecteurs colonnes.

Exemple 2.

Le rang de la matrice

$$A = \begin{pmatrix} 1 & 2 & -\frac{1}{2} & 0 \\ 2 & 4 & -1 & 0 \end{pmatrix} \in M_{2,4}(\mathbb{K})$$

est par définition le rang de la famille de vecteurs de $\mathbb{K}^2$: $\left\{ v_1 = \begin{pmatrix} 1 \\ 2 \end{pmatrix}, v_2 = \begin{pmatrix} 2 \\ 4 \end{pmatrix}, v_3 = \begin{pmatrix} -\frac{1}{2} \\ -1 \end{pmatrix}, v_4 = \begin{pmatrix} 0 \\ 0 \end{pmatrix} \right\}$. Tous ces vecteurs sont colinéaires à v_1, donc le rang de la famille $\{v_1, v_2, v_3, v_4\}$ est 1 et ainsi $\mathrm{rg}\, A = 1$.

Réciproquement, on se donne une famille de p vecteurs $\{v_1, \ldots, v_p\}$ d'un espace vectoriel E de dimension n. Fixons une base $\mathcal{B} = \{e_1, \ldots, e_n\}$ de E. Chaque vecteur v_j se décompose dans la base $\mathcal{B}$: $v_j = a_{1j} e_1 + \cdots + a_{ij} e_i + \cdots + a_{nj} e_n$, ce que l'on note $v_j = \begin{pmatrix} a_{1j} \\ \vdots \\ a_{ij} \\ \vdots \\ a_{nj} \end{pmatrix}_{\mathcal{B}}$. En juxtaposant ces vecteurs colonnes, on obtient une matrice $A \in M_{n,p}(\mathbb{K})$. Le rang de la famille $\{v_1, \ldots, v_p\}$ est égal au rang de la matrice A.

> **Définition 3.**
>
> On dit qu'une matrice est **échelonnée** par rapport aux colonnes si le nombre de zéros commençant une colonne croît strictement colonne après colonne, jusqu'à ce qu'il ne reste plus que des zéros. Autrement dit, la matrice transposée est échelonnée par rapport aux lignes.

Voici un exemple d'une matrice échelonnée par colonnes ; les $*$ désignent des coefficients quelconques, les $+$ des coefficients non nuls :

$$\begin{pmatrix} + & 0 & 0 & 0 & 0 & 0 \\ * & 0 & 0 & 0 & 0 & 0 \\ * & + & 0 & 0 & 0 & 0 \\ * & * & + & 0 & 0 & 0 \\ * & * & * & 0 & 0 & 0 \\ * & * & * & + & 0 & 0 \end{pmatrix}$$

Le rang d'une matrice échelonnée est très simple à calculer.

> **Proposition 2.**
>
> *Le rang d'une matrice échelonnée par colonnes est égal au nombre de colonnes non nulles.*

Par exemple, dans la matrice échelonnée donnée en exemple ci-dessus, 4 colonnes sur 6 sont non nulles, donc le rang de cette matrice est 4.

La preuve de cette proposition consiste à remarquer que les vecteurs colonnes non nuls sont linéairement indépendants, ce qui au vu de la forme échelonnée de la matrice est facile.

1.3. Opérations conservant le rang

Proposition 3.
Le rang d'une matrice ayant les colonnes $C_1, C_2, \ldots, C_p$ n'est pas modifié par les trois opérations élémentaires suivantes sur les vecteurs :

1. *$C_i \leftarrow \lambda C_i$ avec $\lambda \neq 0$: on peut multiplier une colonne par un scalaire non nul.*
2. *$C_i \leftarrow C_i + \lambda C_j$ avec $\lambda \in \mathbb{K}$ (et $j \neq i$) : on peut ajouter à la colonne C_i un multiple d'une autre colonne C_j.*
3. *$C_i \leftrightarrow C_j$: on peut échanger deux colonnes.*

Plus généralement, l'opération $C_i \leftarrow C_i + \sum_{i \neq j} \lambda_j C_j$ conserve le rang de la matrice. On a même un résultat plus fort, comme vous le verrez dans la preuve : l'espace vectoriel engendré par les vecteurs colonnes est conservé par ces opérations.

Démonstration. Le premier et troisième point de la proposition sont faciles.

Pour simplifier l'écriture de la démonstration du deuxième point, montrons que l'opération $C_1 \leftarrow C_1 + \lambda C_2$ ne change pas le rang. Notons v_i le vecteur correspondant à la colonne C_i d'une matrice A. L'opération sur les colonnes $C_1 \leftarrow C_1 + \lambda C_2$ change la matrice A en une matrice A' dont les vecteurs colonnes sont : $v_1 + \lambda v_2, v_2, v_3, \ldots, v_p$. Il s'agit de montrer que les sous-espaces $F = \text{Vect}(v_1, v_2, \ldots, v_p)$ et $G = \text{Vect}(v_1 + \lambda v_2, v_2, v_3, \ldots, v_p)$ ont la même dimension. Nous allons montrer qu'ils sont égaux !
- Tout générateur de G est une combinaison linéaire des v_i, donc $G \subset F$.
- Pour montrer que $F \subset G$, il suffit de montrer v_1 est combinaison linéaire des générateurs de G, ce qui s'écrit : $v_1 = (v_1 + \lambda v_2) - \lambda v_2$.

Conclusion : $F = G$ et donc $\dim F = \dim G$. □

Méthodologie. Comment calculer le rang d'une matrice ou d'un système de vecteurs ?

Il s'agit d'appliquer la méthode de Gauss sur les colonnes de la matrice A (considérée comme une juxtaposition de vecteurs colonnes). Le principe de la méthode de Gauss affirme que par les opérations élémentaires $C_i \leftarrow \lambda C_i$, $C_i \leftarrow C_i + \lambda C_j$, $C_i \leftrightarrow C_j$, on transforme la matrice A en une matrice échelonnée par rapport aux colonnes. Le rang de la matrice est alors le nombre de colonnes non nulles.

Remarque : la méthode de Gauss classique concerne les opérations sur les lignes et aboutit à une matrice échelonnée par rapport aux lignes. Les opérations sur les colonnes de A correspondent aux opérations sur les lignes de la matrice transposée A^T.

1.4. Exemples

Exemple 3.

Quel est le rang de la famille des 5 vecteurs suivants de $\mathbb{R}^4$?

$$v_1 = \begin{pmatrix} 1 \\ 1 \\ 1 \\ 1 \end{pmatrix} \quad v_2 = \begin{pmatrix} -1 \\ 2 \\ 0 \\ 1 \end{pmatrix} \quad v_3 = \begin{pmatrix} 3 \\ 2 \\ -1 \\ -3 \end{pmatrix} \quad v_4 = \begin{pmatrix} 3 \\ 5 \\ 0 \\ -1 \end{pmatrix} \quad v_5 = \begin{pmatrix} 3 \\ 8 \\ 1 \\ 1 \end{pmatrix}$$

On est ramené à calculer le rang de la matrice :

$$\begin{pmatrix} 1 & -1 & 3 & 3 & 3 \\ 1 & 2 & 2 & 5 & 8 \\ 1 & 0 & -1 & 0 & 1 \\ 1 & 1 & -3 & -1 & 1 \end{pmatrix}$$

En faisant les opérations $C_2 \leftarrow C_2 + C_1$, $C_3 \leftarrow C_3 - 3C_1$, $C_4 \leftarrow C_4 - 3C_1$, $C_5 \leftarrow C_5 - 3C_1$, on obtient des zéros sur la première ligne à droite du premier pivot :

$$\begin{pmatrix} 1 & -1 & 3 & 3 & 3 \\ 1 & 2 & 2 & 5 & 8 \\ 1 & 0 & -1 & 0 & 1 \\ 1 & 1 & -3 & -1 & 1 \end{pmatrix} \sim \begin{pmatrix} 1 & 0 & 0 & 0 & 0 \\ 1 & 3 & -1 & 2 & 5 \\ 1 & 1 & -4 & -3 & -2 \\ 1 & 2 & -6 & -4 & -2 \end{pmatrix}$$

On échange C_2 et C_3 par l'opération $C_2 \leftrightarrow C_3$ pour avoir le coefficient -1 en position de pivot et ainsi éviter d'introduire des fractions.

$$\begin{pmatrix} 1 & 0 & 0 & 0 & 0 \\ 1 & 3 & -1 & 2 & 5 \\ 1 & 1 & -4 & -3 & -2 \\ 1 & 2 & -6 & -4 & -2 \end{pmatrix} \sim \begin{pmatrix} 1 & 0 & 0 & 0 & 0 \\ 1 & -1 & 3 & 2 & 5 \\ 1 & -4 & 1 & -3 & -2 \\ 1 & -6 & 2 & -4 & -2 \end{pmatrix}$$

En faisant les opérations $C_3 \leftarrow C_3+3C_2$, $C_4 \leftarrow C_4+2C_2$ et $C_5 \leftarrow C_5+5C_2$, on obtient des zéros à droite de ce deuxième pivot :

$$\begin{pmatrix} 1 & 0 & 0 & 0 & 0 \\ 1 & -1 & 3 & 2 & 5 \\ 1 & -4 & 1 & -3 & -2 \\ 1 & -6 & 2 & -4 & -2 \end{pmatrix} \sim \begin{pmatrix} 1 & 0 & 0 & 0 & 0 \\ 1 & -1 & 0 & 0 & 0 \\ 1 & -4 & -11 & -11 & -22 \\ 1 & -6 & -16 & -16 & -32 \end{pmatrix}$$

Enfin, en faisant les opérations $C_4 \leftarrow C_4 - C_3$ et $C_5 \leftarrow C_5 - 2C_3$, on obtient une matrice échelonnée par colonnes :

$$\begin{pmatrix} 1 & 0 & 0 & 0 & 0 \\ 1 & -1 & 0 & 0 & 0 \\ 1 & -4 & -11 & -11 & -22 \\ 1 & -6 & -16 & -16 & -32 \end{pmatrix} \sim \begin{pmatrix} 1 & 0 & 0 & 0 & 0 \\ 1 & -1 & 0 & 0 & 0 \\ 1 & -4 & -11 & 0 & 0 \\ 1 & -6 & -16 & 0 & 0 \end{pmatrix}$$

Il y a 3 colonnes non nulles : on en déduit que le rang de la famille de vecteurs $\{v_1, v_2, v_3, v_4, v_5\}$ est 3.

En fait, nous avons même démontré que

$$\text{Vect}(v_1, v_2, v_3, v_4, v_5) = \text{Vect}\left(\begin{pmatrix} 1 \\ 1 \\ 1 \\ 1 \end{pmatrix}, \begin{pmatrix} 0 \\ -1 \\ -4 \\ -6 \end{pmatrix}, \begin{pmatrix} 0 \\ 0 \\ -11 \\ -16 \end{pmatrix}\right).$$

Exemple 4.

Considérons les trois vecteurs suivants dans $\mathbb{R}^5$: $v_1 = (1,2,1,2,0)$, $v_2 = (1,0,1,4,4)$ et $v_3 = (1,1,1,0,0)$. Montrons que la famille $\{v_1, v_2, v_3\}$ est libre dans $\mathbb{R}^5$. Pour cela, calculons le rang de cette famille de vecteurs ou, ce qui revient au même, celui de la matrice suivante :

$$\begin{pmatrix} 1 & 1 & 1 \\ 2 & 0 & 1 \\ 1 & 1 & 1 \\ 2 & 4 & 0 \\ 0 & 4 & 0 \end{pmatrix}.$$

Par des opérations élémentaires sur les colonnes, on obtient :

$$\begin{pmatrix} 1 & 1 & 1 \\ 2 & 0 & 1 \\ 1 & 1 & 1 \\ 2 & 4 & 0 \\ 0 & 4 & 0 \end{pmatrix} \sim \begin{pmatrix} 1 & 0 & 0 \\ 2 & -2 & -1 \\ 1 & 0 & 0 \\ 2 & 2 & -2 \\ 0 & 4 & 0 \end{pmatrix} \sim \begin{pmatrix} 1 & 0 & 0 \\ 2 & -1 & -1 \\ 1 & 0 & 0 \\ 2 & 1 & -2 \\ 0 & 2 & 0 \end{pmatrix} \sim \begin{pmatrix} 1 & 0 & 0 \\ 2 & -1 & 0 \\ 1 & 0 & 0 \\ 2 & 1 & -3 \\ 0 & 2 & -2 \end{pmatrix}$$

Comme la dernière matrice est échelonnée par colonnes et que ses 3 colonnes sont non nulles, on en déduit que la famille $\{v_1, v_2, v_3\}$ constituée de 3 vecteurs est de rang 3, et donc qu'elle est libre dans $\mathbb{R}^5$.

Exemple 5.

Considérons les quatre vecteurs suivants dans $\mathbb{R}^3$: $v_1 = (1,2,3)$, $v_2 = (2,0,6)$, $v_3 = (3,2,1)$ et $v_4 = (-1,2,2)$. Montrons que la famille $\{v_1, v_2, v_3, v_4\}$ engendre $\mathbb{R}^3$. Pour cela, calculons le rang de cette famille de vecteurs ou, ce qui revient au même, celui de la matrice suivante :

$$\begin{pmatrix} 1 & 2 & 3 & -1 \\ 2 & 0 & 2 & 2 \\ 3 & 6 & 1 & 2 \end{pmatrix}.$$

Par des opérations élémentaires sur les colonnes, on obtient :

$$\begin{pmatrix} 1 & 2 & 3 & -1 \\ 2 & 0 & 2 & 2 \\ 3 & 6 & 1 & 2 \end{pmatrix} \sim \begin{pmatrix} 1 & 0 & 0 & 0 \\ 2 & -4 & -4 & 4 \\ 3 & 0 & -8 & 5 \end{pmatrix} \sim \begin{pmatrix} 1 & 0 & 0 & 0 \\ 2 & -4 & 0 & 0 \\ 3 & 0 & -8 & 5 \end{pmatrix} \sim \begin{pmatrix} 1 & 0 & 0 & 0 \\ 2 & -4 & 0 & 0 \\ 3 & 0 & -8 & 0 \end{pmatrix}$$

La famille $\{v_1, v_2, v_3, v_4\}$ est donc de rang 3. Cela signifie que $\text{Vect}(v_1, v_2, v_3, v_4)$ est un sous-espace vectoriel de dimension 3 de $\mathbb{R}^3$. On a donc $\text{Vect}(v_1, v_2, v_3, v_4) = \mathbb{R}^3$. Autrement dit, la famille $\{v_1, v_2, v_3, v_4\}$ engendre $\mathbb{R}^3$.

1.5. Rang et matrice inversible

Nous anticipons sur la suite, pour énoncer un résultat important :

> **Théorème 1** (Matrice inversible et rang).
> *Une matrice carrée de taille n est inversible si et seulement si elle est de rang n.*

La preuve repose sur plusieurs résultats qui seront vus au fil de ce chapitre.

Démonstration. Soit A une matrice carrée d'ordre n. Soit f l'endomorphisme de $\mathbb{K}^n$ dont la matrice dans la base canonique est A. On a les équivalences suivantes :

$$\begin{aligned} A \text{ de rang } n &\iff f \text{ de rang } n \\ &\iff f \text{ surjective} \\ &\iff f \text{ bijective} \\ &\iff A \text{ inversible}. \end{aligned}$$

Nous avons utilisé le fait qu'un endomorphisme d'un espace vectoriel de dimension finie est bijectif si et seulement s'il est surjectif et le théorème sur la caractérisation de la matrice d'un isomorphisme. □

1.6. Rang engendré par les vecteurs lignes

On a considéré jusqu'ici une matrice $A \in M_{n,p}(\mathbb{K})$ comme une juxtaposition de vecteurs colonnes $(v_1, \ldots, v_p)$ et défini $\operatorname{rg} A = \dim \operatorname{Vect}(v_1, \ldots, v_p)$. Considérons maintenant que A est aussi une superposition de vecteurs lignes $(w_1, \ldots, w_n)$.

Proposition 4.
$\operatorname{rg} A = \dim \operatorname{Vect}(w_1, \ldots, w_n)$

Nous admettrons ce résultat. Autrement dit : *l'espace vectoriel engendré par les vecteurs colonnes et l'espace vectoriel engendré par les vecteurs lignes sont de même dimension.*

Une formulation plus théorique est que *le rang d'une matrice égale le rang de sa transposée* :

$$\boxed{\operatorname{rg} A = \operatorname{rg} A^T}$$

Attention ! Les dimensions $\dim \operatorname{Vect}(v_1, \ldots, v_p)$ et $\dim \operatorname{Vect}(w_1, \ldots, w_n)$ sont égales, mais les espaces vectoriels $\operatorname{Vect}(v_1, \ldots, v_p)$ et $\operatorname{Vect}(w_1, \ldots, w_n)$ ne sont pas les mêmes.

Mini-exercices.

1. Quel est le rang de la famille de vecteurs $\left(\begin{pmatrix}1\\2\\1\end{pmatrix}, \begin{pmatrix}3\\4\\2\end{pmatrix}, \begin{pmatrix}0\\-2\\-1\end{pmatrix}, \begin{pmatrix}2\\2\\1\end{pmatrix}\right)$?

    Même question pour $\left(\begin{pmatrix}1\\t\\1\end{pmatrix}, \begin{pmatrix}t\\1\\t\end{pmatrix}, \begin{pmatrix}1\\1\\t\end{pmatrix}\right)$ en fonction du paramètre $t \in \mathbb{R}$.

2. Mettre sous forme échelonnée par rapport aux colonnes la matrice $\begin{pmatrix}1 & 2 & -4 & -2 & -1\\ 0 & -2 & 4 & 2 & 0\\ 1 & 1 & -2 & -1 & 1\end{pmatrix}$. Calculer son rang. Idem avec $\begin{pmatrix}1 & 7 & 2 & 5\\ -2 & 1 & 1 & 5\\ -1 & 2 & 1 & 4\\ 1 & 4 & 1 & 2\end{pmatrix}$.

3. Calculer le rang de $\begin{pmatrix}2 & 4 & -5 & -7\\ -1 & 3 & 1 & 2\\ 1 & a & -2 & b\end{pmatrix}$ en fonction de a et b.

4. Calculer les rangs précédents en utilisant les vecteurs lignes.

5. Soit $f : E \to F$ une application linéaire. Quelle inégalité relie $\operatorname{rg}(f(v_1), \ldots, f(v_p))$ et $\operatorname{rg}(v_1, \ldots, v_p)$? Que se passe-t-il si f est injective ?

2. Applications linéaires en dimension finie

Lorsque $f : E \to F$ est une application linéaire et que E est de dimension finie, la théorie de la dimension fournit de nouvelles propriétés très riches pour l'application linéaire f.

2.1. Construction et caractérisation

Une application linéaire $f : E \to F$, d'un espace vectoriel de dimension finie dans un espace vectoriel quelconque, est entièrement déterminée par les images des vecteurs d'une base de l'espace vectoriel E de départ. C'est ce qu'affirme le théorème suivant :

Théorème 2 (Construction d'une application linéaire).
Soient E et F deux espaces vectoriels sur un même corps $\mathbb{K}$. On suppose que l'espace vectoriel E est de dimension finie n et que $(e_1, \ldots, e_n)$ est une base de E. Alors pour tout choix $(v_1, \ldots, v_n)$ de n vecteurs de F, il existe une et une seule application linéaire $f : E \to F$ telle que, pour tout $i = 1, \ldots, n$:
$$f(e_i) = v_i.$$

Le théorème ne fait aucune hypothèse sur la dimension de l'espace vectoriel d'arrivée F.

Exemple 6.
Il existe une unique application linéaire $f : \mathbb{R}^n \to \mathbb{R}[X]$ telle que $f(e_i) = (X+1)^i$ pour $i = 1, \ldots, n$ (où $(e_1, \ldots, e_n)$ est la base canonique de $\mathbb{R}^n$).
Pour un vecteur $x = (x_1, \ldots, x_n)$, on a

$$f(x_1, \ldots, x_n) = f(x_1 e_1 + \cdots + x_n e_n) = x_1 f(e_1) + \cdots + x_n f(e_n) = \sum_{i=1}^{n} x_i (X+1)^i.$$

Démonstration.
- *Unicité.* Supposons qu'il existe une application linéaire $f : E \to F$ telle que $f(e_i) = v_i$, pour tout $i = 1, \ldots, n$. Pour $x \in E$, il existe des scalaires $x_1, x_2, \ldots, x_n$ uniques tels que $x = \sum_{i=1}^{n} x_i e_i$. Comme f est linéaire, on a
$$f(x) = f\left(\sum_{i=1}^{n} x_i e_i\right) = \sum_{i=1}^{n} x_i f(e_i) = \sum_{i=1}^{n} x_i v_i. \qquad (*)$$
Donc, si elle existe, f est unique.

- *Existence.* Nous venons de voir que s'il existe une solution c'est nécessairement l'application définie par l'équation ($*$). Montrons qu'une application définie par l'équation ($*$) est linéaire et vérifie $f(e_i) = v_i$. Si $(x_1, \ldots, x_n)$ (resp. $y = (y_1, \ldots, y_n)$) sont les coordonnées de x (resp. y) dans la base $(e_1, \ldots, e_n)$, alors

$$\begin{aligned}(\lambda x + \mu y) &= f\left(\sum_{i=1}^n (\lambda x_i + \mu y_i) e_i\right) = \sum_{i=1}^n (\lambda x_i + \mu y_i) f(e_i) \\ &= \lambda \sum_{i=1}^n x_i f(e_i) + \mu \sum_{i=1}^n y_i f(e_i) = \lambda f(x) + \mu f(y).\end{aligned}$$

Enfin les coordonnées de e_i sont $(0, \ldots, 0, 1, 0, \ldots, 0)$ (avec un 1 en i-ème position), donc $f(e_i) = 1 \cdot v_i = v_i$. Ce qui termine la preuve du théorème.

□

2.2. Rang d'une application linéaire

Soient E et F deux $\mathbb{K}$-espaces vectoriels et soit $f : E \to F$ une application linéaire. On rappelle que l'on note $f(E)$ par $\operatorname{Im} f$, c'est-à-dire $\operatorname{Im} f = \{f(x) | x \in E\}$. $\operatorname{Im} f$ est un sous-espace vectoriel de F.

Proposition 5.
Si E est de dimension finie, alors :
- *$\operatorname{Im} f = f(E)$ est un espace vectoriel de dimension finie.*
- *Si $(e_1, \ldots, e_n)$ est une base de E, alors $\operatorname{Im} f = \operatorname{Vect}(f(e_1), \ldots, f(e_n))$.*

*La dimension de cet espace vectoriel $\operatorname{Im} f$ est appelée **rang de f** :*

$$\boxed{\operatorname{rg}(f) = \dim \operatorname{Im} f = \dim \operatorname{Vect}(f(e_1), \ldots, f(e_n))}$$

Démonstration. Il suffit de démontrer que tout élément de $\operatorname{Im} f$ est combinaison linéaire des vecteurs $f(e_1), \ldots, f(e_n)$.

Soit y un élément quelconque de $\operatorname{Im} f$. Il existe donc un élément x de E tel que $y = f(x)$. Comme $(e_1, \ldots, e_n)$ est une base de E, il existe des scalaires $(x_1, \ldots, x_n)$ tels que $x = \sum_{i=1}^n x_i e_i$. En utilisant la linéarité de f, on en déduit que $y = f(x) = \sum_{i=1}^n x_i f(e_i)$, ce qui achève la démonstration.

□

Le rang est plus petit que la dimension de E et aussi plus petit que la dimension de F, si F est de dimension finie :

> **Proposition 6.**
>
> *Soient E et F deux $\mathbb{K}$-espaces vectoriels de dimension finie et $f : E \to F$ une application linéaire. On a*
> $$\operatorname{rg}(f) \leqslant \min(\dim E, \dim F).$$

Exemple 7.

Soit $f : \mathbb{R}^3 \to \mathbb{R}^2$ l'application linéaire définie par $f(x,y,z) = (3x - 4y + 2z, 2x - 3y - z)$. Quel est le rang de f ?

Si on note $e_1 = \begin{pmatrix} 1 \\ 0 \\ 0 \end{pmatrix}$, $e_2 = \begin{pmatrix} 0 \\ 1 \\ 0 \end{pmatrix}$ et $e_3 = \begin{pmatrix} 0 \\ 0 \\ 1 \end{pmatrix}$, alors (e_1, e_2, e_3) est la base canonique de $\mathbb{R}^3$.

Il s'agit de trouver le rang de la famille $\{v_1, v_2, v_3\}$:

$$v_1 = f(e_1) = f\begin{pmatrix}1\\0\\0\end{pmatrix} = \begin{pmatrix}3\\2\end{pmatrix},\ v_2 = f(e_2) = f\begin{pmatrix}0\\1\\0\end{pmatrix} = \begin{pmatrix}-4\\-3\end{pmatrix},\ v_3 = f(e_3) = f\begin{pmatrix}0\\0\\1\end{pmatrix} = \begin{pmatrix}2\\-1\end{pmatrix}$$

ou, ce qui revient au même, trouver le rang de la matrice

$$A = \begin{pmatrix} 3 & -4 & 2 \\ 2 & -3 & -1 \end{pmatrix}.$$

Commençons par estimer le rang sans faire de calculs.
- Nous avons une famille de 3 vecteurs donc $\operatorname{rg} f \leqslant 3$.
- Mais en fait les vecteurs v_1, v_2, v_3 vivent dans un espace de dimension 2 donc $\operatorname{rg} f \leqslant 2$.
- f n'est pas l'application linéaire nulle (autrement dit v_1, v_2, v_3 ne sont pas tous nuls) donc $\operatorname{rg} f \geqslant 1$.

Donc le rang de f vaut 1 ou 2. Il est facile de voir que v_1 et v_2 sont linéairement indépendants, donc le rang est 2 :

$$\operatorname{rg} f = \operatorname{rg}\bigl(f(e_1), f(e_2), f(e_3)\bigr) = \dim \operatorname{Vect}(v_1, v_2, v_3) = 2$$

Remarque : il est encore plus facile de voir que le rang de la matrice A est 2 en remarquant que ses deux seules lignes ne sont pas colinéaires.

2.3. Théorème du rang

Le théorème du rang est un résultat fondamental dans la théorie des applications linéaires en dimension finie.

On se place toujours dans la même situation :

- $f : E \to F$ est une application linéaire entre deux $\mathbb{K}$-espaces vectoriels,
- E est un espace vectoriel de dimension finie,
- le **noyau** de f est $\operatorname{Ker} f = \{x \in E \mid f(x) = 0_F\}$; c'est un sous-espace vectoriel de E, donc $\operatorname{Ker} f$ est de dimension finie,
- l'**image** de f est $\operatorname{Im} f = f(E) = \{f(x) \mid x \in E\}$; c'est un sous-espace vectoriel de F et est de dimension finie.

Le théorème du rang donne une relation entre la dimension du noyau et la dimension de l'image de f.

Théorème 3 (Théorème du rang).
Soit $f : E \to F$ une application linéaire entre deux $\mathbb{K}$-espaces vectoriels, E étant de dimension finie. Alors

$$\boxed{\dim E = \dim \operatorname{Ker} f + \dim \operatorname{Im} f}$$

Autrement dit : $\boxed{\dim E = \dim \operatorname{Ker} f + \operatorname{rg} f}$

Dans la pratique, cette formule sert à déterminer la dimension du noyau connaissant le rang, ou bien le rang connaissant la dimension du noyau.

Exemple 8.
Soit l'application linéaire

$$\begin{array}{rcl} f : \mathbb{R}^4 & \longrightarrow & \mathbb{R}^3 \\ (x_1, x_2, x_3, x_4) & \longmapsto & (x_1 - x_2 + x_3, 2x_1 + 2x_2 + 6x_3 + 4x_4, -x_1 - 2x_3 - x_4) \end{array}$$

Calculons le rang de f et la dimension du noyau de f.

- **Première méthode.** On calcule d'abord le noyau :

$$(x_1, x_2, x_3, x_4) \in \operatorname{Ker} f \iff f(x_1, x_2, x_3, x_4) = (0, 0, 0)$$
$$\iff \begin{cases} x_1 - x_2 + x_3 & = 0 \\ 2x_1 + 2x_2 + 6x_3 + 4x_4 & = 0 \\ -x_1 - 2x_3 - x_4 & = 0 \end{cases}$$

On résout ce système et on trouve qu'il est équivalent à

$$\begin{cases} x_1 - x_2 + x_3 & = 0 \\ x_2 + x_3 + x_4 & = 0 \end{cases}$$

On choisit x_3 et x_4 comme paramètres et on trouve :

$$\operatorname{Ker} f = \left\{(-2x_3 - x_4, -x_3 - x_4, x_3, x_4) \mid x_3, x_4 \in \mathbb{R}\right\}$$
$$= \left\{x_3 \begin{pmatrix} -2 \\ -1 \\ 1 \\ 0 \end{pmatrix} + x_4 \begin{pmatrix} -1 \\ -1 \\ 0 \\ 1 \end{pmatrix} \mid x_3, x_4 \in \mathbb{R}\right\}$$
$$= \operatorname{Vect}\left(\begin{pmatrix} -2 \\ -1 \\ 1 \\ 0 \end{pmatrix}, \begin{pmatrix} -1 \\ -1 \\ 0 \\ 1 \end{pmatrix}\right)$$

Les deux vecteurs définissant le noyau sont linéairement indépendants, donc $\dim \operatorname{Ker} f = 2$.

On applique maintenant le théorème du rang pour en déduire sans calculs la dimension de l'image : $\dim \operatorname{Im} f = \dim \mathbb{R}^4 - \dim \operatorname{Ker} f = 4 - 2 = 2$. Donc le rang de f est 2.

- **Deuxième méthode.** On calcule d'abord l'image. On note (e_1, e_2, e_3, e_4) la base canonique de $\mathbb{R}^4$. Calculons $v_i = f(e_i)$:

$$v_1 = f(e_1) = f\begin{pmatrix} 1 \\ 0 \\ 0 \\ 0 \end{pmatrix} = \begin{pmatrix} 1 \\ 2 \\ -1 \end{pmatrix} \quad v_2 = f(e_2) = f\begin{pmatrix} 0 \\ 1 \\ 0 \\ 0 \end{pmatrix} = \begin{pmatrix} -1 \\ 2 \\ 0 \end{pmatrix}$$

$$v_3 = f(e_3) = f\begin{pmatrix} 0 \\ 0 \\ 1 \\ 0 \end{pmatrix} = \begin{pmatrix} 1 \\ 6 \\ -2 \end{pmatrix} \quad v_4 = f(e_4) = f\begin{pmatrix} 0 \\ 0 \\ 0 \\ 1 \end{pmatrix} = \begin{pmatrix} 0 \\ 4 \\ -1 \end{pmatrix}$$

On réduit la matrice A, formée des vecteurs colonnes, sous une forme échelonnée :

$$A = \begin{pmatrix} 1 & -1 & 1 & 0 \\ 2 & 2 & 6 & 4 \\ -1 & 0 & -2 & -1 \end{pmatrix} \sim \begin{pmatrix} 1 & 0 & 0 & 0 \\ 2 & 4 & 0 & 0 \\ -1 & -1 & 0 & 0 \end{pmatrix}$$

Donc le rang de A est 2, ainsi

$$\operatorname{rg} f = \dim \operatorname{Im} f = \dim \operatorname{Vect}\bigl(f(e_1), f(e_2), f(e_3), f(e_4)\bigr) = 2$$

Maintenant, par le théorème du rang, $\dim \operatorname{Ker} f = \dim \mathbb{R}^4 - \operatorname{rg} f = 4 - 2 = 2$. On trouve bien sûr le même résultat par les deux méthodes.

Exemple 9.

Soit l'application linéaire

$$\begin{array}{rcl} f : \mathbb{R}_n[X] & \longrightarrow & \mathbb{R}_n[X] \\ P(X) & \longmapsto & P''(X) \end{array}$$

où $P''(X)$ est la dérivée seconde de $P(X)$. Quel est le rang et la dimension du noyau de f ?

- **Première méthode.** On calcule d'abord le noyau :
$$P(X) \in \operatorname{Ker} f \iff f(P(X)) = 0$$
$$\iff P''(X) = 0$$
$$\iff P'(X) = a$$
$$\iff P(X) = aX + b$$

où $a, b \in \mathbb{R}$ sont des constantes. Cela prouve que $\operatorname{Ker} f$ est engendré par les deux polynômes : 1 (le polynôme constant) et X. Ainsi $\operatorname{Ker} f = \operatorname{Vect}(1, X)$. Donc $\dim \operatorname{Ker} f = 2$. Par le théorème du rang, $\operatorname{rg} f = \dim \operatorname{Im} f = \dim \mathbb{R}_n[X] - \dim \operatorname{Ker} f = (n+1) - 2 = n - 1$.

- **Deuxième méthode.** On calcule d'abord l'image : $(1, X, X^2, \ldots, X^n)$ est une base de l'espace de départ $\mathbb{R}_n[X]$, donc
$$\operatorname{rg} f = \dim \operatorname{Im} f = \dim \operatorname{Vect}(f(1), f(X), \ldots, f(X^n)).$$

Tout d'abord, $f(1) = 0$ et $f(X) = 0$. Pour $k \geqslant 2$, $f(X^k) = k(k-1)X^{k-2}$. Comme les degrés sont échelonnés, il est clair que $\{f(X^2), f(X^3), \ldots, f(X^n)\} = \{2, 6X, 12X^2, \ldots, n(n-1)X^{n-2}\}$ engendre un espace de dimension $n - 1$, donc $\operatorname{rg} f = n - 1$. Par le théorème du rang, $\dim \operatorname{Ker} f = \dim \mathbb{R}_n[X] - \operatorname{rg} f = (n+1) - (n-1) = 2$.

Preuve du théorème du rang.
- **Premier cas :** f est injective.
En désignant par $(e_1, \ldots, e_n)$ une base de E, nous avons vu que la famille à n éléments $(f(e_1), \ldots, f(e_n))$ est une famille libre de F (car f est injective), donc une famille libre de $\operatorname{Im} f$. De plus, $\{f(e_1), \ldots, f(e_n)\}$ est une partie génératrice de $\operatorname{Im} f$. Donc $(f(e_1), \ldots, f(e_n))$ est une base de $\operatorname{Im} f$. Ainsi $\dim \operatorname{Im} f = n$, et comme f est injective, $\dim \operatorname{Ker} f = 0$, et ainsi le théorème du rang est vrai.

- **Deuxième cas :** f n'est pas injective.
Dans ce cas le noyau de f est un sous-espace de E de dimension p avec $1 \leqslant p \leqslant n$. Soit $(\epsilon_1, \ldots, \epsilon_p)$ une base de $\operatorname{Ker} f$. D'après le théorème de la base incomplète, il existe $n - p$ vecteurs $\epsilon_{p+1}, \ldots, \epsilon_n$ de E tels que $(\epsilon_1, \epsilon_2, \ldots, \epsilon_n)$ soit une base de E.
Alors $\operatorname{Im} f$ est engendrée par les vecteurs $f(\epsilon_1), f(\epsilon_2), \ldots, f(\epsilon_n)$. Mais, comme pour tout i vérifiant $1 \leqslant i \leqslant p$ on a $f(\epsilon_i) = 0$, $\operatorname{Im} f$ est engendrée par les vecteurs $f(\epsilon_{p+1}), \ldots, f(\epsilon_n)$.
Montrons que ces vecteurs forment une famille libre. Soient $\alpha_{p+1}, \ldots, \alpha_n$ des

scalaires tels que
$$\alpha_{p+1}f(\epsilon_{p+1}) + \cdots + \alpha_n f(\epsilon_n) = 0.$$
Puisque f est une application linéaire, cette égalité équivaut à l'égalité $f\left(\alpha_{p+1}\epsilon_{p+1} + \cdots + \alpha_n\epsilon_n\right) = 0$, qui prouve que le vecteur $\alpha_{p+1}\epsilon_{p+1} + \cdots + \alpha_n\epsilon_n$ appartient au noyau de f. Il existe donc des scalaires $\lambda_1, \ldots, \lambda_p$ tels que
$$\alpha_{p+1}\epsilon_{p+1} + \cdots + \alpha_n\epsilon_n = \lambda_1\epsilon_1 + \cdots + \lambda_p\epsilon_p.$$
Comme $(\epsilon_1, \epsilon_2, \ldots, \epsilon_n)$ est une base de E, les vecteurs $\epsilon_1, \epsilon_2, \ldots, \epsilon_n$ sont linéairement indépendants et par conséquent pour tout $i = 1, \ldots, p$, $\lambda_i = 0$, et pour tout $i = p+1, \ldots, n$, $\alpha_i = 0$. Les vecteurs $f(\epsilon_{p+1}), \ldots, f(\epsilon_n)$ définissent donc bien une base de $\operatorname{Im} f$. Ainsi le sous-espace vectoriel $\operatorname{Im} f$ est de dimension $n - p$, ce qui achève la démonstration.

On remarquera le rôle essentiel joué par le théorème de la base incomplète dans cette démonstration. □

2.4. Application linéaire entre deux espaces de même dimension

Rappelons qu'un **isomorphisme** est une application linéaire bijective. Un isomorphisme implique que les espaces vectoriels de départ et d'arrivée ont la même dimension. La bijection réciproque est aussi une application linéaire.

> **Proposition 7.**
>
> Soit $f : E \to F$ un isomorphisme d'espaces vectoriels. Si E (respectivement F) est de dimension finie, alors F (respectivement E) est aussi de dimension finie et on a $\dim E = \dim F$.

Démonstration. Si E est de dimension finie, alors comme f est surjective, $F = \operatorname{Im} f$, donc F est engendré par l'image d'une base de E. On a donc F de dimension finie et $\dim F \leqslant \dim E$. De même $f^{-1} : F \to E$ est un isomorphisme, donc $f^{-1}(F) = E$, ce qui prouve cette fois $\dim E \leqslant \dim F$.

Si c'est F qui est de dimension finie, on fait le même raisonnement avec f^{-1}. □

Nous allons démontrer une sorte de réciproque, qui est extrêmement utile.

> **Théorème 4.**
>
> Soit $f : E \to F$ une application linéaire avec E et F de dimension finie. Supposons $\dim E = \dim F$. Alors les assertions suivantes sont équivalentes :

> *(i) f est bijective*
> *(ii) f est injective*
> *(iii) f est surjective*

Autrement dit, dans le cas d'une application linéaire entre deux espaces de **même** dimension, pour démontrer qu'elle est bijective, il suffit de démontrer l'une des deux propriétés : injectivité ou surjectivité.

Démonstration. C'est immédiat à partir du théorème du rang. En effet, la propriété f injective équivaut à $\operatorname{Ker} f = \{0\}$, donc d'après le théorème du rang, f est injective si et seulement si $\dim \operatorname{Im} f = \dim E$. D'après l'hypothèse sur l'égalité des dimensions de E et de F, ceci équivaut à $\dim \operatorname{Im} f = \dim F$. Cela équivaut donc à $\operatorname{Im} f = F$, c'est-à-dire f est surjective. □

Exemple 10.
Soit $f : \mathbb{R}^2 \to \mathbb{R}^2$ définie par $f(x,y) = (x-y, x+y)$. Une façon simple de montrer que l'application linéaire f est bijective est de remarquer que l'espace de départ et l'espace d'arrivée ont même dimension. Ensuite on calcule le noyau :

$$(x,y) \in \operatorname{Ker} f \iff f(x,y) = 0 \iff (x-y, x+y) = (0,0)$$
$$\iff \begin{cases} x+y = 0 \\ x-y = 0 \end{cases} \iff (x,y) = (0,0)$$

Ainsi $\operatorname{Ker} f = \{(0,0)\}$ est réduit au vecteur nul, ce qui prouve que f est injective et donc, par le théorème 4, que f est un isomorphisme.

Exemple 11.
On termine par la justification que si une matrice admet un inverse à droite, alors c'est aussi un inverse à gauche. La preuve se fait en deux temps : (1) l'existence d'un inverse à gauche ; (2) l'égalité des inverses.
Soit $A \in M_n(\mathbb{K})$ une matrice admettant un inverse à droite, c'est-à-dire il existe $B \in M_n(\mathbb{K})$ tel que $AB = I$.

1. Soit $f : M_n(\mathbb{K}) \to M_n(\mathbb{K})$ définie par $f(M) = MA$.
    (a) f est une application linéaire, car $f(\lambda M + \mu N) = (\lambda M + \mu N)A = \lambda f(M) + \mu f(N)$.
    (b) f est injective : en effet supposons $f(M) = O$ (où O est la matrice nulle), cela donne $MA = O$. On multiplie cette égalité par B à droite, ainsi $MAB = OB$, donc $MI = O$, donc $M = O$.

(c) Par le théorème 4, f est donc aussi surjective.

(d) Comme f est surjective, alors en particulier l'identité est dans l'image de f. C'est-à-dire il existe $C \in M_n(\mathbb{K})$ tel que $f(C) = I$. Ce qui est exactement dire que C est un inverse à gauche de A : $CA = I$.

2. Nous avons $AB = I$ et $CA = I$. Montrons $B = C$. Calculons CAB de deux façons :
$$(CA)B = IB = B \quad \text{et} \quad C(AB) = CI = C$$
donc $B = C$.

Mini-exercices.

1. Soit (e_1, e_2, e_3) la base canonique de $\mathbb{R}^3$. Donner l'expression de $f(x, y, z)$ où $f : \mathbb{R}^3 \to \mathbb{R}^3$ est l'application linéaire qui envoie e_1 sur son opposé, qui envoie e_2 sur le vecteur nul et qui envoie e_3 sur la somme des trois vecteurs e_1, e_2, e_3.

2. Soit $f : \mathbb{R}^3 \to \mathbb{R}^2$ définie par $f(x, y, z) = (x - 2y - 3z, 2y + 3z)$. Calculer une base du noyau de f, une base de l'image de f et vérifier le théorème du rang.

3. Même question avec $f : \mathbb{R}^3 \to \mathbb{R}^3$ définie par $f(x, y, z) = (-y + z, x + z, x + y)$.

4. Même question avec l'application linéaire $f : \mathbb{R}_n[X] \to \mathbb{R}_n[X]$ qui à X^k associe X^{k-1} pour $1 \leqslant k \leqslant n$ et qui à 1 associe 0.

5. Lorsque c'est possible, calculer la dimension du noyau, le rang et dire si f peut être injective, surjective, bijective :
    - Une application linéaire surjective $f : \mathbb{R}^7 \to \mathbb{R}^4$.
    - Une application linéaire injective $f : \mathbb{R}^5 \to \mathbb{R}^8$.
    - Une application linéaire surjective $f : \mathbb{R}^4 \to \mathbb{R}^4$.
    - Une application linéaire injective $f : \mathbb{R}^6 \to \mathbb{R}^6$.

3. Matrice d'une application linéaire

Nous allons voir qu'il existe un lien étroit entre les matrices et les applications linéaires. À une matrice on associe naturellement une application linéaire. Et réciproquement, étant donné une application linéaire, et des bases pour les espaces vectoriels de départ et d'arrivée, on associe une matrice.

Dans cette section, tous les espaces vectoriels sont de dimension finie.

3.1. Matrice associée à une application linéaire

Soient E et F deux $\mathbb{K}$-espaces vectoriels de dimension finie. Soient p la dimension de E et $\mathscr{B} = (e_1, \ldots, e_p)$ une base de E. Soient n la dimension de F et $\mathscr{B}' = (f_1, \ldots, f_n)$ une base de F. Soit enfin $f : E \to F$ une application linéaire.

Les propriétés des applications linéaires entre deux espaces de dimension finie permettent d'affirmer que :

- l'application linéaire f est déterminée de façon unique par l'image d'une base de E, donc par les vecteurs $f(e_1), f(e_2), \ldots, f(e_p)$.
- Pour $j \in \{1, \ldots, p\}$, $f(e_j)$ est un vecteur de F et s'écrit de manière unique comme combinaison linéaire des vecteurs de la base $\mathscr{B}' = (f_1, f_2, \ldots, f_n)$ de F.

  Il existe donc n scalaires uniques $a_{1,j}, a_{2,j}, \ldots, a_{n,j}$ (parfois aussi notés $a_{1j}, a_{2j}, \ldots, a_{nj}$) tels que

$$f(e_j) = a_{1,j} f_1 + a_{2,j} f_2 + \cdots + a_{n,j} f_n = \begin{pmatrix} a_{1,j} \\ a_{2,j} \\ \vdots \\ a_{n,j} \end{pmatrix}_{\mathscr{B}'}.$$

Ainsi, l'application linéaire f est entièrement déterminée par les coefficients $(a_{i,j})_{(i,j) \in \{1,\ldots,n\} \times \{1,\ldots,p\}}$. Il est donc naturel d'introduire la définition suivante :

Définition 4.
La **matrice de l'application linéaire** f par rapport aux bases $\mathscr{B}$ et $\mathscr{B}'$ est la matrice $(a_{i,j}) \in M_{n,p}(\mathbb{K})$ dont la j-ème colonne est constituée par les coordonnées

du vecteur $f(e_j)$ dans la base $\mathscr{B}' = (f_1, f_2, \ldots, f_n)$:

$$
\begin{array}{c}
\begin{matrix} f(e_1) & \cdots & f(e_j) & \cdots & f(e_p) \end{matrix} \\
\begin{matrix} f_1 \\ f_2 \\ \vdots \\ f_n \end{matrix}\left(\begin{matrix} a_{11} & & a_{1j} & \cdots & a_{1p} \\ a_{21} & & a_{2j} & \cdots & a_{2p} \\ \vdots & \vdots & \vdots & & \vdots \\ a_{n1} & & a_{nj} & \cdots & a_{np} \end{matrix}\right)
\end{array}
$$

En termes plus simples : c'est la matrice dont les vecteurs colonnes sont l'image par f des vecteurs de la base de départ $\mathscr{B}$, exprimée dans la base d'arrivée $\mathscr{B}'$. On note cette matrice $\mathrm{Mat}_{\mathscr{B}, \mathscr{B}'}(f)$.

Remarque.
- La taille de la matrice $\mathrm{Mat}_{\mathscr{B}, \mathscr{B}'}(f)$ dépend uniquement de la dimension de E et de celle de F.
- Par contre, les coefficients de la matrice dépendent du choix de la base $\mathscr{B}$ de E et de la base $\mathscr{B}'$ de F.

Exemple 12.
Soit f l'application linéaire de $\mathbb{R}^3$ dans $\mathbb{R}^2$ définie par

$$
\begin{array}{rccc}
f & : & \mathbb{R}^3 & \longrightarrow & \mathbb{R}^2 \\
& & (x_1, x_2, x_3) & \longmapsto & (x_1 + x_2 - x_3, x_1 - 2x_2 + 3x_3)
\end{array}
$$

Il est utile d'identifier vecteurs lignes et vecteurs colonnes ; ainsi f peut être vue comme l'application $f : \begin{pmatrix} x_1 \\ x_2 \\ x_3 \end{pmatrix} \mapsto \begin{pmatrix} x_1 + x_2 - x_3 \\ x_1 - 2x_2 + 3x_3 \end{pmatrix}$.

Soient $\mathscr{B} = (e_1, e_2, e_3)$ la base canonique de $\mathbb{R}^3$ et $\mathscr{B}' = (f_1, f_2)$ la base canonique de $\mathbb{R}^2$. C'est-à-dire :

$$
e_1 = \begin{pmatrix} 1 \\ 0 \\ 0 \end{pmatrix} \quad e_2 = \begin{pmatrix} 0 \\ 1 \\ 0 \end{pmatrix} \quad e_3 = \begin{pmatrix} 0 \\ 0 \\ 1 \end{pmatrix} \qquad f_1 = \begin{pmatrix} 1 \\ 0 \end{pmatrix} \quad f_2 = \begin{pmatrix} 0 \\ 1 \end{pmatrix}
$$

1. Quelle est la matrice de f dans les bases $\mathscr{B}$ et $\mathscr{B}'$?
   - On a $f(e_1) = f(1, 0, 0) = (1, 1) = f_1 + f_2$. La première colonne de la matrice $\mathrm{Mat}_{\mathscr{B}, \mathscr{B}'}(f)$ est donc $\begin{pmatrix} 1 \\ 1 \end{pmatrix}$.
   - De même $f(e_2) = f(0, 1, 0) = (1, -2) = f_1 - 2f_2$. La deuxième colonne de la matrice $\mathrm{Mat}_{\mathscr{B}, \mathscr{B}'}(f)$ est donc $\begin{pmatrix} 1 \\ -2 \end{pmatrix}$.
   - Enfin $f(e_3) = f(0, 0, 1) = (-1, 3) = -f_1 + 3f_2$. La troisième colonne de la matrice $\mathrm{Mat}_{\mathscr{B}, \mathscr{B}'}(f)$ est donc $\begin{pmatrix} -1 \\ 3 \end{pmatrix}$.

Ainsi :
$$\mathrm{Mat}_{\mathcal{B},\mathcal{B}'}(f) = \begin{pmatrix} 1 & 1 & -1 \\ 1 & -2 & 3 \end{pmatrix}$$

2. On va maintenant changer la base de l'espace de départ et celle de l'espace d'arrivée. Soient les vecteurs

$$\epsilon_1 = \begin{pmatrix} 1 \\ 1 \\ 0 \end{pmatrix} \quad \epsilon_2 = \begin{pmatrix} 1 \\ 0 \\ 1 \end{pmatrix} \quad \epsilon_3 = \begin{pmatrix} 0 \\ 1 \\ 1 \end{pmatrix} \qquad \phi_1 = \begin{pmatrix} 1 \\ 0 \end{pmatrix} \quad \phi_2 = \begin{pmatrix} 1 \\ 1 \end{pmatrix}$$

On montre facilement que $\mathcal{B}_0 = (\epsilon_1, \epsilon_2, \epsilon_3)$ est une base de $\mathbb{R}^3$ et $\mathcal{B}_0' = (\phi_1, \phi_2)$ est une base de $\mathbb{R}^2$.

Quelle est la matrice de f dans les bases $\mathcal{B}_0$ et $\mathcal{B}_0'$?
$f(\epsilon_1) = f(1,1,0) = (2,-1) = 3\phi_1 - \phi_2$, $f(\epsilon_2) = f(1,0,1) = (0,4) = -4\phi_1 + 4\phi_2$, $f(\epsilon_3) = f(0,1,1) = (0,1) = -\phi_1 + \phi_2$, donc

$$\mathrm{Mat}_{\mathcal{B}_0,\mathcal{B}_0'}(f) = \begin{pmatrix} 3 & -4 & -1 \\ -1 & 4 & 1 \end{pmatrix}.$$

Cet exemple illustre bien le fait que la matrice dépend du choix des bases.

3.2. Opérations sur les applications linéaires et les matrices

Proposition 8.
Soient $f, g : E \to F$ deux applications linéaires et soient $\mathcal{B}$ une base de E et $\mathcal{B}'$ une base de F. Alors :
- $\mathrm{Mat}_{\mathcal{B},\mathcal{B}'}(f+g) = \mathrm{Mat}_{\mathcal{B},\mathcal{B}'}(f) + \mathrm{Mat}_{\mathcal{B},\mathcal{B}'}(g)$
- $\mathrm{Mat}_{\mathcal{B},\mathcal{B}'}(\lambda f) = \lambda \mathrm{Mat}_{\mathcal{B},\mathcal{B}'}(f)$

Autrement dit, si on note :

$A = \mathrm{Mat}_{\mathcal{B},\mathcal{B}'}(f) \quad B = \mathrm{Mat}_{\mathcal{B},\mathcal{B}'}(g) \quad C = \mathrm{Mat}_{\mathcal{B},\mathcal{B}'}(f+g) \quad D = \mathrm{Mat}_{\mathcal{B},\mathcal{B}'}(\lambda f)$

Alors :
$$C = A + B \qquad D = \lambda A$$

Autrement dit : la matrice associée à la somme de deux applications linéaires est la somme des matrices (à condition de considérer la même base sur l'espace de départ pour les deux applications et la même base sur l'espace d'arrivée). Idem avec le produit par un scalaire.

Le plus important sera la composition des applications linéaires.

Proposition 9.

Soient $f : E \to F$ et $g : F \to G$ deux applications linéaires et soient $\mathscr{B}$ une base de E, $\mathscr{B}'$ une base de F et $\mathscr{B}''$ une base de G. Alors :

$$\boxed{\mathrm{Mat}_{\mathscr{B},\mathscr{B}''}(g \circ f) = \mathrm{Mat}_{\mathscr{B}',\mathscr{B}''}(g) \times \mathrm{Mat}_{\mathscr{B},\mathscr{B}'}(f)}$$

Autrement dit, si on note :

$$A = \mathrm{Mat}_{\mathscr{B},\mathscr{B}'}(f) \qquad B = \mathrm{Mat}_{\mathscr{B}',\mathscr{B}''}(g) \qquad C = \mathrm{Mat}_{\mathscr{B},\mathscr{B}''}(g \circ f)$$

Alors

$$C = B \times A$$

Autrement dit, à condition de bien choisir les bases, la matrice associée à la composition de deux applications linéaires est le produit des matrices associées à chacune d'elles, dans le même ordre.

En fait, le produit de matrices, qui semble compliqué au premier abord, est défini afin de correspondre à la composition des applications linéaires.

Démonstration. Posons $p = \dim(E)$ et $\mathscr{B} = (e_1, \ldots, e_p)$ une base de E ; $n = \dim F$ et $\mathscr{B}' = (f_1, \ldots, f_n)$ une base de F ; $q = \dim G$ et $\mathscr{B}'' = (g_1, \ldots, g_q)$ une base de G. Écrivons $A = \mathrm{Mat}_{\mathscr{B},\mathscr{B}'}(f) = (a_{ij}) \in M_{n,p}(\mathbb{K})$ la matrice de f, $B = \mathrm{Mat}_{\mathscr{B}',\mathscr{B}''}(g) = (b_{ij}) \in M_{q,n}(\mathbb{K})$ la matrice de g, $C = \mathrm{Mat}_{\mathscr{B},\mathscr{B}''}(g \circ f) = (c_{ij}) \in M_{q,p}(\mathbb{K})$ la matrice de $g \circ f$.

On a
$$\begin{aligned}
(g \circ f)(e_1) &= g\big(f(e_1)\big) \\
&= g(a_{11} f_1 + \cdots + a_{n1} f_n) \\
&= a_{11} g(f_1) + \cdots + a_{n1} g(f_n) \\
&= a_{11}\big(b_{11} g_1 + \cdots + b_{q1} g_q\big) + \cdots + a_{n1}\big(b_{1n} g_1 + \cdots + b_{qn} g_q\big)
\end{aligned}$$

Ainsi, la première colonne de $C = \mathrm{Mat}_{\mathscr{B},\mathscr{B}''}(g \circ f)$ est

$$\begin{pmatrix} a_{11} b_{11} + \cdots + a_{n1} b_{1n} \\ a_{11} b_{21} + \cdots + a_{n1} b_{2n} \\ \vdots \\ a_{11} b_{q1} + \cdots + a_{n1} b_{qn} \end{pmatrix}.$$

Mais ceci est aussi la première colonne de la matrice BA. En faisant la même chose avec les autres colonnes, on remarque que $C = \mathrm{Mat}_{\mathscr{B},\mathscr{B}''}(g \circ f)$ et BA sont deux matrices ayant leurs colonnes égales. On a donc bien l'égalité cherchée. □

Exemple 13.

On considère deux applications linéaires : $f : \mathbb{R}^2 \to \mathbb{R}^3$ et $g : \mathbb{R}^3 \to \mathbb{R}^2$. On pose $E = \mathbb{R}^2$, $F = \mathbb{R}^3$, $G = \mathbb{R}^2$ avec $f : E \to F$, $g : F \to G$. On se donne des bases : $\mathscr{B} = (e_1, e_2)$ une base de E, $\mathscr{B}' = (f_1, f_2, f_3)$ une base de F, et $\mathscr{B}'' = (g_1, g_2)$ une base de G.

On suppose connues les matrices de f et g :

$$A = \mathrm{Mat}_{\mathscr{B},\mathscr{B}'}(f) = \begin{pmatrix} 1 & 0 \\ 1 & 1 \\ 0 & 2 \end{pmatrix} \in M_{3,2} \qquad B = \mathrm{Mat}_{\mathscr{B}',\mathscr{B}''}(g) = \begin{pmatrix} 2 & -1 & 0 \\ 3 & 1 & 2 \end{pmatrix} \in M_{2,3}$$

Calculons la matrice associée à $g \circ f : E \to G$, $C = \mathrm{Mat}_{\mathscr{B},\mathscr{B}''}(g \circ f)$, de deux façons différentes.

1. **Première méthode.** Revenons à la définition de la matrice de l'application linéaire $g \circ f$. Il s'agit d'exprimer l'image des vecteurs de la base de départ $\mathscr{B}$ dans la base d'arrivée $\mathscr{B}''$. C'est-à-dire qu'il faut exprimer $g \circ f(e_j)$ dans la base (g_1, g_2).

   - Calcul des $f(e_j)$. On sait par définition de la matrice A que $f(e_1)$ correspond au premier vecteur colonne : plus précisément, $f(e_1) = \begin{pmatrix} 1 \\ 1 \\ 0 \end{pmatrix}_{\mathscr{B}'} = 1f_1 + 1f_2 + 0f_3 = f_1 + f_2$.
   De même, $f(e_2) = \begin{pmatrix} 0 \\ 1 \\ 2 \end{pmatrix}_{\mathscr{B}'} = 0f_1 + 1f_2 + 2f_3 = f_2 + 2f_3$.
   - Calcul des $g(f_j)$. Par définition, $g(f_j)$ correspond à la j-ème colonne de la matrice B :
     - $g(f_1) = \begin{pmatrix} 2 \\ 3 \end{pmatrix}_{\mathscr{B}''} = 2g_1 + 3g_2$
     - $g(f_2) = \begin{pmatrix} -1 \\ 1 \end{pmatrix}_{\mathscr{B}''} = -g_1 + g_2$
     - $g(f_3) = \begin{pmatrix} 0 \\ 2 \end{pmatrix}_{\mathscr{B}''} = 2g_2$
   - Calcul des $g \circ f(e_j)$. Pour cela on combine les deux séries de calculs précédents :

   $$g \circ f(e_1) = g(f_1 + f_2) = g(f_1) + g(f_2) = (2g_1 + 3g_2) + (-g_1 + g_2) = g_1 + 4g_2$$

   $$g \circ f(e_2) = g(f_2 + 2f_3) = g(f_2) + 2g(f_3) = (-g_1 + g_2) + 2(2g_2) = -g_1 + 5g_2$$

   - Calcul de la matrice $C = \mathrm{Mat}_{\mathscr{B},\mathscr{B}''}(g \circ f)$: cette matrice est composée des vecteurs $g \circ f(e_j)$ exprimés dans la base $\mathscr{B}''$. Comme

$$g \circ f(e_1) = g_1 + 4g_2 = \begin{pmatrix} 1 \\ 4 \end{pmatrix}_{\mathscr{B}''} \qquad g \circ f(e_2) = -g_1 + 5g_2 = \begin{pmatrix} -1 \\ 5 \end{pmatrix}_{\mathscr{B}''}$$

alors

$$C = \begin{pmatrix} 1 & -1 \\ 4 & 5 \end{pmatrix}$$

On trouve bien une matrice de taille 2×2 (car l'espace de départ et d'arrivée de $g \circ f$ est $\mathbb{R}^2$).

2. **Deuxième méthode.** Utilisons le produit de matrices : on sait que $C = BA$. Donc

$$\text{Mat}_{\mathscr{B},\mathscr{B}''}(g \circ f) = C = B \times A = \begin{pmatrix} 2 & -1 & 0 \\ 3 & 1 & 2 \end{pmatrix} \times \begin{pmatrix} 1 & 0 \\ 1 & 1 \\ 0 & 2 \end{pmatrix} = \begin{pmatrix} 1 & -1 \\ 4 & 5 \end{pmatrix}$$

Cet exemple met bien en évidence le gain, en termes de quantité de calculs, réalisé en passant par l'intermédiaire des matrices.

3.3. Matrice d'un endomorphisme

Dans cette section, on étudie le cas où l'espace de départ et l'espace d'arrivée sont identiques : $f : E \to E$ est un endomorphisme. Si $\dim E = n$, alors chaque matrice associée à f est une matrice carrée de taille $n \times n$.
Deux situations :
- Si on choisit la même base $\mathscr{B}$ au départ et à l'arrivée, alors on note simplement $\text{Mat}_{\mathscr{B}}(f)$ la matrice associée à f.
- Mais on peut aussi choisir deux bases distinctes pour le même espace vectoriel E ; on note alors comme précédemment $\text{Mat}_{\mathscr{B},\mathscr{B}'}(f)$.

Exemple 14.
- Cas de l'identité : $\text{id} : E \to E$ est définie par $\text{id}(x) = x$. Alors quelle que soit la base $\mathscr{B}$ de E, la matrice associée est la matrice identité : $\text{Mat}_{\mathscr{B}}(\text{id}) = I_n$. (Attention ! Ce n'est plus vrai si la base d'arrivée est différente de la base de départ.)
- Cas d'une homothétie $h_\lambda : E \to E$, $h_\lambda(x) = \lambda \cdot x$ (où $\lambda \in \mathbb{K}$ est le rapport de l'homothétie) : $\text{Mat}_{\mathscr{B}}(h_\lambda) = \lambda I_n$.
- Cas d'une symétrie centrale $s : E \to E$, $s(x) = -x$: $\text{Mat}_{\mathscr{B}}(s) = -I_n$.
- Cas de $r_\theta : \mathbb{R}^2 \longrightarrow \mathbb{R}^2$ la rotation d'angle θ, centrée à l'origine, dans l'espace vectoriel $\mathbb{R}^2$ muni de la base canonique $\mathscr{B}$. Alors $r_\theta(x,y) = (x\cos\theta - y\sin\theta, x\sin\theta +$

$y\cos\theta$). On a
$$\mathrm{Mat}_{\mathcal{B}}(r_\theta) = \begin{pmatrix} \cos\theta & -\sin\theta \\ \sin\theta & \cos\theta \end{pmatrix}.$$

Dans le cas particulier de la puissance d'un endomorphisme de E, nous obtenons :

> **Corollaire 1.**
>
> Soient E un espace vectoriel de dimension finie et $\mathcal{B}$ une base de E. Soit $f : E \to E$ une application linéaire. Alors, quel que soit $p \in \mathbb{N}$:
> $$\mathrm{Mat}_{\mathcal{B}}(f^p) = \left(\mathrm{Mat}_{\mathcal{B}}(f)\right)^p$$

Autrement dit, si A est la matrice associée à f, alors la matrice associée à $f^p = \underbrace{f \circ f \circ \cdots \circ f}_{p \text{ occurrences}}$ est $A^p = \underbrace{A \times A \times \cdots \times A}_{p \text{ facteurs}}$. La démonstration est une récurrence sur p en utilisant la proposition 9.

Exemple 15.

Soit r_θ la matrice de la rotation d'angle θ dans $\mathbb{R}^2$. La matrice de r_θ^p est :
$$\mathrm{Mat}_{\mathcal{B}}(r_\theta^p) = \left(\mathrm{Mat}_{\mathcal{B}}(r_\theta)\right)^p = \begin{pmatrix} \cos\theta & -\sin\theta \\ \sin\theta & \cos\theta \end{pmatrix}^p$$

Un calcul par récurrence montre ensuite que
$$\mathrm{Mat}_{\mathcal{B}}(r_\theta^p) = \begin{pmatrix} \cos(p\theta) & -\sin(p\theta) \\ \sin(p\theta) & \cos(p\theta) \end{pmatrix},$$

ce qui est bien la matrice de la rotation d'angle $p\theta$: composer p fois la rotation d'angle θ revient à effectuer une rotation d'angle $p\theta$.

3.4. Matrice d'un isomorphisme

Passons maintenant aux isomorphismes. Rappelons qu'un isomorphisme $f : E \to F$ est une application linéaire bijective. Nous avons vu que cela entraîne $\dim E = \dim F$.

> **Théorème 5** (Caractérisation de la matrice d'un isomorphisme).
>
> Soient E et F deux $\mathbb{K}$-espaces vectoriels de même dimension finie. Soit $f : E \to F$ une application linéaire. Soient $\mathcal{B}$ une base de E, $\mathcal{B}'$ une base de F et $A = \mathrm{Mat}_{\mathcal{B},\mathcal{B}'}(f)$.
>
> 1. f est bijective si et seulement si la matrice A est inversible. Autrement dit, f est un isomorphisme si et seulement si sa matrice associée $\mathrm{Mat}_{\mathcal{B},\mathcal{B}'}(f)$ est inversible.
> 2. De plus, si $f : E \to F$ est bijective, alors la matrice de l'application linéaire f^{-1} :

$F \to E$ est la matrice A^{-1}. Autrement dit, $\text{Mat}_{\mathscr{B}',\mathscr{B}}(f^{-1}) = \left(\text{Mat}_{\mathscr{B},\mathscr{B}'}(f)\right)^{-1}$.

Voici le cas particulier très important d'un endomorphisme $f : E \to E$ où E est muni de la même base $\mathscr{B}$ au départ et à l'arrivée et $A = \text{Mat}_{\mathscr{B}}(f)$.

Corollaire 2.
- f est bijective si et seulement si A est inversible.
- Si f est bijective, alors la matrice associée à f^{-1} dans la base $\mathscr{B}$ est A^{-1}.

Autrement dit : $\text{Mat}_{\mathscr{B}}(f^{-1}) = \left(\text{Mat}_{\mathscr{B}}(f)\right)^{-1}$.

Exemple 16.

Soient $r : \mathbb{R}^2 \to \mathbb{R}^2$ la rotation d'angle $\frac{\pi}{6}$ (centrée à l'origine) et s la réflexion par rapport à l'axe $(y = x)$. Quelle est la matrice associée à $(s \circ r)^{-1}$ dans la base canonique $\mathscr{B}$?

- Pour $\theta = \frac{\pi}{6}$, on trouve la matrice $A = \text{Mat}_{\mathscr{B}}(r) = \begin{pmatrix} \cos\theta & -\sin\theta \\ \sin\theta & \cos\theta \end{pmatrix} = \begin{pmatrix} \frac{\sqrt{3}}{2} & -\frac{1}{2} \\ \frac{1}{2} & \frac{\sqrt{3}}{2} \end{pmatrix}$.

- La matrice associée à la réflexion est $B = \text{Mat}_{\mathscr{B}}(s) = \begin{pmatrix} 0 & 1 \\ 1 & 0 \end{pmatrix}$.

- La matrice de $s \circ r$ est $B \times A = \begin{pmatrix} \frac{1}{2} & \frac{\sqrt{3}}{2} \\ \frac{\sqrt{3}}{2} & -\frac{1}{2} \end{pmatrix}$.

- La matrice de $(s \circ r)^{-1}$ est $(BA)^{-1} = \begin{pmatrix} \frac{1}{2} & \frac{\sqrt{3}}{2} \\ \frac{\sqrt{3}}{2} & -\frac{1}{2} \end{pmatrix}^{-1} = \begin{pmatrix} \frac{1}{2} & \frac{\sqrt{3}}{2} \\ \frac{\sqrt{3}}{2} & -\frac{1}{2} \end{pmatrix}$. On aurait aussi pu calculer ainsi : $(BA)^{-1} = A^{-1}B^{-1} = \cdots$

- On note que $(BA)^{-1} = BA$ ce qui, en termes d'applications linéaires, signifie que $(s \circ r)^{-1} = s \circ r$. Autrement dit, $s \circ r$ est son propre inverse.

Preuve du théorème 5. On note $A = \text{Mat}_{\mathscr{B},\mathscr{B}'}(f)$.

- Si f est bijective, notons $B = \text{Mat}_{\mathscr{B}',\mathscr{B}}(f^{-1})$. Alors par la proposition 9 on sait que
$$BA = \text{Mat}_{\mathscr{B}',\mathscr{B}}(f^{-1}) \times \text{Mat}_{\mathscr{B},\mathscr{B}'}(f) = \text{Mat}_{\mathscr{B},\mathscr{B}}(f^{-1} \circ f) = \text{Mat}_{\mathscr{B},\mathscr{B}}(\text{id}_E) = I.$$
De même $AB = I$. Ainsi $A = \text{Mat}_{\mathscr{B},\mathscr{B}'}(f)$ est inversible et son inverse est $B = \text{Mat}_{\mathscr{B}',\mathscr{B}}(f^{-1})$.

- Réciproquement, si $A = \text{Mat}_{\mathscr{B},\mathscr{B}'}(f)$ est une matrice inversible, notons $B = A^{-1}$. Soit $g : F \to E$ l'application linéaire telle que $B = \text{Mat}_{\mathscr{B}',\mathscr{B}}(g)$. Alors, toujours par la proposition 9 :

$$\text{Mat}_{\mathscr{B},\mathscr{B}}(g \circ f) = \text{Mat}_{\mathscr{B}',\mathscr{B}}(g) \times \text{Mat}_{\mathscr{B},\mathscr{B}'}(f) = BA = I$$

Donc la matrice de $g \circ f$ est l'identité, ce qui implique $g \circ f = \text{id}_E$. De même $f \circ g = \text{id}_F$. Ainsi f est bijective (et sa bijection réciproque est g).

□

Mini-exercices.

1. Calculer la matrice associée aux applications linéaires $f_i : \mathbb{R}^2 \to \mathbb{R}^2$ dans la base canonique :
   (a) f_1 la symétrie par rapport à l'axe (Oy),
   (b) f_2 la symétrie par rapport à l'axe $(y = x)$,
   (c) f_3 la projection orthogonale sur l'axe (Oy),
   (d) f_4 la rotation d'angle $\frac{\pi}{4}$.
   Calculer quelques matrices associées à $f_i \circ f_j$ et, lorsque c'est possible, à f_i^{-1}.

2. Même travail pour $f_i : \mathbb{R}^3 \to \mathbb{R}^3$:
   (a) f_1 l'homothétie de rapport λ,
   (b) f_2 la réflexion orthogonale par rapport au plan (Oxz),
   (c) f_3 la rotation d'axe (Oz) d'angle $-\frac{\pi}{2}$,
   (d) f_4 la projection orthogonale sur le plan (Oyz).

4. Changement de bases

4.1. Application linéaire, matrice, vecteur

Soit E un espace vectoriel de dimension finie et soit $\mathscr{B} = (e_1, e_2, \ldots, e_p)$ une base de E. Pour chaque $x \in E$, il existe un p-uplet unique d'éléments de $\mathbb{K}$ $(x_1, x_2, \ldots, x_p)$ tel que

$$x = x_1 e_1 + x_2 e_2 + \cdots + x_p e_p.$$

La matrice des coordonnées de x est un vecteur colonne, noté $\text{Mat}_{\mathscr{B}}(x)$ ou encore $\begin{pmatrix} x_1 \\ x_2 \\ \vdots \\ x_p \end{pmatrix}_{\mathscr{B}}$.

Dans $\mathbb{R}^p$, si $\mathscr{B}$ est la base canonique, alors on note simplement $\begin{pmatrix} x_1 \\ x_2 \\ \vdots \\ x_p \end{pmatrix}$ en omettant de mentionner la base.

Soient E et F deux $\mathbb{K}$-espaces vectoriels de dimension finie et $f : E \to F$ une application linéaire. Le but de ce paragraphe est de traduire l'égalité vectorielle $y = f(x)$ par une égalité matricielle.

Soient $\mathscr{B}$ une base de E et $\mathscr{B}'$ une base de F.

Proposition 10.
- *Soit $A = \text{Mat}_{\mathscr{B},\mathscr{B}'}(f)$.*
- *Pour $x \in E$, notons $X = \text{Mat}_{\mathscr{B}}(x) = \begin{pmatrix} x_1 \\ x_2 \\ \vdots \\ x_p \end{pmatrix}_{\mathscr{B}}$.*
- *Pour $y \in F$, notons $Y = \text{Mat}_{\mathscr{B}'}(y) = \begin{pmatrix} y_1 \\ y_2 \\ \vdots \\ y_n \end{pmatrix}_{\mathscr{B}'}$.*

Alors, si $y = f(x)$, on a

$$\boxed{Y = AX}$$

Autrement dit :

$$\boxed{\text{Mat}_{\mathscr{B}'}\big(f(x)\big) = \text{Mat}_{\mathscr{B},\mathscr{B}'}(f) \times \text{Mat}_{\mathscr{B}}(x)}$$

Démonstration.
- On pose $\mathscr{B} = (e_1, \ldots, e_p)$, $\mathscr{B}' = (f_1, f_2, \ldots, f_n)$, $A = (a_{i,j}) = \text{Mat}_{\mathscr{B},\mathscr{B}'}(f)$ et $X = \text{Mat}_{\mathscr{B}}(x) = \begin{pmatrix} x_1 \\ x_2 \\ \vdots \\ x_p \end{pmatrix}$.
- On a

$$f(x) = f\left(\sum_{j=1}^{p} x_j e_j\right) = \sum_{j=1}^{p} x_j f(e_j) = \sum_{j=1}^{p} x_j \left(\sum_{i=1}^{n} a_{i,j} f_i\right).$$

En utilisant la commutativité de $\mathbb{K}$, on a
$$f(x) = \left(\sum_{j=1}^{p} a_{1,j} x_j\right) f_1 + \cdots + \left(\sum_{j=1}^{p} a_{n,j} x_j\right) f_n.$$

- La matrice colonne des coordonnées de $y = f(x)$ dans la base $(f_1, f_2, \ldots, f_n)$ est
$$\begin{pmatrix} \sum_{j=1}^{p} a_{1,j} x_j \\ \sum_{j=1}^{p} a_{2,j} x_j \\ \vdots \\ \sum_{j=1}^{p} a_{n,j} x_j \end{pmatrix}.$$

- Ainsi la matrice $Y = \text{Mat}_{\mathcal{B}'}(f(x)) = \begin{pmatrix} \sum_{j=1}^{p} a_{1,j} x_j \\ \sum_{j=1}^{p} a_{2,j} x_j \\ \vdots \\ \sum_{j=1}^{p} a_{n,j} x_j \end{pmatrix}$ n'est autre que $A \begin{pmatrix} x_1 \\ x_2 \\ \vdots \\ x_p \end{pmatrix}$.

□

Exemple 17.
Soient E un $\mathbb{K}$-espace vectoriel de dimension 3 et $\mathcal{B} = (e_1, e_2, e_3)$ une base de E.
Soit f l'endomorphisme de E dont la matrice dans la base $\mathcal{B}$ est égale à
$$A = \text{Mat}_{\mathcal{B}}(f) = \begin{pmatrix} 1 & 2 & 1 \\ 2 & 3 & 1 \\ 1 & 1 & 0 \end{pmatrix}.$$

On se propose de déterminer le noyau de f et l'image de f.
Les éléments x de E sont des combinaisons linéaires de e_1, e_2 et e_3 : $x = x_1 e_1 + x_2 e_2 + x_3 e_3$. On a

$$x \in \text{Ker} f \iff f(x) = 0_E \iff \text{Mat}_{\mathcal{B}}(f(x)) = \begin{pmatrix} 0 \\ 0 \\ 0 \end{pmatrix}$$

$$\iff AX = \begin{pmatrix} 0 \\ 0 \\ 0 \end{pmatrix} \iff A \begin{pmatrix} x_1 \\ x_2 \\ x_3 \end{pmatrix} = \begin{pmatrix} 0 \\ 0 \\ 0 \end{pmatrix}$$

$$\iff \begin{cases} x_1 + 2x_2 + x_3 = 0 \\ 2x_1 + 3x_2 + x_3 = 0 \\ x_1 + x_2 = 0 \end{cases}$$

On résout ce système par la méthode du pivot de Gauss. On trouve

$$\text{Ker} f = \{x_1 e_1 + x_2 e_2 + x_3 e_3 \in E \mid x_1 + 2x_2 + x_3 = 0 \text{ et } x_2 + x_3 = 0\}$$
$$= \left\{ \begin{pmatrix} t \\ -t \\ t \end{pmatrix} \mid t \in \mathbb{K} \right\} = \text{Vect}\left(\begin{pmatrix} 1 \\ -1 \\ 1 \end{pmatrix}_{\mathcal{B}} \right)$$

Le noyau est donc de dimension 1. Par le théorème du rang, l'image $\operatorname{Im} f$ est de dimension 2. Les deux premiers vecteurs de la matrice A étant linéairement indépendants, ils engendrent $\operatorname{Im} f$: $\operatorname{Im} f = \operatorname{Vect}\left(\begin{pmatrix}1\\2\\1\end{pmatrix}_{\mathscr{B}}, \begin{pmatrix}2\\3\\1\end{pmatrix}_{\mathscr{B}}\right)$.

4.2. Matrice de passage d'une base à une autre

Soit E un espace vectoriel de dimension finie n. On sait que toutes les bases de E ont n éléments.

Définition 5.

Soit $\mathscr{B}$ une base de E. Soit $\mathscr{B}'$ une autre base de E.
On appelle **matrice de passage** de la base $\mathscr{B}$ vers la base $\mathscr{B}'$, et on note $P_{\mathscr{B},\mathscr{B}'}$, la matrice carrée de taille $n \times n$ dont la j-ème colonne est formée des coordonnées du j-ème vecteur de la base $\mathscr{B}'$, par rapport à la base $\mathscr{B}$.

On résume en :

> La matrice de passage $P_{\mathscr{B},\mathscr{B}'}$ contient - en colonnes - les coordonnées des vecteurs de la nouvelle base $\mathscr{B}'$ exprimés dans l'ancienne base $\mathscr{B}$.

C'est pourquoi on note parfois aussi $P_{\mathscr{B},\mathscr{B}'}$ par $\operatorname{Mat}_{\mathscr{B}}(\mathscr{B}')$.

Exemple 18.

Soit l'espace vectoriel réel $\mathbb{R}^2$. On considère

$$e_1 = \begin{pmatrix}1\\0\end{pmatrix} \qquad e_2 = \begin{pmatrix}1\\1\end{pmatrix} \qquad \epsilon_1 = \begin{pmatrix}1\\2\end{pmatrix} \qquad \epsilon_2 = \begin{pmatrix}5\\4\end{pmatrix}.$$

On considère la base $\mathscr{B} = (e_1, e_2)$ et la base $\mathscr{B}' = (\epsilon_1, \epsilon_2)$.
Quelle est la matrice de passage de la base $\mathscr{B}$ vers la base $\mathscr{B}'$?
Il faut exprimer ϵ_1 et ϵ_2 en fonction de (e_1, e_2). On calcule que :

$$\epsilon_1 = -e_1 + 2e_2 = \begin{pmatrix}-1\\2\end{pmatrix}_{\mathscr{B}} \qquad \epsilon_2 = e_1 + 4e_2 = \begin{pmatrix}1\\4\end{pmatrix}_{\mathscr{B}}$$

La matrice de passage est donc :

$$P_{\mathscr{B},\mathscr{B}'} = \begin{pmatrix}-1 & 1\\2 & 4\end{pmatrix}$$

On va interpréter une matrice de passage comme la matrice associée à l'application identité de E par rapport à des bases bien choisies.

Proposition 11.

La matrice de passage $P_{\mathcal{B},\mathcal{B}'}$ *de la base* $\mathcal{B}$ *vers la base* $\mathcal{B}'$ *est la matrice associée à l'identité* $\mathrm{id}_E : (E, \mathcal{B}') \to (E, \mathcal{B})$ *où E est l'espace de départ muni de la base* $\mathcal{B}'$, *et E est aussi l'espace d'arrivée, mais muni de la base* $\mathcal{B}$:

$$\boxed{P_{\mathcal{B},\mathcal{B}'} = \mathrm{Mat}_{\mathcal{B}',\mathcal{B}}(\mathrm{id}_E)}$$

Faites bien attention à l'inversion de l'ordre des bases !

Cette interprétation est un outil fondamental pour ce qui suit. Elle permet d'obtenir les résultats de façon très élégante et avec un minimum de calculs.

Démonstration. On pose $\mathcal{B} = (e_1, e_2, \ldots, e_n)$ et $\mathcal{B}' = (e'_1, e'_2, \ldots, e'_n)$. On considère

$$\mathrm{id}_E \ : \ (E, \mathcal{B}') \ \longrightarrow \ (E, \mathcal{B})$$
$$x \ \longmapsto \ \mathrm{id}_E(x) = x$$

On a $\mathrm{id}_E(e'_j) = e'_j = \sum_{i=1}^n a_{i,j} e_i$ et $\mathrm{Mat}_{\mathcal{B}',\mathcal{B}}(\mathrm{id}_E)$ est la matrice dont la j-ème colonne est formée des coordonnées de e'_j par rapport à $\mathcal{B}$, soit $\begin{pmatrix} a_{1,j} \\ a_{2,j} \\ \vdots \\ a_{n,j} \end{pmatrix}$. Cette colonne est la j-ème colonne de $P_{\mathcal{B},\mathcal{B}'}$. □

Proposition 12.

1. *La matrice de passage d'une base* $\mathcal{B}$ *vers une base* $\mathcal{B}'$ *est inversible et son inverse est égale à la matrice de passage de la base* $\mathcal{B}'$ *vers la base* $\mathcal{B}$:
$$\boxed{P_{\mathcal{B}',\mathcal{B}} = \left(P_{\mathcal{B},\mathcal{B}'}\right)^{-1}}$$

2. *Si* $\mathcal{B}, \mathcal{B}'$ *et* $\mathcal{B}''$ *sont trois bases, alors* $\boxed{P_{\mathcal{B},\mathcal{B}''} = P_{\mathcal{B},\mathcal{B}'} \times P_{\mathcal{B}',\mathcal{B}''}}$

Démonstration.

1. On a $P_{\mathcal{B},\mathcal{B}'} = \mathrm{Mat}_{\mathcal{B}',\mathcal{B}}(\mathrm{id}_E)$. Donc, d'après le théorème 5 caractérisant la matrice d'un isomorphisme, $P_{\mathcal{B},\mathcal{B}'}^{-1} = \left(\mathrm{Mat}_{\mathcal{B}',\mathcal{B}}(\mathrm{id}_E)\right)^{-1} = \mathrm{Mat}_{\mathcal{B},\mathcal{B}'}\left(\mathrm{id}_E^{-1}\right)$. Or $\mathrm{id}_E^{-1} = \mathrm{id}_E$, donc $P_{\mathcal{B},\mathcal{B}'}^{-1} = \mathrm{Mat}_{\mathcal{B},\mathcal{B}'}(\mathrm{id}_E) = P_{\mathcal{B}',\mathcal{B}}$.

2. $\mathrm{id}_E : (E, \mathcal{B}'') \to (E, \mathcal{B})$ se factorise de la façon suivante :
$$(E, \mathcal{B}'') \xrightarrow{\mathrm{id}_E} (E, \mathcal{B}') \xrightarrow{\mathrm{id}_E} (E, \mathcal{B}).$$

Autrement dit, on écrit $\mathrm{id}_E = \mathrm{id}_E \circ \mathrm{id}_E$. Cette factorisation permet d'écrire l'égalité suivante : $\mathrm{Mat}_{\mathcal{B}'',\mathcal{B}}\left(\mathrm{id}_E\right) = \mathrm{Mat}_{\mathcal{B}',\mathcal{B}}\left(\mathrm{id}_E\right) \times \mathrm{Mat}_{\mathcal{B}'',\mathcal{B}'}\left(\mathrm{id}_E\right)$, soit $\mathrm{P}_{\mathcal{B},\mathcal{B}''} = \mathrm{P}_{\mathcal{B},\mathcal{B}'} \times \mathrm{P}_{\mathcal{B}',\mathcal{B}''}$.

$\square$

Exemple 19.

Soit $E = \mathbb{R}^3$ muni de sa base canonique $\mathcal{B}$. Définissons

$$\mathcal{B}_1 = \left(\begin{pmatrix}1\\1\\0\end{pmatrix}, \begin{pmatrix}0\\-1\\0\end{pmatrix}, \begin{pmatrix}3\\2\\-1\end{pmatrix}\right) \quad \text{et} \quad \mathcal{B}_2 = \left(\begin{pmatrix}1\\-1\\0\end{pmatrix}, \begin{pmatrix}0\\1\\0\end{pmatrix}, \begin{pmatrix}0\\0\\-1\end{pmatrix}\right).$$

Quelle est la matrice de passage de $\mathcal{B}_1$ vers $\mathcal{B}_2$?
On a d'abord

$$\mathrm{P}_{\mathcal{B},\mathcal{B}_1} = \begin{pmatrix}1 & 0 & 3\\ 1 & -1 & 2\\ 0 & 0 & -1\end{pmatrix} \quad \text{et} \quad \mathrm{P}_{\mathcal{B},\mathcal{B}_2} = \begin{pmatrix}1 & 0 & 0\\ -1 & 1 & 0\\ 0 & 0 & -1\end{pmatrix}.$$

La proposition 12 implique que $\mathrm{P}_{\mathcal{B},\mathcal{B}_2} = \mathrm{P}_{\mathcal{B},\mathcal{B}_1} \times \mathrm{P}_{\mathcal{B}_1,\mathcal{B}_2}$. Donc on a $\mathrm{P}_{\mathcal{B}_1,\mathcal{B}_2} = \mathrm{P}_{\mathcal{B},\mathcal{B}_1}^{-1} \times \mathrm{P}_{\mathcal{B},\mathcal{B}_2}$. En appliquant la méthode de Gauss pour calculer $\mathrm{P}_{\mathcal{B},\mathcal{B}_1}^{-1}$, on trouve alors :

$$\mathrm{P}_{\mathcal{B}_1,\mathcal{B}_2} = \begin{pmatrix}1 & 0 & 3\\ 1 & -1 & 2\\ 0 & 0 & -1\end{pmatrix}^{-1} \times \begin{pmatrix}1 & 0 & 0\\ -1 & 1 & 0\\ 0 & 0 & -1\end{pmatrix}$$

$$= \begin{pmatrix}1 & 0 & 3\\ 1 & -1 & 1\\ 0 & 0 & -1\end{pmatrix} \times \begin{pmatrix}1 & 0 & 0\\ -1 & 1 & 0\\ 0 & 0 & -1\end{pmatrix} = \begin{pmatrix}1 & 0 & -3\\ 2 & -1 & -1\\ 0 & 0 & 1\end{pmatrix}.$$

Nous allons maintenant étudier l'effet d'un changement de bases sur les coordonnées d'un vecteur.

- Soient $\mathcal{B} = (e_1, e_2, \ldots, e_n)$ et $\mathcal{B}' = (e'_1, e'_2, \ldots, e'_n)$ deux bases d'un même $\mathbb{K}$-espace vectoriel E.
- Soit $\mathrm{P}_{\mathcal{B},\mathcal{B}'}$ la matrice de passage de la base $\mathcal{B}$ vers la base $\mathcal{B}'$.
- Pour $x \in E$, il se décompose en $x = \sum_{i=1}^n x_i e_i$ dans la base $\mathcal{B}$ et on note
$$X = \mathrm{Mat}_{\mathcal{B}}(x) = \begin{pmatrix}x_1\\x_2\\\vdots\\x_n\end{pmatrix}_{\mathcal{B}}.$$

- Ce même $x \in E$ se décompose en $x = \sum_{i=1}^{n} x'_i e'_i$ dans la base $\mathscr{B}'$ et on note
$$X' = \mathrm{Mat}_{\mathscr{B}'}(x) = \begin{pmatrix} x'_1 \\ x'_2 \\ \vdots \\ x'_n \end{pmatrix}_{\mathscr{B}'}.$$

Proposition 13.
$$\boxed{X = P_{\mathscr{B},\mathscr{B}'} \times X'}$$

Notez bien l'ordre!

Démonstration. $P_{\mathscr{B},\mathscr{B}'}$ est la matrice de $\mathrm{id}_E : (E, \mathscr{B}') \to (E, \mathscr{B})$. On utilise que $x = \mathrm{id}_E(x)$ et la proposition 10. On a :
$$X = \mathrm{Mat}_{\mathscr{B}}(x) = \mathrm{Mat}_{\mathscr{B}}\bigl(\mathrm{id}_E(x)\bigr) = \mathrm{Mat}_{\mathscr{B}',\mathscr{B}}(\mathrm{id}_E) \times \mathrm{Mat}_{\mathscr{B}'}(x) = P_{\mathscr{B},\mathscr{B}'} \times X'$$

□

4.3. Formule de changement de base

- Soient E et F deux $\mathbb{K}$-espaces vectoriels de dimension finie.
- Soit $f : E \to F$ une application linéaire.
- Soient $\mathscr{B}_E$, $\mathscr{B}'_E$ deux bases de E.
- Soient $\mathscr{B}_F$, $\mathscr{B}'_F$ deux bases de F.
- Soit $P = P_{\mathscr{B}_E, \mathscr{B}'_E}$ la matrice de passage de $\mathscr{B}_E$ à $\mathscr{B}'_E$.
- Soit $Q = P_{\mathscr{B}_F, \mathscr{B}'_F}$ la matrice de passage de $\mathscr{B}_F$ à $\mathscr{B}'_F$.
- Soit $A = \mathrm{Mat}_{\mathscr{B}_E, \mathscr{B}_F}(f)$ la matrice de l'application linéaire f de la base $\mathscr{B}_E$ vers la base $\mathscr{B}_F$.
- Soit $B = \mathrm{Mat}_{\mathscr{B}'_E, \mathscr{B}'_F}(f)$ la matrice de l'application linéaire f de la base $\mathscr{B}'_E$ vers la base $\mathscr{B}'_F$.

Théorème 6 (Formule de changement de base).
$$\boxed{B = Q^{-1} A P}$$

Démonstration. L'application $f : (E, \mathscr{B}'_E) \to (F, \mathscr{B}'_F)$ se factorise de la façon suivante :
$$(E, \mathscr{B}'_E) \xrightarrow{\mathrm{id}_E} (E, \mathscr{B}_E) \xrightarrow{f} (F, \mathscr{B}_F) \xrightarrow{\mathrm{id}_F} (F, \mathscr{B}'_F),$$
c'est-à-dire que $f = \mathrm{id}_F \circ f \circ \mathrm{id}_E$.

On a donc l'égalité de matrices suivante :

$$\begin{aligned} B &= \mathrm{Mat}_{\mathcal{B}'_E, \mathcal{B}'_F}(f) \\ &= \mathrm{Mat}_{\mathcal{B}_F, \mathcal{B}'_F}(\mathrm{id}_F) \times \mathrm{Mat}_{\mathcal{B}_E, \mathcal{B}_F}(f) \times \mathrm{Mat}_{\mathcal{B}'_E, \mathcal{B}_E}(\mathrm{id}_E) \\ &= \mathrm{P}_{\mathcal{B}'_F, \mathcal{B}_F} \times \mathrm{Mat}_{\mathcal{B}_E, \mathcal{B}_F}(f) \times \mathrm{P}_{\mathcal{B}_E, \mathcal{B}'_E} \\ &= Q^{-1} A P \end{aligned}$$

□

Dans le cas particulier d'un endomorphisme, nous obtenons une formule plus simple :
- Soit $f : E \to E$ une application linéaire.
- Soient $\mathcal{B}$, $\mathcal{B}'$ deux bases de E.
- Soit $P = \mathrm{P}_{\mathcal{B}, \mathcal{B}'}$ la matrice de passage de $\mathcal{B}$ à $\mathcal{B}'$.
- Soit $A = \mathrm{Mat}_{\mathcal{B}}(f)$ la matrice de l'application linéaire f dans la base $\mathcal{B}$.
- Soit $B = \mathrm{Mat}_{\mathcal{B}'}(f)$ la matrice de l'application linéaire f dans la base $\mathcal{B}'$.

Le théorème 6 devient alors :

Corollaire 3.

$$\boxed{B = P^{-1} A P}$$

Exemple 20.
Reprenons les deux bases de $\mathbb{R}^3$ de l'exemple 19 :

$$\mathcal{B}_1 = \left(\begin{pmatrix} 1 \\ 1 \\ 0 \end{pmatrix}, \begin{pmatrix} 0 \\ -1 \\ 0 \end{pmatrix}, \begin{pmatrix} 3 \\ 2 \\ -1 \end{pmatrix} \right) \quad \text{et} \quad \mathcal{B}_2 = \left(\begin{pmatrix} 1 \\ -1 \\ 0 \end{pmatrix}, \begin{pmatrix} 0 \\ 1 \\ 0 \end{pmatrix}, \begin{pmatrix} 0 \\ 0 \\ -1 \end{pmatrix} \right).$$

Soit $f : \mathbb{R}^3 \to \mathbb{R}^3$ l'application linéaire dont la matrice dans la base $\mathcal{B}_1$ est :

$$A = \mathrm{Mat}_{\mathcal{B}_1}(f) = \begin{pmatrix} 1 & 0 & -6 \\ -2 & 2 & -7 \\ 0 & 0 & 3 \end{pmatrix}$$

Que vaut la matrice de f dans la base $\mathcal{B}_2$, $B = \mathrm{Mat}_{\mathcal{B}_2}(f)$?

1. Nous avions calculé que la matrice de passage de $\mathcal{B}_1$ vers $\mathcal{B}_2$ était

$$P = \mathrm{P}_{\mathcal{B}_1, \mathcal{B}_2} = \begin{pmatrix} 1 & 0 & -3 \\ 2 & -1 & -1 \\ 0 & 0 & 1 \end{pmatrix}.$$

2. On calcule aussi $P^{-1} = \begin{pmatrix} 1 & 0 & 3 \\ 2 & -1 & 5 \\ 0 & 0 & 1 \end{pmatrix}$.

3. On applique la formule du changement de base du corollaire 3 :

$$B = P^{-1}AP = \begin{pmatrix} 1 & 0 & 3 \\ 2 & -1 & 5 \\ 0 & 0 & 1 \end{pmatrix} \times \begin{pmatrix} 1 & 0 & -6 \\ -2 & 2 & -7 \\ 0 & 0 & 3 \end{pmatrix} \times \begin{pmatrix} 1 & 0 & -3 \\ 2 & -1 & -1 \\ 0 & 0 & 1 \end{pmatrix} = \begin{pmatrix} 1 & 0 & 0 \\ 0 & 2 & 0 \\ 0 & 0 & 3 \end{pmatrix}$$

C'est souvent l'intérêt des changements de base, se ramener à une matrice plus simple. Par exemple ici, il est facile de calculer les puissances B^k, pour en déduire les A^k.

4.4. Matrices semblables

Les matrices considérées dans ce paragraphe sont des matrices carrées, éléments de $M_n(\mathbb{K})$.

> **Définition 6.**
> Soient A et B deux matrices de $M_n(\mathbb{K})$. On dit que la matrice B est **semblable** à la matrice A s'il existe une matrice inversible $P \in M_n(\mathbb{K})$ telle que $B = P^{-1}AP$.

C'est un bon exercice de montrer que la relation « être semblable » est une relation d'équivalence dans l'ensemble $M_n(\mathbb{K})$:

> **Proposition 14.**
> - *La relation est **réflexive** : une matrice A est semblable à elle-même.*
> - *La relation est **symétrique** : si A est semblable à B, alors B est semblable à A.*
> - *La relation est **transitive** : si A est semblable à B, et B est semblable à C, alors A est semblable à C.*

Vocabulaire :
Compte tenu de ces propriétés, on peut dire indifféremment que la matrice A est semblable à la matrice B ou que les matrices A et B sont semblables.
Le corollaire 3 se reformule ainsi :

> **Corollaire 4.**
> *Deux matrices semblables représentent le même endomorphisme, mais exprimé dans des bases différentes.*

Mini-exercices.

Soit $f : \mathbb{R}^2 \to \mathbb{R}^2$ définie par $f(x,y) = (2x + y, 3x - 2y)$, Soit $v = \begin{pmatrix} 3 \\ -4 \end{pmatrix} \in \mathbb{R}^2$ avec ses coordonnées dans la base canonique $\mathscr{B}_0$ de $\mathbb{R}^2$. Soit $\mathscr{B}_1 = \left(\begin{pmatrix} 3 \\ 2 \end{pmatrix}, \begin{pmatrix} 2 \\ 2 \end{pmatrix}\right)$

une autre base de $\mathbb{R}^2$.

1. Calculer la matrice de f dans la base canonique.
2. Calculer les coordonnées de $f(v)$ dans la base canonique.
3. Calculer la matrice de passage de $\mathcal{B}_0$ à $\mathcal{B}_1$.
4. En déduire les coordonnées de v dans la base $\mathcal{B}_1$, et de $f(v)$ dans la base $\mathcal{B}_1$.
5. Calculer la matrice de f dans la base $\mathcal{B}_1$.

Même exercice dans $\mathbb{R}^3$ avec $f : \mathbb{R}^3 \to \mathbb{R}^3$, $f(x,y,z) = (x-2y, y-2z, z-2x)$, $v = \begin{pmatrix} 3 \\ -2 \\ 1 \end{pmatrix} \in \mathbb{R}^3$ et $\mathcal{B}_1 = \left(\begin{pmatrix} 0 \\ 1 \\ 2 \end{pmatrix}, \begin{pmatrix} 2 \\ 0 \\ 1 \end{pmatrix}, \begin{pmatrix} 1 \\ 2 \\ 0 \end{pmatrix} \right)$.

Auteurs du chapitre

- D'après un cours de Sophie Chemla de l'université Pierre et Marie Curie, reprenant des parties d'un cours de H. Ledret et d'une équipe de l'université de Bordeaux animée par J. Queyrut,
- réécrit et complété par Arnaud Bodin. Relu par Vianney Combet.

Déterminants

Chapitre 13

Le déterminant est un nombre que l'on associe à n vecteurs $(v_1, \ldots, v_n)$ de $\mathbb{R}^n$. Il correspond au volume du parallélépipède engendré par ces n vecteurs. On peut aussi définir le déterminant d'une matrice A. Le déterminant permet de savoir si une matrice est inversible ou pas, et de façon plus générale, joue un rôle important dans le calcul matriciel et la résolution de systèmes linéaires.

Dans tout ce qui suit, nous considérons des matrices à coefficients dans un corps commutatif $\mathbb{K}$, les principaux exemples étant $\mathbb{K} = \mathbb{R}$ ou $\mathbb{K} = \mathbb{C}$. Nous commençons par donner l'expression du déterminant d'une matrice en petites dimensions.

1. Déterminant en dimension 2 et 3

1.1. Matrice 2×2

En dimension 2, le déterminant est très simple à calculer :

$$\det \begin{pmatrix} a & b \\ c & d \end{pmatrix} = ad - bc.$$

C'est donc le produit des éléments sur la diagonale principale (en gris foncé) moins le produit des éléments sur l'autre diagonale (en gris clair).

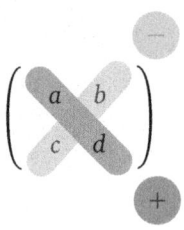

1.2. Matrice 3×3

Soit $A \in M_3(\mathbb{K})$ une matrice 3×3 :

$$A = \begin{pmatrix} a_{11} & a_{12} & a_{13} \\ a_{21} & a_{22} & a_{23} \\ a_{31} & a_{32} & a_{33} \end{pmatrix}.$$

Voici la formule pour le déterminant :

$$\det A = a_{11}a_{22}a_{33} + a_{12}a_{23}a_{31} + a_{13}a_{21}a_{32} - a_{31}a_{22}a_{13} - a_{32}a_{23}a_{11} - a_{33}a_{21}a_{12}.$$

Il existe un moyen facile de retenir cette formule, c'est la **règle de Sarrus** : on recopie les deux premières colonnes à droite de la matrice (colonnes grisées), puis on additionne les produits de trois termes en les regroupant selon la direction de la diagonale descendante (à gauche), et on soustrait ensuite les produits de trois termes regroupés selon la direction de la diagonale montante (à droite).

$$\begin{pmatrix} a_{11} & a_{12} & a_{13} & a_{11} & a_{12} \\ a_{21} & a_{22} & a_{23} & a_{21} & a_{22} \\ a_{31} & a_{32} & a_{33} & a_{31} & a_{32} \end{pmatrix} \qquad \begin{pmatrix} a_{11} & a_{12} & a_{13} & a_{11} & a_{12} \\ a_{21} & a_{22} & a_{23} & a_{21} & a_{22} \\ a_{31} & a_{32} & a_{33} & a_{31} & a_{32} \end{pmatrix}$$

Exemple 1.

Calculons le déterminant de la matrice $A = \begin{pmatrix} 2 & 1 & 0 \\ 1 & -1 & 3 \\ 3 & 2 & 1 \end{pmatrix}$.

Par la règle de Sarrus :

$$\det A = 2 \times (-1) \times 1 + 1 \times 3 \times 3 + 0 \times 1 \times 2$$
$$- 3 \times (-1) \times 0 - 2 \times 3 \times 2 - 1 \times 1 \times 1 = -6.$$

$$\begin{pmatrix} 2 & 1 & 0 & 2 & 1 \\ 1 & -1 & 3 & 1 & -1 \\ 3 & 2 & 1 & 3 & 2 \end{pmatrix}$$

Attention : cette méthode ne s'applique pas pour les matrices de taille supérieure à 3. Nous verrons d'autres méthodes qui s'appliquent aux matrices carrées de toute taille et donc aussi aux matrices 3 × 3.

1.3. Interprétation géométrique du déterminant

On va voir qu'en dimension 2, les déterminants correspondent à des aires et en dimension 3 à des volumes.

Donnons nous deux vecteurs $v_1 = \begin{pmatrix} a \\ c \end{pmatrix}$ et $v_2 = \begin{pmatrix} b \\ d \end{pmatrix}$ du plan $\mathbb{R}^2$. Ces deux vecteurs v_1, v_2 déterminent un parallélogramme.

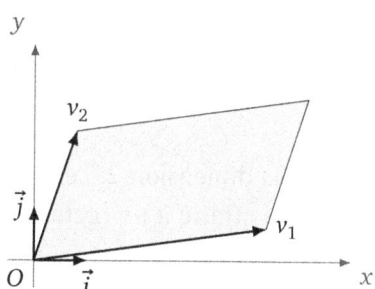

Proposition 1.
L'aire du parallélogramme est donnée par la valeur absolue du déterminant :
$$\mathscr{A} = \left| \det(v_1, v_2) \right| = \left| \det \begin{pmatrix} a & b \\ c & d \end{pmatrix} \right|.$$

De manière similaire, trois vecteurs de l'espace $\mathbb{R}^3$:
$$v_1 = \begin{pmatrix} a_{11} \\ a_{21} \\ a_{31} \end{pmatrix} \qquad v_2 = \begin{pmatrix} a_{12} \\ a_{22} \\ a_{32} \end{pmatrix} \qquad v_3 = \begin{pmatrix} a_{13} \\ a_{23} \\ a_{33} \end{pmatrix}$$
définissent un parallélépipède.

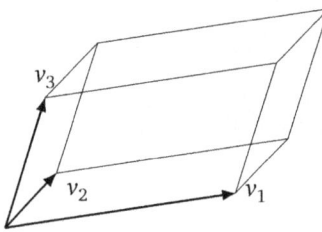

À partir de ces trois vecteurs on définit, en juxtaposant les colonnes, une matrice et un déterminant :

$$\det(v_1, v_2, v_3) = \det \begin{pmatrix} a_{11} & a_{12} & a_{13} \\ a_{21} & a_{22} & a_{23} \\ a_{31} & a_{32} & a_{33} \end{pmatrix}.$$

> **Proposition 2.**
> Le volume du parallélépipède est donné par la valeur absolue du déterminant :
> $$\mathcal{V} = \left| \det(v_1, v_2, v_3) \right|.$$

On prendra comme unité d'aire dans $\mathbb{R}^2$ l'aire du carré unité dont les côtés sont les vecteurs de la base canonique $\left(\binom{1}{0}, \binom{0}{1} \right)$, et comme unité de volume dans $\mathbb{R}^3$, le volume du cube unité.

Démonstration. Traitons le cas de la dimension 2. Le résultat est vrai si $v_1 = \binom{a}{0}$ et $v_2 = \binom{0}{d}$. En effet, dans ce cas on a affaire à un rectangle de côtés $|a|$ et $|d|$, donc d'aire $|ad|$, alors que le déterminant de la matrice $\begin{pmatrix} a & 0 \\ 0 & d \end{pmatrix}$ vaut ad.

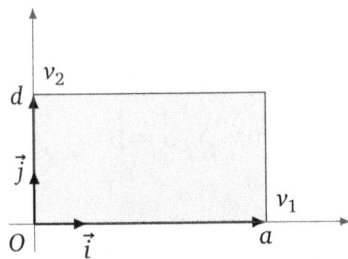

Si les vecteurs v_1 et v_2 sont colinéaires alors le parallélogramme est aplati, donc d'aire nulle ; on calcule facilement que lorsque deux vecteurs sont colinéaires, leur déterminant est nul.

Dans la suite on suppose que les vecteurs ne sont pas colinéaires. Notons $v_1 = \binom{a}{c}$ et $v_2 = \binom{b}{d}$. Si $a \neq 0$, alors $v'_2 = v_2 - \frac{b}{a} v_1$ est un vecteur vertical : $v'_2 = \binom{0}{d - \frac{b}{a}c}$. L'opération de remplacer v_2 par v'_2 ne change pas l'aire du parallélogramme (c'est comme si on avait coupé le triangle gris clair et on l'avait collé à la place le triangle gris foncé).

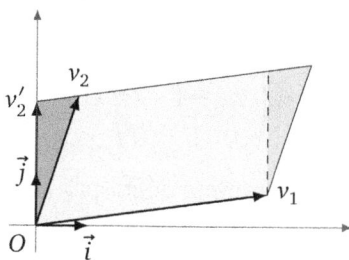

Cette opération ne change pas non plus le déterminant car on a toujours :

$$\det(v_1, v'_2) = \det \begin{pmatrix} a & 0 \\ b & d - \frac{b}{a}c \end{pmatrix} = ad - bc = \det(v_1, v_2).$$

On pose alors $v'_1 = \binom{a}{0}$: c'est un vecteur horizontal. Encore une fois l'opération de remplacer v_1 par v'_1 ne change ni l'aire des parallélogrammes ni le déterminant car

$$\det(v'_1, v'_2) = \det \begin{pmatrix} a & 0 \\ 0 & d - \frac{b}{a}c \end{pmatrix} = ad - bc = \det(v_1, v_2).$$

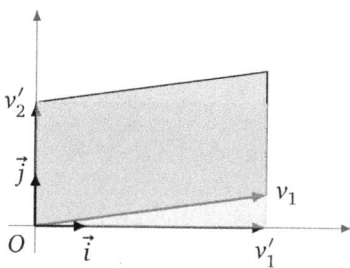

On s'est donc ramené au premier cas d'un rectangle aux côtés parallèles aux axes, pour lequel le résultat est déjà acquis.

Le cas tridimensionnel se traite de façon analogue. □

Mini-exercices.

1. Pour $A = \begin{pmatrix} 1 & 2 \\ 5 & 3 \end{pmatrix}$ et $B = \begin{pmatrix} -7 & 8 \\ -9 & 5 \end{pmatrix}$ calculer les déterminants de A, B, $A \times B$, $A + B$, A^{-1}, λA, A^T.

2. Mêmes questions pour $A = \begin{pmatrix} a & b \\ c & d \end{pmatrix}$ et $B = \begin{pmatrix} a' & 0 \\ c' & d' \end{pmatrix}$.

3. Mêmes questions pour $A = \begin{pmatrix} 2 & 0 & 1 \\ 2 & -1 & 2 \\ 3 & 1 & 0 \end{pmatrix}$ et $B = \begin{pmatrix} 1 & 2 & 3 \\ 0 & 2 & 2 \\ 0 & 0 & 3 \end{pmatrix}$.

4. Calculer l'aire du parallélogramme défini par les vecteurs $\binom{7}{3}$ et $\binom{1}{4}$.

5. Calculer le volume du parallélépipède défini par les vecteurs $\binom{2}{1}{1}$, $\binom{1}{1}{4}$, $\binom{1}{3}{1}$.

2. Définition du déterminant

Cette partie est consacrée à la définition du déterminant. La définition du déterminant est assez abstraite et il faudra attendre encore un peu pour pouvoir vraiment calculer des déterminants.

2.1. Définition et premières propriétés

Nous allons caractériser le déterminant comme une application, qui à une matrice carrée associe un scalaire :

$$\det : M_n(\mathbb{K}) \longrightarrow \mathbb{K}$$

Théorème 1 (Existence et d'unicité du déterminant).

*Il existe une unique application de $M_n(\mathbb{K})$ dans $\mathbb{K}$, appelée **déterminant**, telle que*
  (i) le déterminant est linéaire par rapport à chaque vecteur colonne, les autres étant fixés ;
  (ii) si une matrice A a deux colonnes identiques, alors son déterminant est nul ;
  (iii) le déterminant de la matrice identité I_n vaut 1.

Une preuve de l'existence du déterminant sera donnée plus bas en section 2.4.

On note le déterminant d'une matrice $A = (a_{ij})$ par :

$$\det A \quad \text{ou} \quad \begin{vmatrix} a_{11} & a_{12} & \cdots & a_{1n} \\ a_{21} & a_{22} & \cdots & a_{2n} \\ \vdots & \vdots & & \vdots \\ a_{n1} & a_{n2} & \cdots & a_{nn} \end{vmatrix}.$$

Si on note C_i la i-ème colonne de A, alors

$$\det A = \begin{vmatrix} C_1 & C_2 & \cdots & C_n \end{vmatrix} = \det(C_1, C_2, \ldots, C_n).$$

Avec cette notation, la propriété (i) de linéarité par rapport à la colonne j s'écrit : pour tout $\lambda, \mu \in \mathbb{K}$, $\det(C_1, \ldots, \lambda C_j + \mu C'_j, \ldots, C_n) = \lambda \det(C_1, \ldots, C_j, \ldots, C_n) + \mu \det(C_1, \ldots, C'_j, \ldots, C_n)$, soit

$$\begin{vmatrix} a_{11} & \cdots & \lambda a_{1j} + \mu a'_{1j} & \cdots & a_{1n} \\ \vdots & & \vdots & & \vdots \\ a_{i1} & \cdots & \lambda a_{ij} + \mu a'_{ij} & \cdots & a_{in} \\ \vdots & & \vdots & & \vdots \\ a_{n1} & \cdots & \lambda a_{nj} + \mu a'_{nj} & \cdots & a_{nn} \end{vmatrix}$$

$$= \lambda \begin{vmatrix} a_{11} & \cdots & a_{1j} & \cdots & a_{1n} \\ \vdots & & \vdots & & \vdots \\ a_{i1} & \cdots & a_{ij} & \cdots & a_{in} \\ \vdots & & \vdots & & \vdots \\ a_{n1} & \cdots & a_{nj} & \cdots & a_{nn} \end{vmatrix} + \mu \begin{vmatrix} a_{11} & \cdots & a'_{1j} & \cdots & a_{1n} \\ \vdots & & \vdots & & \vdots \\ a_{i1} & \cdots & a'_{ij} & \cdots & a_{in} \\ \vdots & & \vdots & & \vdots \\ a_{n1} & \cdots & a'_{nj} & \cdots & a_{nn} \end{vmatrix}.$$

Exemple 2.

$$\begin{vmatrix} 6 & 5 & 4 \\ 7 & -10 & -3 \\ 12 & 25 & -1 \end{vmatrix} = 5 \times \begin{vmatrix} 6 & 1 & 4 \\ 7 & -2 & -3 \\ 12 & 5 & -1 \end{vmatrix}$$

Car la seconde colonne est un multiple de 5.

$$\begin{vmatrix} 3 & 2 & 4-3 \\ 7 & -5 & 3-2 \\ 9 & 2 & 10-4 \end{vmatrix} = \begin{vmatrix} 3 & 2 & 4 \\ 7 & -5 & 3 \\ 9 & 2 & 10 \end{vmatrix} - \begin{vmatrix} 3 & 2 & 3 \\ 7 & -5 & 2 \\ 9 & 2 & 4 \end{vmatrix}$$

Par linéarité sur la troisième colonne.

Remarque.
- Une application de $M_n(\mathbb{K})$ dans $\mathbb{K}$ qui satisfait la propriété (i) est appelée **forme multilinéaire**.
- Si elle satisfait (ii), on dit qu'elle est **alternée**.

Le déterminant est donc la seule forme multilinéaire alternée qui prend comme valeur 1 sur la matrice I_n. Les autres formes multilinéaires alternées sont les multiples scalaires du déterminant. On verra plus loin comment on peut calculer en pratique les déterminants.

2.2. Premières propriétés

Nous connaissons déjà le déterminant de deux matrices :
- le déterminant de la matrice nulle 0_n vaut 0 (par la propriété (ii)),
- le déterminant de la matrice identité I_n vaut 1 (par la propriété (iii)).

Donnons maintenant quelques propriétés importantes du déterminant : comment se comporte le déterminant face aux opérations élémentaires sur les colonnes ?

> **Proposition 3.**
> Soit $A \in M_n(\mathbb{K})$ une matrice ayant les colonnes $C_1, C_2, \ldots, C_n$. On note A' la matrice obtenue par une des opérations élémentaires sur les colonnes, qui sont :
>
> 1. $C_i \leftarrow \lambda C_i$ avec $\lambda \neq 0$: A' est obtenue en multipliant une colonne de A par un scalaire non nul. Alors $\det A' = \lambda \det A$.
>
> 2. $C_i \leftarrow C_i + \lambda C_j$ avec $\lambda \in \mathbb{K}$ (et $j \neq i$) : A' est obtenue en ajoutant à une colonne de A un multiple d'une autre colonne de A. Alors $\det A' = \det A$.
>
> 3. $C_i \leftrightarrow C_j$: A' est obtenue en échangeant deux colonnes distinctes de A. Alors
> $$\boxed{\det A' = -\det A}.$$

Plus généralement pour (2) : l'opération $C_i \leftarrow C_i + \sum_{\substack{j=1 \\ j \neq i}}^{n} \lambda_j C_j$ d'ajouter une combinaison linéaire des autres colonnes conserve le déterminant.

Attention ! Échanger deux colonnes change le signe du déterminant.

Démonstration.
1. La première propriété découle de la partie (i) de la définition du déterminant.
2. Soit $A = \begin{pmatrix} C_1 & \cdots & C_i & \cdots & C_j & \cdots & C_n \end{pmatrix}$ une matrice représentée par ses vecteurs colonnes C_k. L'opération $C_i \leftarrow C_i + \lambda C_j$ transforme la matrice A en la

matrice $A' = \begin{pmatrix} C_1 & \cdots & C_i + \lambda C_j & \cdots & C_j & \cdots & C_n \end{pmatrix}$. Par linéarité par rapport à la colonne i, on sait que

$$\det A' = \det A + \lambda \det \begin{pmatrix} C_1 & \cdots & C_j & \cdots & C_j & \cdots & C_n \end{pmatrix}.$$

Or les colonnes i et j de la matrice $\begin{pmatrix} C_1 & \cdots & C_j & \cdots & C_j & \cdots & C_n \end{pmatrix}$ sont identiques, donc son déterminant est nul.

3. Si on échange les colonnes i et j de $A = \begin{pmatrix} C_1 & \cdots & C_i & \cdots & C_j & \cdots & C_n \end{pmatrix}$ on obtient la matrice $A' = \begin{pmatrix} C_1 & \cdots & C_i & \cdots & C_j & \cdots & C_n \end{pmatrix}$, où le vecteur C_j se retrouve en colonne i et le vecteur C_i en colonne j. Introduisons alors une troisième matrice $B = \begin{pmatrix} C_1 & \cdots & C_i + C_j & \cdots & C_j + C_i & \cdots & C_n \end{pmatrix}$. Cette matrice a deux colonnes distinctes égales, donc d'après (ii), $\det B = 0$.

D'un autre côté, nous pouvons développer ce déterminant en utilisant la propriété (i) de multilinéarité, c'est-à-dire linéarité par rapport à chaque colonne. Ceci donne

$$\begin{aligned}
0 = \det B &= \det \begin{pmatrix} C_1 & \cdots & C_i + C_j & \cdots & C_j + C_i & \cdots & C_n \end{pmatrix} \\
&= \det \begin{pmatrix} C_1 & \cdots & C_i & \cdots & C_j + C_i & \cdots & C_n \end{pmatrix} \\
&\quad + \det \begin{pmatrix} C_1 & \cdots & C_j & \cdots & C_j + C_i & \cdots & C_n \end{pmatrix} \\
&= \det \begin{pmatrix} C_1 & \cdots & C_i & \cdots & C_j & \cdots & C_n \end{pmatrix} \\
&\quad + \det \begin{pmatrix} C_1 & \cdots & C_i & \cdots & C_i & \cdots & C_n \end{pmatrix} \\
&\quad + \det \begin{pmatrix} C_1 & \cdots & C_j & \cdots & C_j & \cdots & C_n \end{pmatrix} \\
&\quad + \det \begin{pmatrix} C_1 & \cdots & C_j & \cdots & C_i & \cdots & C_n \end{pmatrix} \\
&= \det A + 0 + 0 + \det A',
\end{aligned}$$

encore grâce à (i) pour les deux déterminants nuls du milieu.

□

Corollaire 1.

Si une colonne C_i de la matrice A est combinaison linéaire des autres colonnes, alors $\det A = 0$.

2.3. Déterminants de matrices particulières

Calculer des déterminants n'est pas toujours facile. Cependant il est facile de calculer le déterminant de matrices triangulaires.

Proposition 4.
Le déterminant d'une matrice triangulaire supérieure (ou inférieure) est égal au produit des termes diagonaux.

Autrement dit, pour une matrice triangulaire $A = (a_{ij})$ on a

$$\det A = \begin{vmatrix} a_{11} & a_{12} & \cdots & \cdots & \cdots & a_{1n} \\ 0 & a_{22} & \cdots & \cdots & \cdots & a_{2n} \\ \vdots & \ddots & \ddots & & & \vdots \\ \vdots & & \ddots & \ddots & & \vdots \\ \vdots & & & \ddots & \ddots & \vdots \\ 0 & \cdots & \cdots & \cdots & 0 & a_{nn} \end{vmatrix} = a_{11} \cdot a_{22} \cdots a_{nn}.$$

Comme cas particulièrement important on obtient :

Corollaire 2.
Le déterminant d'une matrice diagonale est égal au produit des termes diagonaux.

Démonstration. On traite le cas des matrices triangulaires supérieures (le cas des matrices triangulaires inférieures est identique). Soit donc

$$A = \begin{pmatrix} a_{11} & a_{12} & a_{13} & \cdots & a_{1n} \\ 0 & a_{22} & a_{23} & \cdots & a_{2n} \\ 0 & 0 & a_{33} & \cdots & a_{3n} \\ \vdots & \vdots & \vdots & \ddots & \vdots \\ 0 & 0 & 0 & \cdots & a_{nn} \end{pmatrix}.$$

La façon de procéder utilise l'algorithme du pivot de Gauss (sur les colonnes, alors qu'il est en général défini sur les lignes). Par linéarité par rapport à la première colonne, on a

$$\det A = a_{11} \begin{vmatrix} 1 & a_{12} & a_{13} & \cdots & a_{1n} \\ 0 & a_{22} & a_{23} & \cdots & a_{2n} \\ 0 & 0 & a_{33} & \cdots & a_{3n} \\ \vdots & \vdots & \vdots & \ddots & \vdots \\ 0 & 0 & 0 & \cdots & a_{nn} \end{vmatrix}.$$

On soustrait maintenant de chaque colonne C_j, pour $j \geqslant 2$, la colonne C_1 multipliée par $-a_{1j}$. C'est l'opération élémentaire $C_j \leftarrow C_j - a_{1j} C_1$. Ceci ne modifie pas le déterminant d'après la section précédente. Il vient donc

$$\det A = a_{11} \begin{vmatrix} 1 & 0 & 0 & \cdots & 0 \\ 0 & a_{22} & a_{23} & \cdots & a_{2n} \\ 0 & 0 & a_{33} & \cdots & a_{3n} \\ \vdots & \vdots & \vdots & \ddots & \vdots \\ 0 & 0 & 0 & \cdots & a_{nn} \end{vmatrix}.$$

Par linéarité par rapport à la deuxième colonne, on en déduit

$$\det A = a_{11} \cdot a_{22} \begin{vmatrix} 1 & 0 & 0 & \cdots & 0 \\ 0 & 1 & a_{23} & \cdots & a_{2n} \\ 0 & 0 & a_{33} & \cdots & a_{3n} \\ \vdots & \vdots & \vdots & \ddots & \vdots \\ 0 & 0 & 0 & \cdots & a_{nn} \end{vmatrix},$$

et l'on continue ainsi jusqu'à avoir parcouru toutes les colonnes de la matrice. Au bout de n étapes, on a obtenu

$$\det A = a_{11} \cdot a_{22} \cdot a_{33} \cdots a_{nn} \begin{vmatrix} 1 & 0 & 0 & \cdots & 0 \\ 0 & 1 & 0 & \cdots & 0 \\ 0 & 0 & 1 & \cdots & 0 \\ \vdots & \vdots & \vdots & \ddots & \vdots \\ 0 & 0 & 0 & \cdots & 1 \end{vmatrix} = a_{11} \cdot a_{22} \cdot a_{33} \cdots a_{nn} \cdot \det I_n,$$

d'où le résultat, car $\det I_n = 1$, par (iii). □

2.4. Démonstration de l'existence du déterminant

La démonstration du théorème d'existence du déterminant, exposée ci-dessous, est ardue et pourra être gardée pour une seconde lecture. Par ailleurs, l'unicité du déterminant, plus difficile, est admise.

Pour démontrer l'existence d'une application satisfaisant aux conditions (i), (ii), (iii) du théorème-définition 1, on donne une formule qui, de plus, nous offre une autre méthode de calcul pratique du déterminant d'une matrice, et on vérifie que les propriétés caractéristiques des déterminants sont satisfaites. On retrouvera cette formule, dite de développement par rapport à une ligne, en section 4.2.

Notation. Soit $A \in M_n(\mathbb{K})$ une matrice carrée de taille $n \times n$. Il est évident que si l'on supprime une ligne et une colonne dans A, la matrice obtenue a $n-1$ lignes et $n-1$

colonnes. On note $A_{i,j}$ ou A_{ij} la matrice obtenue en supprimant la i-ème ligne et la j-ème colonne de A. Le théorème d'existence peut s'énoncer de la façon suivante :

> **Théorème 2** (Existence du déterminant).
> *Les formules suivantes définissent par récurrence, pour $n \geqslant 1$, une application de $M_n(\mathbb{K})$ dans $\mathbb{K}$ qui satisfait aux propriétés (i), (ii), (iii) caractérisant le déterminant :*
> - ***Déterminant d'une matrice*** 1×1. *Si* $a \in \mathbb{K}$ *et* $A = (a)$, $\det A = a$.
> - ***Formule de récurrence.*** *Si* $A = (a_{i,j})$ *est une matrice carrée de taille* $n \times n$, *alors pour tout* i *fixé*
> $$\det A = (-1)^{i+1} a_{i,1} \det A_{i,1} + (-1)^{i+2} a_{i,2} \det A_{i,2} + \cdots + (-1)^{i+n} a_{i,n} \det A_{i,n}.$$

Démonstration. La preuve se fait par récurrence sur l'ordre des matrices.

Initialisation. Dans le cas $n = 1$, il est évident que toutes les propriétés souhaitées sont satisfaites.

Hérédité. Supposons maintenant que l'application $\det : M_{n-1}(\mathbb{K}) \to \mathbb{K}$ soit définie et satisfasse les propriétés (i), (ii) et (iii). Pour faciliter l'exposition, la preuve va être faite pour $i = n$. Soit $A = (a_{i,j})$ notée aussi $A = (C_1 \cdots C_n)$ où $C_j = \begin{pmatrix} a_{1,j} \\ \vdots \\ a_{n,j} \end{pmatrix}$ est la j-ème colonne de A. On notera aussi $\bar{C}_j = \begin{pmatrix} a_{1,j} \\ \vdots \\ a_{n-1,j} \end{pmatrix}$ la colonne à $(n-1)$ éléments, égale à C_j privée de son dernier coefficient.

- **Propriété (i).**

  Il s'agit de vérifier que l'application
  $$A \mapsto \det A = (-1)^{n+1} a_{n,1} \det A_{n,1} + (-1)^{n+2} a_{n,2} \det A_{n,2} + \cdots + (-1)^{n+n} a_{n,n} \det A_{n,n}$$
  est linéaire par rapport à chaque colonne. Nous allons le prouver pour la dernière colonne, c'est-à-dire que :
  $$\det(C_1, \ldots, C_{n-1}, \lambda C'_n + \mu C''_n) = \lambda \det(C_1, \ldots, C_{n-1}, C'_n) + \mu \det(C_1, \ldots, C_{n-1}, C''_n).$$
  Notons A, A', A'' les matrices $(C_1 \cdots C_{n-1} \cdots \lambda C'_n + \mu C''_n)$, $(C_1 \cdots C_{n-1} \cdots C'_n)$ et $(C_1 \cdots C_{n-1} \cdots C''_n)$, et $A_{n,j}, A'_{n,j}, A''_{n,j}$ les sous-matrices extraites en enlevant n-ème ligne et la j-ème colonne. En comparant les différentes matrices, on constate que $a'_{n,j} = a''_{n,j} = a_{n,j}$ si $j < n$ tandis que $a_{n,n} = \lambda a'_{n,n} + \mu a''_{n,n}$. Similairement, $A'_{n,n} = A''_{n,n} = A_{n,n} = (\bar{C}_1 \cdots \bar{C}_{n-1})$ puisque la n-ème colonne est enlevée. Par contre, pour $j < n$, $A_{n,j}, A'_{n,j}, A''_{n,j}$ ont leurs $(n-2)$ premières colonnes identiques,

et diffèrent par la dernière. Comme ce sont des déterminants de taille $n-1$, on peut utiliser l'hypothèse de récurrence :

$$\begin{aligned} \det A_{n,j} &= \det(\bar{C}_1,\ldots,\bar{C}_{j-1},\bar{C}_{j+1},\ldots,\bar{C}_{n-1},\lambda \bar{C}'_n + \mu \bar{C}''_n) \\ &= \lambda \det(\bar{C}_1,\ldots,\bar{C}_{j-1},\bar{C}_{j+1},\ldots,\bar{C}_{n-1},\bar{C}'_n) \\ &\quad + \mu \det(\bar{C}_1,\ldots,\bar{C}_{j-1},\bar{C}_{j+1},\ldots,\bar{C}_{n-1},\bar{C}''_n) \\ &= \lambda \det A'_{n,j} + \mu \det A''_{n,j} \end{aligned}$$

Finalement, en mettant de côté dans la somme le n-ème terme :

$$\begin{aligned} \det A &= (-1)^{n+1} a_{n,1} \det A_{n,1} + (-1)^{n+2} a_{n,2} \det A_{1,2} + \cdots + (-1)^{n+n} a_{n,n} \det A_{n,n} \\ &= \left(\sum_{j=1}^{n-1} (-1)^{n+j} a_{n,j} \det A_{n,j} \right) + (-1)^{2n} a_{n,n} \det A_{n,n} \\ &= \left(\sum_{j=1}^{n-1} (-1)^{n+j} a_{n,j} (\lambda \det A'_{n,j} + \mu \det A''_{n,j}) \right) + (-1)^{2n} (\lambda a'_{n,n} + \mu a''_{n,n}) \det A_{n,n} \\ &= \lambda \sum_{j=1}^{n} (-1)^{n+j} a'_{n,j} \det A'_{n,j} + \mu \sum_{j=1}^{n} (-1)^{n+j} a''_{n,j} \det A''_{n,j} \\ &= \lambda \det A' + \mu \det A'' \end{aligned}$$

La démonstration est similaire pour les autres colonnes (on peut aussi utiliser la propriété (ii) ci-dessous).

- **Propriété (ii).**

  Supposons que $C_r = C_s$ pour $r < s$. Si k est différent de r et de s, la matrice $A_{n,k}$ possède encore deux colonnes identiques $\bar{C}_r$ et $\bar{C}_s$. Par hypothèse de récurrence, $\det A_{n,k} = 0$. Par conséquent,

  $$\det A = (-1)^{n+r} \det A_{n,r} + (-1)^{n+s} \det A_{n,s}$$

  Or $A_{n,r}$ et $A_{n,s}$ possèdent toutes les deux les mêmes colonnes : $A_{n,r} = (\bar{C}_1 \cdots \bar{C}_{r-1} \bar{C}_{r+1} \cdots \bar{C}_s \cdots \bar{C}_n)$ et $A_{n,s} = (\bar{C}_1 \cdots \bar{C}_r \cdots \bar{C}_{s-1} \bar{C}_{s+1} \cdots \bar{C}_n)$, car $\bar{C}_r = \bar{C}_s$. Pour passer de $A_{n,s}$ à $A_{n,r}$, il faut faire $s-r-1$ échanges de colonnes $\bar{C}_j \leftrightarrow \bar{C}_{j+1}$ successifs, qui par hypothèse de récurrence changent le signe par $(-1)^{s-r-1}$: $\det A_{n,s} = (-1)^{s-r-1} \det A_{n,r}$. On conclut immédiatement que

  $$\det A = \left((-1)^{n+r} + (-1)^{n+2s-r-1} \right) \det A_{n,r} = 0.$$

- **Propriété (iii).** Si l'on considère pour A la matrice identité I_n, ses coefficients $a_{i,j}$ sont tels que :

  $$\begin{aligned} i = j &\Longrightarrow a_{i,j} = 1 \\ i \neq j &\Longrightarrow a_{i,j} = 0. \end{aligned}$$

Donc $\det I_n = (-1)^{n+n} \det A_{n,n}$. Or, la matrice $A_{n,n}$ obtenue à partir de la matrice identité en supprimant la dernière ligne et la dernière colonne est la matrice identité de taille $(n-1)\times(n-1)$. Par hypothèse de récurrence, on a $\det I_{n-1} = 1$. On en déduit $\det I_n = 1$.

Conclusion. Le principe de récurrence termine la preuve du théorème d'existence du déterminant. □

Remarque.
La définition donnée ci-dessus suppose le choix d'un indice i de ligne ($i = n$ dans la démonstration) et peut paraître arbitraire. Alors se pose naturellement la question : que se passe-t-il si l'on prend une autre valeur de i ? L'unicité du déterminant d'une matrice permet de répondre : quelle que soit la ligne choisie, le résultat est le même.

Mini-exercices.

1. En utilisant la linéarité du déterminant, calculer $\det(-I_n)$.
2. Pour $A \in M_n(\mathbb{K})$, calculer $\det(\lambda A)$ en fonction de $\det A$.
3. Montrer que le déterminant reste invariant par l'opération $C_i \leftarrow C_i + \sum_{\substack{j=1..n \\ j\neq i}} \lambda_j C_j$ (on ajoute à une colonne de A une combinaison linéaire des autres colonnes de A).

3. Propriétés du déterminant

Nous allons voir trois propriétés importantes du déterminant : le déterminant d'un produit de matrices, le déterminant de l'inverse d'une matrice, le déterminant de la transposée d'une matrice. Pour prouver ces propriétés, nous aurons besoin des matrices élémentaires.

3.1. Déterminant et matrices élémentaires

Pour chacune des opérations élémentaires sur les colonnes d'une matrice A, on associe une matrice élémentaire E, telle que la matrice obtenue par l'opération élémentaire sur A soit $A' = A \times E$.

1. $C_i \leftarrow \lambda C_i$ avec $\lambda \neq 0$: $E_{C_i \leftarrow \lambda C_i} = \mathrm{diag}(1,\ldots,1,\lambda,1,\ldots,1)$ est la matrice diagonale ne comportant que des 1, sauf en position (i,i) ;

2. $C_i \leftarrow C_i + \lambda C_j$ avec $\lambda \in \mathbb{K}$ (et $j \neq i$) : $E_{C_i \leftarrow C_i + \lambda C_j}$ est comme la matrice identité, sauf en position (j, i) où son coefficient vaut λ ;

3. $C_i \leftrightarrow C_j$: $E_{C_i \leftrightarrow C_j}$ est comme la matrice identité, sauf que ses coefficients (i, i) et (j, j) s'annulent, tandis que les coefficients (i, j) et (j, i) valent 1.

$$E_{C_i \leftarrow C_i + \lambda C_j} = \begin{pmatrix} 1 & & & & & & \\ & \ddots & & & & & \\ & & 1 & & \lambda & & \\ & & & \ddots & & & \\ & & & & 1 & & \\ & & & & & \ddots & \\ & & & & & & 1 \end{pmatrix} \qquad E_{C_i \leftrightarrow C_j} = \begin{pmatrix} 1 & & & & & & & \\ & \ddots & & & & & & \\ & & 1 & & & & & \\ & & & 0 & & 1 & & \\ & & & & 1 & & & \\ & & & & & \ddots & & \\ & & & 1 & & & 0 & \\ & & & & & & & 1 \\ & & & & & & & & \ddots \\ & & & & & & & & & 1 \end{pmatrix}$$

Nous allons détailler le cas de chaque opération et son effet sur le déterminant :

Proposition 5.

1. $\det E_{C_i \leftarrow \lambda C_i} = \lambda$
2. $\det E_{C_i \leftarrow C_i + \lambda C_j} = +1$
3. $\det E_{C_i \leftrightarrow C_j} = -1$
4. *Si E est une des matrices élémentaires ci-dessus,* $\det(A \times E) = \det A \times \det E$

Démonstration. Nous utilisons les propositions 3 et 4.

1. La matrice $E_{C_i \leftarrow \lambda C_i}$ est une matrice diagonale, tous les éléments diagonaux valent 1, sauf un qui vaut λ. Donc son déterminant vaut λ.

2. La matrice $E_{C_i \leftarrow C_i + \lambda C_j}$ est triangulaire inférieure ou supérieure avec des 1 sur la diagonale. Donc son déterminant vaut 1.

3. La matrice $E_{C_i \leftrightarrow C_j}$ est aussi obtenue en échangeant les colonnes i et j de la matrice I_n. Donc son déterminant vaut -1.

4. La formule $\det A \times E = \det A \times \det E$ est une conséquence immédiate de la proposition 3.

□

Cette proposition nous permet de calculer le déterminant d'une matrice A de façon relativement simple, en utilisant l'algorithme de Gauss. En effet, si en multipliant successivement A par des matrices élémentaires $E_1, \ldots, E_r$ on obtient une matrice T échelonnée, donc triangulaire

$$T = A \cdot E_1 \cdots E_r$$

alors, en appliquant r-fois la proposition précédente, on obtient :

$$\begin{aligned} \det T &= \det(A \cdot E_1 \cdots E_r) \\ &= \det(A \cdot E_1 \cdots E_{r-1}) \cdot \det E_r \\ &= \cdots \\ &= \det A \cdot \det E_1 \cdot \det E_2 \cdots \det E_r \end{aligned}$$

Comme on sait calculer le déterminant de la matrice triangulaire T et les déterminants des matrices élémentaires E_i, on en déduit le déterminant de A.

En pratique cela ce passe comme sur l'exemple suivant.

Exemple 3.

Calculer $\det A$, où $A = \begin{pmatrix} 0 & 3 & 2 \\ 1 & -6 & 6 \\ 5 & 9 & 1 \end{pmatrix}$

$$\begin{aligned} \det A &= \det \begin{pmatrix} 0 & 3 & 2 \\ 1 & -6 & 6 \\ 5 & 9 & 1 \end{pmatrix} \\ &\qquad \text{(opération } C_1 \leftrightarrow C_2 \text{ pour avoir un pivot en haut à gauche)} \\ &= (-1) \times \det \begin{pmatrix} 3 & 0 & 2 \\ -6 & 1 & 6 \\ 9 & 5 & 1 \end{pmatrix} \\ &\qquad (C_1 \leftarrow \tfrac{1}{3} C_1, \text{ linéarité par rapport à la première colonne)} \\ &= (-1) \times 3 \times \det \begin{pmatrix} 1 & 0 & 2 \\ -2 & 1 & 6 \\ 3 & 5 & 1 \end{pmatrix} \\ &= (-1) \times 3 \times \det \begin{pmatrix} 1 & 0 & 0 \\ -2 & 1 & 10 \\ 3 & 5 & -5 \end{pmatrix} \qquad C_3 \leftarrow C_3 - 2C_1 \\ &= (-1) \times 3 \times \det \begin{pmatrix} 1 & 0 & 0 \\ -2 & 1 & 0 \\ 3 & 5 & -55 \end{pmatrix} \qquad C_3 \leftarrow C_3 - 10 C_2 \\ &= (-1) \times 3 \times (-55) \qquad \text{car la matrice est triangulaire} \\ &= 165 \end{aligned}$$

3.2. Déterminant d'un produit

Théorème 3.

$$\det(AB) = \det A \cdot \det B$$

Démonstration. La preuve utilise les matrices élémentaires ; en effet, par la proposition 5, pour A une matrice quelconque et E une matrice d'une opération élémentaire alors :

$$\det(A \times E) = \det A \times \det E.$$

Passons maintenant à la démonstration du théorème. On a vu dans le chapitre « Matrices » qu'une matrice B est inversible si et seulement si sa forme échelonnée réduite par le pivot de Gauss est égale à I_n, c'est-à-dire qu'il existe des matrices élémentaires E_i telles que

$$BE_1 \cdots E_r = I_n.$$

D'après la remarque préliminaire appliquée r fois, on a

$$\det(B \cdot E_1 E_2 \cdots E_r) = \det B \cdot \det E_1 \cdot \det E_2 \cdots \det E_r = \det I_n = 1$$

On en déduit

$$\det B = \frac{1}{\det E_1 \cdots \det E_r}.$$

Pour la matrice AB, il vient

$$(AB) \cdot (E_1 \cdots E_r) = A \cdot I_n = A.$$

Ainsi

$$\det(ABE_1 \cdots E_r) = \det(AB) \cdot \det E_1 \cdots \det E_r = \det A.$$

Donc :

$$\det(AB) = \det A \times \frac{1}{\det E_1 \cdots \det E_r} = \det A \times \det B.$$

D'où le résultat dans ce cas.

Si B n'est pas inversible, $\operatorname{rg} B < n$, il existe donc une relation de dépendance linéaire entre les colonnes de B, ce qui revient à dire qu'il existe un vecteur colonne X tel que $BX = 0$. Donc $\det B = 0$, d'après le corollaire 1. Or $BX = 0$ implique $(AB)X = 0$. Ainsi AB n'est pas inversible non plus, d'où $\det(AB) = 0 = \det A \det B$ dans ce cas également.

□

3.3. Déterminant des matrices inversibles

Comment savoir si une matrice est inversible ? Il suffit de calculer son déterminant !

Corollaire 3.

Une matrice carrée A est inversible si et seulement si son déterminant est non nul. De plus si A est inversible, alors :

$$\boxed{\det(A^{-1}) = \frac{1}{\det A}}$$

Démonstration.
- Si A est inversible, il existe une matrice A^{-1} telle que $AA^{-1} = I_n$, donc $\det(A)\det(A^{-1}) = \det I_n = 1$. On en déduit que $\det A$ est non nul et $\det(A^{-1}) = \frac{1}{\det A}$.
- Si A n'est pas inversible, alors elle est de rang strictement inférieur à n. Il existe donc une relation de dépendance linéaire entre ses colonnes, c'est-à-dire qu'au moins l'une de ses colonnes est combinaison linéaire des autres. On en déduit $\det A = 0$.

□

Exemple 4.

Deux matrices semblables ont même déterminant.
En effet : soit $B = P^{-1}AP$ avec $P \in GL_n(\mathbb{K})$ une matrice inversible. Par multiplicativité du déterminant, on en déduit que :

$$\det B = \det(P^{-1}AP) = \det P^{-1} \det A \det P = \det A,$$

puisque $\det P^{-1} = \frac{1}{\det P}$.

3.4. Déterminant de la transposée

Corollaire 4.

$$\boxed{\det(A^T) = \det A}$$

Démonstration. Commençons par remarquer que la matrice E d'une opération élémentaire est soit triangulaire (substitution), soit symétrique c'est-à-dire égale à sa transposée (échange de lignes et homothétie). On vérifie facilement que $\det E^T = \det E$.

Supposons d'abord que A soit inversible. On peut alors l'écrire comme produit de matrices élémentaires, $A = E_1 \cdots E_r$. On a alors
$$A^T = E_r^T \cdots E_1^T$$
et
$$\det(A^T) = \det(E_r^T) \cdots \det(E_1^T) = \det(E_r) \cdots \det(E_1) = \det(A).$$

D'autre part, si A n'est pas inversible, alors A^T n'est pas inversible non plus, et $\det A = 0 = \det A^T$.

□

Remarque.

Une conséquence du dernier résultat, est que par transposition, tout ce que l'on a dit des déterminants à propos des colonnes est vrai pour les lignes. Ainsi, le déterminant est multilinéaire par rapport aux lignes, si une matrice a deux lignes égales, son déterminant est nul, on ne modifie pas un déterminant en ajoutant à une ligne une combinaison linéaire des autres lignes, etc.

Voici le détail pour les opérations élémentaires sur les lignes :

1. $L_i \leftarrow \lambda L_i$ avec $\lambda \neq 0$: le déterminant est multiplié par λ.

2. $L_i \leftarrow L_i + \lambda L_j$ avec $\lambda \in \mathbb{K}$ (et $j \neq i$) : le déterminant ne change pas.

3. $L_i \leftrightarrow L_j$: le déterminant change de signe.

Mini-exercices.

1. Soient $A = \begin{pmatrix} a & 1 & 3 \\ 0 & b & 2 \\ 0 & 0 & c \end{pmatrix}$ et $B = \begin{pmatrix} 1 & 0 & 2 \\ 0 & d & 0 \\ -2 & 0 & 1 \end{pmatrix}$. Calculer, lorsque c'est possible, les déterminants des matrices A, B, A^{-1}, B^{-1}, A^T, B^T, AB, BA.

2. Calculer le déterminant de chacune des matrices suivantes en se ramenant par

des opérations élémentaires à une matrice triangulaire.

$$\begin{pmatrix} a & b \\ c & d \end{pmatrix} \quad \begin{pmatrix} 1 & 0 & 6 \\ 3 & 4 & 15 \\ 5 & 6 & 21 \end{pmatrix} \quad \begin{pmatrix} 1 & 1 & 1 \\ 1 & j & j^2 \\ 1 & j^2 & j \end{pmatrix} \text{ avec } j = e^{\frac{2i\pi}{3}} \quad \begin{pmatrix} 1 & 2 & 4 & 8 \\ 1 & 3 & 9 & 27 \\ 1 & 4 & 16 & 64 \\ 1 & 5 & 25 & 125 \end{pmatrix}$$

4. Calculs de déterminants

Une des techniques les plus utiles pour calculer un déterminant est le « développement par rapport à une ligne (ou une colonne) ».

4.1. Cofacteur

> **Définition 1.**
> Soit $A = (a_{ij}) \in M_n(\mathbb{K})$ une matrice carrée.
> - On note A_{ij} la matrice extraite, obtenue en effaçant la ligne i et la colonne j de A.
> - Le nombre $\det A_{ij}$ est un **mineur d'ordre** $n-1$ de la matrice A.
> - Le nombre $C_{ij} = (-1)^{i+j} \det A_{ij}$ est le **cofacteur** de A relatif au coefficient a_{ij}.

$$A = \begin{pmatrix} a_{11} & \cdots & a_{1,j-1} & a_{1,j} & a_{1,j+1} & \cdots & a_{1n} \\ \vdots & \vdots & & \vdots & & & \vdots \\ a_{i-1,1} & \cdots & a_{i-1,j-1} & a_{i-1,j} & a_{i-1,j+1} & \cdots & a_{i-1,n} \\ a_{i,1} & \cdots & a_{i,j-1} & a_{i,j} & a_{i,j+1} & \cdots & a_{i,n} \\ a_{i+1,1} & \cdots & a_{i+1,j-1} & a_{i+1,j} & a_{i+1,j+1} & \cdots & a_{i+1,n} \\ \vdots & \vdots & & \vdots & & & \vdots \\ a_{n1} & \cdots & a_{n,j-1} & a_{n,j} & a_{n,j+1} & \cdots & a_{nn} \end{pmatrix}$$

$$A_{ij} = \begin{pmatrix} a_{1,1} & \cdots & a_{1,j-1} & a_{1,j+1} & \cdots & a_{1,n} \\ \vdots & & \vdots & \vdots & & \vdots \\ a_{i-1,1} & \cdots & a_{i-1,j-1} & a_{i-1,j+1} & \cdots & a_{i-1,n} \\ a_{i+1,1} & \cdots & a_{i+1,j-1} & a_{i+1,j+1} & \cdots & a_{i+1,n} \\ \vdots & & \vdots & \vdots & & \vdots \\ a_{n,1} & \cdots & a_{n,j-1} & a_{n,j+1} & \cdots & a_{n,n} \end{pmatrix}$$

Exemple 5.

Soit $A = \begin{pmatrix} 1 & 2 & 3 \\ 4 & 2 & 1 \\ 0 & 1 & 1 \end{pmatrix}$. Calculons $A_{11}, C_{11}, A_{32}, C_{32}$.

$$A_{32} = \begin{pmatrix} 1 & 2 & 3 \\ 4 & 2 & 1 \\ 0 & 1 & 1 \end{pmatrix} = \begin{pmatrix} 1 & 3 \\ 4 & 1 \end{pmatrix}$$

$$C_{32} = (-1)^{3+2} \det A_{32} = (-1) \times (-11) = 11.$$

Pour déterminer si $C_{ij} = +\det A_{ij}$ ou $C_{ij} = -\det A_{ij}$, on peut se souvenir que l'on associe des signes en suivant le schéma d'un échiquier :

$$A = \begin{pmatrix} + & - & + & - & \cdots \\ - & + & - & + & \cdots \\ + & - & + & - & \cdots \\ \vdots & \vdots & \vdots & \vdots & \end{pmatrix}$$

Donc $C_{11} = +\det A_{11}$, $C_{12} = -\det A_{12}$, $C_{21} = -\det A_{21}$...

4.2. Développement suivant une ligne ou une colonne

Théorème 4 (Développement suivant une ligne ou une colonne).
Formule de développement par rapport à la ligne i :

$$\det A = \sum_{j=1}^{n} (-1)^{i+j} a_{ij} \det A_{ij} = \sum_{j=1}^{n} a_{ij} C_{ij}$$

Formule de développement par rapport à la colonne j :

$$\det A = \sum_{i=1}^{n}(-1)^{i+j}a_{ij}\det A_{ij} = \sum_{i=1}^{n} a_{ij}C_{ij}$$

Démonstration. Nous avons déjà démontré la formule de développement suivant une ligne lors de la démonstration du théorème 1 d'existence et d'unicité du déterminant. Comme $\det A = \det A^T$, on en déduit la formule de développement par rapport à une colonne. □

Exemple 6.
Retrouvons la formule des déterminants 3×3, déjà présentée par la règle de Sarrus, en développement par rapport à la première ligne.

$$\begin{aligned}\begin{vmatrix}a_{11} & a_{12} & a_{13}\\ a_{21} & a_{22} & a_{23}\\ a_{31} & a_{32} & a_{33}\end{vmatrix} &= a_{11}C_{11} + a_{12}C_{12} + a_{13}C_{13}\\ &= a_{11}\begin{vmatrix}a_{22} & a_{23}\\ a_{32} & a_{33}\end{vmatrix} - a_{12}\begin{vmatrix}a_{21} & a_{23}\\ a_{31} & a_{33}\end{vmatrix} + a_{13}\begin{vmatrix}a_{21} & a_{22}\\ a_{31} & a_{32}\end{vmatrix}\\ &= a_{11}(a_{22}a_{33} - a_{32}a_{23}) - a_{12}(a_{21}a_{33} - a_{31}a_{23})\\ &\quad + a_{13}(a_{21}a_{32} - a_{31}a_{22})\\ &= a_{11}a_{22}a_{33} - a_{11}a_{32}a_{23} + a_{12}a_{31}a_{23} - a_{12}a_{21}a_{33}\\ &\quad + a_{13}a_{21}a_{32} - a_{13}a_{31}a_{22}.\end{aligned}$$

4.3. Exemple

Exemple 7.

$$A = \begin{pmatrix}4 & 0 & 3 & 1\\ 4 & 2 & 1 & 0\\ 0 & 3 & 1 & -1\\ 1 & 0 & 2 & 3\end{pmatrix}$$

On choisit de développer par rapport à la seconde colonne (car c'est là qu'il y a le plus de zéros) :

$$\det A = 0C_{12} + 2C_{22} + 3C_{32} + 0C_{42}$$

(développement par rapport à la deuxième colonne)

$$= +2\begin{vmatrix} 4 & 3 & 1 \\ 0 & 1 & -1 \\ 1 & 2 & 3 \end{vmatrix} - 3\begin{vmatrix} 4 & 3 & 1 \\ 4 & 1 & 0 \\ 1 & 2 & 3 \end{vmatrix}$$

on n'oublie pas les signes des cofacteurs et on recommence

en développant chacun de ces deux déterminants 3×3

$$= +2\left(+4\begin{vmatrix} 1 & -1 \\ 2 & 3 \end{vmatrix} - 0\begin{vmatrix} 3 & 1 \\ 2 & 3 \end{vmatrix} + 1\begin{vmatrix} 3 & 1 \\ 1 & -1 \end{vmatrix}\right)$$

(par rapport à la première colonne)

$$-3\left(-4\begin{vmatrix} 3 & 1 \\ 2 & 3 \end{vmatrix} + 1\begin{vmatrix} 4 & 1 \\ 1 & 3 \end{vmatrix} - 0\begin{vmatrix} 4 & 3 \\ 1 & 2 \end{vmatrix}\right)$$

(par rapport à la deuxième ligne)

$$= +2\bigl(+4 \times 5 - 0 + 1 \times (-4)\bigr) - 3\bigl(-4 \times 7 + 1 \times 11 - 0\bigr)$$

$$= 83$$

Remarque.

Le développement par rapport à une ligne permet de ramener le calcul d'un déterminant $n \times n$ à celui de n déterminants $(n-1) \times (n-1)$. Par récurrence descendante, on se ramène ainsi au calcul de $n!$ sous-déterminants, ce qui devient vite fastidieux. C'est pourquoi le développement par rapport à une ligne ou une colonne n'est utile pour calculer explicitement un déterminant que si la matrice de départ a beaucoup de zéros. On commence donc souvent par faire apparaître un maximum de zéros par des opérations élémentaires sur les lignes et/ou les colonnes qui ne modifient pas le déterminant, avant de développer le déterminant suivant la ligne ou la colonne qui a le plus de zéros.

4.4. Inverse d'une matrice

Soit $A \in M_n(\mathbb{K})$ une matrice carrée.

Nous lui associons la matrice C des cofacteurs, appelée **comatrice**, et notée $\mathrm{Com}(A)$:

$$C = (C_{ij}) = \begin{pmatrix} C_{11} & C_{12} & \cdots & C_{1n} \\ C_{21} & C_{22} & \cdots & C_{2n} \\ \vdots & \vdots & & \vdots \\ C_{n1} & C_{n2} & \cdots & C_{nn} \end{pmatrix}$$

Théorème 5.

Soient A une matrice inversible, et C sa comatrice. On a alors

$$\boxed{A^{-1} = \frac{1}{\det A} C^T}$$

Exemple 8.

Soit $A = \begin{pmatrix} 1 & 1 & 0 \\ 0 & 1 & 1 \\ 1 & 0 & 1 \end{pmatrix}$. Le calcul donne que $\det A = 2$. La comatrice C s'obtient en calculant 9 déterminants 2×2 (sans oublier les signes $+/-$). On trouve :

$$C = \begin{pmatrix} 1 & 1 & -1 \\ -1 & 1 & 1 \\ 1 & -1 & 1 \end{pmatrix} \quad \text{et donc} \quad A^{-1} = \frac{1}{\det A} \cdot C^T = \frac{1}{2} \begin{pmatrix} 1 & -1 & 1 \\ 1 & 1 & -1 \\ -1 & 1 & 1 \end{pmatrix}$$

La démonstration se déduit directement du lemme suivant.

Lemme 1.

Soit A une matrice (inversible ou pas) et C sa comatrice. Alors $AC^T = (\det A) I_n$, autrement dit

$$\sum_k a_{ik} C_{jk} = \begin{cases} \det A & \text{si } i = j \\ 0 & \text{sinon} \end{cases}$$

Démonstration. Le terme de position (i, j) dans AC^T est $\sum_k a_{ik} C_{jk}$, et donc si $i = j$, le résultat découle de la formule de développement par rapport à la ligne i.

Pour le cas $i \ne j$, imaginons que l'on remplace A par une matrice $A' = (a'_{ij})$ identique, si ce n'est que la ligne L_j est remplacée par la ligne L_i, autrement dit $a'_{jk} = a_{ik}$ pour tout k. De plus, comme A' possède deux lignes identiques, son déterminant est nul. On appelle C' la comatrice de A', et la formule de développement pour la ligne j de A' donne

$$0 = \det A' = \sum_k a'_{jk} C'_{jk} = \sum_k a_{ik} C'_{jk}$$

Or, C'_{jk} se calcule à partir de la matrice extraite A'_{jk}, qui ne contient que les éléments de A' sur les lignes différentes de j et colonnes différentes de k. Mais sur les lignes différentes de j, A' est identique à A, donc $C'_{jk} = C_{jk}$. On conclut que $\sum_k a_{ik} C_{jk} = 0$. Finalement,

$$AC^T = \begin{pmatrix} \det A & 0 & \cdots & 0 \\ 0 & \det A & & \vdots \\ \vdots & & \ddots & 0 \\ 0 & \cdots & 0 & \det A \end{pmatrix} = \det A \cdot I$$

et en particulier, si $\det A \neq 0$, c'est-à-dire si A est inversible, alors on a

$$A^{-1} = \frac{1}{\det A} C^T.$$

□

Mini-exercices.

1. Soient $A = \begin{pmatrix} 2 & 0 & -2 \\ 0 & 1 & -1 \\ 2 & 0 & 0 \end{pmatrix}$ et $B = \begin{pmatrix} t & 0 & t \\ 0 & t & 0 \\ -t & 0 & t \end{pmatrix}$. Calculer les matrices extraites, les mineurs d'ordre 2 et les cofacteurs de chacune des matrices A et B. En déduire le déterminant de A et de B. En déduire l'inverse de A et de B lorsque c'est possible.

2. Par développement suivant une ligne (ou une colonne) bien choisie, calculer les déterminants :

$$\begin{vmatrix} 1 & 0 & 1 & 2 \\ 0 & 0 & 0 & 1 \\ 1 & 1 & 1 & 0 \\ 0 & 0 & 0 & -1 \end{vmatrix} \qquad \begin{vmatrix} t & 0 & 1 & 0 \\ 1 & t & 0 & 0 \\ 0 & 1 & t & 0 \\ 0 & 0 & 0 & t \end{vmatrix}$$

3. En utilisant la formule de développement par rapport à une ligne, recalculer le déterminant d'une matrice triangulaire.

5. Applications des déterminants

Nous allons voir plusieurs applications des déterminants.

5.1. Méthode de Cramer

Le théorème suivant, appelé **règle de Cramer**, donne une formule explicite pour la solution de certains systèmes d'équations linéaires ayant autant d'équations que d'inconnues. Considérons le système d'équations linéaires à n équations et n inconnues suivant :

$$\begin{cases} a_{11}x_1 + a_{12}x_2 + \cdots + a_{1n}x_n = b_1 \\ a_{21}x_1 + a_{22}x_2 + \cdots + a_{2n}x_n = b_2 \\ \phantom{a_{11}x_1 + a_{12}x_2 + \cdots + a_{1n}x_n} \cdots \\ a_{n1}x_1 + a_{n2}x_2 + \cdots + a_{nn}x_n = b_n \end{cases}$$

Ce système peut aussi s'écrire sous forme matricielle $AX = B$ où

$$A = \begin{pmatrix} a_{11} & a_{12} & \cdots & a_{1n} \\ a_{21} & a_{22} & \cdots & a_{2n} \\ \vdots & \vdots & & \vdots \\ a_{n1} & a_{n2} & \cdots & a_{nn} \end{pmatrix} \in M_n(\mathbb{K}), \qquad X = \begin{pmatrix} x_1 \\ x_2 \\ \vdots \\ x_n \end{pmatrix} \quad \text{et} \quad B = \begin{pmatrix} b_1 \\ b_2 \\ \vdots \\ b_n \end{pmatrix}.$$

Définissons la matrice $A_j \in M_n(\mathbb{K})$ par

$$A_j = \begin{pmatrix} a_{11} & \cdots & a_{1,j-1} & b_1 & a_{1,j+1} & \cdots & a_{1n} \\ a_{21} & \cdots & a_{2,j-1} & b_2 & a_{2,j+1} & \cdots & a_{2n} \\ \vdots & & \vdots & \vdots & \vdots & & \vdots \\ a_{n1} & \cdots & a_{n,j-1} & b_n & a_{n,j+1} & \cdots & a_{nn} \end{pmatrix}$$

Autrement dit, A_j est la matrice obtenue en remplaçant la j-ème colonne de A par le second membre B. La règle de Cramer va nous permettre de calculer la solution du système dans le cas où $\det A \neq 0$ en fonction des déterminants des matrices A et A_j.

> **Théorème 6** (Règle de Cramer).
> *Soit*
> $$AX = B$$
> *un système de n équations à n inconnues. Supposons que $\det A \neq 0$. Alors l'unique*

solution $(x_1, x_2, \ldots, x_n)$ du système est donnée par :
$$x_1 = \frac{\det A_1}{\det A} \qquad x_2 = \frac{\det A_2}{\det A} \qquad \cdots \qquad x_n = \frac{\det A_n}{\det A}.$$

Démonstration. Nous avons supposé que $\det A \neq 0$. Donc A est inversible. Alors $X = A^{-1}B$ est l'unique solution du système. D'autre part, nous avons vu que $A^{-1} = \frac{1}{\det A} C^T$ où C est la comatrice. Donc $X = \frac{1}{\det A} C^T B$. En développant,

$$X = \begin{pmatrix} x_1 \\ \vdots \\ x_n \end{pmatrix} = \frac{1}{\det A} \begin{pmatrix} C_{11} & \cdots & C_{n1} \\ \vdots & & \vdots \\ C_{1n} & \cdots & C_{nn} \end{pmatrix} \begin{pmatrix} b_1 \\ \vdots \\ b_n \end{pmatrix} = \frac{1}{\det A} \begin{pmatrix} C_{11}b_1 + C_{21}b_2 + \cdots + C_{n1}b_n \\ \vdots \\ C_{1n}b_1 + C_{2n}b_2 + \cdots + C_{nn}b_n \end{pmatrix}$$

C'est-à-dire
$$x_1 = \frac{C_{11}b_1 + \cdots + C_{n1}b_n}{\det A}, \quad x_i = \frac{C_{1i}b_1 + \cdots + C_{ni}b_n}{\det A}, \quad x_n = \frac{C_{1n}b_1 + \cdots + C_{nn}b_n}{\det A}$$

Mais $b_1 C_{1i} + \cdots + b_n C_{ni}$ est le développement en cofacteurs de $\det A_i$ par rapport à sa i-ème colonne. Donc
$$x_i = \frac{\det A_i}{\det A}.$$
$\square$

Exemple 9.

Résolvons le système suivant :
$$\begin{cases} x_1 & & + 2x_3 & = 6 \\ -3x_1 & + 4x_2 & + 6x_3 & = 30 \\ -x_1 & - 2x_2 & + 3x_3 & = 8. \end{cases}$$

On a
$$A = \begin{pmatrix} 1 & 0 & 2 \\ -3 & 4 & 6 \\ -1 & -2 & 3 \end{pmatrix} \qquad B = \begin{pmatrix} 6 \\ 30 \\ 8 \end{pmatrix}$$

$$A_1 = \begin{pmatrix} 6 & 0 & 2 \\ 30 & 4 & 6 \\ 8 & -2 & 3 \end{pmatrix} \qquad A_2 = \begin{pmatrix} 1 & 6 & 2 \\ -3 & 30 & 6 \\ -1 & 8 & 3 \end{pmatrix} \qquad A_3 = \begin{pmatrix} 1 & 0 & 6 \\ -3 & 4 & 30 \\ -1 & -2 & 8 \end{pmatrix}$$

et
$$\det A = 44 \qquad \det A_1 = -40 \qquad \det A_2 = 72 \qquad \det A_3 = 152.$$

La solution est alors
$$x_1 = \frac{\det A_1}{\det A} = -\frac{40}{44} = -\frac{10}{11} \qquad x_2 = \frac{\det A_2}{\det A} = \frac{72}{44} = \frac{18}{11} \qquad x_3 = \frac{\det A_3}{\det A} = \frac{152}{44} = \frac{38}{11}.$$

La méthode de Cramer n'est pas la méthode la plus efficace pour résoudre un système, mais est utile si le système contient des paramètres.

5.2. Déterminant et base

Soit E un $\mathbb{K}$-espace vectoriel de dimension n. Fixons une base $\mathcal{B}$ de E. On veut décider si n vecteurs $v_1, v_2, \ldots, v_n$ forment aussi une base de E. Pour cela, on écrit la matrice $A \in M_n(\mathbb{K})$ dont la j-ème colonne est formée des coordonnées du vecteur v_j par rapport à la base $\mathcal{B}$ (comme pour la matrice de passage). Le calcul de déterminant apporte la réponse à notre problème.

Théorème 7.
Soit E un $\mathbb{K}$ espace vectoriel de dimension n, et $v_1, v_2, \ldots, v_n$, n vecteurs de E. Soit A la matrice obtenue en juxtaposant les coordonnées des vecteurs par rapport à une base $\mathcal{B}$ de E. Les vecteurs $(v_1, v_2, \ldots, v_n)$ forment une base de E si et seulement si $\det A \neq 0$.

Corollaire 5.
Une famille de n vecteurs de $\mathbb{R}^n$
$$\begin{pmatrix} a_{11} \\ a_{21} \\ \vdots \\ a_{n1} \end{pmatrix} \begin{pmatrix} a_{12} \\ a_{22} \\ \vdots \\ a_{n2} \end{pmatrix} \cdots \begin{pmatrix} a_{1n} \\ a_{2n} \\ \vdots \\ a_{nn} \end{pmatrix}$$
forme une base si et seulement si $\det(a_{ij}) \neq 0$.

Exemple 10.
Pour quelles valeurs de $a, b \in \mathbb{R}$ les vecteurs
$$\begin{pmatrix} 0 \\ a \\ b \end{pmatrix} \begin{pmatrix} a \\ b \\ 0 \end{pmatrix} \begin{pmatrix} b \\ 0 \\ a \end{pmatrix}$$
forment une base de $\mathbb{R}^3$? Pour répondre, il suffit de calculer le déterminant
$$\begin{vmatrix} 0 & a & b \\ a & b & 0 \\ b & 0 & a \end{vmatrix} = -a^3 - b^3.$$
Conclusion : si $a^3 \neq -b^3$ alors les trois vecteurs forment une base de $\mathbb{R}^3$. Si $a^3 = -b^3$

alors les trois vecteurs sont liés. (Exercice : montrer que $a^3 + b^3 = 0$ si et seulement si $a = -b$.)

Démonstration. La preuve fait appel à des résultats du chapitre « Matrices et applications linéaires » (section « Rang d'une famille de vecteurs ») :

$$\begin{aligned}(v_1, v_2, \ldots, v_n) \text{ forment une base} &\iff \text{rg}(v_1, v_2, \ldots, v_n) = n \\ &\iff \text{rg}\, A = n \\ &\iff A \text{ est inversible} \\ &\iff \det A \neq 0\end{aligned}$$

$\square$

5.3. Mineurs d'une matrice

Définition 2.
Soit $A = (a_{ij}) \in M_{n,p}(\mathbb{K})$ une matrice à n lignes et p colonnes à coefficients dans $\mathbb{K}$. Soit k un entier inférieur à n et à p. On appelle **mineur d'ordre k** le déterminant d'une matrice carrée de taille k obtenue à partir de A en supprimant $n - k$ lignes et $p - k$ colonnes.

Noter que A n'a pas besoin d'être une matrice carrée.

Exemple 11.
Soit la matrice
$$A = \begin{pmatrix} 1 & 2 & 3 & 4 \\ 1 & 0 & 1 & 7 \\ 0 & 1 & 6 & 5 \end{pmatrix}$$

- Un mineur d'ordre 1 est simplement un coefficient de la matrice A.
- Un mineur d'ordre 2 est le déterminant d'une matrice 2×2 extraite de A. Par exemple en ne retenant que la ligne 1 et 3 et la colonne 2 et 4, on obtient la matrice extraite $\begin{pmatrix} 2 & 4 \\ 1 & 5 \end{pmatrix}$. Donc un des mineurs d'ordre 2 de A est $\begin{vmatrix} 2 & 4 \\ 1 & 5 \end{vmatrix} = 6$.
- Un mineur d'ordre 3 est le déterminant d'une matrice 3×3 extraite de A. Par exemple, en ne retenant que les colonnes 1, 3 et 4 on obtient le mineur
$$\begin{vmatrix} 1 & 3 & 4 \\ 1 & 1 & 7 \\ 0 & 6 & 5 \end{vmatrix} = -28$$

- Il n'y a pas de mineur d'ordre 4 (car la matrice n'a que 3 lignes).

5.4. Calcul du rang d'une matrice

Rappelons la définition du rang d'une matrice.

Définition 3.
Le **rang** d'une matrice est la dimension de l'espace vectoriel engendré par les vecteurs colonnes. C'est donc le nombre maximum de vecteurs colonnes linéairement indépendants.

Théorème 8.
Le rang d'une matrice $A \in M_{n,p}(\mathbb{K})$ est le plus grand entier r tel qu'il existe un mineur d'ordre r extrait de A non nul.

La preuve sera vue en section 5.6.

Exemple 12.
Soit α un paramètre réel. Calculons le rang de la matrice $A \in M_{3,4}(\mathbb{R})$:

$$A = \begin{pmatrix} 1 & 1 & 2 & 1 \\ 1 & 2 & 3 & 1 \\ 1 & 1 & \alpha & 1 \end{pmatrix}$$

- Clairement, le rang ne peut pas être égal à 4, puisque 4 vecteurs de $\mathbb{R}^3$ ne sauraient être indépendants.
- On obtient les mineurs d'ordre 3 de A en supprimant une colonne. Calculons le mineur d'ordre 3 obtenu en supprimant la première colonne, en le développant par rapport à *sa* première colonne :

$$\begin{vmatrix} 1 & 2 & 1 \\ 2 & 3 & 1 \\ 1 & \alpha & 1 \end{vmatrix} = \begin{vmatrix} 3 & 1 \\ \alpha & 1 \end{vmatrix} - 2 \begin{vmatrix} 2 & 1 \\ \alpha & 1 \end{vmatrix} + \begin{vmatrix} 2 & 1 \\ 3 & 1 \end{vmatrix} = \alpha - 2.$$

Par conséquent, si $\alpha \neq 2$, le mineur précédent est non nul et le rang de la matrice A est 3.
- Si $\alpha = 2$, on vérifie que les 4 mineurs d'ordre 3 de A sont nuls :

$$\begin{vmatrix} 1 & 2 & 1 \\ 2 & 3 & 1 \\ 1 & 2 & 1 \end{vmatrix} = \begin{vmatrix} 1 & 2 & 1 \\ 1 & 3 & 1 \\ 1 & 2 & 1 \end{vmatrix} = \begin{vmatrix} 1 & 1 & 1 \\ 1 & 2 & 1 \\ 1 & 1 & 1 \end{vmatrix} = \begin{vmatrix} 1 & 1 & 2 \\ 1 & 2 & 3 \\ 1 & 1 & 2 \end{vmatrix} = 0$$

Donc dans ce cas, A est de rang inférieur ou égal à 2. Or $\begin{vmatrix} 1 & 1 \\ 1 & 2 \end{vmatrix} = 1$ (lignes 1, 2, colonnes 1, 2 de A) est un mineur d'ordre 2 non nul. Donc si $\alpha = 2$, le rang de A est 2.

5.5. Rang d'une matrice transposée

Proposition 6.
Le rang de A est égal au rang de sa transposée A^T.

Démonstration. Les mineurs de A^T sont obtenus à partir des mineurs de A par transposition. Comme les déterminants d'une matrice et de sa transposée sont égaux, la proposition découle de la caractérisation du rang d'une matrice à l'aide des mineurs (théorème 8). □

5.6. Indépendance et déterminant

Revenons sur le théorème 8 et sa preuve avec une version améliorée.

Théorème 9 (Caractérisation de l'indépendance linéaire de p vecteurs).
Soit E un $\mathbb{K}$-espace vectoriel de dimension n et $\mathcal{B} = (e_1, \ldots, e_n)$ une base de E. Soient $v_1, \ldots, v_p$ des vecteurs de E avec $p \leqslant n$. Posons $v_j = \sum_{i=1}^n a_{i,j} e_i$ pour $1 \leqslant j \leqslant n$. Alors les vecteurs $\{v_1, \ldots, v_p\}$ forment une famille libre si et seulement s'il existe un mineur d'ordre p non nul extrait de la matrice $A = (a_{i,j}) \in M_{n,p}(\mathbb{K})$.

Démonstration. Supposons d'abord que la famille $\mathcal{F} = \{v_1, \ldots, v_p\}$ soit libre.
- Si $p = n$, le résultat est une conséquence du théorème 7.
- Si $p < n$, on peut appliquer le théorème de la base incomplète à la famille $\mathcal{F}$ et à la base $\mathcal{B} = \{e_1, \ldots, e_n\}$; et quitte à renuméroter les vecteurs de $\mathcal{B}$, on peut supposer que $\mathcal{B}' = (v_1, \ldots, v_p, e_{p+1}, \ldots, e_n)$ est une base de E. (Note : cette renumérotation change l'ordre de e_i, autrement dit échange les lignes de la matrice A, ce qui n'a pas d'impact sur ses mineurs ; on appellera encore $\mathcal{B}$ la base renumérotée.) La matrice P de passage de $\mathcal{B}$ vers $\mathcal{B}'$ contient les composantes des vecteurs $(v_1, \ldots, v_p, e_{p+1}, \ldots, e_n)$ par rapport à la base (renumérotée) $\mathcal{B} =$

$(e_1,\ldots,e_n)$ c'est-à-dire

$$P = \begin{pmatrix} a_{1,1} & \ldots & a_{1,p} & 0 & \ldots & 0 \\ \vdots & \ddots & \vdots & \vdots & \ddots & \vdots \\ \vdots & \ddots & \vdots & \vdots & \ddots & \vdots \\ a_{p,1} & \ldots & a_{p,p} & 0 & \ldots & 0 \\ a_{p+1,1} & \ldots & a_{p+1,p} & 1 & \ldots & 0 \\ \vdots & \ddots & \vdots & \vdots & \ddots & \vdots \\ a_{n,1} & \ldots & a_{n,p} & 0 & \ldots & 1 \end{pmatrix}$$

Le déterminant $\det P$ est non nul puisque les vecteurs $(v_1,\ldots,v_p,e_{p+1},\ldots,e_n)$ forment une base de E. Or ce déterminant se calcule en développant par rapport aux dernières colonnes autant de fois que nécessaire (soit $n-p$ fois). Et l'on trouve que

$$\det P = \begin{vmatrix} a_{1,1} & \ldots & a_{1,p} \\ \vdots & \ddots & \vdots \\ a_{p,1} & \ldots & a_{p,p} \end{vmatrix}$$

Le mineur $\begin{vmatrix} a_{1,1} & \ldots & a_{1,p} \\ \vdots & \ddots & \vdots \\ a_{p,1} & \ldots & a_{p,p} \end{vmatrix}$ est donc non nul.

Montrons maintenant la réciproque. Supposons que le mineur correspondant aux lignes $i_1,i_2,\ldots,i_p$ soit non nul. Autrement dit, la matrice

$$B = \begin{pmatrix} a_{i_1,1} & \ldots & a_{i_1,p} \\ \vdots & \ddots & \vdots \\ a_{i_p,1} & \ldots & a_{i_p,p} \end{pmatrix}$$

satisfait $\det B \neq 0$. Supposons aussi

$$\lambda_1 v_1 + \cdots + \lambda_p v_p = 0$$

En exprimant chaque v_i dans la base $(e_1,\ldots,e_n)$, on voit aisément que cette relation équivaut au système suivant à n lignes et p inconnues :

$$\begin{cases} a_{1,1}\lambda_1 & + & \ldots & + & a_{1,p}\lambda_p & = & 0 \\ a_{2,1}\lambda_1 & + & \ldots & + & a_{2,p}\lambda_p & = & 0 \\ \vdots & \vdots & \vdots & \vdots & \vdots & \vdots & \vdots \\ a_{n,1}\lambda_1 & + & \ldots & + & a_{n,p}\lambda_p & = & 0 \end{cases}$$

Ce qui implique, en ne retenant que les lignes $i_1,\ldots,i_p$:
$$\begin{cases} a_{i_1,1}\lambda_1 + \ldots + a_{i_1,p}\lambda_p &= 0 \\ a_{i_2,1}\lambda_1 + \ldots + a_{i_2,p}\lambda_p &= 0 \\ \vdots \quad \vdots \quad \vdots \quad \vdots \quad \vdots \quad \vdots \quad \vdots \\ a_{i_p,1}\lambda_1 + \ldots + a_{i_p,p}\lambda_p &= 0 \end{cases}$$
ce qui s'écrit matriciellement
$$B \begin{pmatrix} \lambda_1 \\ \vdots \\ \lambda_p \end{pmatrix} = 0.$$
Comme B est inversible (car $\det B \neq 0$), cela implique $\lambda_1 = \cdots = \lambda_p = 0$. Ce qui montre l'indépendance des v_i. □

Mini-exercices.

1. Résoudre ce système linéaire, en fonction du paramètre $t \in \mathbb{R}$:
$$\begin{cases} ty + z &= 1 \\ 2x + ty &= 2 \\ -y + tz &= 3 \end{cases}$$

2. Pour quelles valeurs de $a, b \in \mathbb{R}$, les vecteurs suivants forment-ils une base de $\mathbb{R}^3$?
$$\begin{pmatrix} a \\ 1 \\ b \end{pmatrix}, \begin{pmatrix} 2a \\ 1 \\ b \end{pmatrix}, \begin{pmatrix} 3a \\ 1 \\ -2b \end{pmatrix}$$

3. Calculer le rang de la matrice suivante selon les paramètres $a, b \in \mathbb{R}$.
$$\begin{pmatrix} 1 & 2 & b \\ 0 & a & 1 \\ 1 & 0 & 2 \\ 1 & 2 & 1 \end{pmatrix}$$

Auteurs du chapitre

- D'après un cours de Sophie Chemla de l'université Pierre et Marie Curie, reprenant des parties d'un cours de H. Ledret et d'une équipe de l'université de Bordeaux animée par J. Queyrut,
- et un cours de Eva Bayer-Fluckiger, Philippe Chabloz, Lara Thomas de l'École Polytechnique Fédérale de Lausanne,

- réécrit et complété par Arnaud Bodin, Niels Borne. Relu par Laura Desideri et Pascal Romon.

Les auteurs

Ce livre, orchestré par l'équipe Exo7, est issu d'un large travail collectif. Les auteurs sont :

Arnaud Bodin	Sophie Chemla	Eva Bayer-Fluckiger
Marc Bourdon	Guoting Chen	Philippe Chabloz
Benjamin Boutin	Pascal Romon	Lara Thomas

Vous retrouverez les auteurs correspondant à chaque partie en fin de chapitre. Soulignons que pour l'algèbre linéaire ce cours est en grande partie basé d'une part, sur un cours de Eva Bayer-Fluckiger, Philippe Chabloz, Lara Thomas et d'autre part sur un cours de Sophie Chemla, reprenant des parties de cours de H. Ledret et d'une équipe animée par J. Queyrut.

L'équipe Exo7 est composée d'Arnaud Bodin, Léa Blanc-Centi, Niels Borne, Benjamin Boutin, Laura Desideri et Pascal Romon. Nous remercions toutes les personnes qui ont permis l'aboutissement de ce livre. En particulier, Vianney Combet a été un relecteur attentif, ainsi que Stéphanie Bodin. Kroum Tzanev a réalisé la très belle composition de ce livre, Yannick Bonnaz en a créé la couverture.

Le cours et les vidéos ont été financés par l'université de Lille 1 et Unisciel. Ce livre est diffusé sous la licence *Creative Commons – BY-NC-SA – 3.0 FR*. Sur le site Exo7 vous pouvez le télécharger gratuitement et aussi récupérer les fichiers sources.

Index

C_n^k, 34
$E \setminus A$, 17
$\iff$, 4
$\implies$, 3
$\binom{n}{k}$, 34
$\cap$, 17
$\complement$, 17
$\cup$, 17
$\exists!$, 7
$\exists$, 6
$\forall$, 6
$\in$, 16
$\mathscr{P}(E)$, 17
$\notin$, 16
$\oplus$, 221
$\subset$, 17
$\emptyset$, 16
$n!$, 32

absurde, 10
affixe, 61
algorithme d'Euclide, 68, 93
antécédent, 23
application, 20

application linéaire, 184, 191, 228
  image, 235
  noyau, 236
argument, 55
assertion, 2
associativité, 106
automorphisme, 241

base, 252
base canonique, 195, 253, 256
bijection, 26
bijection réciproque, 26

cardinal, 28
classe d'équivalence, 39
coefficients de Bézout, 70
cofacteur, 328
comatrice, 332
combinaison linéaire, 215, 243
commutatif, 106
complémentaire, 17
composition, 21
congruence, 79
conjugué, 49

contraposition, 10
contre-exemple, 11
coordonnées, 253
crible d'Eratosthène, 76
cycle, 125

degré, 88
déterminant, 110, 132, 309, 314
développement, 59
diagonale, 146, 174
dimension, 261
disjonction, 9
divisibilité, 65, 91
division euclidienne, 66, 91
droite vectorielle, 226, 268

élément neutre, 106, 200
élément simple, 101
endomorphisme, 231
ensemble, 16
ensemble vide, 16
équation linéaire, 129, 135
équivalence, 4
espace vectoriel, 182, 200
    dimension, 261
« et » logique, 2
exponentielle complexe, 57

factorielle, 32
famille
    génératrice, 249
    libre, 244
    liée, 244
    linéairement indépendante, 244
    rang, 273
fonction, 20
formule
    d'Euler, 59
    de changement de base, 304, 305
    de Moivre, 56
    du binôme de Newton, 36, 154
fraction rationnelle, 101

graphe, 21
groupe, 106
    cyclique, 120

hérédité, 11
homothétie, 187, 232
hyperplan, 268

identité, 21, 229
image, 116, 235
image directe, 22
image réciproque, 22
implication, 3
inclusion, 17
inégalité triangulaire, 49
injection, 24
intersection, 17
irréductibilité, 98
isomorphisme, 116, 241, 287

lemme
    d'Euclide, 77, 99
    de Gauss, 71, 95
linéarisation, 60
logique, 2
loi de composition, 106

matrice, 109, 145
    antisymétrique, 176
    carrée, 146
    d'une application linéaire, 184, 290

de passage, 301
  diagonale, 172
  échelonnée, 164, 275
  élémentaire, 163
  identité, 152
  inverse, 155, 158
  produit, 148
  puissance, 153
  réduite, 165
  semblable, 306
  symétrique, 176
  trace, 174
  transposée, 173
  triangulaire, 171
mineur, 328, 337
module, 49
modulo, 79
monôme, 90
morphisme, 114
multiplicité, 97

nombre
  imaginaire, 46
  premier, 75
  premiers entre eux, 69
nombre complexe, 46
noyau, 116, 236
négation, 3

opération élémentaire, 276
« ou » logique, 2

partie, 17
partie imaginaire, 47
partie polynomiale, 101
partie réelle, 47
partition, 40

permutation, 122
pgcd, 67, 93
pivot, 165
plan vectoriel, 226, 268
polynôme, 88
  premiers entre eux, 94
ppcm, 74, 95
principe des tiroirs, 30
produit cartésien, 19
produit scalaire, 150, 182
projection, 232
projection orthogonale, 189

quantificateur, 6
quotient, 66, 91

racine, 96
racine de l'unité, 58
raisonnement, 9
rang
  d'une application linéaire, 282
  d'une famille, 273
  d'une matrice, 274, 338
récurrence, 11
réductibilité, 98
réflexion, 185, 190
réflexivité, 38
règle
  de Cramer, 132, 334
  de Sarrus, 310
relation d'équivalence, 38
représentant, 40
reste, 66, 91
restriction, 21
rotation, 188

scalaire, 180, 203

second membre, 136
somme directe, 221
sous-ensemble, 17
sous-espace vectoriel, 210
    dimension, 267
    engendré, 225, 249
    intersection, 217
    somme, 219
    somme directe, 221
    supplémentaire, 221
sous-groupe, 112
    engendré, 114
    trivial, 113
substitution, 130
support, 126
surjection, 24
symbole de Kronecker, 152
symétrie, 38
symétrie centrale, 231
système
    homogène, 137, 143
    incompatible, 137
    linéaire, 135
    réduit, 138
    échelonné, 138
    équivalent, 137

table de vérité, 2
théorème
    de Fermat (petit), 83
    de Bézout, 70, 94
    de d'Alembert–Gauss, 54
    des quatre dimensions, 269
    du rang, 283
trace, 174
transitivité, 38
transposée, 173
transposition, 126
triangle de Pascal, 35

union, 17

vecteur, 202
    colinéaire, 215
    colonne, 182
    ligne, 182
    nul, 180, 203

Made in the USA
Columbia, SC
11 May 2024